2024

绿色建筑选用产品

导向目录

绿色建筑选用产品

2024
Green Building Product Selection
Guide Directory

 首都科技条件平台资助项目

中国国检测试控股集团股份有限公司
国家建筑材料测试中心 编

中国建设科技出版社有限责任公司
China Construction Science and Technology Press Co., Ltd.

北 京

图书在版编目（CIP）数据

2024 绿色建筑选用产品导向目录 / 中国国检测试控
股集团股份有限公司，国家建筑材料测试中心编 .
北京：中国建设科技出版社有限责任公司，2024. 11.
ISBN 978-7-5160-4317-2

Ⅰ. TU5-63

中国国家版本馆 CIP 数据核字第 2024E03U14 号

2024 绿色建筑选用产品导向目录
2024 LÜSE JIANZHU XUANYONG CHANPIN DAOXIANG MULU

中国国检测试控股集团股份有限公司
国家建筑材料测试中心　　　　　　　　编

出版发行：中国建设科技出版社有限责任公司
地　　址：北京市西城区白纸坊东街 2 号院 6 号楼
邮　　编：100054
经　　销：全国各地新华书店
印　　刷：北京天恒嘉业印刷有限公司
开　　本：889mm×1194mm　1/16
印　　张：20.25
字　　数：600 千字
版　　次：2024 年 11 月第 1 版
印　　次：2024 年 11 月第 1 次
定　　价：**268.00 元**

2024
绿色建筑选用产品导向目录

编委会

编著单位

中国国检测试控股集团股份有限公司
国家建筑材料测试中心

主任委员

朱连滨

副主任委员

蒋 荃 闫浩春 刘 翼

主 编

刘 翼

副主编

马丽萍 赵春芝 任世伟 刘 佳

编写人员

王 莹 冯玉启 文 刚 王 晨 张艳姣 朱 洁 李云霞
黄梦迟 许 欣 董 飞 刘 璐 张启龙 李莉莉 陈素屏
袁秀霞 韩荣荟 董 迪 刘 韬 赵金兰 李淑珍

前言
FOREWORD

　　党的十八大报告提出"大力推进生态文明建设"和"推进城镇化"的要求，党的十九大报告提出"推进绿色发展"的理念，大力发展生态城市建设成为贯彻习近平生态文明思想的重要举措。党的二十大报告提出"推动绿色发展，促进人与自然和谐共生"。绿色建筑是生态城市的根基，2020年7月15日，《住房和城乡建设部、国家发展改革委、教育部、工业和信息化部、人民银行、国管局、银保监会关于印发绿色建筑创建行动方案的通知》（建标〔2020〕65号）发布，要求到2022年，当年城镇新建建筑中绿色建筑面积占比达到70%。

　　绿色建筑选用绿色建材是业内共识，绿色建材是实现绿色建筑各项功能的重要支撑，承载着节能、节水、节材和保障健康室内环境等重要作用，对建筑材料的选用很大程度上决定了建筑的绿色程度。绿色建材是绿色建筑发展不可或缺的材料，也是建材工业推进结构调整、技术进步和节能减排的着力点。因此，《绿色建筑创建行动方案》中明确提出"大力发展新型绿色建材"，并要求"建立绿色建材认证制度，编制绿色建材产品目录，引导规范市场消费"。

　　中国国检测试控股集团股份有限公司（以下简称CTC）从"十五"规划开始，承担多项国家级科研项目，对绿色建材的评价方法以及绿色建筑选用产品的技术标准进行深入研究。在上述工作基础上，CTC分别受住房城乡建设部、工业和信息化部的委托，进行绿色建材评价技术的研究与绿色建材评价技术导则的制订。

　　为促进绿色建材行业发展，引导绿色建筑选用绿色建材，国家建筑材料测试中心经国家市场监督管理总局商标局注册了"绿色建筑选用产品"证明商标。该证明商标是用于证明建材产品的性能符合绿色建筑功能需求的标志，受法律保护。每年获得"绿色建筑选用产品"证明商标的企业产品将入编《绿色建筑选用产品导向目录》。

　　《2024绿色建筑选用产品导向目录》包括绿色建筑与绿色建材相关政策、证明商标管理办法以及2024年度通过认定的一百余项绿色建筑选用产品，按照节能、节材、节水和环保四个章节分别予以介绍。《2024绿色建筑选用产品导向目录》将引领国内绿色建筑的建设模式，搭建绿色建筑与绿色建材的桥梁。本书旨在为建筑设计师、开发商、供应商提供绿色建筑选材指导，通过多种渠道向开发商和建筑师介绍建筑材料新产品、新功能、新应用，将优秀的企业和产品提供给绿色建筑开发商、设计师和建筑师，凸显产品高端优势，对于推动行业发展，提高行业、企业的社会知名度，增强优秀企业的市场竞争能力具有积极的作用。

编者

2024年10月

目录
CONTENTS

2 标准化工作

3 绿色评价·认证服务

4 入选产品技术资料

5　企业索引

政策法规
ZHENGCEFAGU

加快推动建筑领域节能降碳工作方案

国家发展改革委 住房城乡建设部

建筑领域是我国能源消耗和碳排放的主要领域之一。加快推动建筑领域节能降碳，对实现碳达峰碳中和、推动高质量发展意义重大。为贯彻落实党中央、国务院决策部署，促进经济社会发展全面绿色转型，加快推动建筑领域节能降碳，制定本方案。

一、总体要求

加快推动建筑领域节能降碳，要以习近平新时代中国特色社会主义思想为指导，深入贯彻党的二十大精神，全面贯彻习近平生态文明思想，完整、准确、全面贯彻新发展理念，着力推动高质量发展，坚持节约优先、问题导向、系统观念，以碳达峰碳中和工作为引领，持续提高建筑领域能源利用效率、降低碳排放水平，加快提升建筑领域绿色低碳发展质量，不断满足人民群众对美好生活的需要。

到 2025 年，建筑领域节能降碳制度体系更加健全，城镇新建建筑全面执行绿色建筑标准，新建超低能耗、近零能耗建筑面积比 2023 年增长 0.2 亿平方米以上，完成既有建筑节能改造面积比 2023 年增长 2 亿平方米以上，建筑用能中电力消费占比超过 55%，城镇建筑可再生能源替代率达到 8%，建筑领域节能降碳取得积极进展。

到 2027 年，超低能耗建筑实现规模化发展，既有建筑节能改造进一步推进，建筑用能结构更加优化，建成一批绿色低碳高品质建筑，建筑领域节能降碳取得显著成效。

二、重点任务

（一）提升城镇新建建筑节能降碳水平。优化新建建筑节能降碳设计，充分利用自然采光和通风，采用高效节能低碳设备，提高建筑围护结构的保温隔热和防火性能，推动公共建筑和具备条件的居住建筑配置能源管理系统。大力推广超低能耗建筑，鼓励政府投资的公益性建筑按超低能耗标准建设，京津冀、长三角等有条件的地区要加快推动超低能耗建筑规模化发展。提升新建建筑中星级绿色建筑比例。严格落实工程建设各方责任，重点把好施工图审查关和工程项目验收关，强化年运行能耗

1000 吨标准煤（或电耗 500 万千瓦时）及以上建筑项目节能审查，严格执行建筑节能降碳强制性标准。

（二）推进城镇既有建筑改造升级。组织实施能效诊断，全面开展城镇既有建筑摸底调查，建立城市级建筑节能降碳改造数据库和项目储备库。以城市为单位制定既有建筑年度改造计划，合理确定改造时序，结合房屋安全情况，明确空调、照明、电梯等重点用能设备和外墙保温、门窗改造等重点内容，结合重点城市公共建筑能效提升、小区公共环境整治、老旧小区改造、北方地区冬季清洁取暖等工作统筹推进。纳入中央财政北方地区冬季清洁取暖政策支持范围的城市，要加快推进既有建筑节能改造。居住建筑节能改造部分的能效应达到现行标准规定，未采取节能措施的公共建筑改造后实现整体能效提升 20% 以上。

（三）强化建筑运行节能降碳管理。加大高效节能家电等设备推广力度，鼓励居民加快淘汰低效落后用能设备。建立公共建筑节能监管体系，科学制定能耗限额基准，明确高耗能高排放建筑改造要求，公示改造信息，加强社会监督。各地区要加快建立并严格执行公共建筑室内温度控制机制，聚焦公共机构办公和技术业务用房、国有企业办公用房、交通场站等公共建筑，依法开展建筑冬夏室内温度控制、用能设备和系统运行等情况检查，严肃查处违法用能行为。定期开展公共建筑空调、照明、电梯等重点用能设备调试保养，确保用能系统全工况低能耗、高能效运行。选取一批节能潜力大的公共机构开展能源费用托管服务试点。推动建筑数字化智能化运行管理平台建设，推广应用高效柔性智能调控技术。推动建筑群整体参与电力需求响应和调峰。

（四）推动建筑用能低碳转型。各地区要结合实际统筹规划可再生能源建筑应用，确定工作推进时间表、路线图、施工图。制定完善建筑光伏一体化建设相关标准和图集，试点推动工业厂房、公共建筑、居住建筑等新建建筑光伏一体化建设。加强既有建筑加装光伏系统管理。因地制宜推进热电联产集中供暖，支持建筑领域地热能、生物质能、太

阳能供热应用，开展火电、工业、核电等余热利用。探索可再生能源建筑应用常态化监管和后评估，及时优化可再生能源建筑应用项目运行策略。提高建筑电气化水平，推动新建公共建筑全面电气化，提高住宅采暖、生活热水、炊事等电气化普及率。

（五）推进供热计量和按供热量收费。各地区要结合实际制定供热分户计量改造方案，明确量化目标任务和改造时限，逐步推动具备条件的居住建筑和公共建筑按用热量计量收费，户内不具备供热计量改造价值和条件的既有居住建筑可实行按楼栋计量。北方采暖地区新竣工建筑应达到供热计量要求。加快实行基本热价和计量热价相结合的两部制热价，合理确定基本热价比例和终端供热价格。加强对热量表、燃气表、电能表等计量器具的监督检查。

（六）提升农房绿色低碳水平。坚持农民自愿、因地制宜、一户一策原则，推进绿色低碳农房建设，提升严寒、寒冷地区新建农房围护结构保温性能，优化夏热冬冷、夏热冬暖地区新建农房防潮、隔热、遮阳、通风性能。有序开展既有农房节能改造，对房屋墙体、门窗、屋面、地面等进行菜单式微改造。推动农村用能低碳转型，引导农民减少煤炭燃烧使用，鼓励因地制宜使用电力、天然气和可再生能源。

（七）推进绿色低碳建造。加快发展装配式建筑，提高预制构件和部品部件通用性，推广标准化、少规格、多组合设计。严格建筑施工安全管理，确保建筑工程质量安全。积极推广装配化装修，加快建设绿色低碳住宅。发挥政府采购引领作用，支持绿色建材推广应用。纳入政府采购支持绿色建材促进建筑品质提升政策实施范围的政府采购工程，应当采购符合绿色建筑和绿色建材政府采购需求标准的绿色建材。加快推进绿色建材产品认证和应用推广，鼓励各地区结合实际建立绿色建材采信应用数据库。持续开展绿色建材下乡活动。推广节能型施工设备，统筹做好施工临时设施与永久设施综合利用。规范施工现场管理，推进建筑垃圾分类处理和资源化利用。

（八）严格建筑拆除管理。推进城市有机更新，坚持"留改拆"并举，加强老旧建筑修缮改造和保留利用。对各地区建筑拆除情况加强监督管理。各地区要把握建设时序，坚决杜绝大拆大建造成能源资源浪费。

（九）加快节能降碳先进技术研发推广。支持超低能耗、近零能耗、低碳、零碳等建筑新一代技术研发，持续推进超低能耗建筑构配件、高防火性能外墙保温系统、高效节能低碳设备系统、建筑运

行调适等关键技术研究，支持钙钛矿、碲化镉等薄膜电池技术装备在建筑领域应用，推动可靠技术工艺及产品设备集成应用。推动建筑领域能源管理体系认证，定期征集发布一批建筑领域先进适用节能降碳技术应用典型案例。加快建筑节能降碳成熟技术产品规模化生产，形成具有竞争力的建筑节能降碳产业链，培育建筑节能降碳产业领军企业。支持有条件的企业建设建筑节能降碳技术研发和培训平台，加强从业人员工程实践培训。

（十）完善建筑领域能耗碳排放统计核算制度。完善建筑领域能源消费统计制度和指标体系，构建跨部门建筑用能数据共享机制。建立完善建筑碳排放核算标准体系，编制建筑行业、建筑企业以及建筑全生命期碳排放核算标准，统一核算口径。

（十一）强化法规标准支撑。推动加快修订节约能源法、民用建筑节能条例等法律法规。区分不同阶段、建筑类型、气候区，有序制定修订一批建筑节能标准，逐步将城镇新建民用建筑节能标准提高到超低能耗水平。加快完善覆盖设计、生产、施工和使用维护全过程的装配式建筑标准体系。鼓励各地区结合实际制定严于国家建筑节能标准的地方标准。开展新建建筑和既有建筑节能改造能效测评，确保建筑达到设计能效要求。加强建筑能效测评能力建设。

（十二）加大政策资金支持力度。完善实施有利于建筑节能降碳的财税、金融、投资、价格等政策。加大中央资金对建筑节能降碳改造的支持力度。落实支持建筑节能、鼓励资源综合利用的税收优惠政策。鼓励银行保险机构完善绿色金融等产品和服务，支持超低能耗建筑、绿色建筑、装配式建筑、智能建造、既有建筑节能改造、建筑可再生能源应用和相关产业发展。

三、工作要求

各地区各有关部门要认真贯彻落实党中央、国务院部署，充分认识加快推动建筑领域节能降碳的重要意义，切实完善工作机制，细化工作举措，不断提高能源利用效率，促进建筑领域高质量发展。各省级人民政府要结合本地区实际，将本方案各项重点任务落实落细，明确目标任务，压实各方责任，加强统筹协调和政策资金支持，形成工作合力。各地区要坚持系统观念，统筹兼顾各方利益，有效解决可能出现的问题和矛盾，确保兜住民生底线；要广泛开展节能降碳宣传教育，引导全社会自觉践行简约适度、绿色低碳生活方式。

绿色建材产业高质量发展实施方案

绿色建材产品是指在全生命周期内，资源能源消耗少，生态环境影响小，具有"节能、减排、低碳、安全、便利和可循环"特征的高品质建材产品。发展绿色建材是建材工业转型升级的主要方向和供给侧结构性改革的必然选择，是城乡建设绿色发展和美丽乡村建设的重要支撑。近年来，我国绿色建材生产规模不断扩大，质量效益不断提升，推广应用不断加强，但全生命周期的绿色低碳和智能制造水平尚需进一步提升，工程选用和市场消费动力不足。按照《中共中央 国务院关于完整准确全面贯彻新发展理念做好碳达峰碳中和工作的意见》部署，为进一步加快绿色建材产业高质量发展，制定本实施方案。

一、总体要求

以习近平新时代中国特色社会主义思想为指导，全面贯彻落实党的二十大精神，深入践行习近平生态文明思想，立足新发展阶段，完整、准确、全面贯彻新发展理念，加快构建新发展格局，坚持系统观念，统筹扩大内需和深化供给侧结构性改革，促进建材工业绿色化转型，推动绿色建材增品种、提品质、创品牌，加快绿色建材推广应用，强化支撑服务能力，提升全产业链内生力、影响力、增长力、支撑力，加速绿色建材产业高质量发展，为加快推进新型工业化提供有力支撑。

二、主要目标

到 2026 年，绿色建材年营业收入超过 3000 亿元，2024—2026 年年均增长 10% 以上。总计培育 30 个以上特色产业集群，建设 50 项以上绿色建材应用示范工程，政府采购政策实施城市不少于 100 个，绿色建材产品认证证书达到 12000 张，绿色建材引领建材高质量发展、保障建筑品质提升的能力进一步增强。到 2030 年，绿色建材全生命周期内"节能、减排、低碳、安全、便利和可循环"水平进一步提升，形成一批国际知名度高的绿色建材生产企业和产品品牌。

三、重点任务

（一）推动生产转型，提升产业内生力

1. 加快生产过程绿色化。强化工艺升级、能源替代、节能降耗、资源循环利用等综合性措施，实现污染物和碳排放双下降。实施技术改造，有序推动水泥行业超低排放设施建设，持续发布细分行业碳减排技术指南，支持水泥、平板玻璃、建筑卫生陶瓷、玻璃纤维及制品等重点行业开展节能降碳减污技术集成应用。优化用能结构，推进现有燃煤自备电厂（锅炉）清洁能源替代，稳妥推动现有使用高污染燃料的工业窑炉改用工业余热、电能、天然气等，提高太阳能、风能等可再生能源的利用比例，提升终端用能电气化水平，鼓励氢能、生物质燃料、垃圾衍生燃料等替代能源在水泥等工业窑炉中的应用。推动清洁生产，鼓励企业从源头控制资源消耗，提升资源利用效率，减少废弃物排放，争创环保绩效 A、B 级或绩效引领性企业，加快企业运输结构调整，推动短距离运输采用封闭皮带廊道、管道、新能源车辆等方式。发展循环经济，鼓励创建"无废企业"，提升固体废弃物利用水平，逐步扩大工业固体废弃物在绿色建材中的使用范围。以"零外购电、零化石能源、零一次资源、零碳排放、零废弃物排放、零一线员工"的"六零"工厂为目标，组织企业"揭榜挂帅"，开展技术攻关和节能降碳技术集成应用，建设"一零"试点工厂。（工业和信息化部、国家发展改革委、生态环境部、住房城乡建设部按职责分工负责）

2. 加速生产方式智能化。持续推动建材行业智能制造发展，加快推进绿色建材全产业链与新一代信息技术深度融合，促进绿色建材智能化生产、规模化定制、服务化延伸。加快推动绿色建材产业与工业互联网网络体系融合，鼓励骨干企业打造联通上下游企业的网络化协作平台，促进数据互通和标识解析，实现资源共享、协同制造和协同服务。鼓励建材企业联合软件开发商、装备制造商开展国产

化替代技术攻关，打造一批具有自主知识产权、具有行业特点的专业工业软件和智能装备，并推进适应性改造与规模化应用。遴选并发布一批建材行业数字化转型标杆企业，深化生产制造过程的数字化应用，提高产品性能及质量稳定性。基于智能制造，推广多品种、小批量绿色建材产品柔性生产模式，更好适应定制化差异化需求。（工业和信息化部负责）

3. 推进产业发展协同化。加快绿色建材产业集群培育，鼓励有条件地区结合本地资源禀赋和市场需求，因地制宜、因业布局，发展具有特色的绿色建材集群，构建绿色产业链、供应链。支持各地推动建设以绿色建材为主的新型工业化产业示范基地。鼓励在尾矿、废石、废渣、工业副产石膏等工业固体废弃物和农业固体废弃物较为集中的地区，建立耦合发展的绿色建材园区，鼓励创建"无废园区"。引导建材企业发挥"城市环境净化器"作用，支持水泥企业利用工业窑炉协同处置固体废弃物，建筑垃圾、生活垃圾、危险废物的协同处置项目应针对新增的二噁英、重金属等废气污染物配套高效污染治理设施，在满足设备运行要求和确保稳定达标排放的前提下，支撑城市应急处置需求。培育核心竞争力强、带动作用大的综合性绿色建材企业，发挥其在产品创新、技术攻关、要素聚合、上下游协作、生态营造中的引领带动作用。加强中小企业培育，支持在墙体材料、装饰装修材料、门窗制品、防水保温材料等领域培育制造业单项冠军企业。（工业和信息化部、生态环境部、住房城乡建设部按职责分工负责）

（二）实施"三品"行动，提升产业影响力

4. 开展品种培优。推动建材产品升级，加快水泥、平板玻璃等基础原材料的低碳化、制品化发展，墙体材料、保温材料等建材制品的复合化、轻型化发展，顶墙地材料、装饰板材等装饰装修材料的功能化、装配化发展。围绕低碳零碳负碳工程、绿色低碳建造等需求，发展新型低碳胶凝材料、低（无）挥发性有机物（VOCs）含量材料、相变储能材料、固碳材料、全固废胶凝材料等新型绿色建材。围绕城市更新改造需求，发展适用于装配式装修、海绵城市、"无废城市"、地下管廊和生态环境修复等不同应用场景的部品化、功能性绿色建材产品。围绕

农房绿色低碳建设需求，发展性价比高、符合区域消费习惯的绿色建材。（工业和信息化部、生态环境部、住房城乡建设部、农业农村部按职责分工负责）

5. 推动品质强基。鼓励企业建立满足绿色建材生产的全过程控制及质量管控体系，开展先进标准对标，严格生产工艺规范，全面提升产品质量。推动企业开展质量管理能力评价，开展绿色建材质量标杆遴选，激励企业向卓越质量攀升。强化对绿色建材产品和生产企业监督检查，及时公开检查结果，加大水泥、安全玻璃、防水材料、建筑涂料、含VOCs原辅材料、人造板及木质地板、竹质建材等产品质量监督抽查力度，强化水泥窑协同处置危险废物的水泥产品质量抽查，加强假冒伪劣产品查处惩罚力度。对建材中有毒有害化学物质进行筛查、评估，并实施淘汰、替代和去除，推动无毒无害、低毒低害化学物质在建材中的应用。推进绿色建材产品质量分级评价体系建设，推动建立质量分级、应用分类的市场化采信机制。（工业和信息化部、生态环境部、市场监管总局按职责分工负责）

6. 扩大品牌影响。支持第三方机构开展品牌价值评价、品牌宣传周、交流对接会等活动，围绕消费者关注的装饰装修材料，编制绿色建材品牌发展报告，发布年度企业品牌和产品品牌。支持有条件地区创建"全国质量品牌提升示范区"，创新模式举办绿色建材产品展会、场景体验交流会等活动，打造一流的绿色建材区域品牌。鼓励企业加大品牌建设投入，创新品牌传播模式，构建优质服务体系，培育特色鲜明、竞争力强、市场信誉好的商标品牌，积极参与国际合作，不断增强国际社会对绿色建材的品牌认同。（工业和信息化部、商务部、市场监管总局按职责分工负责）

（三）加快应用拓展，提升产业增长力

7. 促进建设工程应用。强化绿色建筑中绿色建材选用要求，鼓励有条件的地区结合零碳建筑、近零能耗建筑等建筑类型开展绿色建材应用示范建设，鼓励公共采购和市场投资项目扩大绿色建材采购范围、加大采购力度。扩大政府采购支持绿色建材促进建筑品质提升政策实施城市范围，完善绿色建筑和绿色建材政府采购需求标准，优化绿色建材采购、监管和应用的管理制度，对相关绿色建材产

品应采尽采、应用尽用。推动绿色建材在基础设施建设领域应用，提高工程项目中低碳水泥、高性能混凝土等绿色建材的应用比例。（住房城乡建设部、工业和信息化部、财政部按职责分工负责）

8.深化绿色建材下乡。研究进一步丰富和完善绿色建材下乡活动，探索由"绿色建材产品"下乡向"绿色建材系统解决方案供应商＋特色乡村建设服务商"下乡转变。支持各地引导生产企业、电商平台、卖场商场等参与活动，鼓励骨干生产企业制定线上线下优惠促销措施，为消费者提供性价比更高的产品。支持各地因地制宜、就地取材建设示范工程，强化典型示范、特色示范，结合现代宜居农房、农房节能改造、现代农业设施等项目建设，推广新型建造方式，培育绿色建材系统解决方案供应商，推动绿色建材助力农房质量提升。鼓励各地针对不同区域农村建筑特点，打造一批适合本地农村消费者的特色乡村建设服务商，营造留住"乡愁"的美好环境。（工业和信息化部、住房城乡建设部、农业农村部、商务部、市场监管总局负责）

9.引导绿色消费。创新消费模式，鼓励生产企业联合房地产、建筑设计、装饰装修企业提供绿色建材产品菜单式、定制化应用方案，探索装饰装修一体化服务新模式。鼓励流通企业依托卖场、家装企业、设计公司、线上平台等加强商业化布局，组织巡展、促销、推介等活动。鼓励电商平台设立绿色建材产品专区，对参与绿色建材下乡活动的企业给予优惠政策。鼓励家居体验馆、生活馆等新零售模式向社区和农村下沉，满足消费者多样化、个性化需求。鼓励实施绿色装修，使用陶瓷薄砖和节水洁具、环境友好型涂料、适老型建材产品、高性能防水和密封材料等绿色建材，推行干式墙（地）面、整体卫浴和厨房等模块化部品应用。加大低（无）VOCs含量涂料、胶粘剂、清洗剂等原辅材料的替代力度，室外构筑物防护设施推广使用低（无）VOCs含量涂料。（国家发展改革委、工业和信息化部、生态环境部、住房城乡建设部、商务部按职责分工负责）

（四）夯实行业基础，提升产业支撑力

10.优化创新机制。鼓励建立以绿色建材为特色的技术中心、工程中心等，完善产业所需的公共研发、技术转化等平台。推动建立区域和行业产业技术基础公共服务平台，加强试验检测、信息服务、创新成果产业化等公共服务供给。支持绿色建材发展基础较好地区围绕产品的部品化、功能性和资源的循环利用建立绿色建材创新中心。支持企业加大科技创新投入，联合上下游企业、高校、科研院所等，构建产学研用相结合的创新体系，围绕节能减污降碳工艺装备、结构功能一体化产品，磷石膏、赤泥等复杂难用固体废弃物生产绿色建材产品等开展攻关。鼓励大企业发布技术创新榜单，中小企业揭榜攻关，形成协同创新体系。（国家发展改革委、科技部、工业和信息化部按职责分工负责）

11.完善标准体系。根据绿色建材产业发展情况，制修订绿色建材评价标准，适时评估绿色建材相关标准实施情况，加强水泥、平板玻璃、防水材料、节能门窗等产品强制性标准宣贯。完善检测方法标准，健全绿色建材中固体废弃物使用和有毒有害化学物质含量相关标准体系。编制建材产品使用说明书，加快推进绿色建筑与绿色建材标准协同发展，扩大建筑工程用绿色建材选用范围。建立产品追溯标准体系，重点开展水泥、防水材料等产品追溯标准编制。研究建立绿色建材产品碳足迹核算规则，完善绿色建材碳足迹、碳标签及低碳技术评价验证标准体系，研究编制"六零"工厂评价标准。（国家发展改革委、工业和信息化部、生态环境部、住房城乡建设部、市场监管总局按职责分工负责）

12.强化认证支撑。持续开展绿色建材产品认证，进一步扩大绿色建材产品认证目录范围。完善绿色建材产品认证实施规则，加强认证机构从业人员培训。强化认证监管工作，规范绿色建材产品认证活动。完善公共服务平台，探索建设绿色建材碳足迹背景数据库，规范碳足迹评价活动，开展绿色建材认证评价、检验检测、推广应用等服务，加快绿色建材产品目录、绿色产品标识认证信息、采信应用等数据的互联互通互认，鼓励各地区结合实际建立绿色建材采信应用数据库。开展绿色建材产品认证实施效果评价，加快绿色建材产品认证及推广应用。加大绿色建材认证等方面国际合作，推动碳核算、碳足迹等领域互认。（市场监管总局、国家发展改革委、工业和信息化部、住房城乡建设部负责）

四、保障措施

13. 加强组织协调。国家有关部门按照职责分工，抓好相关工作落实。各地要加强政策衔接，配套相关支持措施，创造有利于绿色建材产业发展的良好环境。中国建筑材料联合会、绿色建材产品认证技术委员会等第三方机构要加强对绿色建材产业发展趋势的研究和分析，积极开展成果交流、品牌评价、产品推介等活动，加强行业自律，做好上下游对接。（工业和信息化部牵头，各有关部门参加）

14. **完善政策支撑**。充分利用首台（套）、首批次应用保险补偿机制等渠道，支持绿色建材创新产品推广应用。完善有利于建材行业绿色低碳发展的差别化电价政策，进一步做好水泥常态化错峰生产。发挥国家产融合作平台作用，引导金融机构积极发展绿色金融、转型金融，支持绿色建材企业发展。支持社会资本以市场化方式设立绿色建材产业发展基金。鼓励有条件地区对绿色建材生产项目和应用示范项目给予贷款贴息，推动绿色建材产品认证。（国家发展改革委、工业和信息化部、财政部、生态环境部、中国人民银行、金融监管总局按职责分工负责）

15. **加大宣传推广**。及时总结绿色建材发展经验，充分发掘各地区和企业的典型经验和成功案例。采取多渠道多方式，开展"六零绿色建材日"、绿色建材系列报道等宣传活动，广泛宣传绿色建材高质量发展的产业政策、标准规范、经验做法，持续推进生产方式和生活方式绿色低碳转型，使绿色建材生产和应用成为全社会自觉行动。（广电总局、工业和信息化部负责，有关部门参加）

宏观引导类　指导实施类

质量强国建设纲要（节选）

建设质量强国是推动高质量发展、促进我国经济由大向强转变的重要举措，是满足人民美好生活需要的重要途径。为统筹推进质量强国建设，全面提高我国质量总体水平，制定本纲要。

一、形势背景

质量是人类生产生活的重要保障。党的十八大以来，在以习近平同志为核心的党中央坚强领导下，我国质量事业实现跨越式发展，质量强国建设取得历史性成效。全民质量意识显著提高，质量管理和品牌发展能力明显增强，产品、工程、服务质量总体水平稳步提升，质量安全更有保障，一批重大技术装备、重大工程、重要消费品、新兴领域高技术产品的质量达到国际先进水平，商贸、旅游、金融、物流等服务质量明显改善；产业和区域质量竞争力持续提升，质量基础设施效能逐步彰显，质量对提高全要素生产率和促进经济发展的贡献更加突出，人民群众质量获得感显著增强。

当今世界正经历百年未有之大变局，新一轮科技革命和产业变革深入发展，引发质量理念、机制、实践的深刻变革。质量作为繁荣国际贸易、促进产业发展、增进民生福祉的关键要素，越来越成为经济、贸易、科技、文化等领域的焦点。当前，我国质量水平的提高仍然滞后于经济社会发展，质量发展基础还不够坚实。

面对新形势新要求，必须把推动发展的立足点转到提高质量和效益上来，培育以技术、标准、品牌、质量、服务等为核心的经济发展新优势，推动中国制造向中国创造转变、中国速度向中国质量转变、中国产品向中国品牌转变，坚定不移推进质量强国建设。

二、总体要求

（一）指导思想

以习近平新时代中国特色社会主义思想为指导，立足新发展阶段，完整、准确、全面贯彻新发展理念，构建新发展格局，统筹发展和安全，以推动高质量发展为主题，以提高供给质量为主攻方向，以改革创新为根本动力，以满足人民日益增长的美好生活需要为根本目的，深入实施质量强国战略，牢固树立质量第一意识，健全质量政策，加强全面质量管理，促进质量变革创新，着力提升产品、工程、服务质量，着力推动品牌建设，着力增强产业质量竞争力，着力提高经济发展质量效益，着力提高全民质量素养，积极对接国际先进技术、规则、标准，全方位建设质量强国，为全面建设社会主义现代化国家、实现中华民族伟大复兴的中国梦提供质量支撑。

（二）主要目标

到2025年，质量整体水平进一步全面提高，中国品牌影响力稳步提升，人民群众质量获得感、满意度明显增强，质量推动经济社会发展的作用更加突出，质量强国建设取得阶段性成效。

——经济发展质量效益明显提升。经济结构更加优化，创新能力显著提升，现代化经济体系建设取得重大进展，单位GDP资源能源消耗不断下降，经济发展新动能和质量新优势显著增强。

——产业质量竞争力持续增强。制约产业发展的质量瓶颈不断突破，产业链供应链整体现代化水平显著提高，一二三产业质量效益稳步提高，农业标准化生产普及率稳步提升，制造业质量竞争力指数达到86，服务业供给有效满足产业转型升级和居民消费升级需要，质量竞争型产业规模显著扩大，建成一批具有引领力的质量卓越产业集群。

——产品、工程、服务质量水平显著提升。质量供给和需求更加适配，农产品质量安全例行监测合格率和食品抽检合格率均达到98%以上，制造业产品质量合格率达到94%，工程质量抽查符合率不断提高，消费品质量合格率有效支撑高品质生活需要，服务质量满意度全面提升。

——品牌建设取得更大进展。品牌培育、发展、壮大的促进机制和支持制度更加健全，品牌建设水平显著提高，企业争创品牌、大众信赖品牌的社会氛围更加浓厚，品质卓越、特色鲜明的品牌领军企业持续涌现，形成一大批质量过硬、优势明显的中国品牌。

——质量基础设施更加现代高效。质量基础设施管理体制机制更加健全、布局更加合理，计量、标准、认证认可、检验检测等实现更高水平协同发展，建成若干国家级质量标准实验室，打造一批高效实用的质量基础设施集成服务基地。

——质量治理体系更加完善。质量政策法规更加健全，质量监管体系更趋完备，重大质量安全风险防控机制更加有效，质量管理水平普遍提高，质量人才队伍持续壮大，质量专业技术人员结构和数量更好适配现代质量管理需要，全民质量素养不断增强，质量发展环境更加优化。

到2035年，质量强国建设基础更加牢固，先进质量文化蔚然成风，质量和品牌综合实力达到更高水平。

三、推动经济质量效益型发展

......

（四）树立质量发展绿色导向

开展重点行业和重点产品资源效率对标提升行动，加快低碳零碳负碳关键核心技术攻关，推动高耗能行业低碳转型。全面推行绿色设计、绿色制造、绿色建造，健全统一的绿色产品标准、认证、标识体系，大力发展绿色供应链。优化资源循环利用技术标准，实现资源绿色、高效再利用。建立健全碳达峰、碳中和标准计量体系，推动建立国际互认的碳计量基准、碳监测及效果评估机制。建立实施国土空间生态修复标准体系。建立绿色产品消费促进制度，推广绿色生活方式。

......

四、增强产业质量竞争力

......

（七）提高产业质量竞争水平

推动产业质量升级，加强产业链全面质量管理，着力提升关键环节、关键领域质量管控水平。开展对标达标提升行动，以先进标准助推传统产业提质增效和新兴产业高起点发展。推进农业品种培优、品质提升、品牌打造和标准化生产，全面提升农业生产质量效益。加快传统制造业技术迭代和质量升级，强化战略性新兴产业技术、质量、管理协同创新，培育壮大质量竞争型产业，推动制造业高端化、智能化、绿色化发展，大力发展服务型制造。加快培

育服务业新业态新模式，以质量创新促进服务场景再造、业务再造、管理再造，推动生产性服务业向专业化和价值链高端延伸，推动生活性服务业向高品质和多样化升级。完善服务业质量标准，加强服务业质量监测，优化服务业市场环境。加快大数据、网络、人工智能等新技术的深度应用，促进现代服务业与先进制造业、现代农业融合发展。

......

六、提升建设工程品质

......

（十四）提高建筑材料质量水平

加快高强度高耐久、可循环利用、绿色环保等新型建材研发与应用，推动钢材、玻璃、陶瓷等传统建材升级换代，提升建材性能和品质。大力发展绿色建材，完善绿色建材产品标准和认证评价体系，倡导选用绿色建材。鼓励企业建立装配式建筑部品部件生产、施工、安装全生命周期质量控制体系，推行装配式建筑部品部件驻厂监造。落实建材生产和供应单位终身责任，严格建材使用单位质量责任，强化影响结构强度和安全性、耐久性的关键建材全过程质量管理。加强建材质量监管，加大对外墙保温材料、水泥、电线电缆等重点建材产品质量监督抽查力度，实施缺陷建材响应处理和质量追溯。开展住宅、公共建筑等重点领域建材专项整治，促进从生产到施工全链条的建材行业质量提升。

（十五）打造中国建造升级版

坚持百年大计、质量第一，树立全生命周期建设发展理念，构建现代工程建设质量管理体系，打造中国建造品牌。完善勘察、设计、监理、造价等工程咨询服务技术标准，鼓励发展全过程工程咨询和专业化服务。完善工程设计方案审查论证机制，突出地域特征、民族特点、时代风貌，提供质量优良、安全耐久、环境协调、社会认可的工程设计产品。加大先进建造技术前瞻性研究力度和研发投入，加快建筑信息模型等数字化技术研发和集成应用，创新开展工程建设工法研发、评审、推广。加强先进质量管理模式和方法高水平应用，打造品质工程标杆。推广先进建造设备和智能建造方式，提升建设工程的质量和安全性能。大力发展绿色建筑，深入推进可再生能源、资源建筑应用，实现工程建设全过程低碳环保、节能减排。

建材行业碳达峰实施方案（节选）

建材行业是国民经济和社会发展的重要基础产业，也是工业领域能源消耗和碳排放的重点行业。为深入贯彻落实党中央、国务院关于碳达峰碳中和决策部署，切实做好建材行业碳达峰工作，根据《关于完整准确全面贯彻新发展理念做好碳达峰碳中和工作的意见》《2030年前碳达峰行动方案》，结合《工业领域碳达峰实施方案》，制定本实施方案。

一、总体要求

（一）指导思想

以习近平新时代中国特色社会主义思想为指导，全面贯彻党的二十大精神，坚持稳中求进工作总基调，立足新发展阶段，完整、准确、全面贯彻新发展理念，构建新发展格局，坚持系统观念，处理好发展和减排、整体和局部、长远目标和短期目标、政府和市场的关系，围绕建材行业碳达峰总体目标，以深化供给侧结构性改革为主线，以总量控制为基础，以提升资源综合利用水平为关键，以低碳技术创新为动力，全面提升建材行业绿色低碳发展水平，确保如期实现碳达峰。

（二）工作原则

坚持统筹推进。 加强顶层设计，强化公共服务，加强建材行业上下游产业链协同，保障有效供给，促进减污降碳协同增效，稳妥有序推进碳达峰工作。

坚持双轮驱动。 政府和市场两手发力，完善建材行业绿色低碳发展政策体系，健全激励约束机制，充分调动市场主体节能降碳积极性。

坚持创新引领。 强化科技创新，促进科技成果转化，加快节能低碳技术和装备的研发和产业化，为建材行业绿色低碳转型夯实基础、增强动力。

坚持突出重点。 注重分类施策，以排放占比最高的水泥、石灰等行业为重点，充分发挥资源循环利用优势，加大力度实施原燃料替代，实现碳减排重大突破。

（三）主要目标

"十四五"期间，建材产业结构调整取得明显进展，行业节能低碳技术持续推广，水泥、玻璃、陶瓷等重点产品单位能耗、碳排放强度不断下降，水泥熟料单位产品综合能耗水平降低3%以上。"十五五"期间，建材行业绿色低碳关键技术产业化实现重大突破，原燃料替代水平大幅提高，基本建立绿色低碳循环发展的产业体系。确保2030年前建材行业实现碳达峰。

二、重点任务

……

（二）推动原料替代

……

6. **推动建材产品减量化使用。** 精准使用建筑材料，减量使用高碳建材产品。提高水泥产品质量和应用水平，促进水泥减量化使用。开发低能耗制备与施工技术，加大高性能混凝土推广应用力度。加快发展新型低碳胶凝材料，鼓励固碳矿物材料和全固废免烧新型胶凝材料的研发。（工业和信息化部、住房城乡建设部、科技部按职责分工负责）

（五）推进绿色制造

13. **构建高效清洁生产体系。** 强化建材企业全生命周期绿色管理，大力推行绿色设计，建设绿色工厂，协同控制污染物排放和二氧化碳排放，构建绿色制造体系。推动制定"一行一策"清洁生产改造提升计划，全面开展清洁生产审核评价和认证，推动一批重点企业达到国际清洁生产领先水平。在水泥、石灰、玻璃、陶瓷等重点行业加快实施污染物深度治理和二氧化碳超低排放改造，促进减污降碳协同增效，到2030年改造建设1000条绿色低碳生产线。推进绿色运输，打造绿色供应链，中长途运输优先采用铁路或水路，中短途运输鼓励采用管廊、新能源车辆或达到国六排放标准的车辆，厂内物流运输加快建设皮带、轨道、辊道运输系统，减少厂内物料二次倒运以及汽车运输量。推动大气污染防治重点区域淘汰国四及以下厂内车辆和国二及以下的非道路移动机械。（工业和信息化部、国家发展改革委、生态环境部、交通运输部按职责分工负责）

14. **构建绿色建材产品体系。**将水泥、玻璃、陶瓷、石灰、墙体材料、木竹材等产品碳排放指标纳入绿色建材标准体系，加快推进绿色建材产品认证，扩大绿色建材产品供给，提升绿色建材产品质量。大力提高建材产品深加工比例和产品附加值，加快向轻型化、集约化、制品化、高端化转型。加快发展生物质建材。（工业和信息化部、生态环境部、住房城乡建设部、市场监管总局、林草局按职责分

工负责）

15. **加快绿色建材生产和应用。**鼓励各地因地制宜发展绿色建材，培育一批骨干企业，打造一批产业集群。持续开展绿色建材下乡活动，助力美丽乡村建设。通过政府采购支持绿色建材促进建筑品质提升试点城市建设，打造宜居绿色低碳城市。促进绿色建材与绿色建筑协同发展，提升新建建筑与既有建筑改造中使用绿色建材，特别是节能玻璃、新型保温材料、新型墙体材料的比例，到2030年星级绿色建筑全面推广绿色建材。（工业和信息化部、财政部、住房城乡建设部、市场监管总局按职责分工负责）

……

城乡建设领域碳达峰实施方案

城乡建设是碳排放的主要领域之一。随着城镇化快速推进和产业结构深度调整，城乡建设领域碳排放量及其占全社会碳排放总量比例均将进一步提高。为深入贯彻落实党中央、国务院关于碳达峰碳中和决策部署，控制城乡建设领域碳排放量增长，切实做好城乡建设领域碳达峰工作，根据《中共中央 国务院关于完整准确全面贯彻新发展理念做好碳达峰碳中和工作的意见》《2030年前碳达峰行动方案》，制定本实施方案。

一、总体要求

（一）**指导思想。**以习近平新时代中国特色社会主义思想为指导，全面贯彻党的十九大和十九届历次全会精神，深入贯彻习近平生态文明思想，按照党中央、国务院决策部署，坚持稳中求进工作总基调，立足新发展阶段，完整、准确、全面贯彻新发展理念，构建新发展格局，坚持生态优先、节约优先、保护优先，坚持人与自然和谐共生，坚持系统观念，统筹发展和安全，以绿色低碳发展为引领，推进城市更新行动和乡村建设行动，加快转变城乡建设方式，提升绿色低碳发展质量，不断满足人民群众对美好生活的需要。

（二）**工作原则。**坚持系统谋划、分步实施，加强顶层设计，强化结果控制，合理确定工作节奏，统筹推进实现碳达峰。坚持因地制宜，区分城市、乡村、不同气候区，科学确定节能降碳要求。坚持创新引领、转型发展，加强核心技术攻坚，完善技术体系，强化机制创新，完善城乡建设碳减排管理制度。坚持双轮驱动、共同发力，充分发挥政府主导和市场机制作用，形成有效的激励约束机制，实施共建共享，协同推进各项工作。

（三）**主要目标。**2030年前，城乡建设领域碳排放达到峰值。城乡建设绿色低碳发展政策体系和体制机制基本建立；建筑节能、垃圾资源化利用等水平大幅提高，能源资源利用效率达到国际先进水平；用能结构和方式更加优化，可再生能源应用更加充分；城乡建设方式绿色低碳转型取得积极进展，"大量建设、大量消耗、大量排放"基本扭转；城市整体性、系统性、生长性增强，"城市病"问题初步解决；建筑品质和工程质量进一步提高，人居环境质量大幅改善；绿色生活方式普遍形成，绿色低碳运行初步实现。

力争到2060年前，城乡建设方式全面实现绿色低碳转型，系统性变革全面实现，美好人居环境全面建成，城乡建设领域碳排放治理现代化全面实现，人民生活更加幸福。

二、建设绿色低碳城市

（四）**优化城市结构和布局。**城市形态、密度、功能布局和建设方式对碳减排具有基础性重要影响。积极开展绿色低碳城市建设，推动组团式发展。每个组团面积不超过50平方千米，组团内平均人口密度原则上不超过1万人/平方千米，个别地段最高不超过1.5万人/平方千米。加强生态廊道、景观视廊、通风廊道、滨水空间和城市绿道统筹布局，留足城市河湖生态空间和防洪排涝空间，组团间的生态廊道应贯通连续，净宽度不少于100米。推动城市生态修复，完善城市生态系统。严格控制新建超高层建筑，一般不得新建超高层住宅。新城新区合理控制职住比例，促进就业岗位和居住空间均衡融合布局。合理布局城市快速干线交通、生活性集散交通和绿色慢行交通设施，主城区道路网密度应大于8公里/平方千米。严格既有建筑拆除管理，坚持从"拆改留"到"留改拆"推动城市更新，除违法建筑和经专业机构鉴定为危房且无修缮保留价值的建筑外，不大规模、成片集中拆除现状建筑，城市更新单元（片区）或项目内拆除建筑面积原则上不应大于现状总建筑面积的20%。盘活存量房屋，减少各类空置房。

（五）**开展绿色低碳社区建设。**社区是形成简约适度、绿色低碳、文明健康生活方式的重要场所。推广功能复合的混合街区，倡导居住、商业、无污染产业等混合布局。按照《完整居住社区建设标准（试行）》配建基本公共服务设施、便民商业服务设施、市政配套基础设施和公共活动空间，到2030年地级及以上城市的完整居住社区覆盖率提高到60%以上。通过步行和骑行网络串联若干个居住社区，构建十五分钟生活圈。推进绿色社区创建行动，将绿色发展理念贯穿社区规划建设管理全过程，60%的城市社区先行达到创建要求。探索零碳社区建设。鼓励物业服务企业向业主提供居家养老、家政、托幼、健身、购物等生活服务，在步行范围内满足业主基本生活需求。鼓励选用绿色家电产品，减少使用一次性消费品。鼓励"部分空间、部分时间"等绿色低碳用能方式，倡导随手关灯，电视机、空调、电脑等电器不用时关闭插座电源。鼓励选用新能源汽车，推进社区充换电设施建设。

（六）全面提高绿色低碳建筑水平。持续开展绿色建筑创建行动，到2025年，城镇新建建筑全面执行绿色建筑标准，星级绿色建筑占比达到30%以上，新建政府投资公益性公共建筑和大型公共建筑全部达到一星级以上。2030年前严寒、寒冷地区新建居住建筑本体达到83%节能要求，夏热冬冷、夏热冬暖、温和地区新建居住建筑本体达到75%节能要求，新建公共建筑本体达到78%节能要求。推动低碳建筑规模化发展，鼓励建设零碳建筑和近零能耗建筑。加强节能改造鉴定评估，编制改造专项规划，对具备改造价值和条件的居住建筑要应改尽改，改造部分节能水平应达到现行标准规定。持续推进公共建筑能效提升重点城市建设，到2030年地级以上重点城市全部完成改造任务，改造后实现整体能效提升20%以上。推进公共建筑能耗监测和统计分析，逐步实施能耗限额管理。加强空调、照明、电梯等重点用能设备运行调适，提升设备能效，到2030年实现公共建筑机电系统的总体能效在现有水平上提升10%。

（七）建设绿色低碳住宅。提升住宅品质，积极发展中小户型普通住宅，限制发展超大户型住宅。依据当地气候条件，合理确定住宅朝向、窗墙比和体形系数，降低住宅能耗。合理布局居住生活空间，鼓励大开间、小进深，充分利用日照和自然通风。推行灵活可变的居住空间设计，减少改造或拆除造成的资源浪费。推动新建住宅全装修交付使用，减少资源消耗和环境污染。积极推广装配化装修，推行整体卫浴和厨房等模块化部品应用技术，实现部品部件可拆改、可循环使用。提高共用设施设备维修养护水平，提升智能化程度。加强住宅共用部位维护管理，延长住宅使用寿命。

（八）提高基础设施运行效率。基础设施体系化、智能化、生态绿色化建设和稳定运行，可以有效减少能源消耗和碳排放。实施30年以上老旧供热管网更新改造工程，加强供热管网保温材料更换，推进供热场站、管网智能化改造，到2030年城市供热管网热损失比2020年下降5个百分点。开展人行道净化和自行车专用道建设专项行动，完善城市轨道交通站点与周边建筑连廊或地下通道等配套接驳设施，加大城市公交专用道建设力度，提升城市公共交通运行效率和服务水平，城市绿色交通出行比例稳步提升。全面推行垃圾分类和减量化、资源化，完善生活垃圾分类投放、分类收集、分类运输、分类处理系统，到2030年城市生活垃圾资源化利用率达到65%。结合城市特点，充分尊重自然，加强城市设施与原有河流、湖泊等生态本底的有效衔接，因地制宜，系统化全域推进海绵城市建设，综合采用"渗、滞、蓄、净、用、排"方式，加大雨水蓄滞与利用，到2030年全国城市建成区平均可渗透面积占比达到45%。推进节水型城市建设，实施城市老旧供水管网更新改造，推进管网分区计量，提升供水管网智能化管理水平，力争到2030年城市公共供水管网漏损率控制在8%以内。实施污水收集处理设施改造和城镇污水资源化利用行动，到2030年全国城市平均再生水利用率达到30%。加快推进城市供气管道和设施更新改造。推进城市绿色照明，加强城市照明规划、设计、建设运营全过程管理，控制过度亮化和光污染，到2030年LED等高效节能灯具使用占比超过80%，30%以上城市建成照明数字化系统。开展城市园林绿化提升行动，完善城市公园体系，推进中心城区、老城区绿道网络建设，加强立体绿化，提高乡土和本地适生植物应用比例，到2030年城市建成区绿地率达到

38.9%，城市建成区拥有绿道长度超过 1 公里 / 万人。

（九）优化城市建设用能结构。推进建筑太阳能光伏一体化建设，到 2025 年新建公共机构建筑、新建厂房屋顶光伏覆盖率力争达到 50%。推动既有公共建筑屋顶加装太阳能光伏系统。加快智能光伏应用推广。在太阳能资源较丰富地区及有稳定热水需求的建筑中，积极推广太阳能光热建筑应用。因地制宜推进地热能、生物质能应用，推广空气源等各类电动热泵技术。到 2025 年城镇建筑可再生能源替代率达到 8%。引导建筑供暖、生活热水、炊事等向电气化发展，到 2030 年建筑用电占建筑能耗比例超过 65%。推动开展新建公共建筑全面电气化，到 2030 年电气化比例达到 20%。推广热泵热水器、高效电炉灶等替代燃气产品，推动高效直流电器与设备应用。推动智能微电网、"光储直柔"、蓄冷蓄热、负荷灵活调节、虚拟电厂等技术应用，优先消纳可再生能源电力，主动参与电力需求侧响应。探索建筑用电设备智能群控技术，在满足用电需求前提下，合理调配用电负荷，实现电力少增容、不增容。根据既有能源基础设施和经济承受能力，因地制宜探索氢燃料电池分布式热电联供。推动建筑热源端低碳化，综合利用热电联产余热、工业余热、核电余热，根据各地实际情况应用尽用。充分发挥城市热电供热能力，提高城市热电生物质耦合能力。引导寒冷地区达到超低能耗的建筑不再采用市政集中供暖。

（十）推进绿色低碳建造。大力发展装配式建筑，推广钢结构住宅，到 2030 年装配式建筑占当年城镇新建建筑的比例达到 40%。推广智能建造，到 2030 年培育 100 个智能建造产业基地，打造一批建筑产业互联网平台，形成一系列建筑机器人标志性产品。推广建筑材料工厂化精准加工、精细化管理，到 2030 年施工现场建筑材料损耗率比 2020 年下降 20%。加强施工现场建筑垃圾管控，到 2030 年新建建筑施工现场建筑垃圾排放量不高于 300 吨 / 万平方米。积极推广节能型施工设备，监控重点设备耗能，对多台同类设备实施群控管理。优先选用获得绿色建材认证标识的建材产品，建立政府工程采购绿色建材机制，到 2030 年星级绿色建筑全面推广绿色建材。鼓励有条件的地区使用木竹建材。提高预制构件和部品部件通用性，推广标准化、少

规格、多组合设计。推进建筑垃圾集中处理、分级利用，到 2030 年建筑垃圾资源化利用率达到 55%。

三、打造绿色低碳县城和乡村

（十一）提升县城绿色低碳水平。开展绿色低碳县城建设，构建集约节约、尺度宜人的县城格局。充分借助自然条件、顺应原有地形地貌，实现县城与自然环境融合协调。结合实际推行大分散与小区域集中相结合的基础设施分布式布局，建设绿色节约型基础设施。要因地制宜强化县城建设密度与强度管控，位于生态功能区、农产品主产区的县城建成区人口密度控制在 0.6 万～1 万人 / 平方千米，建筑总面积与建设用地比值控制在 0.6～0.8；建筑高度要与消防救援能力相匹配，新建住宅以 6 层为主，最高不超过 18 层，6 层及以下住宅建筑面积占比应不低于 70%；确需建设 18 层以上居住建筑的，应严格充分论证，并确保消防应急、市政配套设施等建设到位；推行"窄马路、密路网、小街区"，县城内部道路红线宽度不超过 40 米，广场集中硬地面积不超过 2 公顷，步行道网络应连续通畅。

（十二）营造自然紧凑乡村格局。合理布局乡村建设，保护乡村生态环境，减少资源能源消耗。开展绿色低碳村庄建设，提升乡村生态和环境质量。农房和村庄建设选址要安全可靠，顺应地形地貌，保护山水林田湖草沙生态脉络。鼓励新建农房向基础设施完善、自然条件优越、公共服务设施齐全、景观环境优美的村庄聚集，农房群落自然、紧凑、有序。

（十三）推进绿色低碳农房建设。提升农房绿色低碳设计建造水平，提高农房能效水平，到 2030 年建成一批绿色农房，鼓励建设星级绿色农房和零碳农房。按照结构安全、功能完善、节能降碳等要求，制定和完善农房建设相关标准。引导新建农房执行《农村居住建筑节能设计标准》等相关标准，完善农房节能措施，因地制宜推广太阳能暖房等可再生能源利用方式。推广使用高能效照明、灶具等设施设备。鼓励就地取材和利用乡土材料，推广使用绿色建材，鼓励选用装配式钢结构、木结构等建造方式。大力推进北方地区农村清洁取暖。在北方地区冬季清洁取暖项目中积极推进农房节能改造，提高常住房间舒适性，改造后实现整体能效提升 30% 以上。

（十四）推进生活垃圾污水治理低碳化。推进农村污水处理，合理确定排放标准，推动农村生活污水就近就地资源化利用。因地制宜，推广小型化、生态化、分散化的污水处理工艺，推行微动力、低能耗、低成本的运行方式。推动农村生活垃圾分类处理，倡导农村生活垃圾资源化利用，从源头减少农村生活垃圾产生量。

（十五）推广应用可再生能源。推进太阳能、地热能、空气热能、生物质能等可再生能源在乡村供气、供暖、供电等方面的应用。大力推动农房屋顶、院落空地、农业设施加装太阳能光伏系统。推动乡村进一步提高电气化水平，鼓励炊事、供暖、照明、交通、热水等用能电气化。充分利用太阳能光热系统提供生活热水，鼓励使用太阳能灶等设备。

四、强化保障措施

（十六）建立完善法律法规和标准计量体系。推动完善城乡建设领域碳达峰相关法律法规，建立健全碳排放管理制度，明确责任主体。建立完善节能降碳标准计量体系，制定完善绿色建筑、零碳建筑、绿色建造等标准。鼓励具备条件的地区制定高于国家标准的地方工程建设强制性标准和推荐性标准。各地根据碳排放控制目标要求和产业结构情况，合理确定城乡建设领域碳排放控制目标。建立城市、县城、社区、行政村、住宅开发项目绿色低碳指标体系。完善省市公共建筑节能监管平台，推动能源消费数据共享，加强建筑领域计量器具配备和管理。加强城市、县城、乡村等常住人口调查与分析。

（十七）构建绿色低碳转型发展模式。以绿色低碳为目标，构建纵向到底、横向到边、共建共治共享发展模式，健全政府主导、群团带动、社会参与机制。建立健全"一年一体检、五年一评估"的城市体检评估制度。建立乡村建设评价机制。利用建筑信息模型（BIM）技术和城市信息模型（CIM）平台等，推动数字建筑、数字孪生城市建设，加快城乡建设数字化转型。大力发展节能服务产业，推广合同能源管理，探索节能咨询、诊断、设计、融资、改造、托管等"一站式"综合服务模式。

（十八）建立产学研一体化机制。组织开展基础研究、关键核心技术攻关、工程示范和产业化应用，推动科技研发、成果转化、产业培育协同发展。

整合优化行业产学研科技资源，推动高水平创新团队和创新平台建设，加强创新型领军企业培育。鼓励支持领军企业联合高校、科研院所、产业园区、金融机构等力量，组建产业技术创新联盟等多种形式的创新联合体。鼓励高校增设碳达峰碳中和相关课程，加强人才队伍建设。

（十九）完善金融财政支持政策。完善支持城乡建设领域碳达峰的相关财政政策，落实税收优惠政策。完善绿色建筑和绿色建材政府采购需求标准，在政府采购领域推广绿色建筑和绿色建材应用。强化绿色金融支持，鼓励银行业金融机构在风险可控和商业自主原则下，创新信贷产品和服务支持城乡建设领域节能降碳。鼓励开发商投保全装修住宅质量保险，强化保险支持，发挥绿色保险产品的风险保障作用。合理开放城镇基础设施投资、建设和运营市场，应用特许经营、政府购买服务等手段吸引社会资本投入。完善差别电价、分时电价和居民阶梯电价政策，加快推进供热计量和按供热量收费。

五、加强组织实施

（二十）加强组织领导。在碳达峰碳中和工作领导小组领导下，住房城乡建设部、国家发展改革委等部门加强协作，形成合力。各地区各有关部门要加强协调，科学制定城乡建设领域碳达峰实施细化方案，明确任务目标，制定责任清单。

（二十一）强化任务落实。各地区各有关部门要明确责任，将各项任务落实落细，及时总结好经验好做法，扎实推进相关工作。各省（区、市）住房和城乡建设、发展改革部门于每年11月底前将当年贯彻落实情况报住房和城乡建设部、国家发展改革委。

（二十二）加大培训宣传。将碳达峰碳中和作为城乡建设领域干部培训重要内容，提高绿色低碳发展能力。通过业务培训、比赛竞赛、经验交流等多种方式，提高规划、设计、施工、运行相关单位和企业人才业务水平。加大对优秀项目、典型案例的宣传力度，配合开展好"全民节能行动""节能宣传周"等活动。编写绿色生活宣传手册，积极倡导绿色低碳生活方式，动员社会各方力量参与降碳行动，形成社会各界支持、群众积极参与的浓厚氛围。开展减排自愿承诺，引导公众自觉履行节能减排责任。

财政支持做好碳达峰碳中和工作的意见（节选）

为深入贯彻落实党中央、国务院关于碳达峰碳中和重大战略决策，根据《中共中央 国务院关于完整准确全面贯彻新发展理念做好碳达峰碳中和工作的意见》和《2030 年前碳达峰行动方案》（国发〔2021〕23 号）有关工作部署，现就财政支持做好碳达峰碳中和工作提出如下意见。

一、总体要求

（一）指导思想

以习近平新时代中国特色社会主义思想为指导，全面贯彻党的十九大和十九届历次全会精神，深入贯彻习近平生态文明思想，按照党中央、国务院决策部署，坚持稳中求进工作总基调，立足新发展阶段，完整、准确、全面贯彻新发展理念，构建新发展格局，推动高质量发展，坚持系统观念，把碳达峰碳中和工作纳入生态文明建设整体布局和经济社会发展全局。坚持降碳、减污、扩绿、增长协同推进，积极构建有利于促进资源高效利用和绿色低碳发展的财税政策体系，推动有为政府和有效市场更好结合，支持如期实现碳达峰碳中和目标。

（二）工作原则

立足当前，着眼长远。围绕如期实现碳达峰碳中和目标，加强财政支持政策与国家"十四五"规划纲要衔接，抓住"十四五"碳达峰工作的关键期、窗口期，落实积极的财政政策要提升效能，更加注重精准、可持续的要求，合理规划财政支持碳达峰碳中和政策体系。

因地制宜，统筹推进。各地财政部门统筹考虑当地工作基础和实际，稳妥有序推进工作，分类施策，制定和实施既符合自身实际又满足总体要求的财政支持措施。加强财政资源统筹，常态化实施财政资金直达机制。推动资金、税收、政府采购等政策协同发力，提升财政政策效能。

结果导向，奖优罚劣。强化预算约束和绩效管理，中央财政对推进相关工作成效突出的地区给予奖励支持；对推进相关工作不积极或成效不明显地区适当扣减相关转移支付资金，形成激励约束机制。

加强交流，内外畅通。坚持共同但有区别的责任原则、公平原则和各自能力原则，强化多边、双边国际财经对话交流合作，统筹国内国际资源，推广国内外先进绿色低碳技术和经验，深度参与全球气候治理，积极争取国际资源支持。

（三）主要目标

到 2025 年，财政政策工具不断丰富，有利于绿色低碳发展的财税政策框架初步建立，有力支持各地区各行业加快绿色低碳转型。2030 年前，有利于绿色低碳发展的财税政策体系基本形成，促进绿色低碳发展的长效机制逐步建立，推动碳达峰目标顺利实现。2060 年前，财政支持绿色低碳发展政策体系成熟健全，推动碳中和目标顺利实现。

……

三、财政政策措施

……

（四）完善政府绿色采购政策

建立健全绿色低碳产品的政府采购需求标准体系，分类制定绿色建筑和绿色建材政府采购需求标准。大力推广应用装配式建筑和绿色建材，促进建筑品质提升。加大新能源、清洁能源公务用车和用船政府采购力度，机要通信等公务用车除特殊地理环境等因素外原则上采购新能源汽车，优先采购提供新能源汽车的租赁服务，公务用船优先采购新能源、清洁能源船舶。强化采购人主体责任，在政府采购文件中明确绿色低碳要求，加大绿色低碳产品采购力度。

……

"十四五"建筑节能与绿色建筑发展规划（节选）

2022 年 3 月

为进一步提高"十四五"时期建筑节能水平，推动绿色建筑高质量发展，依据《中华人民共和国国民经济和社会发展第十四个五年规划和2035年远景目标纲要》《中共中央 国务院关于完整准确全面贯彻新发展理念做好碳达峰碳中和工作的意见》《中共中央办公厅国务院办公厅关于推动城乡建设绿色发展的意见》等文件，制定本规划。

一、发展环境

（一）发展基础

"十三五"期间，我国建筑节能与绿色建筑发展取得重大进展。绿色建筑实现跨越式发展，法规标准不断完善，标识认定管理逐步规范，建设规模增长迅速。城镇新建建筑节能标准进一步提高，超低能耗建筑建设规模持续增长，近零能耗建筑实现零的突破。公共建筑能效提升持续推进，重点城市建设取得新进展，合同能源管理等市场化机制建设取得初步成效。既有居住建筑节能改造稳步实施，农房节能改造研究不断深入。可再生能源应用规模持续扩大，太阳能光伏装机容量不断提升，可再生能源替代率逐步提高。装配式建筑快速发展，政策不断完善，示范城市和产业基地带动作用明显。绿色建材评价认证和推广应用稳步推进，政府采购支持绿色建筑和绿色建材应用试点持续深化。

"十三五"期间，严寒寒冷地区城镇新建居住建筑节能达到75%，累计建设完成超低、近零能耗建筑面积近0.1亿平方米，完成既有居住建筑节能改造面积5.14亿平方米、公共建筑节能改造面积1.85亿平方米，城镇建筑可再生能源替代率达到6%。截至2020年年底，全国城镇新建绿色建筑占当年新建建筑面积比例达到77%，累计建成绿色建筑面积超过66亿平方米，累计建成节能建筑面积超过238亿平方米，节能建筑占城镇民用建筑面积比例超过63%，全国新开工装配式建筑占城镇当年新建建筑面积比例为20.5%。国务院确定的各项工作任务和"十三五"建筑节能与绿色建筑发展规划目标圆满完成。

（二）发展形势

"十四五"时期是开启全面建设社会主义现代化国家新征程的第一个五年，是落实2030年前碳达峰、2060年前碳中和目标的关键时期，建筑节能与绿色建筑发展面临更大挑战，同时也迎来重要发展机遇。

碳达峰碳中和目标愿景提出新要求。习近平总书记提出我国二氧化碳排放力争于2030年前达到峰值，努力争取2060年前实现碳中和。《中共中央 国务院关于完整准确全面贯彻新发展理念做好碳达峰碳中和工作的意见》和国务院《2030年前碳达峰行动方案》，明确了减少城乡建设领域降低碳排放的任务要求。建筑碳排放是城乡建设领域碳排放的重点，通过提高建筑节能标准，实施既有建筑节能改造，优化建筑用能结构，推动建筑碳排放尽早达峰，将为实现我国碳达峰碳中和做出积极贡献。

城乡建设绿色发展带来新机遇。《中共中央办公厅 国务院办公厅关于推动城乡建设绿色发展的意见》明确了城乡建设绿色发展蓝图。通过加快绿色建筑建设，转变建造方式，积极推广绿色建材，推动建筑运行管理高效低碳，实现建筑全寿命期的绿色低碳发展，将极大促进城乡建设绿色发展。

人民对美好生活的向往注入新动力。随着经济社会发展水平的提高，人民群众对美好居住环境的需求也越来越高。通过推进建筑节能与绿色建筑发展，以更少的能源资源消耗，为人民群众提供更加优良的公共服务、更加优美的工作生活空间、更加完善的建筑使用功能，将在减少碳排放的同时，不断增强人民群众的获得感、幸福感和安全感。

二、总体要求

（一）指导思想

以习近平新时代中国特色社会主义思想为指导，深入贯彻党的十九大和十九届历次全会精神，立足新发展阶段，完整、准确、全面贯彻新发展理念，构建新发展格局，坚持以人民为中心，坚持高质量发展，围绕落实我国2030年前碳达峰与2060年前碳中和目标，立足城乡建设绿色发展，提高建筑绿色低碳发展质量，降低建筑能源资源消耗，转变城乡建设发展方式，为2030年实现城乡建设领域碳达峰奠定坚实基础。

（二）基本原则

——绿色发展，和谐共生。坚持人与自然和谐共生的理念，建设高品质绿色建筑，提高建筑安全、健康、宜居、便利、节约性能，增进民生福祉。

——聚焦达峰，降低排放。聚焦2030年前城乡建设领域碳达峰目标，提高建筑能效水平，优化建筑用能结构，合理控制建筑领域能源消费总量和碳排放总量。

——因地制宜，统筹兼顾。根据区域发展战略和各地发展目标，确定建筑节能与绿色建筑发展总体要求和任务，以城市和乡村为单元，兼顾新建建筑和既有建筑，形成具有地区特色的发展格局。

——双轮驱动，两手发力。完善政府引导、市场参与机制，加大规划、标准、金融等政策引导，激励市场主体参与，规范市场主体行为，让市场成为推动建筑绿色低碳发展的重要力量，进一步提升建筑节能与绿色建筑发展质量和效益。

——科技引领，创新驱动。聚焦绿色低碳发展需求，构建市场为导向、企业为主体、产学研深度融合的技术创新体系，加强技术攻关，补齐技术短板，注重国际技术合作，促进我国建筑节能与绿色建筑创新发展。

（三）发展目标

1. 总体目标。到2025年，城镇新建建筑全面建成绿色建筑，建筑能源利用效率稳步提升，建筑用能结构逐步优化，建筑能耗和碳排放增长趋势得到有效控制，基本形成绿色、低碳、循环的建设发展方式，为城乡建设领域2030年前碳达峰奠定坚实基础。

专栏1 "十四五"时期建筑节能和绿色建筑发展总体指标

主要指标	2025年
建筑运行一次二次能源消费总量（亿吨标准煤）	11.5
城镇新建居住建筑能效水平提升	30%
城镇新建公共建筑能效水平提升	20%

（注：表中指标均为预期性指标）

2. 具体目标。到2025年，完成既有建筑节能改造面积3.5亿平方米以上，建设超低能耗、近零能耗建筑0.5亿平方米以上，装配式建筑占当年城镇新建建筑的比例达到30%，全国新增建筑太阳能光伏装机容量0.5亿千瓦以上，地热能建筑应用面积1亿平方米以上，城镇建筑可再生能源替代率达到8%，建筑能耗中电力消费比例超过55%。

专栏2 "十四五"时期建筑节能和绿色建筑发展具体指标

主要指标	2025年
既有建筑节能改造面积（亿平方米）	3.5
建设超低能耗、近零能耗建筑面积（亿平方米）	0.5
城镇新建建筑中装配式建筑比例	30%
新增建筑太阳能光伏装机容量（亿千瓦）	0.5
新增地热能建筑应用面积（亿平方米）	1.0
城镇建筑可再生能源替代率	8%
建筑能耗中电力消费比例	55%

（注：表中指标均为预期性指标）

三、重点任务

（一）提升绿色建筑发展质量

1. 加强高品质绿色建筑建设。推进绿色建筑标准实施，加强规划、设计、施工和运行管理。倡导建筑绿色低碳设计理念，充分利用自然通风、天然采光等，降低住宅用能强度，提高住宅健康性能。推动有条件地区政府投资公益性建筑、大型公共建筑等新建建筑全部建成星级绿色建筑。引导地方制定支持政策，推动绿色建筑规模化发展，鼓励建设高星级绿色建筑。降低工程质量通病发生率，提高绿色建筑工程质量。开展绿色农房建设试点。

2. 完善绿色建筑运行管理制度。加强绿色建筑运行管理，提高绿色建筑设施、设备运行效率，将绿色建筑日常运行要求纳入物业管理内容。建立绿色建筑用户评价和反馈机制，定期开展绿色建筑运营评估和用户满意度调查，不断优化提升绿色建筑运营水平。鼓励建设绿色建筑智能化运行管理平台，充分利用现代信息技术，实现建筑能耗和资源消耗、室内空气品质等指标的实时监测与统计分析。

专栏 3 高品质绿色建筑发展重点工程

> 绿色建筑创建行动。以城镇民用建筑作为创建对象，引导新建建筑、改扩建建筑、既有建筑按照绿色建筑标准设计、施工、运行及改造。到 2025 年，城镇新建建筑全面执行绿色建筑标准，建成一批高质量绿色建筑项目，人民群众体验感、获得感明显增强
>
> 星级绿色建筑推广计划。采取"强制 + 自愿"推广模式，适当提高政府投资公益性建筑、大型公共建筑以及重点功能区内新建建筑中星级绿色建筑建设比例。引导地方制定绿色金融、容积率奖励、优先评奖等政策，支持星级绿色建筑发展

......

（三）加强既有建筑节能绿色改造

1. 提高既有居住建筑节能水平。除违法建筑和经鉴定为危房且无修缮保留价值的建筑外，不大规模、成片集中拆除现状建筑。在严寒及寒冷地区，结合北方地区冬季清洁取暖工作，持续推进建筑用户侧能效提升改造、供热管网保温及智能调控改造。在夏热冬冷地区，适应居民采暖、空调、通风等需求，积极开展既有居住建筑节能改造，提高建筑用能效率和室内舒适度。在城镇老旧小区改造中，鼓励加强建筑节能改造，形成与小区公共环境整治、适老设施改造、基础设施和建筑使用功能提升改造统筹推进的节能、低碳、宜居综合改造模式。引导居民在更换门窗、空调、壁挂炉等部件及设备时，采购高能效产品。

2. 推动既有公共建筑节能绿色化改造。强化公共建筑运行监管体系建设，统筹分析应用能耗统计、能源审计、能耗监测等数据信息，开展能耗信息公示及披露试点，普遍提升公共建筑节能运行水平。引导各地分类制定公共建筑用能（用电）限额指标，开展建筑能耗比对和能效评价，逐步实施公共建筑用能管理。持续推进公共建筑能效提升重点城市建设，加强用能系统和围护结构改造。推广应用建筑设施设备优化控制策略，提高采暖空调系统和电气系统效率，加快 LED 照明灯具普及，采用电梯智能群控等技术提升电梯能效。建立公共建筑运行调

适制度，推动公共建筑定期开展用能设备运行调适，提高能效水平。

......

（六）推广新型绿色建造方式

大力发展钢结构建筑，鼓励医院、学校等公共建筑优先采用钢结构建筑，积极推进钢结构住宅和农房建设，完善钢结构建筑防火、防腐等性能与技术措施。在商品住宅和保障性住房中积极推广装配式混凝土建筑，完善适用于不同建筑类型的装配式混凝土建筑结构体系，加大高性能混凝土、高强钢筋和消能减震、预应力技术的集成应用。因地制宜发展木结构建筑。推广成熟可靠的新型绿色建造技术。完善装配式建筑标准化设计和生产体系，推行设计选型和一体化集成设计，推广少规格、多组合设计方法，推动构件和部品部件标准化，扩大标准化构件和部品部件使用规模，满足标准化设计选型要求。积极发展装配化装修，推广管线分离、一体化装修技术，提高装修品质。

（七）促进绿色建材推广应用

加大绿色建材产品和关键技术研发投入，推广高强钢筋、高性能混凝土、高性能砌体材料、结构保温一体化墙板等，鼓励发展性能优良的预制构件和部品部件。在政府投资工程率先采用绿色建材，显著提高城镇新建建筑中绿色建材应用比例。优化选材提升建筑健康性能，开展面向提升建筑使用功能的绿色建材产品集成选材技术研究，推广新型功能环保建材产品与配套应用技术。

......

（九）推动绿色城市建设

开展绿色低碳城市建设，树立建筑绿色低碳发展标杆。在对城市建筑能源资源消耗、碳排放现状充分摸底评估基础上，结合建筑节能与绿色建筑工作情况，制定绿色低碳城市建设实施方案和绿色建筑专项规划，明确绿色低碳城市发展目标和主要任务，确定新建民用建筑的绿色建筑等级及布局要求。推动开展绿色低碳城区建设，实现高星级绿色建筑规模化发展，推动超低能耗建筑、零碳建筑、既有建筑节能及绿色化改造、可再生能源建筑应用、装配式建筑、区域建筑能效提升等项目落地实施，全面提升建筑节能与绿色建筑发展水平。

......

"十四五"工业绿色发展规划（节选）

工业和信息化部

一、面临形势

（一）发展基础

"十三五"以来，工业领域以传统行业绿色化改造为重点，以绿色科技创新为支撑，以法规标准制度建设为保障，大力实施绿色制造工程，工业绿色发展取得明显成效。

产业结构不断优化。初步建立落后产能退出长效机制，钢铁行业提前完成 1.5 亿吨去产能目标，电解铝、水泥行业落后产能已基本退出。高技术制造业、装备制造业增加值占规模以上工业增加值比重分别达到 15.1%、33.7%，分别提高了 3.3 和 1.9 个百分点。

能源资源利用效率显著提升。规模以上工业单位增加值能耗降低约 16%，单位工业增加值用水量降低约 40%。重点大中型企业吨钢综合能耗水耗、原铝综合交流电耗等已达到世界先进水平。2020 年，十种主要品种再生资源回收利用量达到 3.8 亿吨，工业固废综合利用量约 20 亿吨。

清洁生产水平明显提高。燃煤机组全面完成超低排放改造，6.2 亿吨粗钢产能开展超低排放改造。重点行业主要污染物排放强度降低 20% 以上。

绿色低碳产业初具规模。截至 2020 年年底，我国节能环保产业产值约 7.5 万亿元。新能源汽车累计推广量超过 550 万辆，连续多年位居全球第一。太阳能电池组件在全球市场份额占比达 71%。

绿色制造体系基本构建。研究制定 468 项节能与绿色发展行业标准，建设 2121 家绿色工厂、171 家绿色工业园区、189 家绿色供应链企业，推广近 2 万种绿色产品，绿色制造体系建设已成为绿色转型的重要支撑。

......

（三）主要目标

到 2025 年，工业产业结构、生产方式绿色低碳转型取得显著成效，绿色低碳技术装备广泛应用，能源资源利用效率大幅提高，绿色制造水平全面提升，为 2030 年工业领域碳达峰奠定坚实基础。

碳排放强度持续下降。单位工业增加值二氧化碳排放降低 18%，钢铁、有色金属、建材等重点行业碳排放总量控制取得阶段性成果。

污染物排放强度显著下降。有害物质源头管控能力持续加强，清洁生产水平显著提高，重点行业主要污染物排放强度降低 10%。

能源效率稳步提升。规模以上工业单位增加值能耗降低 13.5%，粗钢、水泥、乙烯等重点工业产品单耗达到世界先进水平。

资源利用水平明显提高。重点行业资源产出率持续提升，大宗工业固废综合利用率达到 57%，主要再生资源回收利用量达到 4.8 亿吨。单位工业增加值用水量降低 16%。

绿色制造体系日趋完善。重点行业和重点区域绿色制造体系基本建成，完善工业绿色低碳标准体系，推广万种绿色产品，绿色环保产业产值达到 11 万亿元。布局建设一批标准、技术公共服务平台。

三、主要任务

......

推动传统行业绿色低碳发展。加快钢铁、有色金属、石化化工、建材、纺织、轻工、机械等行业实施绿色化升级改造，推进城镇人口密集区危险化学品生产企业搬迁改造。落实能耗"双控"目标和碳排放强度控制要求，推动重化工业减量化、集约化、绿色化发展。对于市场已饱和的"两高"项目，主要产品设计能效水平要对标行业能耗限额先进值或国际先进水平。严格执行钢铁、水泥、平板玻璃、电解铝等行业产能置换政策，严控尿素、磷铵、电石、烧碱、黄磷等行业新增产能，新建项目应实施产能等量或减量置换。强化环保、能耗、水耗等要素约束，依法依规推动落后产能退出。

壮大绿色环保战略性新兴产业。着力打造能源资源消耗低、环境污染少、附加值高、市场需求旺盛的产业发展新引擎，加快发展新能源、新材料、新能源汽车、绿色智能船舶、绿色环保、高端装备、能源电子等战略性新兴产业，带动整个经济社会的绿色低碳发展。推动绿色制造领域战略性新兴产业融合化、集群化、生态化发展，做大做强一批龙头骨干企业，培育一批专精特新"小巨人"企业和制造业单项冠军企业。

优化重点区域绿色低碳布局。在严格保护生态环境前提下，提升能源资源富集地区能源资源的绿色供给能力，推动重点开发地区提高清洁能源利用比重和资源循环利用水平，引导生态脆弱地区发展与资源环境相适宜的特色产业和生态产业，鼓励生态产品资源丰富地区实现生态优势向产业优势转化。加快打造以京津冀、长三角、粤港澳大湾区等区域为重点的绿色低碳发展高地，积极推动长江经济带成为我国生态优先绿色发展主战场，扎实推进黄河流域生态保护和高质量发展。

……

（五）推动生产过程清洁化转型

强化源头减量、过程控制和末端高效治理相结合的系统减污理念，大力推行绿色设计，引领增量企业高起点打造更清洁的生产方式，推动存量企业持续实施清洁生产技术改造，引导企业主动提升清洁生产水平。

健全绿色设计推行机制。强化全生命周期理念，全方位全过程推行工业产品绿色设计。在生态环境影响大、产品涉及面广、产业关联度高的行业，创建绿色设计示范企业，探索行业绿色设计路径，带动产业链、供应链绿色协同提升。构建基于大数据和云计算等技术的绿色设计平台，强化绿色设计与绿色制造协同关键技术供给，加大绿色设计应用。聚焦绿色属性突出、消费量大的工业产品，制定绿色设计评价标准，完善标准采信机制。引导企业采取自我声明或自愿认证的方式，开展绿色设计评价。

减少有害物质源头使用。严格落实电器电子、汽车、船舶等产品有害物质限制使用管控要求，减

少铅、汞、镉、六价铬、多溴联苯、多溴二苯醚等使用。研究制定道路机动车辆有害物质限制使用管理办法，更新电器电子产品管控范围的目录，制修订电器电子、汽车产品有害物质含量限值强制性标准，编制船舶有害物质清单及检验指南，持续推进有害物质管控要求与国际接轨。强化强制性标准约束作用，大力推广低（无）挥发性有机物含量的涂料、油墨、胶黏剂、清洗剂等产品。推动建立部门联动的监管机制，建立覆盖产业链上下游的有害物质数据库，充分发挥电商平台作用，创新开展大数据监管。

削减生产过程污染排放。针对重点行业、重点污染物排放量大的工艺环节，研发推广过程减污工艺和设备，开展应用示范。聚焦京津冀及周边地区、汾渭平原、长三角地区等重点区域，加大氮氧化物、挥发性有机物排放重点行业清洁生产改造力度，实现细颗粒物（$PM_{2.5}$）和臭氧协同控制。聚焦长江、黄河等重点流域以及涉重金属行业集聚区，实施清洁生产水平提升工程，削减化学需氧量、氨氮、重金属等污染物排放。严格履行国际环境公约和有关标准要求，推动重点行业减少持久性有机污染物、有毒有害化学物质等新污染物产生和排放。制定限期淘汰产生严重环境污染的工业固体废物的落后生产工艺设备名录。

升级改造末端治理设施。在重点行业推广先进适用环保治理装备，推动形成稳定、高效的治理能力。在大气污染防治领域，聚焦烟气排放量大、成分复杂、治理难度大的重点行业，开展多污染物协同治理应用示范。深入推进钢铁行业超低排放改造，稳步实施水泥、焦化等行业超低排放改造。加快推进有机废气（VOCs）回收和处理，鼓励选取低耗高效组合工艺进行治理。在水污染防治重点领域，聚焦涉重金属、高盐、高有机物等高难度废水，开展深度高效治理应用示范，逐步提升印染、造纸、化学原料药、煤化工、有色金属等行业废水治理水平。

（六）引导产品供给绿色化转型

增加绿色低碳产品、绿色环保装备供给，引导绿色消费，创造新需求，培育新模式，构建绿色增长新引擎，为经济社会各领域绿色低碳转型提供坚

实保障。

加大绿色低碳产品供给。构建工业领域从基础原材料到终端消费品全链条的绿色产品供给体系，鼓励企业运用绿色设计方法与工具，开发推广一批高性能、高质量、轻量化、低碳环保产品。打造绿色消费场景，扩大新能源汽车、光伏光热产品、绿色消费类电器电子产品、绿色建材等消费。倡导绿色生活方式，继续推广节能、节水、高效、安全的绿色智能家电产品。推动电商平台设立绿色低碳产品销售专区，建立销售激励约束机制，支持绿色积分等"消费即生产"新业态。

大力发展绿色环保装备。研发和推广应用高效加热、节能动力、余热余压回收利用等工业节能装备，低能耗、模块化、智能化污水、烟气、固废处理等工业环保装备，源头分类、过程管控、末端治理等工艺技术装备。加快农作物秸秆、畜禽粪污等生物质供气、供电及农膜污染治理等农村节能环保装备推广应用。发展新型墙体材料一体化成型、铜铝废碎料等工业固废智能化破碎分选及综合利用成套装备，退役动力电池智能化拆解及高值化回收利用装备。发展工程机械、重型机床、内燃机等再制造装备。

创新绿色服务供给模式。打造一批重点行业碳达峰碳中和公共服务平台，面向企业、园区提供低碳规划和低碳方案设计、低碳技术验证和碳排放、碳足迹核算等服务。建立重点工业产品碳排放基础数据库，完善碳排放数据计量、收集、监测、分析体系。推广合同能源管理、合同节水管理、环境污染第三方治理等服务模式。积极培育绿色制造系统解决方案、第三方评价、城市环境服务等专业化绿色服务机构，提供绿色诊断、研发设计、集成应用、运营管理、评价认证、培训等服务，积极参与绿色服务国际标准体系和服务贸易规则制定。

（七）加速生产方式数字化转型

以数字化转型驱动生产方式变革，采用工业互联网、大数据、5G等新一代信息技术提升能源、资源、环境管理水平，深化生产制造过程的数字化应用，赋能绿色制造。

建立绿色低碳基础数据平台。加快制定涵盖能源、资源、碳排放、污染物排放等数据信息的绿色低碳基础数据标准。分行业建立产品全生命周期绿色低碳基础数据平台，统筹绿色低碳基础数据和工业大数据资源，建立数据共享机制，推动数据汇聚、共享和应用。基于平台数据，开展碳足迹、水足迹、环境影响分析评价。

推动数字化智能化绿色化融合发展。深化产品研发设计、生产制造、应用服役、回收利用等环节的数字化应用，加快人工智能、物联网、云计算、数字孪生、区块链等信息技术在绿色制造领域的应用，提高绿色转型发展效率和效益。推动制造过程的关键工艺装备智能感知和控制系统、过程多目标优化、经营决策优化等，实现生产过程物质流、能量流等信息采集监控、智能分析和精细管理。打造面向产品全生命周期的数字孪生系统，以数据为驱动提升行业绿色低碳技术创新、绿色制造和运维服务水平。推进绿色技术软件化封装，推动成熟绿色制造技术的创新应用。

实施"工业互联网＋绿色制造"。鼓励企业、园区开展能源资源信息化管控、污染物排放在线监测、地下管网漏水检测等系统建设，实现动态监测、精准控制和优化管理。加强对再生资源全生命周期数据的智能化采集、管理与应用。推动主要用能设备、工序等数字化改造和上云用云。支持采用物联网、大数据等信息化手段开展信息采集、数据分析、流向监测、财务管理，推广"工业互联网＋再生资源回收利用"新模式。

（八）构建绿色低碳技术体系

推动新技术快速大规模应用和迭代升级，抓紧部署前沿技术研究，完善产业技术创新体系，强化科技创新对工业绿色低碳转型的支撑作用。

加快关键共性技术攻关突破。针对基础元器件和零部件、基础工艺、关键基础材料等实施一批节能减碳研究项目。集中优势资源开展减碳零碳负碳技术、碳捕集利用与封存技术、零碳工业流程再造技术、复杂难用固废无害化利用技术、新型节能及新能源材料技术、高效储能材料技术等关键核心技术攻关，形成一批原创性科技成果。开展化石能源清洁高效利用技术、再生资源分质分级利用技术、高端智能装备再制造技术、高效节能环保装备技术等共性技术研发，强化绿色低碳技术供给。

加强产业基础研究和前沿技术布局。加强基础理论、基础方法、前沿颠覆性技术布局，推进碳中和、二氧化碳移除与低成本利用等前沿绿色低碳技术研究。开展智能光伏、钙钛矿太阳能电池、绿氢开发利用、一氧化碳发酵制酒精、二氧化碳负排放技术以及臭氧污染、持久性有机污染物、微塑料、游离态污染物等新型污染物治理技术装备基础研究，稳步推进团聚、微波除尘等技术集成创新。

加大先进适用技术推广应用。定期编制发布低碳、节能、节水、清洁生产和资源综合利用等绿色技术、装备、产品目录，遴选一批水平先进、经济性好、推广潜力大、市场急需的工艺装备技术，鼓励企业加强设备更新和新产品规模化应用。重点推广全废钢电弧炉短流程炼钢、高选择性催化、余热高效回收利用、多污染物协同治理超低排放、加热炉低氮燃烧、干法粒化除尘、工业废水深度治理回用、高效提取分离、高效膜分离等工艺装备技术。组织制定重大技术推广方案和供需对接指南。优化完善首台（套）重大技术装备、重点新材料首批次应用保险补偿机制，支持符合条件的绿色低碳技术装备、绿色材料应用。鼓励各地方、各行业探索绿色低碳技术推广新机制。

（九）完善绿色制造支撑体系

健全绿色低碳标准体系，完善绿色评价和公共服务体系，强化绿色服务保障，构建完整贯通的绿色供应链，全面提升绿色发展基础能力。

健全绿色低碳标准体系。立足产业结构调整、绿色低碳技术发展需求，完善绿色产品、绿色工厂、绿色工业园区和绿色供应链评价标准体系，制修订一批低碳、节能、节水、资源综合利用等重点领域标准及关键工艺技术装备标准。鼓励制定高于现行标准的地方标准、团体标准和企业标准。强化先进适用标准的贯彻落实，扩大标准有效供给。推动建立绿色低碳标准采信机制，推进重点标准技术水平评价和实施效果评估，畅通迭代优化渠道。推进绿色设计、产品碳足迹、绿色制造、新能源、新能源汽车等重点领域标准国际化工作。

打造绿色公共服务平台。优化自我评价、社会评价与政府引导相结合的绿色制造评价机制，强化对社会评价机构的监督管理。培育一批绿色制造服务供应商，提供产品绿色设计与制造一体化、工厂数字化绿色提升、服务其他产业绿色化等系统解决方案。完善绿色制造公共服务平台，创新服务模式，

面向重点领域提供咨询、检测、评估、认定、审计、培训等一揽子服务。

强化绿色制造标杆引领。围绕重点行业和重要领域，持续推进绿色产品、绿色工厂、绿色工业园区和绿色供应链管理企业建设，遴选发布绿色制造名单。鼓励地方、行业创建本区域、本行业的绿色制造标杆企业名单。实施对绿色制造名单的动态化管理，探索开展绿色认证和星级评价，强化效果评估，建立有进有出的动态调整机制。将环境信息强制性披露纳入绿色制造评价体系，鼓励绿色制造企业编制绿色低碳发展年度报告。

贯通绿色供应链管理。鼓励工业企业开展绿色制造承诺机制，倡导供应商生产绿色产品，创建绿色工厂，打造绿色制造工艺、推行绿色包装、开展绿色运输、做好废弃产品回收处理，形成绿色供应链。推动绿色产业链与绿色供应链协同发展，鼓励汽车、家电、机械等生产企业构建数据支撑、网络共享、智能协作的绿色供应链管理体系，提升资源利用效率及供应链绿色化水平。

打造绿色低碳人才队伍。推进相关专业学科与产业学院建设，强化专业型和跨领域复合型人才培养。充分发挥企业、科研机构、高校、行业协会、培训机构等各方作用，建立完善多层次人才合作培养模式。依托各类引知引智计划，构筑集聚国内外科技领军人才和创新团队的绿色低碳科研创新高地。建立多元化人才评价和激励机制。推动国家人才发展重大项目对绿色低碳人才队伍建设支持。

完善绿色政策和市场机制。建立与绿色低碳发展相适应的投融资政策，严格控制"两高"项目投资，加大对节能环保、新能源、碳捕集利用与封存等的投融资支持力度。发挥国家产融合作平台作用，建设工业绿色发展项目库，推动绿色金融产品服务创新。推动运用定向降准、专项再贷款、抵押补充贷款等政策工具，引导金融机构扩大绿色信贷投放。健全政府绿色采购政策，加大绿色低碳产品采购力度。进一步完善惩罚性电价、差别电价、差别水价等政策。推进全国碳排放权和全国用能权交易市场建设，加强碳排放权和用能权交易的统筹衔接。

……

2030年前碳达峰行动方案（节选）

为深入贯彻落实党中央、国务院关于碳达峰、碳中和的重大战略决策，扎实推进碳达峰行动，制定本方案。

一、总体要求

（一）指导思想

以习近平新时代中国特色社会主义思想为指导，全面贯彻党的十九大和十九届二中、三中、四中、五中全会精神，深入贯彻习近平生态文明思想，立足新发展阶段，完整、准确、全面贯彻新发展理念，构建新发展格局，坚持系统观念，处理好发展和减排、整体和局部、短期和中长期的关系，统筹稳增长和调结构，把碳达峰、碳中和纳入经济社会发展全局，坚持"全国统筹、节约优先、双轮驱动、内外畅通、防范风险"的总方针，有力有序有效做好碳达峰工作，明确各地区、各领域、各行业目标任务，加快实现生产生活方式绿色变革，推动经济社会发展建立在资源高效利用和绿色低碳发展的基础之上，确保如期实现2030年前碳达峰目标。

（二）工作原则

——总体部署、分类施策。坚持全国一盘棋，强化顶层设计和各方统筹。各地区、各领域、各行业因地制宜、分类施策，明确既符合自身实际又满足总体要求的目标任务。

——系统推进、重点突破。全面准确认识碳达峰行动对经济社会发展的深远影响，加强政策的系统性、协同性。抓住主要矛盾和矛盾的主要方面，推动重点领域、重点行业和有条件的地方率先达峰。

——双轮驱动、两手发力。更好发挥政府作用，构建新型举国体制，充分发挥市场机制作用，大力推进绿色低碳科技创新，深化能源和相关领域改革，形成有效激励约束机制。

——稳妥有序、安全降碳。立足我国富煤贫油少气的能源资源禀赋，坚持先立后破，稳住存量，拓展增量，以保障国家能源安全和经济发展为底线，争取时间实现新能源的逐渐替代，推动能源低碳转型平稳过渡，切实保障国家能源安全、产业链供应

链安全、粮食安全和群众正常生产生活，着力化解各类风险隐患，防止过度反应，稳妥有序、循序渐进推进碳达峰行动，确保安全降碳。

二、主要目标

"十四五"期间，产业结构和能源结构调整优化取得明显进展，重点行业能源利用效率大幅提升，煤炭消费增长得到严格控制，新型电力系统加快构建，绿色低碳技术研发和推广应用取得新进展，绿色生产生活方式得到普遍推行，有利于绿色低碳循环发展的政策体系进一步完善。到2025年，非化石能源消费比重达到20%左右，单位国内生产总值能源消耗比2020年下降13.5%，单位国内生产总值二氧化碳排放比2020年下降18%，为实现碳达峰奠定坚实基础。

"十五五"期间，产业结构调整取得重大进展，清洁低碳安全高效的能源体系初步建立，重点领域低碳发展模式基本形成，重点耗能行业能源利用效率达到国际先进水平，非化石能源消费比重进一步提高，煤炭消费逐步减少，绿色低碳技术取得关键突破，绿色生活方式成为公众自觉选择，绿色低碳循环发展政策体系基本健全。到2030年，非化石能源消费比重达到25%左右，单位国内生产总值二氧化碳排放比2005年下降65%以上，顺利实现2030年前碳达峰目标。

三、重点任务

将碳达峰贯穿于经济社会发展全过程和各方面，重点实施能源绿色低碳转型行动、节能降碳增效行动、工业领域碳达峰行动、城乡建设碳达峰行动、交通运输绿色低碳行动、循环经济助力降碳行动、绿色低碳科技创新行动、碳汇能力巩固提升行动、绿色低碳全民行动、各地区梯次有序碳达峰行动等"碳达峰十大行动"。

······

（三）工业领域碳达峰行动

工业是产生碳排放的主要领域之一，对全国整

体实现碳达峰具有重要影响。工业领域要加快绿色低碳转型和高质量发展，力争率先实现碳达峰。

1. 推动工业领域绿色低碳发展。优化产业结构，加快退出落后产能，大力发展战略性新兴产业，加快传统产业绿色低碳改造。促进工业能源消费低碳化，推动化石能源清洁高效利用，提高可再生能源应用比重，加强电力需求侧管理，提升工业电气化水平。深入实施绿色制造工程，大力推行绿色设计，完善绿色制造体系，建设绿色工厂和绿色工业园区。推进工业领域数字化智能化绿色化融合发展，加强重点行业和领域技术改造。

2. 推动钢铁行业碳达峰。深化钢铁行业供给侧结构性改革，严格执行产能置换，严禁新增产能，推进存量优化，淘汰落后产能。推进钢铁企业跨地区、跨所有制兼并重组，提高行业集中度。优化生产力布局，以京津冀及周边地区为重点，继续压减钢铁产能。促进钢铁行业结构优化和清洁能源替代，大力推进非高炉炼铁技术示范，提升废钢资源回收利用水平，推行全废钢电炉工艺。推广先进适用技术，深挖节能降碳潜力，鼓励钢化联产，探索开展氢冶金、二氧化碳捕集利用一体化等试点示范，推动低品位余热供暖发展。

3. 推动有色金属行业碳达峰。巩固化解电解铝过剩产能成果，严格执行产能置换，严控新增产能。推进清洁能源替代，提高水电、风电、太阳能发电等应用比重。加快再生有色金属产业发展，完善废弃有色金属资源回收、分选和加工网络，提高再生有色金属产量。加快推广应用先进适用绿色低碳技术，提升有色金属生产过程余热回收水平，推动单位产品能耗持续下降。

4. 推动建材行业碳达峰。加强产能置换监管，加快低效产能退出，严禁新增水泥熟料、平板玻璃产能，引导建材行业向轻型化、集约化、制品化转型。推动水泥错峰生产常态化，合理缩短水泥熟料装置运转时间。因地制宜利用风能、太阳能等可再生能源，逐步提高电力、天然气应用比重。鼓励建材企业使用粉煤灰、工业废渣、尾矿渣等作为原料或水泥混合材。加快推进绿色建材产品认证和应用推广，加强新型胶凝材料、低碳混凝土、木竹建材等低碳建材产品研发应用。推广节能技术设备，开展能源管理体系建设，实现节能增效。

......

（四）城乡建设碳达峰行动

加快推进城乡建设绿色低碳发展，城市更新和乡村振兴都要落实绿色低碳要求。

1. 推进城乡建设绿色低碳转型。推动城市组团式发展，科学确定建设规模，控制新增建设用地过快增长。倡导绿色低碳规划设计理念，增强城乡气候韧性，建设海绵城市。推广绿色低碳建材和绿色建造方式，加快推进新型建筑工业化，大力发展装配式建筑，推广钢结构住宅，推动建材循环利用，强化绿色设计和绿色施工管理。加强县城绿色低碳建设。推动建立以绿色低碳为导向的城乡规划建设管理机制，制定建筑拆除管理办法，杜绝大拆大建。建设绿色城镇、绿色社区。

2. 加快提升建筑能效水平。加快更新建筑节能、市政基础设施等标准，提高节能降碳要求。加强适用于不同气候区、不同建筑类型的节能低碳技术研发和推广，推动超低能耗建筑、低碳建筑规模化发展。加快推进居住建筑和公共建筑节能改造，持续推动老旧供热管网等市政基础设施节能降碳改造。提升城镇建筑和基础设施运行管理智能化水平，加快推广供热计量收费和合同能源管理，逐步开展公共建筑能耗限额管理。到2025年，城镇新建建筑全面执行绿色建筑标准。

3. 加快优化建筑用能结构。深化可再生能源建筑应用，推广光伏发电与建筑一体化应用。积极推动严寒、寒冷地区清洁取暖，推进热电联产集中供暖，加快工业余热供暖规模化应用，积极稳妥开展核能供热示范，因地制宜推行热泵、生物质能、地热能、太阳能等清洁低碳供暖。引导夏热冬冷地区科学取暖，因地制宜采用清洁高效取暖方式。提高建筑终端电气化水平，建设集光伏发电、储能、直流配电、柔性用电于一体的"光储直柔"建筑。到2025年，城镇建筑可再生能源替代率达到8%，新建公共机构建筑、新建厂房屋顶光伏覆盖率力争达到50%。

4. 推进农村建设和用能低碳转型。推进绿色农房建设，加快农房节能改造。持续推进农村地区清洁取暖，因地制宜选择适宜取暖方式。发展节能低碳农业大棚。推广节能环保灶具、电动农用车辆、节能环保农机和渔船。加快生物质能、太阳能等可再生能源在农业生产和农村生活中的应用。加强农村电网建设，提升农村用能电气化水平。

......

中共中央办公厅　国务院办公厅印发
《关于推动城乡建设绿色发展的意见》（节选）

城乡建设是推动绿色发展、建设美丽中国的重要载体。党的十八大以来，我国人居环境持续改善，住房水平显著提高，同时仍存在整体性缺乏、系统性不足、宜居性不高、包容性不够等问题，大量建设、大量消耗、大量排放的建设方式尚未根本扭转。为推动城乡建设绿色发展，现提出如下意见。

一、总体要求

（一）指导思想。以习近平新时代中国特色社会主义思想为指导，深入贯彻党的十九大和十九届二中、三中、四中、五中全会精神，践行习近平生态文明思想，按照党中央、国务院决策部署，立足新发展阶段、贯彻新发展理念、构建新发展格局，坚持以人民为中心，坚持生态优先、节约优先、保护优先，坚持系统观念，统筹发展和安全，同步推进物质文明建设与生态文明建设，落实碳达峰、碳中和目标任务，推进城市更新行动、乡村建设行动，加快转变城乡建设方式，促进经济社会发展全面绿色转型，为全面建设社会主义现代化国家奠定坚实基础。

（二）工作原则。坚持人与自然和谐共生，尊重自然、顺应自然、保护自然，推动构建人与自然生命共同体。坚持整体与局部相协调，统筹规划、建设、管理三大环节，统筹城镇和乡村建设。坚持效率与均衡并重，促进城乡资源能源节约集约利用，实现人口、经济发展与生态资源协调。坚持公平与包容相融合，完善城乡基础设施，推进基本公共服务均等化。坚持保护与发展相统一，传承中华优秀传统文化，推动创造性转化、创新性发展。坚持党建引领与群众共建共治共享相结合，完善群众参与机制，共同创造美好环境。

（三）总体目标到 2025 年，城乡建设绿色发展体制机制和政策体系基本建立，建设方式绿色转型成效显著，碳减排扎实推进，城市整体性、系统性、生长性增强，"城市病"问题缓解，城乡生态环境质量整体改善，城乡发展质量和资源环境承载能力明显提升，综合治理能力显著提高，绿色生活方式普遍推广。

到 2035 年，城乡建设全面实现绿色发展，碳减排水平快速提升，城市和乡村品质全面提升，人居环境更加美好，城乡建设领域治理体系和治理能力基本实现现代化，美丽中国建设目标基本实现。

二、推进城乡建设一体化发展

……

（二）建设人与自然和谐共生的美丽城市。……推动绿色城市、森林城市、"无废城市"建设，深入开展绿色社区创建行动。推进以县城为重要载体的城镇化建设，加强县城绿色低碳建设，大力提升县城公共设施和服务水平。

……

三、转变城乡建设发展方式

（一）建设高品质绿色建筑。实施建筑领域碳达峰、碳中和行动。规范绿色建筑设计、施工、运行、管理，鼓励建设绿色农房。推进既有建筑绿色化改造，鼓励与城镇老旧小区改造、农村危房改造、抗震加固等同步实施。开展绿色建筑、节约型机关、绿色学校、绿色医院创建行动。加强财政、金融、规划、建设等政策支持，推动高质量绿色建筑规模化发展，大力推广超低能耗、近零能耗建筑，发展零碳建筑。实施绿色建筑统一标识制度。建立城市建筑用水、用电、用气、用热等数据共享机制，提升建筑能耗监测能力。推动区域建筑能效提升，推广合同能源管理、合同节水管理服务模式，降低建筑运行能耗、水耗，大力推动可再生能源应用，鼓励智能光伏与绿色建筑融合创新发展。

……

（四）实现工程建设全过程绿色建造。开展绿色建造示范工程创建行动，推广绿色化、工业化、信息化、集约化、产业化建造方式，加强技术创新和集成，利用新技术实现精细化设计和施工。大力发展装配式建筑，重点推动钢结构装配式住宅建设，不断提升构件标准化水平，推动形成完整产业链，推动智能建造和建筑工业化协同发展。完善绿色建材产品认证制度，开展绿色建材应用示范工程建设，鼓励使用综合利用产品。加强建筑材料循环利用，促进建筑垃圾减量化，严格施工扬尘管控，采取综合降噪措施管控施工噪声。推动传统建筑业转型升级，完善工程建设组织模式，加快推行工程总承包，推广全过程工程咨询，推进民用建筑工程建筑师负责制。加快推进工程造价改革。改革建筑劳动用工制度，大力发展专业作业企业，培育职业化、专业化、技能化建筑产业工人队伍。

（五）推动形成绿色生活方式。推广节能低碳节水用品，推动太阳能、再生水等应用，鼓励使用环保再生产品和绿色设计产品，减少一次性消费品和包装用材消耗。倡导绿色装修，鼓励选用绿色建材、家具、家电。持续推进垃圾分类和减量化、资源化，推动生活垃圾源头减量，建立健全生活垃圾分类投放、分类收集、分类转运、分类处理系统。加强危险废物、医疗废物收集处理，建立完善应急处置机制。科学制定城市慢行系统规划，因地制宜建设自行车专用道和绿道，全面开展人行道净化行动，改造提升重点城市步行街。深入开展绿色出行创建行动，优化交通出行结构，鼓励公众选择公共交通、自行车和步行等出行方式。

……

五、加强组织实施

（一）加强党的全面领导。把党的全面领导贯穿城乡建设绿色发展各方面各环节，不折不扣贯彻落实党中央决策部署。建立省负总责、市县具体负责的工作机制，地方各级党委和政府要充分认识推动城乡建设绿色发展的重要意义，加快形成党委统一领导、党政齐抓共管的工作格局。各省（自治区、直辖市）要根据本意见确定本地区推动城乡建设绿色发展的工作目标和重点任务，加强统筹协调，推进解决重点难点问题。市、县作为工作责任主体，要制定具体措施，切实抓好组织落实。

（二）完善工作机制。加强部门统筹协调，住房城乡建设、发展改革、工业和信息化、民政、财政、自然资源、生态环境、交通运输、水利、农业农村、文化和旅游、金融、市场监管等部门要按照各自职责完善有关支持政策，推动落实重点任务。加大财政、金融支持力度，完善绿色金融体系，支持城乡建设绿色发展重大项目和重点任务。各地要结合实际建立相关工作机制，确保各项任务落实落地。

（三）健全支撑体系。建立完善推动城乡建设绿色发展的体制机制和制度，推进城乡建设领域治理体系和治理能力现代化。制定修订城乡建设和历史文化保护传承等法律法规，为城乡建设绿色发展提供法治保障。深化城市管理和执法体制改革，加强队伍建设，推进严格规范公正文明执法，提高城市管理和执法能力水平。健全社会公众满意度评价和第三方考评机制，由群众评判城乡建设绿色发展成效。加快管理、技术和机制创新，培育绿色发展新动能，实现动力变革。

（四）加强培训宣传。中央组织部、住房城乡建设部要会同国家发展改革委、自然资源部、生态环境部加强培训，不断提高党政主要负责同志推动城乡建设绿色发展的能力和水平。在各级党校（行政学院）、干部学院增加相关培训课程，编辑出版系列教材，教育引导各级领导干部和广大专业技术人员尊重城乡发展规律，尊重自然生态环境，尊重历史文化传承，重视和回应群众诉求。加强国际交流合作，广泛吸收借鉴先进经验。采取多种形式加强教育宣传和舆论引导，普及城乡建设绿色发展法律法规和科学知识。

宏观引导类
指导实施类

中共中央　国务院关于完整准确全面贯彻新发展理念做好碳达峰碳中和工作的意见

（2021 年 9 月 22 日）

实现碳达峰、碳中和，是以习近平同志为核心的党中央统筹国内国际两个大局作出的重大战略决策，是着力解决资源环境约束突出问题、实现中华民族永续发展的必然选择，是构建人类命运共同体的庄严承诺。为完整、准确、全面贯彻新发展理念，做好碳达峰、碳中和工作，现提出如下意见。

一、总体要求

（一）指导思想

以习近平新时代中国特色社会主义思想为指导，全面贯彻党的十九大和十九届二中、三中、四中、五中全会精神，深入贯彻习近平生态文明思想，立足新发展阶段，贯彻新发展理念，构建新发展格局，坚持系统观念，处理好发展和减排、整体和局部、短期和中长期的关系，把碳达峰、碳中和纳入经济社会发展全局，以经济社会发展全面绿色转型为引领，以能源绿色低碳发展为关键，加快形成节约资源和保护环境的产业结构、生产方式、生活方式、空间格局，坚定不移走生态优先、绿色低碳的高质量发展道路，确保如期实现碳达峰、碳中和。

（二）工作原则

实现碳达峰、碳中和目标，要坚持"全国统筹、节约优先、双轮驱动、内外畅通、防范风险"原则。

——全国统筹。全国一盘棋，强化顶层设计，发挥制度优势，实行党政同责，压实各方责任。根据各地实际分类施策，鼓励主动作为、率先达峰。

——节约优先。把节约能源资源放在首位，实行全面节约战略，持续降低单位产出能源资源消耗和碳排放，提高投入产出效率，倡导简约适度、绿色低碳生活方式，从源头和入口形成有效的碳排放控制阀门。

——双轮驱动。政府和市场两手发力，构建新型举国体制，强化科技和制度创新，加快绿色低碳科技革命。深化能源和相关领域改革，发挥市场机制作用，形成有效激励约束机制。

——内外畅通。立足国情实际，统筹国内国际能源资源，推广先进绿色低碳技术和经验。统筹做好应对气候变化对外斗争与合作，不断增强国际影响力和话语权，坚决维护我国发展权益。

——防范风险。处理好减污降碳和能源安全、产业链供应链安全、粮食安全、群众正常生活的关系，有效应对绿色低碳转型可能伴随的经济、金融、社会风险，防止过度反应，确保安全降碳。

二、主要目标

到 2025 年，绿色低碳循环发展的经济体系初步形成，重点行业能源利用效率大幅提升。单位国内生产总值能耗比 2020 年下降 13.5%；单位国内生产总值二氧化碳排放比 2020 年下降 18%；非化石能源消费比重达到 20% 左右；森林覆盖率达到 24.1%，森林蓄积量达到 180 亿立方米，为实现碳达峰、碳中和奠定坚实基础。

到 2030 年，经济社会发展全面绿色转型取得显著成效，重点耗能行业能源利用效率达到国际先进水平。单位国内生产总值能耗大幅下降；单位国内生产总值二氧化碳排放比 2005 年下降 65% 以上；非化石能源消费比重达到 25% 左右，风电、太阳能发电总装机容量达到 12 亿千瓦以上；森林覆盖率达到 25% 左右，森林蓄积量达到 190 亿立方米，二氧化碳排放量达到峰值并实现稳中有降。

到 2060 年，绿色低碳循环发展的经济体系和清洁低碳安全高效的能源体系全面建立，能源利用效率达到国际先进水平，非化石能源消费比重达到80%以上，碳中和目标顺利实现，生态文明建设取得丰硕成果，开创人与自然和谐共生新境界。

三、推进经济社会发展全面绿色转型

（三）强化绿色低碳发展规划引领

将碳达峰、碳中和目标要求全面融入经济社会发展中长期规划，强化国家发展规划、国土空间规划、专项规划、区域规划和地方各级规划的支撑保障。加强各级各类规划间衔接协调，确保各地区各领域落实碳达峰、碳中和的主要目标、发展方向、重大政策、重大工程等协调一致。

......

（五）加快形成绿色生产生活方式

大力推动节能减排，全面推进清洁生产，加快发展循环经济，加强资源综合利用，不断提升绿色低碳发展水平。扩大绿色低碳产品供给和消费，倡导绿色低碳生活方式。把绿色低碳发展纳入国民教育体系。开展绿色低碳社会行动示范创建。凝聚全社会共识，加快形成全民参与的良好格局。

四、深度调整产业结构

......

（八）大力发展绿色低碳产业

加快发展新一代信息技术、生物技术、新能源、新材料、高端装备、新能源汽车、绿色环保以及航空航天、海洋装备等战略性新兴产业。建设绿色制造体系。推动互联网、大数据、人工智能、第五代移动通信（5G）等新兴技术与绿色低碳产业深度融合。

......

七、提升城乡建设绿色低碳发展质量

（十七）推进城乡建设和管理模式低碳转型

在城乡规划建设管理各环节全面落实绿色低碳要求。推动城市组团式发展，建设城市生态和通风廊道，提升城市绿化水平。合理规划城镇建筑面积发展目标，严格管控高能耗公共建筑建设。实施工程建设全过程绿色建造，健全建筑拆除管理制度，杜绝大拆大建。加快推进绿色社区建设。结合实施乡村建设行动，推进县城和农村绿色低碳发展。

（十八）大力发展节能低碳建筑

持续提高新建建筑节能标准，加快推进超低能耗、近零能耗、低碳建筑规模化发展。大力推进城镇既有建筑和市政基础设施节能改造，提升建筑节能低碳水平。逐步开展建筑能耗限额管理，推行建筑能效测评标识，开展建筑领域低碳发展绩效评估。全面推广绿色低碳建材，推动建筑材料循环利用。发展绿色农房。

......

十、提高对外开放绿色低碳发展水平

（二十四）加快建立绿色贸易体系

持续优化贸易结构，大力发展高质量、高技术、高附加值绿色产品贸易。完善出口政策，严格管理高耗能高排放产品出口。积极扩大绿色低碳产品、节能环保服务、环境服务等进口。

（二十五）推进绿色"一带一路"建设

加快"一带一路"投资合作绿色转型。支持共建"一带一路"国家开展清洁能源开发利用。大力推动南南合作，帮助发展中国家提高应对气候变化能力。深化与各国在绿色技术、绿色装备、绿色服务、绿色基础设施建设等方面的交流与合作，积极推动我国新能源等绿色低碳技术和产品走出去，让绿色成为共建"一带一路"的底色。

......

十二、完善政策机制

（三十）完善投资政策

充分发挥政府投资引导作用，构建与碳达峰、碳中和相适应的投融资体系，严控煤电、钢铁、电解铝、水泥、石化等高碳项目投资，加大对节能环保、新能源、低碳交通运输装备和组织方式、碳捕集利用与封存等项目的支持力度。完善支持社会资本参与政策，激发市场主体绿色低碳投资活力。国有企业要加大绿色低碳投资，积极开展低碳零碳负碳技术研发应用。

（三十一）积极发展绿色金融

有序推进绿色低碳金融产品和服务开发，设立碳减排货币政策工具，将绿色信贷纳入宏观审慎评估框架，引导银行等金融机构为绿色低碳项目提供长期限、低成本资金。鼓励开发性政策性金融机构按照市场化法治化原则为实现碳达峰、碳中和提供长期稳定融资支持。支持符合条件的企业上市融资和再融资用于绿色低碳项目建设运营，扩大绿色债券规模。研究设立国家低碳转型基金。鼓励社会资本设立绿色低碳产业投资基金。建立健全绿色金融标准体系。

（三十二）完善财税价格政策

各级财政要加大对绿色低碳产业发展、技术研发等的支持力度。完善政府绿色采购标准，加大绿色低碳产品采购力度。落实环境保护、节能节水、新能源和清洁能源车船税收优惠。研究碳减排相关税收政策。建立健全促进可再生能源规模化发展的价格机制。完善差别化电价、分时电价和居民阶梯电价政策。严禁对高耗能、高排放、资源型行业实施电价优惠。加快推进供热计量改革和按供热量收费。加快形成具有合理约束力的碳价机制。

……

十三、切实加强组织实施

（三十四）加强组织领导

加强党中央对碳达峰、碳中和工作的集中统一领导，碳达峰碳中和工作领导小组指导和统筹做好碳达峰、碳中和工作。支持有条件的地方和重点行业、重点企业率先实现碳达峰，组织开展碳达峰、碳中和先行示范，探索有效模式和有益经验。将碳达峰、碳中和作为干部教育培训体系重要内容，增强各级领导干部推动绿色低碳发展的本领。

（三十五）强化统筹协调

国家发展改革委要加强统筹，组织落实2030年前碳达峰行动方案，加强碳中和工作谋划，定期调度各地区各有关部门落实碳达峰、碳中和目标任务进展情况，加强跟踪评估和督促检查，协调解决实施中遇到的重大问题。各有关部门要加强协调配合，形成工作合力，确保政策取向一致、步骤力度衔接。

（三十六）压实地方责任

落实领导干部生态文明建设责任制，地方各级党委和政府要坚决扛起碳达峰、碳中和责任，明确目标任务，制定落实举措，自觉为实现碳达峰、碳中和作出贡献。

（三十七）严格监督考核

各地区要将碳达峰、碳中和相关指标纳入经济社会发展综合评价体系，增加考核权重，加强指标约束。强化碳达峰、碳中和目标任务落实情况考核，对工作突出的地区、单位和个人按规定给予表彰奖励，对未完成目标任务的地区、部门依规依法实行通报批评和约谈问责，有关落实情况纳入中央生态环境保护督察。各地区各有关部门贯彻落实情况每年向党中央、国务院报告。

住房和城乡建设部等 15 部门关于加强县城
绿色低碳建设的意见（节选）

建村〔2021〕45 号

各省、自治区、直辖市住房和城乡建设厅（委、管委）、科技厅（委、局）、工业和信息化厅（经信厅、经信局、工信局、经信委）、民政厅（局）、生态环境厅（局）、交通运输厅（委、局）、水利（水务）厅（局）、文化和旅游厅（局）、应急管理厅（局）、市场监管局（厅、委）、体育局、能源局、林草局、文物局、乡村振兴（扶贫）部门，新疆生产建设兵团住房和城乡建设局、科技局、工业和信息化局、民政局、生态环境局、交通运输局、水利局、文化和旅游局、应急管理局、市场监管局、体育局、能源局、林草局、文物局、扶贫办：

县城是县域经济社会发展的中心和城乡融合发展的关键节点，是推进城乡绿色发展的重要载体。为深入贯彻落实党的十九届五中全会精神和"十四五"规划纲要部署要求，推进县城绿色低碳建设，现提出如下意见。

一、充分认识推动县城绿色低碳建设的重要意义

以县城为载体的就地城镇化是我国城镇化的重要特色。县域农业转移人口和返乡农民工在县城安家定居的需求日益增加，提高县城建设质量，增强对县域的综合服务能力，对于推进以人为核心的新型城镇化和乡村振兴具有十分重要的作用。改革开放以来，我国县城建设取得显著成就，县城面貌发生巨大变化，但在县城规模布局、密度强度、基础设施和公共服务能力、人居环境质量等方面仍存在不少问题和短板，迫切需要转变照搬城市的开发建设方式，推进县城建设绿色低碳发展。加强县城绿色低碳建设，是贯彻新发展理念、推动县城高质量发展的必然要求，是推进以县城为重要载体的新型城镇化建设、统筹城乡融合发展的重要内容，是补齐县城建设短板、满足人民群众日益增长的美好生活需要的重要举措。各地要立足新发展阶段，贯彻新发展理念，推动构建新发展格局，坚持以人民为中心的发展思想，统筹县城建设发展的经济需要、生活需要、生态需要、安全需要，推动县城提质增效，提升县城承载力和公共服务水平，增强县城综合服务能力，以绿色低碳理念引领县城高质量发展，推动形成绿色生产方式和生活方式，促进实现碳达峰、碳中和目标。

二、严格落实县城绿色低碳建设的有关要求

......

（五）大力发展绿色建筑和建筑节能

县城新建建筑要落实基本级绿色建筑要求，鼓励发展星级绿色建筑。加快推行绿色建筑和建筑节能节水标准，加强设计、施工和运行管理，不断提高新建建筑中绿色建筑的比例。推进老旧小区节能节水改造和功能提升。新建公共建筑必须安装节水器具。加快推进绿色建材产品认证，推广应用绿色建材。发展装配式钢结构等新型建造方式。全面推行绿色施工。提升县城能源使用效率，大力发展适应当地资源禀赋和需求的可再生能源，因地制宜开发利用地热能、生物质能、空气源和水源热泵等，推动区域清洁供热和北方县城清洁取暖，通过提升新建厂房、公共建筑等屋顶光伏比例和实施光伏建筑一体化开发等方式，降低传统化石能源在建筑用

能中的比例。

（六）建设绿色节约型基础设施

县城基础设施建设要适合本地特点，以小型化、分散化、生态化方式为主，降低建设和运营维护成本。倡导大分散与小区域集中相结合的基础设施布局方式，统筹县城水电气热通信等设施布局，因地制宜布置分布式能源、生活垃圾和污水处理等设施，减少输配管线建设和运行成本，并与周边自然生态环境有机融合。加强生活垃圾分类和废旧物资回收利用。构建县城绿色低碳能源体系，推广分散式风电、分布式光伏、智能光伏等清洁能源应用，提高生产生活用能清洁化水平，推广综合智慧能源服务，加强配电网、储能、电动汽车充电桩等能源基础设施建设。

……

三、切实抓好组织实施

（一）细化落实措施

省级住房和城乡建设部门要会同科技、工业和信息化、民政、生态环境、交通运输、水利、文化和旅游、应急管理、市场监管、体育、能源、林业和草原、文物、乡村振兴等有关部门按照本意见要求，根据本地区县城常住人口规模、地理位置、自然条件、功能定位等因素明确适用范围，特别是位于生态功能区、农产品主产区的县城要严格按照有关要求开展绿色低碳建设。各地要根据本地实际情况提出具体措施，细化有关要求，可进一步提高标准，但不能降低底线要求。

（二）加强组织领导

各地要充分认识加强县城绿色低碳建设的重要性和紧迫性，将其作为落实"十四五"规划纲要、推动城乡建设绿色发展的重要内容，加强对本地区县城绿色低碳建设的督促指导，发挥科技创新引领作用，建立激励机制，强化政策支持。指导各县切实做好组织实施，压实工作责任，确保各项措施落实落地。各级住房和城乡建设等部门要在当地党委政府领导下，加强部门合作，形成工作合力，扎实推进实施工作。要加大宣传引导力度，发动各方力量参与县城绿色低碳建设，营造良好氛围。

（三）积极开展试点

各地要根据本地实际，选择有代表性的县城开展试点，探索可复制可推广的经验做法。要对本地区县城绿色低碳建设情况进行评估，总结工作进展成效，及时推广好的经验模式。住房和城乡建设部将会同有关部门在乡村建设评价中对县城绿色低碳建设实施情况进行评估，针对存在的问题提出改进措施，指导各地加大工作力度，持续提升县城绿色低碳建设水平。

住房和城乡建设部
科技部
工业和信息化部
民政部
生态环境部
交通运输部
水利部
文化和旅游部
应急部
市场监管总局
体育总局
能源局
林草局
文物局
乡村振兴局

住房和城乡建设部等部门关于加快新型建筑工业化发展的若干意见（节选）

建标规〔2020〕8号

各省、自治区、直辖市住房和城乡建设厅（委、管委）、教育厅（委）、科技厅（委、局）、工业和信息化主管部门、自然资源主管部门、生态环境厅（局），人民银行上海总部、各分行、营业管理部、省会（首府）城市中心支行、副省级城市中心支行，市场监管局（厅、委），各银保监局，新疆生产建设兵团住房和城乡建设局、教育局、科技局、工业和信息化局、自然资源主管部门、生态环境局、市场监管局：

新型建筑工业化是通过新一代信息技术驱动，以工程全寿命期系统化集成设计、精益化生产施工为主要手段，整合工程全产业链、价值链和创新链，实现工程建设高效益、高质量、低消耗、低排放的建筑工业化。《国务院办公厅关于大力发展装配式建筑的指导意见》（国办发〔2016〕71号）印发实施以来，以装配式建筑为代表的新型建筑工业化快速推进，建造水平和建筑品质明显提高。为全面贯彻新发展理念，推动城乡建设绿色发展和高质量发展，以新型建筑工业化带动建筑业全面转型升级，打造具有国际竞争力的"中国建造"品牌，提出以下意见。

......

二、优化构件和部品部件生产

......

（九）推广应用绿色建材

发展安全健康、环境友好、性能优良的新型建材，推进绿色建材认证和推广应用，推动装配式建筑等新型建筑工业化项目率先采用绿色建材，逐步提高城镇新建建筑中绿色建材应用比例。

......

九、加大政策扶持力度

（三十三）强化项目落地

各地住房和城乡建设部门要会同有关部门组织编制新型建筑工业化专项规划和年度发展计划，明确发展目标、重点任务和具体实施范围。要加大推进力度，在项目立项、项目审批、项目管理各环节明确新型建筑工业化的鼓励性措施。政府投资工程要带头按照新型建筑工业化方式建设，鼓励支持社会投资项目采用新型建筑工业化方式。

（三十四）加大金融扶持

支持新型建筑工业化企业通过发行企业债券、公司债券等方式开展融资。完善绿色金融支持新型建筑工业化的政策环境，积极探索多元化绿色金融支持方式，对达到绿色建筑星级标准的新型建筑工业化项目给予绿色金融支持。用好国家绿色发展基金，在不新增隐性债务的前提下鼓励各地设立专项基金。

（三十五）加大环保政策支持

支持施工企业做好环境影响评价和监测，在重污染天气期间，装配式等新型建筑工业化项目在非土石方作业的施工环节可以不停工。建立建筑垃圾排放限额标准，开展施工现场建筑垃圾排放公示，鼓励各地对施工现场达到建筑垃圾减量化要求的施工企业给予奖励。

（三十六）加强科技推广支持

推动国家重点研发计划和科研项目支持新型建筑工业化技术研发，鼓励各地优先将新型建筑工业化相关技术纳入住房和城乡建设领域推广应用技术公告和科技成果推广目录。

（三十七）加大评奖评优政策支持

将城市新型建筑工业化发展水平纳入中国人居

环境奖评选、国家生态园林城市评估指标体系。大力支持新型建筑工业化项目参与绿色建筑创新奖评选。

中华人民共和国住房和城乡建设部

中华人民共和国教育部

中华人民共和国科学技术部

中华人民共和国工业和信息化部

中华人民共和国自然资源部

中华人民共和国生态环境部

中国人民银行

国家市场监督管理总局

中国银行保险监督管理委员会

2020 年 8 月 28 日

（此件公开发布）

绿色建筑创建行动方案

为全面贯彻党的十九大和十九届二中、三中、四中全会精神，深入贯彻习近平生态文明思想，按照《国家发展改革委关于印发〈绿色生活创建行动总体方案〉的通知》（发改环资〔2019〕1696号）要求，推动绿色建筑高质量发展，制定本方案。

一、创建对象

绿色建筑创建行动以城镇建筑作为创建对象。绿色建筑指在全寿命期内节约资源、保护环境、减少污染，为人们提供健康、适用、高效的使用空间，最大限度实现人与自然和谐共生的高质量建筑。

二、创建目标

到2022年，当年城镇新建建筑中绿色建筑面积占比达到70%，星级绿色建筑持续增加，既有建筑能效水平不断提高，住宅健康性能不断完善，装配化建造方式占比稳步提升，绿色建材应用进一步扩大，绿色住宅使用者监督全面推广，人民群众积极参与绿色建筑创建活动，形成崇尚绿色生活的社会氛围。

三、重点任务

（一）推动新建建筑全面实施绿色设计

制修订相关标准，将绿色建筑基本要求纳入工程建设强制规范，提高建筑建设底线控制水平。推动绿色建筑标准实施，加强设计、施工和运行管理。推动各地绿色建筑立法，明确各方主体责任，鼓励各地制定更高要求的绿色建筑强制性规范。

（二）完善星级绿色建筑标识制度

根据国民经济和社会发展第十三个五年规划纲要、国务院办公厅《绿色建筑行动方案》（国办发〔2013〕1号）等相关规定，规范绿色建筑标识管理，由住房和城乡建设部、省级政府住房和城乡建设部门、地市级政府住房和城乡建设部门分别授予三星、二星、一星绿色建筑标识。完善绿色建筑标识申报、审查、公示制度，统一全国认定标准和标识式样。建立标识撤销机制，对弄虚作假行为给予限期整改或直接撤销标识处理。建立全国绿色建筑标识管理平台，提高绿色建筑标识工作效率和水平。

（三）提升建筑能效水效水平

结合北方地区清洁取暖、城镇老旧小区改造、海绵城市建设等工作，推动既有居住建筑节能节水改造。开展公共建筑能效提升重点城市建设，建立完善运行管理制度，推广合同能源管理与合同节水管理，推进公共建筑能耗统计、能源审计及能效公示。鼓励各地因地制宜提高政府投资公益性建筑和大型公共建筑绿色等级，推动超低能耗建筑、近零能耗建筑发展，推广可再生能源应用和再生水利用。

（四）提高住宅健康性能

结合疫情防控和各地实际，完善实施住宅相关标准，提高建筑室内空气、水质、隔声等健康性能指标，提升建筑视觉和心理舒适性。推动一批住宅健康性能示范项目，强化住宅健康性能设计要求，严格竣工验收管理，推动绿色健康技术应用。

（五）推广装配化建造方式

大力发展钢结构等装配式建筑，新建公共建筑原则上采用钢结构。编制钢结构装配式住宅常用构件尺寸指南，强化设计要求，规范构件选型，提高装配式建筑构配件标准化水平。推动装配式装修。打造装配式建筑产业基地，提升建造水平。

（六）推动绿色建材应用

加快推进绿色建材评价认证和推广应用，建立绿色建材采信机制，推动建材产品质量提升。指导各地制定绿色建材推广应用政策措施，推动政府投资工程率先采用绿色建材，逐步提高城镇新建建筑中绿色建材应用比例。打造一批绿色建材应用示范工程，大力发展新型绿色建材。

（七）加强技术研发推广

加强绿色建筑科技研发，建立部省科技成果库，促进科技成果转化。积极探索 5G、物联网、人工智能、建筑机器人等新技术在工程建设领域的应用，推动绿色建造与新技术融合发展。结合住房和城乡建设部科学技术计划和绿色建筑创新奖，推动绿色建筑新技术应用。

（八）建立绿色住宅使用者监督机制

制定《绿色住宅购房人验房指南》，向购房人提供房屋绿色性能和全装修质量验收方法，引导绿色住宅开发建设单位配合购房人做好验房工作。鼓励各地将住宅绿色性能和全装修质量相关指标纳入商品房买卖合同、住宅质量保证书和住宅使用说明书，明确质量保修责任和纠纷处理方式。

四、组织实施

（一）加强组织领导

省级政府住房和城乡建设、发展改革、教育、工业和信息化、机关事务管理等部门，要在各省（区、市）党委和政府直接指导下，认真落实绿色建筑创建行动方案，制定本地区创建实施方案，细化目标任务，落实支持政策，指导市、县编制绿色建筑创建行动实施计划，确保创建工作落实到位。各省（区、

市）和新疆生产建设兵团住房和城乡建设部门应于 2020 年 8 月底前将本地区绿色建筑创建行动实施方案报住房和城乡建设部。

（二）加强财政金融支持

各地住房和城乡建设部门要加强与财政部门沟通，争取资金支持。各地要积极完善绿色金融支持绿色建筑的政策环境，推动绿色金融支持绿色建筑发展，用好国家绿色发展基金，鼓励采用政府和社会资本合作（PPP）等方式推进创建工作。

（三）强化绩效评价

住房和城乡建设部会同相关部门按照本方案，对各省（区、市）和新疆生产建设兵团绿色建筑创建行动工作落实情况和取得的成效开展年度总结评估，及时推广先进经验和典型做法。省级政府住房和城乡建设等部门负责组织本地区绿色建筑创建成效评价，及时总结当年进展情况和成效，形成年度报告，并于每年 11 月底前报住房和城乡建设部。

（四）加大宣传推广力度

各地要组织多渠道、多种形式的宣传活动，普及绿色建筑知识，宣传先进经验和典型做法，引导群众用好各类绿色设施，合理控制室内采暖空调温度，推动形成绿色生活方式。发挥街道、社区等基层组织作用，积极组织群众参与，通过共谋共建共管共评共享，营造有利于绿色建筑创建的社会氛围。

关于加快建立绿色生产和消费法规政策体系的意见（节选）

推行绿色生产和消费是建设生态文明、实现高质量发展的重要内容，党中央、国务院对此高度重视。改革开放特别是党的十八大以来，我国在绿色生产、消费领域出台了一系列法规和政策措施，大力推动绿色、循环、低碳发展，加快形成节约资源、保护环境的生产生活方式，取得了积极成效。但也要看到，绿色生产和消费领域法规政策仍不健全，还存在激励约束不足、操作性不强等问题。为加快建立绿色生产和消费法规政策体系，提出以下意见。

一、总体要求

（一）指导思想。以习近平新时代中国特色社会主义思想为指导，全面贯彻党的十九大和十九届二中、三中、四中全会精神，深入践行习近平生态文明思想，坚持以人民为中心，落实新发展理念，按照问题导向、突出重点、系统协同、适用可行、循序渐进的原则，加快建立绿色生产和消费相关的法规、标准、政策体系，促进源头减量、清洁生产、资源循环、末端治理，扩大绿色产品消费，在全社会推动形成绿色生产和消费方式。

（二）主要目标。到2025年，绿色生产和消费相关的法规、标准、政策进一步健全，激励约束到位的制度框架基本建立，绿色生产和消费方式在重点领域、重点行业、重点环节全面推行，我国绿色发展水平实现总体提升。

二、主要任务

（三）推行绿色设计。健全推行绿色设计的政策机制。建立再生资源分级质控和标识制度，推广资源再生产品和原料。完善优先控制化学品名录，引导企业在生产过程中使用无毒无害、低毒低害和环境友好型原料。强化标准制定统筹规划，加强绿色标准体系建设，扩大标准覆盖范围，加快重点领域相关标准制修订工作，根据实际提高标准和设计规范。（国家发展改革委、工业和信息化部、生态环境部、市场监管总局等按职责分工负责）

……

（十）扩大绿色产品消费。完善绿色产品认证与标识制度。建立健全固体废物综合利用产品质量标准体系。落实好支持节能、节水、环保、资源综合利用产业的税收优惠政策。积极推行绿色产品政府采购制度，结合实施产品品目清单管理，加大绿色产品相关标准在政府采购中的运用。国有企业率先执行企业绿色采购指南，建立健全绿色采购管理制度。建立完善节能家电、高效照明产品、节水器具、绿色建材等绿色产品和新能源汽车推广机制，有条件的地方对消费者购置节能型家电产品、节能新能源汽车、节水器具等给予适当支持。鼓励公交、环卫、出租、通勤、城市邮政快递作业、城市物流等领域新增和更新车辆采用新能源和清洁能源汽车。（国家发展改革委、工业和信息化部、财政部、生态环境部、住房城乡建设部、交通运输部、商务部、国资委、税务总局、市场监管总局、铁路局、民航局、邮政局等按职责分工负责）

（十一）推行绿色生活方式。完善居民用电、用水、用气阶梯价格政策。落实污水处理收费制度，将污水处理费标准调整至补偿污水处理和污泥处置设施运营成本并合理盈利水平。加快推行城乡居民生活垃圾分类和资源化利用制度。制定进一步加强塑料污染治理的政策措施。研究制定餐厨废弃物管理与资源化利用法规。推广绿色农房建设方法和技术，逐步建立健全使用绿色建材、建设绿色农房的农村住房建设机制。（国家发展改革委、生态环境部、住房城乡建设部、财政部等按职责分工负责）

三、组织实施

根据党中央、国务院决策部署和改革需要，统筹推动绿色生产和消费领域法律法规的立改废释工作。各有关部门要按照职责分工，加快推进相关法律法规、标准、政策的制修订工作。各地区要根据本意见的要求，结合实际出台促进本地区绿色生产和消费的法规、标准、政策，鼓励先行先试，做好经验总结和推广。各级财政、税收、金融等部门要持续完善绿色生产和消费领域的支持政策。各级宣传部门要组织媒体通过多种渠道和方式，大力宣传推广绿色生产和消费理念，加大相关法律法规、政策措施宣传力度，凝聚社会共识，营造良好氛围。

中共中央　国务院关于开展质量提升行动的指导意见（节选）

提高供给质量是供给侧结构性改革的主攻方向，全面提高产品和服务质量是提升供给体系的中心任务。经过长期不懈努力，我国质量总体水平稳步提升，质量安全形势稳定向好，有力支撑了经济社会发展。但也要看到，我国经济发展的传统优势正在减弱，实体经济结构性供需失衡矛盾和问题突出，特别是中高端产品和服务有效供给不足，迫切需要下最大气力抓全面提高质量，推动我国经济发展进入质量时代。现就开展质量提升行动提出如下意见。

一、总体要求

（一）指导思想

全面贯彻党的十八大和十八届三中、四中、五中、六中全会精神，深入贯彻习近平总书记系列重要讲话精神和治国理政新理念新思想新战略，牢固树立和贯彻落实新发展理念，紧紧围绕统筹推进"五位一体"总体布局和协调推进"四个全面"战略布局，认真落实党中央、国务院决策部署，以提高发展质量和效益为中心，将质量强国战略放在更加突出的位置，开展质量提升行动，加强全面质量监管，全面提升质量水平，加快培育国际竞争新优势，为实现"两个一百年"奋斗目标奠定质量基础。

（二）基本原则

——坚持以质量第一为价值导向。牢固树立质量第一的强烈意识，坚持优质发展、以质取胜，更加注重以质量提升减轻经济下行和安全监管压力，真正形成各级党委和政府重视质量、企业追求质量、社会崇尚质量、人人关心质量的良好氛围。

——坚持以满足人民群众需求和增强国家综合实力为根本目的。把增进民生福祉、满足人民群众质量需求作为提高供给质量的出发点和落脚点，促进质量发展成果全民共享，增强人民群众的质量获得感。持续提高产品、工程、服务的质量水平、质量层次和品牌影响力，推动我国产业价值链从低端向中高端延伸，更深更广融入全球供给体系。

——坚持以企业为质量提升主体。加强全面质量管理，推广应用先进质量管理方法，提高全员全过程全方位质量控制水平。弘扬企业家精神和工匠精神，提高决策者、经营者、管理者、生产者质量意识和质量素养，打造质量标杆企业，加强品牌建设，推动企业质量管理水平和核心竞争力提高。

——坚持以改革创新为根本途径。深入实施创新驱动发展战略，发挥市场在资源配置中的决定性作用，积极引导推动各种创新要素向产品和服务的供给端集聚，提升质量创新能力，以新技术新业态改造提升产业质量和发展水平。推动创新群体从以科技人员的小众为主向小众与大众创新创业互动转变，推动技术创新、标准研制和产业化协调发展，用先进标准引领产品、工程和服务质量提升。

（三）主要目标

到 2020 年，供给质量明显改善，供给体系更有效率，建设质量强国取得明显成效，质量总体水平显著提升，质量对提高全要素生产率和促进经济发展的贡献进一步增强，更好满足人民群众不断升级的消费需求。

——产品、工程和服务质量明显提升。质量突出问题得到有效治理，智能化、消费友好的中高端产品供给大幅增加，高附加值和优质服务供给比重进一步提升，中国制造、中国建造、中国服务、中国品牌国际竞争力显著增强。

——产业发展质量稳步提高。企业质量管理水平大幅提升，传统优势产业实现价值链升级，战略性新兴产业的质量效益特征更加明显，服务业提质增效进一步加快，以技术、技能、知识等为要素的质量竞争型产业规模显著扩大，形成一批质量效益一流的世界级产业集群。

——区域质量水平整体跃升。区域主体功能定位和产业布局更加合理，区域特色资源、环境容量和产业基础等资源优势充分利用，产业梯度转移和质量升级同步推进，区域经济呈现互联互通和差异化发展格局，涌现出一批特色小镇和区域质量品牌。

——国家质量基础设施效能充分释放。计量、标准、检验检测、认证认可等国家质量基础设施系统完整、高效运行，技术水平和服务能力进一步增强，国际竞争力明显提升，对科技进步、产业升级、社会治理、对外交往的支撑更加有力。

二、全面提升产品、工程和服务质量

......

（七）提升原材料供给水平

鼓励矿产资源综合勘查、评价、开发和利用，推进绿色矿山和绿色矿业发展示范区建设。提高煤炭洗选加工比例。提升油品供给质量。加快高端材料创新，提高质量稳定性，形成高性能、功能化、差别化的先进基础材料供给能力。加快钢铁、水泥、电解铝、平板玻璃、焦炭等传统产业转型升级。推动稀土、石墨等特色资源高质化利用，促进高强轻合金、高性能纤维等关键战略材料性能和品质提升，加强石墨烯、智能仿生材料等前沿新材料布局，逐步进入全球高端制造业采购体系。

（八）提升建设工程质量水平

确保重大工程建设质量和运行管理质量，建设百年工程。高质量建设和改造城乡道路交通设施、供热供水设施、排水与污水处理设施。加快海绵城市建设和地下综合管廊建设。规范重大项目基本建设程序，坚持科学论证、科学决策，加强重大工程的投资咨询、建设监理、设备监理，保障工程项目投资效益和重大设备质量。全面落实工程参建各方主体质量责任，强化建设单位首要责任和勘察、设计、施工单位主体责任。加快推进工程质量管理标准化，提高工程项目管理水平。加强工程质量检测管理，严厉打击出具虚假报告等行为。健全工程质量监督管理机制，强化工程建设全过程质量监管。因地制宜提高建筑节能标准。完善绿色建材标准，促进绿色建材生产和应用。大力发展装配式建筑，提高建筑装修部品部件的质量和安全性能。推进绿色生态小区建设。

......

四、夯实国家质量基础设施

（十九）加快国家质量基础设施体系建设

构建国家现代先进测量体系。紧扣国家发展重大战略和经济建设重点领域的需求，建立、改造、提升一批国家计量基准，加快建立新一代高准确度、高稳定性量子计量基准，加强军民共用计量基础设施建设。完善国家量值传递溯源体系。加快制定一批计量技术规范，研制一批新型标准物质，推进社会公用计量标准升级换代。科学规划建设计量科技基础服务、产业计量测试体系、区域计量支撑体系。

加快国家标准体系建设。大力实施标准化战略，深化标准化工作改革，建立政府主导制定的标准与市场自主制定的标准协同发展、协调配套的新型标准体系。简化国家标准制定修订程序，加强标准化技术委员会管理，免费向社会公开强制性国家标准文本，推动免费向社会公开推荐性标准文本。建立标准实施信息反馈和评估机制，及时开展标准复审和维护更新。

完善国家合格评定体系。完善检验检测认证机构资质管理和能力认可制度，加强检验检测认证公共服务平台示范区、国家检验检测高技术服务业集聚区建设。提升战略性新兴产业检验检测认证支撑能力。建立全国统一的合格评定制度和监管体系，建立政府、行业、社会等多层次采信机制。健全进出口食品企业注册备案制度。加快建立统一的绿色产品标准、认证、标识体系。

......

宏观引导类 指导实施类

关于推进绿色"一带一路"建设的指导意见（节选）

环国际〔2017〕58 号

推进"一带一路"建设工作领导小组各成员单位：

丝绸之路经济带和 21 世纪海上丝绸之路（以下简称"一带一路"）建设，是党中央、国务院着力构建更全面、更深入、更多元的对外开放格局，审时度势提出的重大倡议，对于我国加快形成崇尚创新、注重协调、倡导绿色、厚植开放、推进共享的机制和环境具有重要意义。为深入落实《推动共建丝绸之路经济带和 21 世纪海上丝绸之路的愿景与行动》，在"一带一路"建设中突出生态文明理念，推动绿色发展，加强生态环境保护，共同建设绿色丝绸之路，现提出以下意见。

一、重要意义

（一）推进绿色"一带一路"建设是分享生态文明理念、实现可持续发展的内在要求。绿色"一带一路"建设以生态文明与绿色发展理念为指导，坚持资源节约和环境友好原则，提升政策沟通、设施联通、贸易畅通、资金融通、民心相通（以下简称"五通"）的绿色化水平，将生态环保融入"一带一路"建设的各方面和全过程。推进绿色"一带一路"建设，加强生态环境保护，有利于增进沿线各国政府、企业和公众的相互理解和支持，分享我国生态文明和绿色发展理念与实践，提高生态环境保护能力，防范生态环境风险，促进共建国家和地区共同实现 2030 年可持续发展目标，为"一带一路"建设提供有力的服务、支撑和保障。

（二）推进绿色"一带一路"建设是参与全球环境治理、推动绿色发展理念的重要实践。绿色发展成为各国共同追求的目标和全球治理的重要内容。推进绿色"一带一路"建设，是顺应和引领绿色、低碳、循环发展国际潮流的必然选择，是增强经济持续健康发展动力的有效途径。推进绿色"一带一路"建设，应将资源节约和环境友好原则融入国际产能和装备制造合作全过程，促进企业遵守相关环保法律法规和标准，促进绿色技术和产业发展，提高我国参与全球环境治理的能力。

（三）推进绿色"一带一路"建设是服务打造利益共同体、责任共同体和命运共同体的重要举措。全球和区域生态环境挑战日益严峻，良好生态环境成为各国经济社会发展的基本条件和共同需求，防控环境污染和生态破坏是各国的共同责任。推进绿色"一带一路"建设，有利于务实开展合作，推进绿色投资、绿色贸易和绿色金融体系发展，促进经济发展与环境保护双赢，服务于打造利益共同体、责任共同体和命运共同体的总体目标。

二、总体要求

（一）总体思路

按照党中央和国务院决策部署，以和平合作、开放包容、互学互鉴、互利共赢的"丝绸之路"精神为指引，牢固树立创新、协调、绿色、开放、共享的发展理念，坚持各国共商、共建、共享，遵循平等、追求互利，全面推进"五通"绿色化进程，建设生态环保交流合作、风险防范和服务支撑体系，搭建沟通对话、信息支撑、产业技术合作平台，推动构建政府引导、企业推动、民间促进的立体合作格局，为推动绿色"一带一路"建设作出积极贡献。

（二）基本原则

——理念先行，合作共享。突出生态文明和绿色发展理念，注重生态环保与社会、经济发展相融合，积极与沿线国家或地区相关战略、规划开展对接，加强生态环保政策对话，丰富合作机制和交流平台，促进绿色发展成果共享。

——绿色引领，环保支撑。推动形成多渠道、多层面生态环保立体合作模式，加强政企统筹，鼓励行业和企业采用更先进、环境更友好的标准，提高绿色竞争力，引领绿色发展。

——依法依规，防范风险。推动企业遵守国际经贸规则和所在国生态环保法律法规、政策和标准，高度重视当地民众生态环保诉求，加强企业信用制度建设，防范生态环境风险，保障生态环境安全。

——科学统筹，有序推进。加强部门统筹和上下联动，根据生态环境承载力，推动形成产能和装备制造业合作的科学布局；依托重要合作机制，选择重点国别、重点领域有序推进绿色"一带一路"建设。

（三）主要目标

根据生态文明建设、绿色发展和共建国家可持续发展要求，构建互利合作网络、新型合作模式、多元合作平台，力争用 3～5 年时间，建成务实高效的生态环保合作交流体系、支撑与服务平台和产业技术合作基，制定落实一系列生态环境风险防范政策和措施，为绿色"一带一路"建设打好坚实基础；用 5～10 年时间，建成较为完善的生态环保服务、支撑、保障体系，实施一批重要生态环保项目，并取得良好效果。

三、主要任务

（一）全面服务"五通"，促进绿色发展，保障生态环境安全

......

3. 推进绿色基础设施建设，强化生态环境质量保障。制定基础设施建设的环保标准和规范，加大对"一带一路"沿线重大基础设施建设项目的生态环保服务与支持，推广绿色交通、绿色建筑、清洁能源等行业的节能环保标准和实践，推动水、大气、土壤、生物多样性等领域环境保护，促进环境基础设施建设，提升绿色化、低碳化建设和运营水平。

4. 推进绿色贸易发展，促进可持续生产和消费。研究制定政策措施和相关标准规范，促进绿色贸易发展。将环保要求融入自由贸易协定，做好环境与贸易相关协定谈判和实施；提高环保产业开放水平，扩大绿色产品和服务的进出口；加快绿色产品评价标准的研究与制定，推动绿色产品标准体系构建，加强国际交流与合作，推广中国绿色产品标准，减少绿色贸易壁垒。加强绿色供应链管理，推进绿色生产、绿色采购和绿色消费，加强绿色供应链国际合作与示范，带动产业链上下游采取节能环保措施，以市场手段降低生态环境影响。

5. 加强对外投资的环境管理，促进绿色金融体系发展。推动制定和落实防范投融资项目生态环保风险的政策和措施，加强对外投资的环境管理，促进企业主动承担环境社会责任，严格保护生物多样性和生态环境；推动我国金融机构、中国参与发起的多边开发机构以及相关企业采用环境风险管理的自愿原则，支持绿色"一带一路"建设；积极推动绿色产业发展和生态环保合作项目落地。

......

（三）制定完善政策措施，加强政企统筹，保障实施效果

......

2. 强化企业行为绿色指引，鼓励企业采取自愿性措施。鼓励环保企业开拓沿线国家市场，引导优势环保产业集群式"走出去"，借鉴我国的国家生态工业示范园区建设标准，探索与沿线国家共建生态环保园区的创新合作模式。落实《对外投资合作环境保护指南》，推动企业自觉遵守当地环保法律法规、标准和规范，履行环境社会责任，发布年度环境报告；鼓励企业优先采用低碳、节能、环保、绿色的材料与技术工艺；加强生物多样性保护，优先采取就地、就近保护措施，做好生态恢复；引导企业加大应对气候变化领域重大技术的研发和应用。

......

国务院办公厅关于建立统一的绿色产品标准、认证、标识体系的意见

国办发〔2016〕86号

各省、自治区、直辖市人民政府，国务院各部委、各直属机构：

健全绿色市场体系，增加绿色产品供给，是生态文明体制改革的重要组成部分。建立统一的绿色产品标准、认证、标识体系，是推动绿色低碳循环发展、培育绿色市场的必然要求，是加强供给侧结构性改革、提升绿色产品供给质量和效率的重要举措，是引导产业转型升级、提升中国制造竞争力的紧迫任务，是引领绿色消费、保障和改善民生的有效途径，是履行国际减排承诺、提升我国参与全球治理制度性话语权的现实需要。为贯彻落实《生态文明体制改革总体方案》，建立统一的绿色产品标准、认证、标识体系，经国务院同意，现提出以下意见。

一、总体要求

（一）指导思想

以党的十八大和十八届三中、四中、五中、六中全会精神为指导，按照"五位一体"总体布局、"四个全面"战略布局和党中央、国务院决策部署，牢固树立创新、协调、绿色、开放、共享的发展理念，以供给侧结构性改革为战略基点，充分发挥标准与认证的战略性、基础性、引领性作用，创新生态文明体制机制，增加绿色产品有效供给，引导绿色生产和绿色消费，全面提升绿色发展质量和效益，增强社会公众的获得感。

（二）基本原则

坚持统筹兼顾，完善顶层设计。着眼生态文明建设总体目标，统筹考虑资源环境、产业基础、消费需求、国际贸易等因素，兼顾资源节约、环境友好、

消费友好等特性，制定基于产品全生命周期的绿色产品标准、认证、标识体系建设一揽子解决方案。

坚持市场导向，激发内生动力。坚持市场化的改革方向，处理好政府与市场的关系，充分发挥标准化和认证认可对于规范市场秩序、提高市场效率的有效作用，通过统一和完善绿色产品标准、认证、标识体系，建立并传递信任，激发市场活力，促进供需有效对接和结构升级。

坚持继承创新，实现平稳过渡。立足现有基础，分步实施，有序推进，合理确定市场过渡期，通过政府引导和市场选择，逐步淘汰不适宜的制度，实现绿色产品标准、认证、标识整合目标。

坚持共建共享，推动社会共治。发挥各行业主管部门的职能作用，推动政、产、学、研、用各相关方广泛参与，分工协作，多元共治，建立健全行业采信、信息公开、社会监督等机制，完善相关法律法规和配套政策，推动绿色产品标准、认证、标识在全社会使用和采信，共享绿色发展成果。

坚持开放合作，加强国际接轨。立足国情实际，遵循国际规则，充分借鉴国外先进经验，深化国际合作交流，维护我国在绿色产品领域的发展权和话语权，促进我国绿色产品标准、认证、标识的国际接轨、互认，便利国际贸易和合作交往。

（三）主要目标

按照统一目录、统一标准、统一评价、统一标识的方针，将现有环保、节能、节水、循环、低碳、再生、有机等产品整合为绿色产品，到2020年，初步建立系统科学、开放融合、指标先进、权威统一的绿色产品标准、认证、标识体系，健全法律法规和配套政策，实现一类产品、一个标准、一个清

单、一次认证、一个标识的体系整合目标。绿色产品评价范围逐步覆盖生态环境影响大、消费需求旺、产业关联性强、社会关注度高、国际贸易量大的产品领域及类别，绿色产品市场认可度和国际影响力不断扩大，绿色产品市场份额和质量效益大幅提升，绿色产品供给与需求失衡现状有效扭转，消费者的获得感显著增强。

二、重点任务

（四）统一绿色产品内涵和评价方法

基于全生命周期理念，在资源获取、生产、销售、使用、处置等产品生命周期各阶段中，绿色产品内涵应兼顾资源能源消耗少、污染物排放低、低毒少害、易回收处理和再利用、健康安全和质量品质高等特征。采用定量与定性评价相结合、产品与组织评价相结合的方法，统筹考虑资源、能源、环境、品质等属性，科学确定绿色产品评价的关键阶段和关键指标，建立评价方法与指标体系。

（五）构建统一的绿色产品标准、认证、标识体系

开展绿色产品标准体系顶层设计和系统规划，充分发挥各行业主管部门的职能作用，共同编制绿色产品标准体系框架和标准明细表，统一构建以绿色产品评价标准子体系为牵引、以绿色产品的产业支撑标准子体系为辅助的绿色产品标准体系。参考国际实践，建立符合中国国情的绿色产品认证与标识体系，统一制定认证实施规则和认证标识，并发布认证标识使用管理办法。

（六）实施统一的绿色产品评价标准清单和认证目录

质检总局会同有关部门统一发布绿色产品标识、标准清单和认证目录，依据标准清单中的标准组织开展绿色产品认证。组织相关方对有关国家标准、行业标准、团体标准等进行评估，适时纳入绿色产品评价标准清单。会同有关部门建立绿色产品认证目录的定期评估和动态调整机制，避免重复评价。

（七）创新绿色产品评价标准供给机制

优先选取与消费者吃、穿、住、用、行密切相关的生活资料、终端消费品、食品等产品，研究制定绿色产品评价标准。充分利用市场资源，鼓励学会、协会、商会等社会团体制定技术领先、市场成熟度高的绿色产品评价团体标准，增加绿色产品评价标准的市场供给。

（八）健全绿色产品认证有效性评估与监督机制

推进绿色产品信用体系建设，严格落实生产者对产品质量的主体责任、认证实施机构对检测认证结果的连带责任，对严重失信者建立联合惩戒机制，对违法违规行为的责任主体建立黑名单制度。运用大数据技术完善绿色产品监管方式，建立绿色产品评价标准和认证实施效果的指标量化评估机制，加强认证全过程信息采集和信息公开，使认证评价结果及产品公开接受市场检验和社会监督。

（九）加强技术机构能力和信息平台建设

建立健全绿色产品技术支撑体系，加强标准和合格评定能力建设，开展绿色产品认证检测机构能力评估和资质管理，培育一批绿色产品标准、认证、检测专业服务机构，提升技术能力、工作质量和服务水平。建立统一的绿色产品信息平台，公开发布绿色产品相关政策法规、标准清单、规则程序、产品目录、实施机构、认证结果及采信状况等信息。

（十）推动国际合作和互认

围绕服务对外开放和"一带一路"建设战略，推进绿色产品标准、认证认可、检验检测的国际交流与合作，开展国内外绿色产品标准比对分析，积极参与制定国际标准和合格评定规则，提高标准一致性，推动绿色产品认证与标识的国际互认。合理运用绿色产品技术贸易措施，积极应对国外绿色壁垒，推动我国绿色产品标准、认证、标识制度走出去，提升我国参与相关国际事务的制度性话语权。

三、保障措施

（十一）加强部门联动配合

建立绿色产品标准、认证与标识部际协调机制，成员单位包括质检、发展改革、工业和信息化、财政、环境保护、住房城乡建设、交通运输、水利、农业、商务等有关部门，统筹协调绿色产品标准、认证、标识相关政策措施，形成工作合力。

（十二）健全配套政策

落实对绿色产品研发生产、运输配送、消费采

购等环节的财税金融支持政策，加强绿色产品重要标准研制，建立绿色产品标准推广和认证采信机制，支持绿色金融、绿色制造、绿色消费、绿色采购等政策实施。实行绿色产品领跑者计划。研究推行政府绿色采购制度，扩大政府采购规模。鼓励商品交易市场扩大绿色产品交易、集团采购商扩大绿色产品采购，推动绿色市场建设。推行生产者责任延伸制度，促进产品回收和循环利用。

（十三）营造绿色产品发展环境

加强市场诚信和行业自律机制建设，各职能部门协同加强事中事后监管，营造公平竞争的市场环境，进一步降低制度性交易成本，切实减轻绿色产品生产企业负担。各有关部门、地方各级政府应结合实际，加快转变职能和管理方式，改进服务和工作作风，优化市场环境，引导加强行业自律，扩大社会参与，促进绿色产品标准实施、认证结果使用与效果评价，推动绿色产品发展。

（十四）加强绿色产品宣传推广

通过新闻媒体和互联网等渠道，大力开展绿色产品公益宣传，加强绿色产品标准、认证、标识相关政策解读和宣传推广，推广绿色产品优秀案例，传播绿色发展理念，引导绿色生活方式，维护公众的绿色消费知情权、参与权、选择权和监督权。

国务院办公厅
2016 年 11 月 22 日

中共中央、国务院《生态文明体制改革总体方案》（节选）

为加快建立系统完整的生态文明制度体系，加快推进生态文明建设，增强生态文明体制改革的系统性、整体性、协同性，制定本方案。

一、生态文明体制改革的总体要求

（一）生态文明体制改革的指导思想

全面贯彻党的十八大和十八届二中、三中、四中全会精神，以邓小平理论、"三个代表"重要思想、科学发展观为指导，深入贯彻落实习近平总书记系列重要讲话精神，按照党中央、国务院决策部署，坚持节约资源和保护环境基本国策，坚持节约优先、保护优先、自然恢复为主方针，立足我国社会主义初级阶段的基本国情和新的阶段性特征，以建设美丽中国为目标，以正确处理人与自然关系为核心，以解决生态环境领域突出问题为导向，保障国家生态安全，改善环境质量，提高资源利用效率，推动形成人与自然和谐发展的现代化建设新格局。

（二）生态文明体制改革的理念

树立尊重自然、顺应自然、保护自然的理念，生态文明建设不仅影响经济持续健康发展，也关系政治和社会建设，必须放在突出地位，融入经济建设、政治建设、文化建设、社会建设各方面和全过程。

树立发展和保护相统一的理念，坚持发展是硬道理的战略思想，发展必须是绿色发展、循环发展、低碳发展，平衡好发展和保护的关系，按照主体功能定位控制开发强度，调整空间结构，给子孙后代留下天蓝、地绿、水净的美好家园，实现发展与保护的内在统一、相互促进。

树立绿水青山就是金山银山的理念，清新空气、清洁水源、美丽山川、肥沃土地、生物多样性是人类生存必需的生态环境，坚持发展是第一要务，必须保护森林、草原、河流、湖泊、湿地、海洋等自然生态。

树立自然价值和自然资本的理念，自然生态是有价值的，保护自然就是增值自然价值和自然资本的过程，就是保护和发展生产力，就应得到合理回报和经济补偿。

树立空间均衡的理念，把握人口、经济、资源环境的平衡点推动发展，人口规模、产业结构、增长速度不能超出当地水土资源承载能力和环境容量。

树立山水林田湖是一个生命共同体的理念，按照生态系统的整体性、系统性及其内在规律，统筹考虑自然生态各要素、山上山下、地上地下、陆地海洋以及流域上下游，进行整体保护、系统修复、综合治理，增强生态系统循环能力，维护生态平衡。

（三）生态文明体制改革的原则

坚持正确改革方向，健全市场机制，更好发挥政府的主导和监管作用，发挥企业的积极性和自我约束作用，发挥社会组织和公众的参与和监督作用。

坚持自然资源资产的公有性质，创新产权制度，落实所有权，区分自然资源资产所有者权利和管理者权力，合理划分中央地方事权和监管职责，保障全体人民分享全民所有自然资源资产收益。

坚持城乡环境治理体系统一，继续加强城市环境保护和工业污染防治，加大生态环境保护工作对农村地区的覆盖，建立健全农村环境治理体制机制，加大对农村污染防治设施建设和资金投入力度。

坚持激励和约束并举，既要形成支持绿色发展、循环发展、低碳发展的利益导向机制，又要坚持源头严防、过程严管、损害严惩、责任追究，形成对各类市场主体的有效约束，逐步实现市场化、法治化、制度化。

坚持主动作为和国际合作相结合，加强生态环境保护是我们的自觉行为，同时要深化国际交流和务实合作，充分借鉴国际上的先进技术和体制机制建设有益经验，积极参与全球环境治理，承担并履行好同发展中大国相适应的国际责任。

坚持鼓励试点先行和整体协调推进相结合，在党中央、国务院统一部署下，先易后难、分步推进，成熟一项推出一项。支持各地区根据本方案确定的基本方向，因地制宜，大胆探索、大胆试验。

（四）生态文明体制改革的目标

到 2020 年，构建起由自然资源资产产权制度、国土空间开发保护制度、空间规划体系、资源总量管理和全面节约制度、资源有偿使用和生态补偿制度、环境治理体系、环境治理和生态保护市场体系、生态文明绩效评价考核和责任追究制度等八项制度构成的产权清晰、多元参与、激励约束并重、系统完整的生态文明制度体系，推进生态文明领域国家治理体系和治理能力现代化，努力走向社会主义生态文明新时代。

构建归属清晰、权责明确、监管有效的自然资源资产产权制度，着力解决自然资源所有者不到位、所有权边界模糊等问题。

构建以空间规划为基础、以用途管制为主要手段的国土空间开发保护制度，着力解决因无序开发、过度开发、分散开发导致的优质耕地和生态空间占用过多、生态破坏、环境污染等问题。

构建以空间治理和空间结构优化为主要内容，全国统一、相互衔接、分级管理的空间规划体系，着力解决空间性规划重叠冲突、部门职责交叉重复、地方规划朝令夕改等问题。

构建覆盖全面、科学规范、管理严格的资源总量管理和全面节约制度，着力解决资源使用浪费严重、利用效率不高等问题。

构建反映市场供求和资源稀缺程度、体现自然价值和代际补偿的资源有偿使用和生态补偿制度，着力解决自然资源及其产品价格偏低、生产开发成本低于社会成本、保护生态得不到合理回报等问题。

构建以改善环境质量为导向、监管统一、执法严明、多方参与的环境治理体系，着力解决污染防治能力弱、监管职能交叉、权责不一致、违法成本过低等问题。

构建更多运用经济杠杆进行环境治理和生态保护的市场体系，着力解决市场主体和市场体系发育滞后、社会参与度不高等问题。

构建充分反映资源消耗、环境损害和生态效益的生态文明绩效评价考核和责任追究制度，着力解决发展绩效评价不全面、责任落实不到位、损害责任追究缺失等问题。

……

（四十六）建立统一的绿色产品体系

将目前分头设立的环保、节能、节水、循环、低碳、再生、有机等产品统一整合为绿色产品，建立统一的绿色产品标准、认证、标识等体系。完善对绿色产品研发生产、运输配送、购买使用的财税金融支持和政府采购等政策。

……

政府采购支持绿色建材促进建筑品质提升政策项目实施指南

第一章 总 则

第一条 为推进政府采购支持绿色建材促进建筑品质提升政策实施工作,根据《财政部 住房城乡建设部 工业和信息化部关于扩大政府采购支持绿色建材促进建筑品质提升政策实施范围的通知》(财库〔2022〕35 号),结合国家现行绿色建筑与建筑节能、绿色建材的相关法律、法规和技术标准,制定本指南。

第二条 本指南适用于纳入政府采购支持绿色建材促进建筑品质提升政策实施范围的建设工程项目可研编制、设计与审查、政府采购、施工、检测、验收、第三方机构(预)评价全流程的相关活动,包括医院、学校、办公楼、综合体、展览馆、会展中心、体育馆、保障性住房等政府采购工程项目(含适用招标投标法的政府采购工程项目)。

第三条 纳入政策实施范围的采购人[1]及有关各方应当参照本指南执行。

第四条 纳入政策实施范围的城市财政、住房城乡建设、工业和信息化(经济和信息化)、自然资源、市场监管、政务服务等主管部门应参照本指南,按照部门职责分工做好项目相关审批、采购与监管工作。

第五条 纳入政策实施范围的建设工程项目除应符合本指南的规定外,还应符合国家、地方及行业现行相关法律、法规和标准的规定。

第二章 可行性研究

第六条 项目建议书应明确本项目的绿色建筑星级、绿色建材应用比例和装配率目标值。

第七条 编制可行性研究报告,应主动对照《绿色建筑和绿色建材政府采购需求标准》(以下简称《需求标准》),编写绿色建筑和绿色建材专篇,包括但不限于下列内容:

(一)项目绿色建筑和绿色建材应用概况、编制依据,相关绿色规划与建设条件;

(二)绿色建筑星级目标,主要措施和相关专业建设要求;

(三)绿色建材应用率目标,主要措施和相关专业建设要求;

(四)装配式项目装配率目标值、全装修要求,主要措施和相关专业建设要求。

第八条 编制项目投资估算,应综合考虑绿色建筑和绿色建材的相关增量成本以及绿色建材批量集中采购的成本节约,包括下列内容:

(一)绿色建筑的星级增量成本;

(二)绿色建材高性能要求(绿色要求和品质属性要求)的增量成本,具备条件的可经询价或参照材料设备目录价格和税费标准编制;

(三)新工艺、新技术、新材料、新设备的运用、检测、第三方(预)评价等环节的费用;

(四)装配式建造、全装修等技术运用增量成本;

(五)通用类绿色建材实施批量集中采购后的实际下降成本。

第九条 纳入政策实施范围的城市投资主管部门根据相应流程对可研报告进行评审时,可邀请绿色建筑、绿色建材、装配式建筑相关专家,针对可行性研究报告中绿色建筑和绿色建材章节进行评审,并在评审结论中予以体现。

第三章 设计与审查

第十条 在项目设计阶段应编制绿色建材使用量清单,并对绿色建筑中绿色建材的应用比例进行核算。核算方法可在现行《绿色建筑评价标准》(GB/T 50378)的基础上进行细化,如相关政策或标准有所调整,应按最新政策或标准执行。

第十一条 工程设计成果文件应包含技术规格书,技术规格书应明确结构材料与构配件、建筑装饰装修材料、设备设施等绿色建材的指标要求。

---

1 含采购人委托的第三方代建机构。

第十二条 设计单位应根据项目实际情况，对照《需求标准》等规范要求进行项目设计。

施工图审查机构应根据图审合同约定，对项目的绿色建筑和装配式建筑进行预评价，并出具预评价报告。未要求进行施工图设计文件审查的项目，由设计单位向采购人出具设计文件满足《需求标准》的承诺书。

第十三条 方案设计阶段，应对照《需求标准》进行绿色建筑和绿色建材设计策划，主要包括下列内容：

（一）规划与建设条件，绿色建筑星级等级定位及绿色建材应用总体策略；

（二）建筑工程项目建造方式及其结构形式；

（三）建筑专业建设要求；

（四）结构专业建设要求；

（五）暖通专业建设要求；

（六）给排水专业建设要求；

（七）电气专业建设要求。

第十四条 初步设计阶段，设计成果文件中应明确绿色建筑和绿色建材主要设计应用内容和建材技术参数，还应包含下列绿色设计内容：

（一）绿色规划与建设条件，绿色建筑星级等级要求，其中星级等级应按照相应城市的绿色建筑专项规划和《绿色建筑评价标准》（GB/T 50378）等相关要求分别明确；

（二）绿色建筑工程项目建造方式及其结构形式；

（三）建筑专业建设要求、设计内容及绿色建筑材料、装饰装修材料的基本要求；

（四）结构专业建设要求、设计内容及绿色结构材料与构配件的基本要求；

（五）暖通专业建设要求、设计内容及绿色功能设备设施的基本要求；

（六）给排水专业建设要求、设计内容及绿色功能设备设施的基本要求；

（七）电气专业建设要求、设计内容及绿色功能设备设施的基本要求；

（八）绿色建筑和装配式建筑预评价表，绿色建材应用比例计算书。

第十五条 施工图设计阶段，设计成果文件应对照《需求标准》明确绿色建筑和绿色建材主要设计内容、参数及具体构造和措施，并对前一阶段获取政府部门批复中的相关内容进行复核和深化。设计专篇应包含下列内容：

（一）建筑工程项目建造方式及其结构形式；

（二）建筑专业建设要求、设计内容及装饰装修材料要求；

（三）结构专业建设要求、设计内容及结构材料与构配件要求；

（四）暖通专业建设要求、设计内容及其设备设施要求；

（五）给排水专业建设要求、设计内容及其设备设施要求；

（六）电气专业建设要求、设计内容及其设备设施要求；

（七）绿色建筑自评分表；

（八）绿色建材应用汇总表。

第十六条 采购人宜委托施工图审查机构对施工图设计文件是否落实《需求标准》进行评估。未要求进行施工图设计文件审查的项目，采购人应当在办理施工许可手续节点之前向建设行政主管部门提交落实《需求标准》的承诺书。

第四章 政府采购

第十七条 采购人组织工程量清单和政府采购最高限价/招标控制价编制时，应纳入《需求标准》的相关要求，包含绿色建筑和绿色建材实施成本。对施工图不明确之处，采购人应及时组织设计单位、编制单位进行沟通并形成书面文件。

第十八条 编制采购文件（含工程招投标文件）和拟定合同文本，应满足下列要求：

（一）根据不同的采购类型，如设计、施工或工程总承包（EPC）等，在采购文件和拟定合同中应按照《需求标准》明确相应的绿色建筑评价等级、建设要求及绿色建材采购（招标）要求；

（二）"建设工程要求和材料性能符合《需求标准》的相关要求"应作为采购文件的实质性要求并以醒目方式进行标识，且在投标无效条件或否决投标条件中作相应载明；

（三）在拟定合同范本中应按采购文件的要求明确项目的绿色建筑等级、绿色建材应用比例和装配率，并将符合《需求标准》相关要求作为实质性条款；

（四）拟定施工合同中，须明确工程承包单位对涉及使用《需求标准》中的绿色建材的，应当全部采购和使用符合《需求标准》的绿色建材。

第十九条　采购文件和拟定合同中，应要求绿色建材供应商在参与采购活动时提供下列证明性文件的其中一种作为核实依据：

（一）提供符合《需求标准》相关指标要求的绿色建材检测报告；

（二）提供符合《需求标准》相关指标的绿色建材产品认证证书；

（三）《需求标准》中明确由企业承诺的指标，供应商可仅提供企业承诺书。

第二十条　设区的市、自治州以上人民政府财政部门，根据纳入政策实施范围的项目实际需求和绿色建材供应商生产实际，综合考虑建材的通用性、标准化程度、金额和用量等因素，研究确定实施批量集中采购的通用类建材种类并制定批量集中采购实施方案。

第二十一条　采购人梳理纳入批量集中采购范围的绿色建材应用数量，组织开展绿色建材集中采购应用量填报，在施工招标前报送财政部门和政府集中采购机构（部门集中采购机构）。政府集中采购机构（部门集中采购机构）根据政府采购相关法律法规、绿色建材批量集中采购实施方案等，编制采购文件，组织采购活动，分期分批实施批量集中采购。

第二十二条　确定中标、成交供应商后，采购人、施工单位（或总承包单位）应在规定期限内与中标、成交供应商签署《绿色建材采购供货合同》，严格应用绿色建材批量集中采购结果。

第二十三条　鼓励推进绿色建材电子化采购交易，所有符合条件的绿色建材产品均可进入电子平台交易，提高绿色建材采购效率和透明度。

第五章　施　工

第二十四条　采购人应健全工程项目质量管理体系。采购人的项目负责人应作为第一责任人，承担本项目政策实施工作组织与管理的首要责任，并指定专职人员，明确其绿色建材采购及使用环节的质量管理职责，不具备条件的可聘用专业机构或人员。

第二十五条　施工单位应严格按照设计文件和《需求标准》的规定，以及相关建设工程标准进行施工。施工单位应建立相应的施工管理体系和组织机构，确定绿色建筑和绿色建材应用工作责任人。

第二十六条　派驻现场监理的监理工程师应当具备绿色建筑与绿色建材相关的专业知识和管理能力，熟悉《需求标准》，全面掌握设计文件、施工合同中约定的相关内容。

第二十七条　项目开工前，采购人应针对设计文件中绿色建筑和绿色建材的相关内容，结合《需求标准》组织专项会审，开展设计交底并形成书面纪要。设计单位应积极提供相关技术标准、协助指导施工单位进行新技术、新材料、新工艺、新设备的施工。

第二十八条　施工单位应建立绿色建材进场专项台账，内容包括但不限于产品名称、规格型号、产品数量、进货单位、生产厂家、质量证明文件编号（包括绿色建材产品认证证书等证明性材料）、进场时间、进场复验报告等。

第二十九条　施工单位应分地基和基础、主体结构、装饰装修与安装三个阶段开展自查自纠，重点检查该阶段应完成的绿色建筑和绿色建材相关内容是否已按设计文件实施，并满足《需求标准》及国家、地方其他相关规范标准的要求，且应形成书面文件。

第三十条　纳入政策实施范围的项目应建立绿色建筑和绿色建材相关内容的专项资料档案，包括且不限于下列内容：

（一）绿色建筑和绿色建材相应的责任名单等；

（二）经采购人、设计单位、施工单位、监理单位各方盖章确认的绿色建筑和绿色建材专项会审及设计交底纪要；

（三）建设过程中发生的绿色建筑和绿色建材相关内容的变更资料；变更流程应符合属地行业主管部门对项目节能系统变更管理的相关要求；

（四）绿色建材进场台账、质量证明文件及质量检测等资料；

（五）绿色建材检查记录、工程履约验收、隐蔽验收记录、竣工验收记录等；

（六）施工实施总结。

第三十一条　施工过程中，若发现设计文件涉及绿色建筑和绿色建材的内容有不明确或错漏之处，须及时向采购人报告，并由设计单位进行补充、变更，涉及重大变更的应及时提交原节能评估单位及施工图审查机构进行审查。

当工程设计变更时，其绿色建筑与绿色建材的相关性能不得低于《需求标准》、国家和地方其他现行相关标准的规定。

第三十二条 采购人、施工、监理单位应严格按施工验收规范的要求做好绿色建材的进场检验工作，检验合格后方能用于工程现场。

第三十三条 监理单位应严格按照绿色建筑与绿色建材专项监理实施细则开展监理活动。当发现工程施工不符合相关质量标准、技术要求或《需求标准》时，应当书面通知施工单位改正。当发现工程设计违反上述要求时，应报告采购人由其要求设计单位改正。

第三十四条 有关城市建设行政主管部门应结合建设工程项目施工过程的监督管理检查流程，加强对项目绿色建筑和绿色建材相关内容监督管理，保证项目的顺利推进。

第三十五条 建设行政主管部门和各行业协会，应针对相关的政策实施内容、技术要求、工作流程等，积极开展对建设、设计、施工、监理、检测机构等单位的培训工作，确保全面贯彻执行政策要求。

第六章 检 测

第三十六条 纳入政策实施范围的项目绿色建筑与绿色建材性能检测的组织和管理应由采购人负责。

第三十七条 检测机构应符合《建设工程质量检测管理办法》（住房城乡建设部令第 57 号）并通过资质认定（CMA）。采购人可优先选择同时具备实验室认可（CNAS）资质的检测机构。检测方法和检测报告除应符合本指南要求外，还应符合国家和地方现行规范及标准的要求。

第三十八条 为保证建筑品质提升，采购人要按照《需求标准》的相关要求在材料进场和履约验收阶段开展检测报告核查以及相应的实体检测。其结果作为验收的重要依据。

第三十九条 绿色建材进场检验时，施工、监理单位应当核查质量证明文件，包括合格证、相关指标检验（检测）报告 / 认证证书，其中相关指标检验（检测）报告需完整描述受检绿色建材的委托人名称及地址、制造商名称及地址、生产厂名称及

地址、产品名称、产品描述、型号、规格，检验报告应给出《需求标准》相应指标要求的测试结果，并明确是否达到其相应的指标要求。

第四十条 绿色建材进场后应按建设工程相关验收规范进行复验，复验样品应随机抽取，并应满足分布均匀、具有代表性的要求。施工单位要加强对进入施工现场的建筑材料的质量管控，对质量证明文件不齐全的建筑材料，不得进场。

第四十一条 施工单位及其取样、送检人员应确保提供的检测试样具有代表性和真实性。

第四十二条 采购人或监理单位见证人员应对施工现场的取样和送检进行见证，且应保证取样和送检的真实性。

第七章 验 收

第四十三条 竣工验收前，采购人应组织对绿色建筑、绿色建材、装配式建造情况进行专项验收，形成专项验收报告并对验收结果负责。专项验收报告至少包括下列内容：

（一）绿色建筑及绿色建材项目实施情况；

（二）相关材料复验和现场实体检验情况；

（三）绿色建材应用比例计算书；

（四）装配率计算报告。

第四十四条 绿色建筑、绿色建材、装配率验收结果不合格的，竣工验收不得通过。

第四十五条 纳入政策实施范围的项目通过竣工验收后应申请获得相应星级的绿色建筑标识。

第四十六条 纳入政策实施范围的项目，工程进度款支付比例应当不低于已完工程价款的 80%。

第四十七条 推行施工过程结算，发承包双方通过合同约定，将施工过程按时间或进度节点划分施工周期，对周期内已完成且无争议的工程进行价款计算、确认和支付。经双方确认的过程结算文件作为竣工结算文件的组成部分，竣工后原则上不再重复审核。

第八章 附 则

第四十八条 纳入政策实施范围的城市（市辖区）可依据本指南，结合实际制定实施办法。

第四十九条 本指南由财政部会同住房城乡建设部、工业和信息化部负责解释，自印发之日起施行。

工业和信息化部办公厅　住房和城乡建设部办公厅　农业农村部办公厅　商务部办公厅　国家市场监督管理总局办公厅　国家乡村振兴局综合司 关于开展 2023 年绿色建材下乡活动的通知

工信厅联原函〔2023〕50 号

各省、自治区、直辖市及计划单列市、新疆生产建设兵团工业和信息化主管部门、住房和城乡建设厅（委、局）、农业农村（农牧）厅（局、委）、商务主管部门、市场监管局（厅、委）、乡村振兴局，各有关单位：

为深入贯彻党的二十大关于建设现代化产业体系、全面推进乡村振兴的决策部署，加快绿色建材生产、认证和推广应用，促进绿色消费，助力美丽乡村建设，推动乡村产业振兴，工业和信息化部、住房和城乡建设部、农业农村部、商务部、国家市场监督管理总局、国家乡村振兴局决定在 2022 年试点工作基础上，进一步深入推进，联合开展 2023 年绿色建材下乡活动。有关事项通知如下：

一、活动主题

绿色建材进万家　美好生活共创建

二、活动时间

2023 年 1 月—2023 年 12 月

三、试点地区

按照部门指导、市场主导、试点先行原则，在 2022 年已批复第一批试点地区的基础上，根据不同区域发展需求和实际，再选择第二批 5 个左右试点地区开展活动，有意愿的地区可依据本通知要求形成工作方案，向指导部门提出申请。

四、组织形式

（一）参与活动的产品原则上应为获得绿色建材认证的产品，具体获证产品清单和企业名录由绿色建材产品认证技术委员会另行发布，供试点地区参考。试点地区可结合实际制定本地清单名录，对于未获得绿色建材产品认证的产品，试点地区应明确产品技术要求，确保产品符合要求。对于符合认证条件的产品，各地区应加快开展认证活动。

（二）试点地区召开活动启动会后，下沉市、区（县）、乡（镇）、村，通过举办公益宣讲、专场、巡展等不同形式的线上线下活动，加快节能低碳、安全性好、性价比高的绿色建材推广应用。已批复的 7 个试点地区，在充分总结活动经验基础上，积极探索活动新模式，继续深入开展 2023 年绿色建材下乡活动，发挥引领示范作用。

（三）试点地区引导绿色建材生产企业、电商平台、卖场商场等积极参与活动。有条件的地区应对绿色建材消费予以适当补贴或贷款贴息。针对农房、基建等不同应用领域，发挥绿色建造解决方案典型示范作用，提供系统化解决方案，方便消费者选材。活动做好消费维权工作，明确消费维权投诉方式，为消费者提供咨询投诉维权服务。

（四）试点地区选择具有建材产业基础和区位优势的县域、乡镇等，发挥"链主"企业带动作用，促进绿色建材产业链上下游、大中小企业发展，推动绿色建材生产、认证、流通、应用、服务全产业链发展，打造特色产业集群。支持企业针对农村市场开发贴近施工、应用的绿色建材产品和整体解决方案。

（五）由中国建筑材料联合会、绿色建材产品认证技术委员会牵头，组织相关单位成立活动推进组，会同试点地区开展下乡活动。充分发挥第三方作用，完善公共平台，加强行业自律，做好上下游对接，协调组织企业等积极参与，鼓励企业、电商、卖场等让利于民。

（六）试点地区做好活动总结，11月底前将总结报告分别报送工业和信息化部、住房和城乡建设部、农业农村部、商务部、国家市场监督管理总局、国家乡村振兴局。

五、活动要求

（一）明确部门职责。试点地区有关部门加强配合、形成政策合力。工业和信息化主管部门要开展原材料工业"三品"行动，推动绿色建材产品品种增加，产品品质提升，树立绿色建材品牌影响力。住房和城乡建设主管部门要结合现代宜居农房建设和农房节能改造，开展绿色建材下乡活动，推广新型建造方式，推动绿色建材应用。商务主管部门要鼓励电商平台、线下卖场开设销售专区，加大推介力度，促进绿色消费。市场监管部门要督促相关认证机构依法依规开展绿色建材产品认证活动，严格查处认证违法违规行为。农业农村主管部门要强化

绿色建材下乡活动与乡村基础设施建设、农村厕所革命等工作的统筹协调。乡村振兴主管部门要充分调动广大农民群众参与绿色建材下乡活动的积极性，引导树立绿色消费理念，倡导乡村建设项目推广应用绿色建材。

（二）做好安全保障。试点地区制定活动方案、安全方案等，细化措施、责任到人、落实到位，严防事故发生。

（三）注重舆论引导。运用新闻媒体、微博微信、广播电视等渠道，加大绿色建材科普宣传力度，加强活动全过程全覆盖宣传引导，为绿色建材推广应用营造良好舆论环境。

六、联系方式

工业和信息化部（原材料工业司）：010-68205576/5596

中国建筑材料联合会：010-57811075

绿色建材产品认证技术委员会：010-62252317

工业和信息化部办公厅
住房和城乡建设部办公厅
农业农村部办公厅
商务部办公厅
国家市场监督管理总局办公厅
国家乡村振兴局综合司
2023年3月9日

关于扩大政府采购支持绿色建材促进建筑品质提升政策实施范围的通知

财库〔2022〕35 号

各省、自治区、直辖市、计划单列市财政厅（局）、住房和城乡建设厅（委、管委、局）、工业和信息化主管部门，新疆生产建设兵团财政局、住房和城乡建设局、工业和信息化局：

为落实《中共中央 国务院关于完整准确全面贯彻新发展理念做好碳达峰碳中和工作的意见》，加大绿色低碳产品采购力度，全面推广绿色建筑和绿色建材，在南京、杭州、绍兴、湖州、青岛、佛山等 6 个城市试点的基础上，财政部、住房城乡建设部、工业和信息化部决定进一步扩大政府采购支持绿色建材促进建筑品质提升政策实施范围。现将有关事项通知如下：

一、实施范围

自 2022 年 11 月起，在北京市朝阳区等 48 个市（市辖区）实施政府采购支持绿色建材促进建筑品质提升政策（含此前 6 个试点城市，具体城市名单见附件1）。纳入政策实施范围的项目包括医院、学校、办公楼、综合体、展览馆、会展中心、体育馆、保障房等政府采购工程项目，含适用招标投标法的政府采购工程项目。各有关城市可选择部分项目先行实施，在总结经验的基础上逐步扩大范围，到 2025 年实现政府采购工程项目政策实施的全覆盖。鼓励将其他政府投资项目纳入实施范围。

二、主要任务

各有关城市要深入贯彻习近平生态文明思想，运用政府采购政策积极推广应用绿色建筑和绿色建材，大力发展装配式、智能化等新型建筑工业化建造方式，全面建设二星级以上绿色建筑，形成支持建筑领域绿色低碳转型的长效机制，引领建材和建筑产业高质量发展，着力打造宜居、绿色、低碳城市。

（一）落实政府采购政策要求

各有关城市要严格执行财政部、住房城乡建设部、工业和信息化部制定的《绿色建筑和绿色建材政府采购需求标准》（以下简称《需求标准》，见附件2）。项目立项阶段，要将《需求标准》有关要求嵌入项目建议书和可行性研究报告中；招标采购阶段，要将《需求标准》有关要求作为工程招标文件或采购文件以及合同文本的实质性要求，要求承包单位按合同约定进行设计、施工，并采购或使用符合要求的绿色建材；施工阶段，要强化施工现场监管，确保施工单位落实绿色建筑要求，使用符合《需求标准》的绿色建材；履约验收阶段，要根据《需求标准》制定相应的履约验收标准，并与现行验收程序有效融合。鼓励通过验收的项目申报绿色建筑标识，充分发挥政府采购工程项目的示范作用。

（二）加强绿色建材采购管理

纳入政策实施范围的政府采购工程涉及使用《需求标准》中的绿色建材的，应当全部采购和使用符合相关标准的建材。各有关城市要探索实施对通用类绿色建材的批量集中采购，由政府集中采购机构或部门集中采购机构定期归集采购人的绿色建材采购计划，开展集中带量采购。要积极推进绿色建材电子化采购交易，所有符合条件的绿色建材产品均可进入电子平台交易，提高绿色建材采购效率和透明度。绿色建材供应商在供货时应当出具所提供建材产品符合需求标准的证明性文件，包括国家统一推行的绿色建材产品认证证书，或符合需求标准的有效检测报告等。

（三）完善绿色建筑和绿色建材政府采购需求标准

各有关城市可结合本地区特点和实际需求，提出优化完善《需求标准》有关内容的建议，包括调整《需求标准》中已包含的建材产品指标要求，增加未包含的建材产品需求标准，或者细化不同建筑类型如学校、医院等的需求标准等，报财政部、住房城乡建设部、工业和信息化部。财政部、住房城乡建设部、工业和信息化部将根据有关城市建议和政策执行情况，动态调整《需求标准》。

（四）优先开展工程价款结算

纳入政策实施范围的工程，要提高工程价款结算比例，工程进度款支付比例不低于已完工程价款的80%。推行施工过程结算，发承包双方通过合同约定，将施工过程按时间或进度节点划分施工周期，对周期内已完成且无争议的工程进行价款计算、确认和支付。经双方确认的过程结算文件作为竣工结算文件的组成部分，竣工后原则上不再重复审核。

三、工作要求

（一）明确部门职责

有关城市财政、住房和城乡建设、工业和信息化部门要各司其职，加强协调配合，形成政策合力。财政部门要组织采购人落实《需求标准》，指导集中采购机构开展绿色建材批量集中采购工作，加强对采购活动的监督管理。住房和城乡建设部门要加强对纳入政策实施范围的工程项目的监管，培育绿色建材应用示范工程和高品质绿色建筑项目。工业和信息化部门要结合区域特点，因地制宜发展绿色建材产业，培育绿色建材骨干企业和重点产品。

（二）精心组织实施

有关城市所在省级财政、住房和城乡建设、工业和信息化部门收到本通知后要及时转发至纳入政策实施范围城市的财政、住房和城乡建设、工业和信息化部门，切实加强对有关城市工作开展的指导。有关城市要根据政策要求，研究制定本地区实施方案，明确各有关部门的责任分工，完善组织协调机制，对实践中出现的问题要及时研究和妥善处理，确保扩大实施范围工作顺利推进，取得扎实成效。要积极总结工作经验，提炼可复制、可推广的先进经验和典型做法。

（三）加强宣传培训

各有关地方和部门要依据各自职责加强政策解读和宣传，及时回应社会关切，营造良好的工作氛围。要加强对建设单位、设计单位、建材企业、施工单位的政策解读和培训，调动相关各方的积极性。

附件：1.政府采购支持绿色建材促进建筑品质提升政策实施范围城市名单

2.绿色建筑和绿色建材政府采购需求标准

财政部 住房城乡建设部 工业和信息化部

2022年10月12日

关于组织申报政府采购支持绿色建材促进建筑品质提升试点城市的通知

财办库〔2022〕97号

各省、自治区、直辖市、计划单列市财政厅（局）、住房和城乡建设厅（委、管委、局）、工业和信息化主管部门、市场监管局（厅、委），新疆生产建设兵团财政局、住房和城乡建设局、工业和信息化局、市场监督管理局：

为落实《中共中央 国务院关于完整准确全面贯彻新发展理念做好碳达峰碳中和工作的意见》，完善政府绿色采购标准，加大绿色低碳产品采购力度，全面推广绿色建筑和绿色建材，助力城乡建设绿色发展，在南京、杭州、绍兴、湖州、青岛、佛山等6个试点城市的基础上，财政部、住房城乡建设部、工业和信息化部、市场监管总局决定进一步扩大政府采购支持绿色建材促进建筑品质提升试点范围。现将申报试点城市有关事项通知如下：

一、试点任务

试点城市要深入贯彻习近平生态文明思想，以推动城乡建设绿色发展为目标，运用政府采购政策积极推广绿色建筑和绿色建材应用，建立绿色建筑和绿色建材政府采购需求标准，推动政府采购工程项目（含政府投资项目）强制采购符合标准的绿色建材，建设二星级以上绿色建筑，探索开展既有公共建筑绿色化综合改造，带动建材和建筑行业绿色低碳发展，着力打造宜居、绿色、低碳城市。试点时间为两年。

二、申报范围和条件

（一）申报范围。

各省、自治区、直辖市及新疆生产建设兵团所辖副省级省会城市、计划单列市、地级市（行政区）。

每省（自治区、直辖市，含新疆生产建设兵团）

申报城市（行政区）数量原则上不超过2个。

（二）申报条件。

1. 具备较好的政府采购绿色建筑和绿色建材应用试点基础，包括具有较强试点意愿、政府绿色采购政策执行情况良好等。

2. 具有较好的绿色建材发展政策环境、产业能力和市场规模。

3. 具有较好的试点项目条件，覆盖新建和既改等不同项目类型，工程项目规模较大。

4. 本地区的建筑工程项目和建材生产企业近3年未发生较大及以上等级生产安全事故。

5. 本地区在绿色建材生产、应用、认证工作上建立了工作机制，发布了指导文件或开展了相关工作。

三、申报程序

（一）申报试点城市要结合本地发展实际，填写《政府采购支持绿色建材促进建筑品质提升试点城市申请表》（附件1）和《政府采购支持绿色建材促进建筑品质提升试点城市申报书》（附件2）后报省级财政部门和住房和城乡建设、工业和信息化、市场监管主管部门。

（二）省级财政部门应会同住房和城乡建设、工业和信息化、市场监管主管部门，择优向财政部、住房城乡建设部、工业和信息化部、市场监管总局推荐。

（三）财政部、住房城乡建设部、工业和信息化部、市场监管总局根据申报情况共同研究确定并发布试点城市名单，适时组织试点城市召开专题会议动员部署。

四、其他要求

省级财政部门经商住房和城乡建设、工业和信息化、市场监管主管部门后，于2022年5月27日前将推荐材料（A4纸打印版4份，电子版刻录光盘1份）寄送至财政部国库司，逾期不予受理。

联系方式：

1. 财政部国库司

南锟 010-68552387

2. 住房城乡建设部标准定额司

厉超 010-58934561

3. 工业和信息化部原材料工业司

白云峰 010-68205576

4. 市场监管总局认证监管司

关钧文 010-82262674

附件：1. 政府采购支持绿色建材促进建筑品质提升试点城市申请表

2. 政府采购支持绿色建材促进建筑品质提升试点城市申报书（编制要点）

财政部办公厅　住房城乡建设部办公厅

工业和信息化部办公厅　市场监管总局办公厅

2022年4月26日

关于政府采购支持绿色建材促进建筑品质提升试点工作的通知

财库〔2020〕31号

各省、自治区、直辖市、计划单列市财政厅（局）、住房和城乡建设主管部门，新疆生产建设兵团财政局、住房和城乡建设局：

为发挥政府采购政策功能，加快推广绿色建筑和绿色建材应用，促进建筑品质提升和新型建筑工业化发展，根据《中华人民共和国政府采购法》和《中华人民共和国政府采购法实施条例》，现就政府采购支持绿色建材促进建筑品质提升试点工作通知如下：

一、总体要求

（一）指导思想

以习近平新时代中国特色社会主义思想为指导，牢固树立新发展理念，发挥政府采购的示范引领作用，在政府采购工程中积极推广绿色建筑和绿色建材应用，推进建筑业供给侧结构性改革，促进绿色生产和绿色消费，推动经济社会绿色发展。

（二）基本原则

坚持先行先试。选择一批绿色发展基础较好的城市，在政府采购工程中探索支持绿色建筑和绿色建材推广应用的有效模式，形成可复制、可推广的经验。

强化主体责任。压实采购人落实政策的主体责任，通过加强采购需求管理等措施，切实提高绿色建筑和绿色建材在政府采购工程中的比重。

加强统筹协调。加强部门间的沟通协调，明确相关部门职责，强化对政府工程采购、实施和履约验收中的监督管理，引导采购人、工程承包单位、建材企业、相关行业协会及第三方机构积极参与试点工作，形成推进试点的合力。

（三）工作目标

在政府采购工程中推广可循环可利用建材、高强度高耐久建材、绿色部品部件、绿色装饰装修材料、节水节能建材等绿色建材产品，积极应用装配式、智能化等新型建筑工业化建造方式，鼓励建成二星级及以上绿色建筑。到2022年，基本形成绿色建筑和绿色建材政府采购需求标准，政策措施体系和工作机制逐步完善，政府采购工程建筑品质得到提升，绿色消费和绿色发展的理念进一步增强。

二、试点对象和时间

（一）试点城市

试点城市为南京市、杭州市、绍兴市、湖州市、青岛市、佛山市。鼓励其他地区按照本通知要求，积极推广绿色建筑和绿色建材应用。

（二）试点项目

医院、学校、办公楼、综合体、展览馆、会展中心、体育馆、保障性住房等新建政府采购工程。鼓励试点地区将使用财政性资金实施的其他新建工程项目纳入试点范围。

（三）试点期限

试点时间为2年，相关工程项目原则上应于2022年12月底前竣工。对于较大规模的工程项目，可适当延长试点时间。

三、试点内容

（一）形成绿色建筑和绿色建材政府采购需求标准

财政部、住房和城乡建设部会同相关部门根据建材产品在政府采购工程中的应用情况、市场供给情况和相关产业升级发展方向等，结合有关国家标准、行业标准等绿色建材产品标准，制定发布绿色建筑和绿色建材政府采购基本要求（试行，以下简称《基本要求》）。财政部、住房和城乡建设部将根据试点推进情况，动态更新《基本要求》，并在中华人民共和国财政部网站（www.mof.gov.cn）、住房和城乡建设部网站（www.mohurd.gov.cn）和中国政府采购网（www.ccgp.gov.cn）发布。试点地区可根据地方实际情况，对《基本要求》中的相关设计要求、建材种类和具体指标进行微调。试点地区要通过试点，在《基本要求》的基础上，细化和完善绿色建筑政府采购相关设计规范、施工规范和产品标准，形成客观、量化、可验证，适应本地区实际和不同建筑类型的绿色建筑和绿色建材政府采购需求标准，报财政部、住房和城乡建设部。

（二）加强工程设计管理

采购人应当要求设计单位根据《基本要求》编制设计文件，严格审查或者委托第三方机构审查设计文件中执行《基本要求》的情况。试点地区住房和城乡建设部门要加强政府采购工程中落实《基本要求》情况的事中事后监管。同时，要积极推动工程造价改革，完善工程概预算编制办法，充分发挥市场定价作用，将政府采购绿色建筑和绿色建材增量成本纳入工程造价。

（三）落实绿色建材采购要求

采购人要在编制采购文件和拟定合同文本时将满足《基本要求》的有关规定作为实质性条件，直接采购或要求承包单位使用符合规定的绿色建材产品。绿色建材供应商在供货时应当提供包含相关指标的第三方检测或认证机构出具的检测报告、认证证书等证明性文件。对于尚未纳入《基本要求》的建材产品，鼓励采购人采购获得绿色建材评价标识、认证或者获得环境标志产品认证的绿色建材产品。

（四）探索开展绿色建材批量集中采购

试点地区财政部门可以选择部分通用类绿色建材探索实施批量集中采购。由政府集中采购机构或部门集中采购机构定期归集采购人绿色建材采购计划，开展集中带量采购。鼓励通过电子化政府采购平台采购绿色建材，强化采购全流程监管。

（五）严格工程施工和验收管理

试点地区要积极探索创新施工现场监管模式，督促施工单位使用符合要求的绿色建材产品，严格按照《基本要求》的规定和工程建设相关标准施工。

工程竣工后，采购人要按照合同约定开展履约验收。

（六）加强对绿色采购政策执行的监督检查

试点地区财政部门要会同住房和城乡建设部门通过大数据、区块链等技术手段密切跟踪试点情况，加强有关政策执行情况的监督检查。对于采购人、采购代理机构和供应商在采购活动中的违法违规行为，依照政府采购法律制度有关规定处理。

四、保障措施

（一）加强组织领导

试点地区要高度重视政府采购支持绿色建筑和绿色建材推广试点工作，大胆创新，研究建立有利于推进试点的制度机制。试点地区财政部门、住房和城乡建设部门要共同牵头做好试点工作，及时制定出台本地区试点实施方案，报财政部、住房和城乡建设部备案。试点实施方案印发后，有关部门要按照职责分工加强协调配合，确保试点工作顺利推进。

（二）做好试点跟踪和评估

试点地区财政部门、住房和城乡建设部门要加强对试点工作的动态跟踪和工作督导，及时协调解决试点中的难点堵点，对试点过程中遇到的关于《基本要求》具体内容、操作执行等方面问题和相关意见建议，要及时向财政部、住房和城乡建设部报告。财政部、住房和城乡建设部将定期组织试点情况评估，试点结束后系统总结各地试点经验和成效，形成政府采购支持绿色建筑和绿色建材推广的全国实施方案。

（三）加强宣传引导

加强政府采购支持绿色建筑和绿色建材推广政策解读和舆论引导，统一各方思想认识，及时回应社会关切，稳定市场主体预期。通过新闻媒体宣传推广各地的好经验好做法，充分发挥试点示范效应。

附件：绿色建筑和绿色建材政府采购基本要求（试行）

财政部 住房城乡建设部
2020 年 10 月 13 日

市场监管总局办公厅　住房和城乡建设部办公厅
工业和信息化部办公厅
关于加快推进绿色建材产品认证及生产应用的通知

市监认证〔2020〕89号

各省、自治区、直辖市及新疆生产建设兵团市场监管局（厅、委）、住房和城乡建设厅（委、局）、工业和信息化主管部门：

根据《市场监管总局办公厅　住房和城乡建设部办公厅　工业和信息化部办公厅关于印发绿色建材产品认证实施方案的通知》（市监认证〔2019〕61号，以下简称《实施方案》）要求，三部门联合开展加快推进绿色建材产品认证及生产应用工作，现将有关事项通知如下：

一、扩大绿色建材产品认证实施范围

在前期绿色建材评价工作基础上，加快推进绿色建材产品认证工作，将建筑门窗及配件等51种产品（见附件1）纳入绿色建材产品认证实施范围，按照《实施方案》要求实施分级认证。根据行业发展和认证工作需要，三部门还将适时把其他建材产品纳入实施范围。

二、绿色建材产品分级认证及业务转换要求

获得批准的认证机构应依据《绿色建材产品分级认证实施通则》（见附件2）制定对应产品认证实施细则，并向认监委备案。获证产品应按照《绿色产品标识使用管理办法》（市场监管总局公告2019年第20号）和《绿色建材评价标识管理办法》（建科〔2014〕75号）要求加施"认证活动二"绿色产品标识，并标注分级结果。现有绿色建材评价机构自获得绿色建材产品认证资质之日起，应停止受理认证范围内相应产品的绿色建材评价申请。自2021年5月1日起，绿色建材评价机构停止开展全部绿色建材评价业务。

三、组建绿色建材产品认证技术委员会

组建绿色建材产品认证技术委员会，为绿色建材产品认证工作提供决策咨询和技术支持。第一届技术委员会委员名单附后（见附件3），秘书处设在中国建筑材料工业规划研究院，负责技术委员会日常工作。

四、培育绿色建材示范企业和示范基地

工业和信息化主管部门建立绿色建材产品名录，培育绿色建材生产示范企业和示范基地。由省级工业和信息化主管部门根据不同地域特点和市场需求，加强与下游用户的衔接，组织项目上报。工业和信息化部组织专家对申报材料进行评审、公示，具体申报时间和要求另行通知。

五、加快绿色建材推广应用

住房和城乡建设主管部门依托建筑节能与绿色建筑综合信息管理平台搭建绿色建材采信应用数据库，获证企业或认证机构提出入库申请。省级住房和城乡建设主管部门应发挥职能，做好入库建材产品监督管理。省级住房和城乡建设主管部门要结合实际制定绿色建材认证推广应用方案，鼓励在绿色建筑、装配式建筑等工程建设项目中优先采用绿色建材采信应用数据库中的产品。

六、加强对绿色建材产品认证及生产应用监督管理

各级市场监管、住房和城乡建设、工业和信息化部门在各自职能范围内，加强对绿色建材产品认

证及生产应用监管，发现违法违规行为的，依法严肃查处。

　　附件：1.绿色建材产品分级认证目录（第一批）
　　　　2.绿色建材产品分级认证实施通则
　　　　3.第一届绿色建材产品认证技术委员会委员名单

市场监管总局办公厅
住房和城乡建设部办公厅
工业和信息化部办公厅
2020年8月3日

认监委关于发布绿色产品认证机构资质条件及第一批认证实施规则的公告

国家认证认可监督管理委员会公告〔2020〕6号

根据《国务院办公厅关于建立统一的绿色产品标准、认证、标识体系的意见》（国办发〔2016〕86号）及《市场监管总局关于发布绿色产品评价标准清单及认证目录（第一批）的公告》（市场监管总局公告2018年第2号）、《市场监管总局办公厅 住房和城乡建设部办公厅 工业和信息化部办公厅关于印发绿色建材产品认证实施方案的通知》（市监认证〔2019〕61号）要求，申请从事绿色产品认证的认证机构应当依法设立，符合《中华人民共和国认证认可条例》《认证机构管理办法》规定的基本条件，并具备与从事绿色产品认证相适应的技术能力。具备上述资质条件的认证机构，可按照绿色产品认证第一批目录范围向认监委提出申请，经批准后方可依据相关认证实施规则（见附件）开展绿色产品认证。

附件：
1. 绿色产品认证实施规则　人造板和木制地板
2. 绿色产品认证实施规则　涂料
3. 绿色产品认证实施规则　卫生陶瓷
4. 绿色产品认证实施规则　建筑玻璃
5. 绿色产品认证实施规则　太阳能热水系统
6. 绿色产品认证实施规则　家具
7. 绿色产品认证实施规则　绝热材料
8. 绿色产品认证实施规则　防水密封材料
9. 绿色产品认证实施规则　陶瓷砖（板）
10. 绿色产品认证实施规则　纺织产品
11. 绿色产品认证实施规则　木塑制品
12. 绿色产品认证实施规则　纸和纸制品

认监委

2020年3月26日

市场监管总局办公厅　住房和城乡建设部办公厅
工业和信息化部办公厅
关于印发绿色建材产品认证实施方案的通知

市监认证〔2019〕61号

各省、自治区、直辖市及新疆生产建设兵团市场监管局（厅、委）、住房和城乡建设厅（委、局）、工业和信息化主管部门：

为贯彻落实《质检总局 住房城乡建设部 工业和信息化部 国家认监委 国家标准委关于推动绿色建材产品标准、认证、标识工作的指导意见》（国质检认联〔2017〕544号），推进绿色建材产品认证工作，市场监管总局、住房和城乡建设部、工业和信息化部制定了《绿色建材产品认证实施方案》，现印发给你们，请结合实际认真组织实施。

市场监管总局办公厅
住房和城乡建设部办公厅
工业和信息化部办公厅
2019年10月25日

绿色建材产品认证实施方案

为推进实施绿色建材产品认证制度，健全绿色建材市场体系，增加绿色建材产品供给，提升绿色建材产品质量，促进建材工业和建筑业转型升级，根据《质检总局 住房城乡建设部 工业和信息化部 国家认监委 国家标准委关于推动绿色建材产品标准、认证、标识工作的指导意见》（国质检认联〔2017〕544号，以下简称《指导意见》），制定本方案。

一、组织领导与保障

成立绿色建材产品标准、认证、标识推进工作组（以下简称推进工作组），由市场监管总局、住房和城乡建设部、工业和信息化部有关司局负责同志组成，负责协调指导全国绿色建材产品标准、认证、标识工作，审议绿色建材产品认证实施规则和认证机构技术能力要求，指导绿色建材产品认证采信工作。组建技术委员会，为绿色建材认证工作提供决策咨询和技术支持。

各省、自治区、直辖市及新疆生产建设兵团市场监管局（厅、委）、住房和城乡建设厅（委、局）、工业和信息化主管部门成立本地绿色建材产品工作组，接受推进工作组指导，负责协调本地绿色建材产品认证推广应用工作。

二、认证组织实施

（一）从事绿色建材产品认证的认证机构应当依法设立，符合《认证机构管理办法》基本要求，满足GB/T 27065《合格评定产品、过程和服务认证机构要求》、RB/T 242《绿色产品认证机构要求》相关要求，具备从事绿色建材产品认证活动的相关技术能力。

（二）申请从事绿色建材认证的认证机构，可由省级住房和城乡建设主管部门、工业和信息化主管部门推荐，由市场监管总局商住房和城乡建设部、工业和信息化部后作出审批决定。

（三）绿色建材产品认证机构可委托取得相应资质的检测机构开展与绿色建材产品认证相关的检

测活动，并对依据有关检测数据作出的认证结论负责。

（四）绿色建材产品认证目录由市场监管总局、住房和城乡建设部、工业和信息化部根据行业发展和认证工作需要，共同确定并发布。认证实施规则由市场监管总局商住房和城乡建设部、工业和信息化部后发布。

（五）绿色建材产品认证按照《指导意见》、本实施方案及《绿色建材评价标识管理办法》（建科〔2014〕75号）进行实施，实行分级评价认证，由低至高分为一、二、三星级，在认证目录内依据绿色产品评价国家标准认证的建材产品等同于三星级绿色建材。

三、认证标识

按照《绿色产品标识使用管理办法》（市场监管总局2019年第20号公告）要求，对认证目录内依据绿色产品评价国家标准认证的建材产品，适用"认证活动一"的绿色产品标识样式；对按照《绿色建材评价标识管理办法》（建科〔2014〕75号）认证的建材产品，适用"认证活动二"的绿色产品标识样式，并标注分级结果。

四、推广应用

（一）住房和城乡建设主管部门建立绿色建材采信应用数据库，并向社会公开。通过绿色建材评价认证的建材产品经审核后入库。对出现违规行为的企业或认证机构，要及时将相应的建材产品从数据库中清除。

（二）工业和信息化主管部门建立绿色建材产品名录，根据不同地域特点和市场需求，加强与下游用户的衔接，促进绿色建材推广应用，培育绿色建材示范产品和示范企业，推动绿色建材行业加快发展。

（三）各地住房和城乡建设主管部门、工业和信息化主管部门要结合实际制定本地绿色建材认证推广应用方案，鼓励工程建设项目使用绿色建材采信应用数据库中的产品，在政府投资工程、重点工程、市政公用工程、绿色建筑和生态城区、装配式建筑等项目中率先采用绿色建材。

五、监督管理

（一）各级市场监管、住房和城乡建设、工业和信息化部门充分发挥各自职能，对绿色建材产品生产、认证、采信应用等进行监督管理。

（二）对认证活动中出现的违法违规行为，应依法进行处罚，并将涉企行政处罚信息通过国家企业信用信息公示系统及全国绿色建材评价标识管理信息平台公布。

质检总局　住房城乡建设部　工业和信息化部　国家认监委　国家标准委

《关于推动绿色建材产品标准、认证、标识工作的指导意见》

国质检认联〔2017〕544 号

各省、自治区、直辖市及计划单列市、新疆生产建设兵团质量技术监督局（市场监督管理部门）、住房城乡建设厅（委）、工业和信息化主管部门，各直属检验检疫局：

为全面贯彻落实党的十九大精神，进一步推进《生态文明体制改革总体方案》（中发〔2015〕25 号）、《中共中央 国务院关于开展质量提升行动的指导意见》（中发〔2017〕24 号）、《中共中央 国务院关于进一步加强城市规划建设管理工作的若干意见》（中发〔2016〕6 号）、《国务院办公厅关于建立统一的绿色产品标准、认证、标识体系的意见》（国办发〔2016〕86 号）、《国务院办公厅关于促进建材工业稳增长调结构增效益的指导意见》（国办发〔2016〕34 号）及《绿色建筑行动方案》（国办发〔2013〕1 号）的落实工作，健全绿色建材市场体系，增加绿色建材产品供给，提升绿色建材产品质量，推动建材工业和建筑业转型升级，现就推动绿色建材产品标准、认证、标识工作提出以下指导意见：

一、目标原则

（一）总体目标

按照国务院要求，将现有绿色建材认证或评价制度统一纳入绿色产品标准、认证、标识体系管理。在全国范围内形成统一、科学、完备、有效的绿色建材产品标准、认证、标识体系，实现一类产品、一个标准、一个清单、一次认证、一个标识的整合目标，建立完善的绿色建材推广和应用机制，全面提升建材工业绿色制造水平。到2020年，绿色建材应用比例达到 40% 以上。

（二）基本原则

1. 统一协调，共同实施。通过建立有效的协调机制，各有关部门共同推进绿色建材产品标准、认证、标识的采信和推广应用工作。

2. 稳步推进，平稳过渡。积极稳妥地整合现有绿色建材相关评价认证制度，结合实施情况，制定具体措施，确保政策平稳过渡。

3. 强化监督，多元共治。加强绿色建材产品标准、认证、标识诚信体系建设，完善监督机制，形成政府、行业组织、认证机构、生产企业多元共治的良性局面。

二、组织实施

（三）加强组织协调

质检总局、住房城乡建设部、工业和信息化部、国家认监委、国家标准委共同成立绿色建材产品标准、认证、标识推进工作组（简称五部门工作组），协调指导全国绿色建材产品标准、认证、标识工作。

各地应参照五部门模式成立本地绿色建材产品认证工作组，接受五部门工作组指导，负责本地绿色建材产品认证和推广应用工作，引导本地符合条件的机构申报绿色建材产品认证机构，参与绿色建材产品标准编制，监督管理本地绿色建材产品认证活动，审查、汇总、上报本地绿色建材产品认证结果。

（四）建立统一的产品标准体系

由国家标准委、工业和信息化部、住房城乡建设部构建绿色建材产品标准体系框架，组织研制满足工程建设要求的绿色建材产品评价标准，确定和统一发布绿色建材产品评价标准清单，动态管理绿色建材产品标准。

（五）建立统一的产品认证体系

由国家认监委、住房城乡建设部、工业和信息化部构建绿色建材产品认证体系框架，制定绿色建材产品认证目录、实施规则和证书式样；按照绿色产品认证机构能力要求确定绿色建材产品认证机构。

（六）推进绿色产品认证

积极稳妥地推动绿色建材评价向统一的绿色产品认证转变。

对于纳入统一的标准清单和认证目录的建材产品，符合相关要求的，按照统一的绿色产品认证体系进行绿色产品认证，已获得三星级绿色建材评价标识的建材产品在证书有效期内可换发绿色产品认证证书。

对于未纳入统一的标准清单和认证目录的建材产品，以及统一的标准清单和认证目录内已获得一星级、二星级绿色建材评价标识的建材产品，仍参照《绿色建材评价标识管理办法》（建科〔2014〕75号）执行，按照分级认证的原则实施自愿性产品认证，由国家认监委批准的认证机构进行认证。

（七）加强机构能力建设

认证机构应具备从事绿色建材产品认证活动相适应的工作条件和技术能力，按照《认证机构管理办法》（质检总局令第164号）管理，由国家认监委批准，住房城乡建设部、工业和信息化部共同参与监督管理。

三、采信应用

（八）完善政策措施

质检总局、住房城乡建设部、工业和信息化部、国家认监委、国家标准委要制定完善相关政策，加强政策衔接，统筹绿色建材标准制定、产品认证、生产应用等环节，积极引导建材生产企业参与绿色建材产品认证，抓紧建立绿色建材采信和推广应用机制。结合深化"一带一路"等国家战略，推动建立绿色建材产品国际互认合作机制，推动中国产品和服务"走出去"。

（九）积极采信应用

各地要结合实际，制定本地绿色建材认证推广应用方案，明确发展目标、重点任务和保障措施，积极鼓励工程建设项目使用绿色建材，在政府投资工程、重点工程、市政公用工程等项目中率先采用绿色建材。建设一批绿色建材推广应用示范工程。将绿色建材产品认证和推广应用工作列入生态文明建设、城市规划建设管理工作、新型城镇化建设、节能减排等监督考核指标体系，加大考核力度。定期对各地开展绿色建材产品认证和推广应用进行检查。

四、监督保障

（十）加强监督检查

要强化对认证过程的监管，确保认证工作规范有序；遵循"双随机、一公开"原则，定期或不定期对认证机构和获证企业进行监督检查，对不符合认证要求的产品、企业进行处置，追究相关企业和认证机构责任。依法查处认证违法违规行为，建立违法违规的认证机构黑名单制度，向社会公布黑名单，并记入相关机构信用记录，纳入全国统一的信用信息共享交换平台。

（十一）强化社会共治

及时发布认证机构及获证企业相关信息，任何组织和个人有权对绿色建材产品认证中的违法违规行为进行举报，各地、各相关部门应当及时调查处理。绿色建材产品认证机构要主动公开认证产品标准、程序、方法、结果，自觉接受社会监督。建立认证机构、认证人员、获证企业、最终用户的关联制约机制、风险责任机制，依靠行政监管、认可约束、行业自律、社会监督，实现多元共治。

（十二）加强宣传引导

加强绿色建材产品标准、认证、标识相关政策解读。贴近群众、走进生活，开展多种形式的绿色建材产品宣介活动，向社会提供绿色建材产品认证信息查询、统计分析、结果发布等服务，引导消费者选材，强化公众绿色生产和消费理念，让广大消费者接受认证结果、信任认证制度。支持企业提品质、树品牌，促进建材工业提质升级。

质检总局 住房城乡建设部 工业和信息化部
国家认监委 国家标准委
2017年12月28日

2 标准化工作

BIAOZHUNHUAGONGZUO

中国国检测试控股集团股份有限公司

关于邀请参加新一批《绿色建材评价标准》编制工作的函

各有关单位：

为大力发展绿色建材，加快推进绿色建材标准工作，受住房和城乡建设部科技与产业化发展中心委托，由国检集团牵头负责新一批《绿色建材评价标准》的编制任务（附件一）。

为使标准更加科学、先进和可操作，现征集业内科研院所和骨干企业参与共同编制。如贵单位有意愿参加，请填好参编申请（附件二）并加盖公章后，将扫描件发送至 Lsjc@ctc.ac.cn。

联系人：任世伟、马丽萍、刘翼

电　话：010-51167148

邮　箱：Lsjc@ctc.ac.cn

附件一：住建部科技与产业化发展中心委托函
附件三：标准参编申请表

中国国检测试控股集团股份有限公司

2022 年 02 月 18 日

住房和城乡建设部科技与产业化发展中心 (住房和城乡建设部住宅产业化促进中心) 文件

关于邀请参与编制《绿色建材评价系列标准》的函

中国建材检验认证集团股份有限公司：

根据《2021 年第一批协会标准制订、修订计划》（建标协字〔2021〕11 号）文件要求，为加快推进绿色建材评价工作，顺利完成编制任务，经研究，现邀请贵单位牵头参与我中心主编的绿色建材评价系列标准的编制工作（详见附件）。

请你单位精心组织，抓紧落实，并于 2023 年 6 月完成标准编制工作。

请回函确认。

附件：标准编制任务清单

住房和城乡建设部科技与产业化发展中心

2021 年 6 月 18 日

附件

标准编制任务清单

一、 绿色建材评价 石墨烯电热制品

二、 绿色建材评价 建筑垃圾再生骨料

三、 绿色建材评价 气凝胶复合材料

四、 绿色建材评价 光伏并网逆变器

五、 绿色建材评价 装配式内装部品

六、 绿色建材评价 辐射制冷材料

七、 绿色建材评价 无机地坪材料

八、 绿色建材评价 纤维增强热固性塑料管及管件

九、 绿色建材评价 建筑隔震橡胶支座

十、 绿色建材评价 预制混凝土管片和管桩

十一、 绿色建材评价 建筑柔性饰面材料

中国国检测试控股集团股份有限公司

关于邀请参加《绿色建材评价 保温系统材料》《绿色建材评价 无机装饰板材》标准修订工作的函

各有关单位：

根据《2022 年第一批协会标准制订、修订计划》（建标协字〔2022〕13 号）文件要求，为大力发展绿色建材，支撑建筑节能、绿色建筑和新型城镇化建设需求，促进建材工业转型升级，落实中共中央、国务院《关于开展质量提升行动的指导意见》和国务院办公厅《关于建立统一的绿色产品标准、认证和标识体系的意见》的文件精神，受住房和城乡建设部科技与产业化发展中心委托，由中国国检测试控股集团股份有限公司牵头负责 T/CECS 10032—2019《绿色建材评价 保温系统材料》、T/CECS 10042—2019《绿色建材评价 无机装饰板材》标准的修订工作。

为使标准的编制更加科学、先进和可操作，并保证按时完成，现征集业内有代表性的科研院所和骨干企业作为参编单位。如贵单位有意愿参加，请填好参编申请（附件二）并加盖公章后，将扫描件发送至 Lsjc@ctc.ac.cn。

联系人：任世伟、马丽萍、刘翼

电　话：010-51167148

邮　箱：Lsjc@ctc.ac.cn

附件一：委托函

附件二：标准参编申请表

中国国检测试控股集团股份有限公司

2022 年 07 月 10 日

中国国检测试控股集团股份有限公司

关于邀请参加《绿色建材评价 建筑消能阻尼器》等 5 项绿色建材系列标准编制工作的函

各有关单位：

为大力发展绿色建材，健全绿色建材标准体系，加快推进绿色建材产品认证工作，根据中国工程建设标准化协会《关于印发〈2022 年第二批协会标准制定、修订计划〉的通知》（建标协字〔2022〕40 号）要求，受住房和城乡建设部科技与产业化发展中心委托，由国检集团牵头负责《绿色建材评价 建筑消能阻尼器》、《绿色建材评价 玄武岩纤维及其复合材料》、《绿色建材评价 预制保温管及管件》、《绿色建材评价 风电叶片》、《绿色建材评价 室外运动场地面层合成材料》等 5 项标准制定工作。

为使标准更加科学、先进和可操作，现征集业内科研院所和骨干企业参与标准制定工作。如有意愿参加，请填好标准参编申请表（附件）并加盖公章后，将扫描件发送至 Lsjc@ctc.ac.cn。

联系人：任世伟、马丽萍

电　话：010-51167148

邮　　箱：Lsjc@ctc.ac.cn

附件：标准参编申请表

中国国检测试控股集团股份有限公司

2023 年 02 月 23 日

中国国检测试控股集团股份有限公司

关于邀请参加《绿色建筑低碳选材技术导则》标准制订工作的函

各有关单位：

根据中国工程建设标准化协会"2022 年第一批协会标准制订、修订计划"（建标协字〔2022〕13 号）的通知，由中国国检测试控股集团股份有限公司牵头负责《绿色建筑低碳选材技术导则》标准制订工作。

绿色建筑是建筑业落实双碳目标的必然选项，建筑材料的低碳化选用是支撑绿色建筑"低碳属性"的天然基因。立足于选材源头管控视角，探究绿色建筑贯穿设计、施工、使用等全流程的低碳选材方法理论，剖析绿色建筑与建筑材料产业链的供需适配与协同降碳机制，以标准化手段构建基于建材碳足迹为基础要素，统筹节约、长寿、循环、利废、环保、健康等多要素于一体的绿色建筑低碳选材综合技术体系，对于推进绿色建筑与建材产业链纵深融合、协同降碳具有重要意义。

本标准旨在以绿色建筑高质量发展需求为牵引，以选材为切入点，建立一套科学适用、前瞻引领、操作可行的绿色建筑低碳选材技术体系，为高品质绿色建筑低碳选材提供规范化指导依据，促进绿色低碳建材在建筑领域深化推广应用、助力城乡建设领域双碳目标实现。

为保障标准编制的科学、合理和可操作性，现征集业内有代表性的科研院所和骨干企业作为参研单位，共同做好标准编制工作。若贵单位有意愿参加，请将参编申请（附件一）填好并加盖公章后，将扫描件发送至Lsjc@ctc.ac.cn。

联系人：赵春芝、刘佳

电　话：010-51167578、010-51167148

邮　箱：Lsjc@ctc.ac.cn

附件一：标准参编申请表

中国国检测试控股集团股份有限公司

2022 年 11 月 9 日

附件一：

标准参编申请表

姓名		性别		出生年月	
职务		职称		最终学历	
民族		籍贯		有无标准编写经历	
何年何校毕业				所学专业	
技术工作简历					
电话		手机		传真	
电子信箱				邮政编码	
地址					
备注					

参编单位（盖章）：

年　　月　　日

中国国检测试控股集团股份有限公司

关于邀请参加《绿色建材评价 建筑用气凝胶绝热材料》行业标准编制工作的函

各有关单位:

根据《工业和信息化部办公厅关于印发2022年第三批行业标准制修订和外文版项目计划的通知》(工信厅科函[2022]312号),由中国国检测试控股集团股份有限公司牵头负责建材行业标准《绿色建材评价 建筑用气凝胶绝热材料》的制定工作,计划编号为2022-1971T-JC。

绿色建材是建材行业高质量发展的不二选项,是绿色建筑与新型城镇化建设的关键物质基础,是新时代双碳目标战略布局中的重要一子。与此同时,万众瞩目的绿色建材评价认证亦作为国家行动正如火如荼开展中。气凝胶材料作为公认的传统建筑保温绝热材料的革命性替代产品,在国家绿色与双碳政策红利的深度加码下,迎来了前所未有的发展机遇,成为绿色建材领域中熠熠闪烁的新星。然而,如何科学评价气凝胶绝热材料的绿色低碳属性,基于什么样的标准来系统认定其为"绿色建材",诸如此类问题均尚属空白。鉴于此,建立统一、规范的建筑用气凝胶绝热材料绿色建材评价标准体系,支撑绿色建材产品供给,是气凝胶绝热材料行业亟待解决的重要事项。本标准将充分紧贴我国建筑用气凝胶绝热材料行业现有产品体系及应用发展实际，研究、制定其绿色建材分级评价技术体系，为推动开展建筑用气凝胶绝热材料绿色建材产品认证奠定标准支撑。

为使标准内容更加科学、合理、协调、可操作，现征集业内有代表性的骨干企业、科研院所、检测认证机构、专家学者等参与标准制定工作。有意愿者请填写参编申请（附件），并加盖公章后将扫描件发送至以下方式。

联系人：任世伟、马丽萍

电　话：010-51167148

邮　箱：lsjc@ctc.ac.cn

附　件：标准参编申请

中国国检测试控股集团股份有限公司

2023 年 02 月 07 日

中国国检测试控股集团股份有限公司

关于邀请参加《旅游景区无障碍设施评价标准》CECS 标准编制工作的函

各有关单位：

2023 年 9 月 1 日,《中华人民共和国无障碍环境建设法》发布实施，标志着中国的无障碍环境建设迈向新的高度。无障碍环境建设作为一项民生工程，是推动社会文明进步、人权保障的重要体现，也是新时期城市现代化、新型城镇化以及老龄化社会建设布局中的关键要素。其中旅游景区作为典型的公共服务场所，是落实无障碍环境建设布局的重要领域。《无障碍环境建设法》明确提出"鼓励文化、旅游等服务场所结合所提供的服务内容，为残疾人、老年人提供辅助器具、咨询引导等无障碍服务。"《"十四五"旅游业发展规划》将"进一步加强旅游无障碍环境建设和服务"作为"十四五"旅游业的发展目标，并明确"健全无障碍旅游公共服务标准规范，加强老年人、残疾人等便利化旅游设施建设和改造，推动将无障碍旅游内容纳入相关无障碍公共服务政策"。

为落实国家无障碍环境发展战略，健全旅游景区无障碍环境标准体系，提升旅游景区无障碍设施的建设和管理水平，促进无障碍旅游环境建设高质量发展，根据中国工程建设标准化协会《关于印发<2023 年第二批协会标准制定、修订计划>》（建标协字[2023]50 号），中国国检测试控股集团股份有限公司联合深圳市信息无障碍研究会、深圳市联谛信息无障碍有限责任公司、中国建筑标准设计研究院等单位共同编制 CECS 标准《旅游景区无障碍设施评价标准》。

为使标准内容更加科学、合理、协调、可操作，现征集无障碍旅游或无障碍环境建设等相关领域的企业、机构、团体、专家学者参与标准制定工作，有意愿者请填写参编申请（附件），并加盖公章后将扫描件发送至以下方式。

联系人：田鑫东、马丽萍

电　话：15529587268、010-51167148

邮　箱：tianxindong@ctc.ac.cn 、 mlp@ctc.ac.cn

附　件：标准参编申请

中国国检测试控股集团股份有限公司

2023 年 12 月 19 日

中国国检测试控股集团股份有限公司

关于邀请参加《民用建筑节约材料评价标准》国家标准修订工作的通知

各有关单位：

2023 年 12 月 1 日，国家标准化管理委员会发布《关于下达 2023 年第三批推荐性国家标准计划及相关标准外文版计划的通知》（国标委发【2023】58 号），批准了《民用建筑节约材料评价标准》的修订工作计划（计划号：20231264-T-333）。中国国检测试控股集团股份有限公司负责牵头组织该标准的修订工作。

双碳与绿色是新时代发展的主旋律。双碳政策不断加码，绿色建材方兴未艾，建筑业高质量发展提档升级。"节约材料"是建筑业"双碳"与"绿色"的题中应有之义，也是联动建材与建筑产业链协同绿色、降碳、高质量发展的关键纽带，在新的时代背景下被赋予了新的、更丰富的内涵。本标准将结合最新的政策、技术、标准、应用等发展情况进行修订更新，以期更好的服务于建筑建材产业链协同高质量发展。

为使标准内容更加科学、合理、先进、可操作，现征集建筑与建材领域相关企业、机构、团体、专家学者参与标准修订工作。有意愿者请填写参编申请（附件），加盖公章后将扫描件发送至以下方式。

联系人：田鑫东、马丽萍、刘翼、蒋荃

电　话：010-51167148、15529587268、15311806368

邮　箱：tianxindong@ctc.ac.cn

附　件：标准参编申请

中国国检测试控股集团股份有限公司

2024 年 2 月 23 日

中国国检测试控股集团股份有限公司

关于邀请参加《质量分级及"领跑者"评价要求 木质地板》标准修订工作的函

各有关单位：

2018 年，国家市场监管管理总局等八部门联合印发《关于实施企业标准"领跑者"制度的意见》，提出以企业标准自我声明公开为基础，建立实施企业标准"领跑者"制度，发布企业标准"领跑者"名单。《质量强国建设纲要》提出建立质量分级标准规则，健全质量披露制度，鼓励企业实施标准自我声明公开。《国家标准化发展纲要》《扩大内需战略规划纲要（2022-2035 年）》等文件进一步强调推进实施企业标准"领跑者"制度，强化"领跑者"制度支撑质量强国战略的基础性作用。为切实支撑企业标准"领跑者"制度的贯彻实施，对标国际先进水平，强化高标准引领，助力营造"生产看领跑、消费选领跑"的社会氛围，提升产业整体发展水平，根据中国建筑材料联合会《关于下达 2024 年第一批协会标准制修订计划的通知》（中建材联标发[2024]18 号），由中国国检测试控股集团股份有限公司牵头承担《质量分级及"领跑者"评价要求 木质地板》标准的修订工作。

为保证标准编制的科学性、权威性和可操作性，现征集业内有代表性的骨干企业、机构、专家学者参与标准制定工作。有意参与者，请填写标准参编申请表（见附件），并盖章扫描发送至以下联系方式：

联系人：冯玉启、马丽萍

电话：010-51167148

邮箱：fengyuqi@ctc.ac.cn

中国国检测试控股集团股份有限公司

2024 年 3 月 22 日

中国国检测试控股集团股份有限公司

关于邀请参加建材协会标准《产品碳足迹 产品种类规则 建筑遮阳产品》和《产品碳足迹 产品种类规则 吊顶材料》编制工作的函

各有关单位：

应对气候变化、促进零碳发展是全球共识。2020 年 9 月 22 日，习近平总书记在联合国大会一般性辩论的讲话中明确表示"中国将力争于 2030 年前实现碳达峰，于 2060 年前实现碳中和"，标志着中国"双碳"时代正式开启。2021 年 9 月，中共中央、国务院印发"关于完整准确全面贯彻新发展理念 做好碳达峰碳中和工作的意见"，提出"要制定重点行业和产品温室气体排放标准"；2021 年 10 月，国务院印发《2030 年前碳达峰行动方案》，进一步提出"要建立统一规范的碳排放统计核算体系；探索建立重点产品全生命周期碳足迹标准"。2021 年 11 月，商务部发布《"十四五"对外贸易高质量发展规划》，提出"探索建立外贸产品全生命周期碳足迹追踪体系"。凡此上述种种，构建科学、统一的产品碳足迹标准、开展产品碳足迹评估无疑是落实"双碳"目标的基础手段。

此外，在"双碳"与"绿色"相辅相成、协同并举的当下，产品碳足迹也是绿色建材产品认证、绿色制造体系评价，以及绿色建筑评价、建筑碳排放评价体系中的关键要素，并在国际绿色贸易壁垒中发挥着越来越重要的作用。

为切实贯彻国家双碳战略目标，支撑建筑遮阳和吊顶材料行业产品碳足迹核算与评估，助力建筑遮阳和吊顶材料行业绿色低碳转型，根据《中国建筑材料联合会关于下达 2022 年第八批协会标准制修订计划的通知》（中建材联标发[2022]48 号），由中国国检测试控股集团股份有限公司牵头负责协会标准《产品碳足迹 产品种类规则 建筑遮阳产品》和《产品碳足迹 产品种类规则 吊顶材料》的编制工作，计划编号分别为 2022-68-xbjh 和 2022-69-xbjh。

为使标准内容更加科学、合理、协调、可操作，现征集业内有代表性的骨干企业、机构、专家学者参与标准制定工作。有意愿者请填写参编申请（附件），并加盖公章后将扫描件发送至以下方式。

联系人：赵春芝、张艳姣、刘佳、马丽萍

电　话：010-51167578、51167148

邮　箱：lsjc@ctc.ac.cn。

附件：标准参编申请

中国国检测试控股集团股份有限公司

2023 年 05 月 06 日

附件：

标准参编申请表

姓名		性别		出生年月	
职务		职称		最终学历	
民族		籍贯		有无标准编写经历	
何年何校毕业				所学专业	
技术工作简历					
电话		手机		传真	
电子信箱				邮政编码	
地址					
备注					

中国建材检验认证集团股份有限公司

关于邀请参加《建材产品水足迹核算、评价与报告通则》认证认可行业标准编制工作的函

各有关单位：

根据国家认证认可监督管理委员会"认监委关于下达 2019 年认证认可行业标准制修订计划项目的通知"（国认监[2019]13 号）要求，由中国建材检验认证集团股份有限公司牵头负责认证认可行业标准《建材产品水足迹核算、评价与报告通则》的编制工作，计划编号：2019RB009。

水是事关国计民生的基础性自然资源和战略性经济资源，是生态环境的控制性要素。习近平总书记在党的十九大报告中提出要"实施国家节水行动"。2019 年，发改委、水利部联合印发了《国家节水行动方案》，提高水资源利用效益、建设节水型社会上升为国家战略。在此情形下，基于全生命周期理念，着眼统筹兼顾源头控制、过程用水效率提升和末端污染防控的水资源综合管控体系，同时充分利用评价、认证等国际通行的技术手段和市场化机制，构建以水足迹理念为基础的水资源观，对于落实国家"节水优先"方针具有重要意义，也将为"以水定城、以水定地、以水定人、以水定产"等制度的落实提供切实可行的技术方案。

本标准将立足于建材行业，运用基于生命周期的水足迹思维，通过实现对建材行业产品生命周期内水资源利用及水污染管控的可核查、可评价、可报告，一方面为建材行业节水型标杆产品的评价认证工作提供科学、合理、可操作的技术支撑，同时也有助于为建材工业企业加强水资源取用、产排污管控，为行业和政府部门制定节水减排管控政策提供参考，具有较好的行业示范意义。

为保证该标准的科学、合理和可操作性，现征集业内有代表性的骨干企业、机构、专家学者参与标准制定工作。如有意愿参加，请填写申请表（附件）并加盖公章后，将扫描件发送至 mlp@ctc.ac.cn。

联系人：马丽萍、张艳姣、刘翼、蒋荃

电　话：010-51167148、51167005

E-mail：mlp@ctc.ac.cn

中国建材检验认证集团股份有限公司

二〇二〇年六月八日

中国国检测试控股集团股份有限公司

关于邀请参加《绿色建材检测可挥发性有机化合物用气候舱通用技术条件》标准编制的函

各相关单位:

生态文明建设、绿色低碳发展是新时代主旋律,绿色建材作为建材工业未来发展的根本方向,身兼"引导建材产业转型升级"、"支撑建筑业高质量发展"等多重角色,是践行国家绿色低碳发展战略的重要力量,被划归国推认证制度序列,正值方兴未艾。"可挥发性有机化合物释放量"作为衡量众多建材产品的关键"绿色属性",其检测结果的准确性、一致性和复现性无疑是支撑绿色建材产品认证、保障绿色建材产品质量的关键要义,而检测用气候舱质量则是实现此目标的基础环节。

为规范市场上用于检测绿色建材产品中挥发性有机化合物的气候舱质量,为此类产品的生产、销售、售后服务、质检、仲裁等提供指导性依据,使气候舱市场进一步秩序化、规范化,实现健康、良性发展,中国国检测试控股集团股份有限公司会同有关单位共同立项、编制中国工程建设标准化协会 CECS 标准《绿色建材检测可挥发性有机化合物用气候舱通用技术条件》。

为使标准编制更加科学、合理、可操作,现征集业内有代表

性的科研院所、质检机构和骨干企业作为参编单位。有意参与者，

请填写参编申请（见附件）并加盖公章后，发送至以下联系方式：

联系人：冯玉启、马丽萍、刘翼

电　话：010-51167148、51167005

邮　箱：mlp@ctc.ac.cn

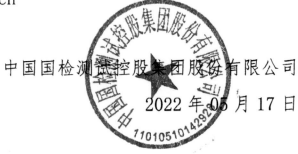

中国国检测试控股集团股份有限公司

2022 年 05 月 17 日

中国国检测试控股集团股份有限公司

关于邀请参加《绿色建材评价 光伏系统用铝合金型材》等五项绿色建材系列标准编制工作的函

各有关单位：

为大力发展绿色建材，健全绿色建材标准体系，加快推进绿色建材产品认证工作，根据中国工程建设标准化协会《关于印发〈2023 年第一批协会标准制定、修订计划〉的通知》（建标协字〔2023〕10 号）要求，受住房和城乡建设部科技与产业化发展中心委托，由国检集团牵头负责《绿色建材评价 光伏系统用铝合金型材》、《绿色建材评价 门墙柜一体化产品》、《绿色建材评价 混凝土电杆》、《绿色建材评价 止水密封材料》、《绿色建材评价 防水隔气透气材料》等五项标准制定工作。

为使标准更加科学、先进和可操作，现征集业内科研院所和骨干企业参与标准制定工作。如有意愿参加，请填好标准参编申请表（附件）并加盖公章后，将扫描件发送至 Lsjc@ctc.ac.cn。

联系人：

任世伟：010-51167148 13146685104

黄梦迟：010-51167148 13381289752

许欣：010-51167148 18910382239

冯玉启：010-51167148 13260472255

附件：标准参编申请表

中国国检测试控股集团股份有限公司

2023年 10 月 19 日

中国建材检验认证集团股份有限公司

关于邀请参加《绿色建材评价 高强钢筋》

标准编制工作的函

各有关单位：

为贯彻落实市场监管总局、住建部、工信部《绿色建材产品认证实施方案》（市监认证〔2019〕61号），根据中国工程建设标准化协会《2019年第二批工程建设协会标准制订、修订计划》（建标协字[2019]22号）和住房和城乡建设部科技与产业化发展中心《关于邀请参与编制<绿色建材评价标准>的函》（建科中心函2017[78]号）的要求，由中国建材检验认证集团股份有限公司牵头《绿色建材评价 高强钢筋》标准的编制任务。

为使标准的编制更加科学、先进和可操作，并保证按时完成，现征集业内有代表性的科研院所和骨干企业作为参编单位。如贵单位有意愿参加，请填好参编申请并加盖公章后，将扫描件发送至liuyi@ctc.ac.cn。

中国建材检验认证集团股份有限公司

2019年11月18日

3 绿色评价·认证服务
LÜSEPINGJIA·RENZHENGFUWU

中国绿色产品认证／绿色建材产品认证

中国绿色产品认证是依据中共中央、国务院《生态文明体制改革总体方案》（中发〔2015〕25号）和国务院办公厅《关于建立统一的绿色产品标准、标识和认证的指导意见》（国办发〔2016〕86号）建立的，由国家推行的高端认证制度。

中国绿色产品是指在全生命周期过程中，符合环境保护要求，对生态环境和人体健康无害或危害小、资源能源消耗少、品质高的产品。

首批认证目录

人造板和木质地板、涂料、卫生陶瓷、建筑玻璃、太阳能热水系统、家具、绝热材料、防水与密封材料、陶瓷砖（板）、纺织产品、木塑制品、纸和纸制品。

绿色建材产品认证是市场监管总局、住房和城乡建设部、工信部在原绿色建材评价标识工作基础上，依据三部门《绿色建材产品认证实施方案》（市监认证〔2019〕61号）和《关于加快推进绿色建材产品认证及生产应用的通知》（市监认证〔2020〕89号）建立的，由国家推行的分级认证制度，是按照中共中央、国务院要求推动绿色产品认证在建材领域率先落地的重要举措。

绿色建材是指在全生命周期内，可减少对天然资源消耗和减轻对生态环境影响，具有"节能、减排、安全、便利、可循环"特征的建材产品。绿色建材认证由低到高分为一星级、二星级和三星级。通过前述中国绿色产品认证的建材产品等同于三星级绿色建材。

首批认证目录（6大类51种）

围护结构及混凝土类：预制构件、钢结构房屋用钢构件、现代木结构用材、砌体材料、保温系统材料、预拌混凝土、预拌砂浆、混凝土外加剂（减水剂）。

门窗幕墙及装饰装修类：建筑门窗及配件、建筑幕墙、建筑节能玻璃、建筑遮阳产品、门窗幕墙用型材、钢质户门、金属复合装饰材料、建筑陶瓷、洁具、无机装饰板材、石膏装饰材料、石材、镁质装饰材料、吊顶系统、集成墙面、纸面石膏板。

防水密封及建筑涂料类：建筑密封胶、防水卷材、防水涂料、墙面涂料、反射隔热涂料、空气净化材料、树脂地坪材料。

给排水及水处理设备类：水嘴、建筑用阀门、塑料管材管件、游泳池循环水处理设备、净水设备、软化设备、油脂分离器、中水处理设备、雨水处理设备。

暖通空调及太阳能利用与照明类：空气源热泵、地源热泵系统、新风净化系统、建筑用蓄能装置、光伏组件、LED 照明产品、采光系统、太阳能光伏发电系统。

其他设备类：设备隔振降噪装置、控制与计量设备、机械式停车设备。

关于我们

二十年来我们长期致力于绿色建材产品评价认证工作，积极为我国绿色发展事业贡献力量：

▶ 首批中国绿色产品认证机构、三星级绿色建材评价机构、工信部工业节能与绿色发展评价中心；

▶ 中国绿色产品认证建材组组长单位、国家绿色产品标准化总体组成员；

▶ 牵头编制 40 余项绿色产品和绿色建材评价标准、中国绿色产品认证实施规则（建材领域）；

▶ 二十年来承担数十项绿色建材评价认证国家科研项目，多次获得省部级科技进步奖。

重要意义

▶ 实施国推认证，是践行国家绿色发展理念的重要举措。

▶《国家发展改革委 司法部关于加快建立绿色生产和消费法规政策体系的意见》（发改环资〔2020〕379 号）提出，积极推行绿色产品政府采购制度，结合实施产品品目清单管理，加大绿色产品相关标准在政府采购中的运用。

▶《财政部 住房和城乡建设部关于政府采购支持绿色建材促进建筑品质提升试点工作的通知》（财库〔2020〕31 号）提出，绿色建材将作为政府采购实质性条件。

▶ 获证产品准许使用中国绿色产品或绿色建材产品认证标识，彰显产品绿色高端优势及企业品牌实力。

▶ 为成功入选国家级或地方省市绿色工厂、绿色供应链示范提供强有力助力。

▶ 招投标过程获益：国推认证产品市场认可度高，增强企业差异化竞标能力。

▶ 工程应用获益：住房和城乡建设部搭建绿色建材采信应用数据库，获证产品将被绿色建筑、装配式建筑等工程建设项目优先采用。

▶ 行业推广获益：工信部将建立绿色建材产品名录，培育绿色建材生产示范企业和示范基地

▶ 各地方省市已陆续推出财税金融、政府优先采购等激励政策，国家层面还将继续出台完善相关支持政策。

绿色产品认证／绿色建材星级认证 010-51167148

儿童安全级产品认证

儿童是家庭的希望，国家民族的未来。给所有儿童创造安全舒适的家庭、社会和学习环境，让他们健康成长，一直是国检集团努力的目标。

儿童安全级产品认证由国检集团一群年轻的爸爸妈妈开发。他们本着"幼吾幼以及人之幼"的初心，在多年绿色建材认证评价技术研究的基础上，以更严苛的环保标准、更严谨的认证规则控制拟通过认证的建材产品的有害物质指标，保障儿童活动场所空气质量及环境安全健康，践行国检集团"让生活更美好"的使命。

受理范围

墙面涂覆材料、壁纸（布）、木质地板、人造板、弹性地板、塑胶跑道材料、儿童家具、集成墙面、木塑制品、木器涂料等。

儿童安全级认证：010-51167148

墙面涂覆材料　　壁纸（布）　　木质地板　　　人造板　　　弹性地板　　塑胶跑道材料

儿童家具　　　　集成墙面　　　木塑制品　　　木器涂料

健康建材认证

中共中央、国务院发布《"健康中国 2030"规划纲要》，健康建材产业链将会是一个规模巨大、潜力无限的行业。新冠疫情直接催生了家装消费升级，健康建材将成为刚需。关于健康建材相应的权威评价标准和第三方认证出现了空白和缺位，市场混乱。新冠疫情催生出的巨大消费市场导致这一矛盾空前突出。

国检集团旗帜鲜明地提出：健康建材是在符合严苛的有害物质和污染源控制指标的基础上，具有"主动健康"功能性的建材产品。包括但不限于：

▶ 具有空气净化功能，可改善居室空气质量的。

▶ 具有抗菌功能，可改善居室水质或微生物环境的。

▶ 具有调节功能，可改善居室声、光、热、湿等建筑物理环境舒适度的。

▶ 产品符合人体工程学设计，使用中具有舒适、安全或健康等功能的。

▶ 其他可提升人居环境健康水平的。

健康建材认证：010-51167148。

优质建材产品认证

CTC 推出的"优质建材产品"旨在为优秀的建材生产企业提供一个高端品质产品认证平台，为广大消费者提供一个选购优质建材产品的可信渠道，为我国建材产业转型升级、提升产品质量的国家战略作出应有的贡献。优质建材产品认证的适用范围：优秀的建材生产企业（陶瓷、水泥、玻璃、涂料、板材、型材等）的高端建材产品，获证企业数量控制在行业企业总数的 5% ～ 10%。

认证的基本模式：型式试验 + 初始工厂检查 + 获证后监督。

优质建材产品认证实行综合评价打分制，满分 100 分，综合评价总得分不低于 85 分为通过。其中：工厂检查满分 50 分，包括工厂质量保证能力检查和产品一致性检查，根据现场检查结果予以评分；产品质量检查满分 35，依据各产品认证实施规则所附技术要求和型式试验报告实测性能数据予以评分，技术要求依托相关产品现行国家标准或行业标准，在主要质量指标予以拔高；其他综合评价满分 15 分，依据企业科研能力、管理体系获证情况、生产规模、售后服务等进行评分。

优质建材产品认证：010-51167735

III 型环境声明 / 碳足迹 / 水足迹

EPD（亦称 III 型环境声明、环境产品声明）是以生命周期评价 LCA 为方法论基础，提供基于生命周期全过程的量化环境信息报告。碳足迹、水足迹同样以 LCA 为基础，量化评价产品在整个生命周期内的温室气体排放或水资源消耗。因其可向消费者、经销商等提供与产品相关的科学、可验证、可比的环境信息，被认为是对政府绿色采购及产品生态设计等最有力的支持工具。

▶ 作为当前绿色产品认证、绿色制造体系评价、绿色建材产品认证的重要指标。

▶ 服务 LEED 等国内外绿色建筑评价。

▶ 通过量化表达产品的绿色低碳环保特征，增强企业及其产品的品牌影响和市场竞争力。

▶ 彰显企业实施节能减排和改善环境质量的决心和责任，提升企业社会形象。

▶ 有效应对国际绿色贸易壁垒，促进出口。

EPD / 碳足迹 / 水足迹：010-51167148

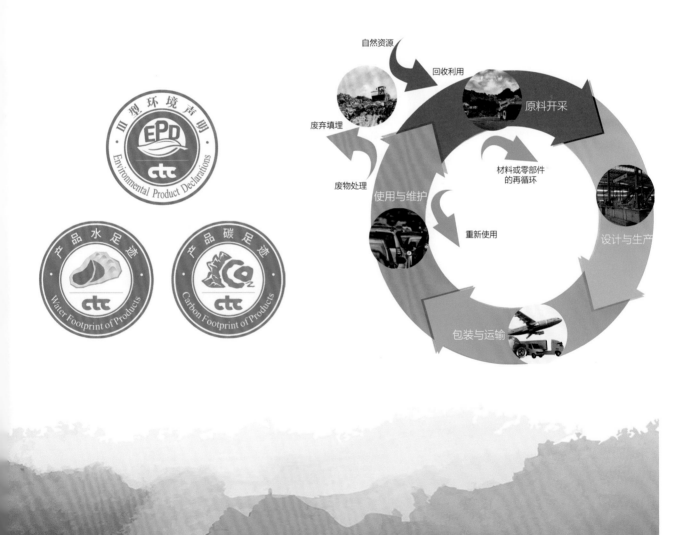

绿色建筑选用产品证明商标

证明商标，是指由对某种商品或者服务具有监督能力的组织所控制，而由该组织以外的单位或个人使用于其商品或者服务，用以证明该商品或者服务的原产地、原料、制造方法、质量或者其他特定品质的标志。

绿色建筑选用产品证明商标是国家建筑材料测试中心经国家商标局合法注册，用于证明建材产品符合绿色建筑设计选材需求的特定标志，受法律保护。国家建筑材料测试中心拥有证明商标的管理权和专用权。绿色建筑选用产品证明商标将助力和引导开发商、建筑师绿色选材，提升企业市场竞争力，凸显产品高端价值。

绿色建筑选用产品证明商标：010-51167148

绿色建筑选用产品

入选产品技术资料
RUXUANCHANPINJISHUZILIAO

证书编号：LB2023BW001　　HB2023BW001

展宏聚氨酯夹芯板、防火彩钢夹芯板

产品简介

　　聚氨酯夹芯板是目前国际公认最好的建筑隔热材料，其导热系数低，耐荷性好，抗弯强度高，不吸水、不腐烂、不虫蛀鼠咬，阻燃性好，耐温范围大。利用聚氨酯（PU）的物理特性以及独特配方，让高温发泡的聚氨酯与彩涂钢板一体成型紧密结合。创造出当今建筑师、设计师梦寐以求的科技环保建材——聚氨酯彩钢夹芯板。

　　防火彩钢夹芯板是通过自动化的设备将防火保温材料 Propor（"不老泡"）与钢板复合成一个整体，从而改变了以前防火板材需现场复合的方式，在满足建筑物保温隔热、隔声、防火等要求的前提下，更达到了优质、高效、可靠、安全的目标。

适用范围

　　聚氨酯夹芯板应用领域：适用于 −40 ～ 150℃ 的环境，广泛应用于水产、食品、生物制品、药品、化工等领域。

　　防火彩钢夹芯板应用领域：广泛应用于钢结构厂房、简易活动房的屋面、墙体；电子、食品、医药、医院等企业内的洁净室、无尘室的大面积隔断、吊顶板；对防火等级要求高的屋面与隔断。

技术指标

　　聚氨酯夹芯板性能指标如下：

序号	项目	单位	指标
1	密度	kg/m³	≥ 40
2	导热系数	W/(m·K)	≤ 0.022
3	压缩性能	kPa	≥ 150
4	闭孔率	%	≥ 90
5	高温尺寸稳定性（70℃ / 48h）	%	≤ 1.5
6	低温尺寸稳定性（−20℃ / 24h）	%	≤ 1.0
7	氧指数	%	≥ 26
8	聚氨酯等级	—	普通 /B 级

展宏节能科技有限公司

地址：福建省晋江市罗山新雅路 13 号
电话：0595-88169151
传真：0595-88169152
邮箱：chzh@zhby.cc

工程案例

四川金忠食品股份有限公司、福建省南阳食品有限公司、福建龙旺食品饮料有限公司、石狮华泰海产品有限责任公司、漳州万通食品有限公司、名佑（福建）食品有限公司、余姚市联海实业有限公司、福建东山县海之星小产食品有限公司、佳客来（福建）餐饮连锁管理有限公司、东山融丰食品有限公司、中绿湖北实业发展有限公司、广西华兴食品有限公司、广东恒兴集团有限公司、福建南方路机有限公司、福建新华东食品有限公司、飞毛腿（福建）电子有限公司、东山龙生食品有限公司、漳州市大正冷冻有限公司、青蛙王子（漳州）日化有限公司等项目。

生产企业

展宏节能科技有限公司成立于 2009 年，公司是专业从事板业制造、销售、安装一体化经营的大型企业。公司位于福建省晋江市，占地面积 55000 平方米，建筑面积 30000 平方米。公司规模在福建省内位居前列，技术实力雄厚，专业生产聚氨酯冷库板、聚苯乙烯彩钢夹芯板、岩棉夹芯板、酚醛夹芯板、聚氨酯夹芯板、手工（聚氨酯、聚苯乙烯、岩棉、酚醛）夹芯板、冷库门等，可满足国内外多元化需求。公司生产的保温板，从剪板、折边、压筋、定型均采用全自动流水线设备生产、高压发泡机发泡，一条龙成套生产工艺，使产品质量在国内外处于先进水平，年产量可达 150 万平方米。

展宏节能科技有限公司

地址：福建省晋江市罗山新雅路 13 号
电话：0595-88169151
传真：0595-88169152
邮箱：chzh@zhby.cc

证书编号：LB2023BW002　　HB2023BW002

格瑞离心玻璃棉制品

产品简介

　　格瑞离心玻璃棉制品是一种纤维细长、导热系数低的保温材料，特殊的构造决定了它能够很好地禁锢空气，使之无法流动，杜绝了空气的对流传热，同时也能快速减弱声音的传输，从而起到保温和吸声的作用。格瑞离心玻璃棉制品包括玻璃棉卷毡和玻璃棉板两大系列。

　　格瑞离心玻璃棉卷毡主要分为无贴面毡和复合贴面毡两大类别。产品被广泛应用于厂房、仓库、冷冻室、体育馆、展览中心、养殖种植保温棚、钢结构建筑以及各种室内游乐场所等。

　　格瑞离心玻璃棉板也可以分为无贴面板和复合贴面板两大类别，是将玻璃棉加入热固性黏结剂，通过加压处理、加温固化成型的板材。较玻璃棉卷毡而言，玻璃棉板具有更加稳定的吸声降噪性能。产品被广泛应用于工业、住宅建筑外墙保温体系，以及空调调节等领域。

适用范围

　　格瑞公司生产的玻璃棉施加热固性黏结剂，通过加压、加温固化成型的板材，适用于各种不同规格空调风管及其他风管的保温和隔声，表面可以粘贴铝箔等贴面，具有保温效果好、密度小、阻燃、抗震吸声等优异性能。

　　格瑞公司考虑到用户对隔声吸声以及降噪的需求，为客户准备了玻璃棉卷毡以及复合材等几类产品，广泛应用于房屋的隔断，不仅具有降噪吸声的效果，而且施工方便、质量轻、厚度小，相应增大房屋的使用面积。

　　格瑞公司生产的玻璃棉施加黏结剂加温固化成型的圆柱体保温管材，广泛应用于电力、石油化工等热力管道以及冷、热水管和水蒸气管的隔热保温，它施工方便，节能显著，表面粘贴铝箔等贴面，既可保温、防潮、防辐射，又有一定装饰性。

技术指标

　　产品性能指标如下：

项目	单位	产品指标	标准
密度	kg/m³	10～80	GB/T 5480.3
纤维平均直径	μm	5～8	GB/T 5480.4
含水率	%	≤ 1	GB/T 16400—2003
燃烧性能级别	—	不燃 A 级	GB 8624—1997
热荷重收缩温度	℃	250～400	GB/T 11835—2007
导热系数	W/(m·K)	0.034～0.06	GB/T 10294
憎水率	%	≥ 98	GB/T 10299
吸湿性	%	≤ 5	GB/T 5480.7
系声系统	%	1.03 产品混响定法	GBJ 47—1983
渣球含量	%	≤ 0.3	GB/T 5480

河北格瑞玻璃棉制品有限公司

地址：河北省廊坊市大城县留各庄镇工业园区
电话：0316-5797000
传真：0316-5792822
官方网站：http://www.grblm.com

工程案例

北京友谊广场、北京中关村科技园成果展示厅、中国人民大学体育馆、北京恒基大厦、北京自行车体育馆、北京市石景山电厂、北京工人体育馆、北京京广中心、北京市首都机场航站楼及外网供热工程、北京首钢冷轧板厂、法国驻华大使馆、中日友好医院、天津港城宾馆、天津电视台主体楼、天津金星大厦、唐山新天地购物广场、三河多贝玛亚运输系统、河北唐山热电厂、三河电厂、河北燕山大酒店、石家庄东方购物中心、河北省交通厅、河北省财政局、河北省地税局、唐山电信局电信枢纽工程等工程项目。

生产企业

河北格瑞玻璃棉制品有限公司是一家集研究、开发、生产和销售于一体的大型企业，下设 3 个产业园区。格瑞公司为较早一批全国诚信守法乡镇企业、国家推荐建材企业、全国电力行业保温材料定点生产企业，在国内同行业较早获得建材防火环保标识使用证，是河北省科技型企业、全国电力系统进网单位、河北重合同守信用单位，2003 年已顺利通过 ISO 9001 质量体系认证，并荣获欧盟 CE 认证，格瑞公司也参加了国标 GB/T 13350—2017《绝热用玻璃棉及其制品》及 GB/T 17795—2019《建筑绝热用玻璃棉制品》的起草，凸显了行业的影响力和优异的技术水平，成为中国绝热节能材料行业标志性企业。

公司采用 21 世纪具有世界先进水平的离心法玻璃棉生产技术生产的新型保温隔热吸声材料——离心玻璃棉系列制品，主要用于钢结构、墙体保温、管道、电厂等领域。公司技术力量雄厚，拥有现代化生产设备，实行科学化管理，严格按照国际标准组织生产，并以优质的服务为广大用户提供高性能、高品质的离心玻璃棉系列产品，包括离心玻璃棉、高温玻璃棉、彩色玻璃棉、憎水玻璃棉、无甲醛玻璃棉等。公司有 8 条生产线，年生产能力在 10 万吨左右，产品现已远销欧美、日本、东南亚、非洲、俄罗斯、澳大利亚等国家和地区。

格瑞人严谨务实，不断进取，精益求精，着力打造更加优质的新型建材。

111

河北格瑞玻璃棉制品有限公司

地址：河北省廊坊市大城县留各庄镇工业园区
电话：0316-5797000
传真：0316-5792822
官方网站：http://www.grblm.com

证书编号：LB2023BW003

荣强 RQW 轻质复合保温材料外墙外保温系统

产品简介

　　荣强 RQW 轻质复合保温材料是营口天瑞新型建筑材料有限公司自主研发生产的具有科技创新成果的新型环保建筑节能保温材料。该产品不同于保温砂浆类产品，它是在技术填补国内空白的基础上再次创新的产品。该项技术主要特点：①保温隔热性能好；②黏结抗压强度大；③防水不燃性能高；④施工便捷，机喷进度快；⑤密闭整体、随物成型、无空腔、无裂缝、无毒无味、使用寿命耐久，且无安全隐患存在，绿色环保，性价比高。

适用范围

　　产品可广泛应用于夏热冬冷、夏热冬暖、严寒和寒冷地区公共与民用建筑围护结构的保温隔热和既有建筑节能改造工程。

技术指标

　　产品执行的标准为 Q/YTR 001—2021《机喷 RQW 轻质复合保温材料外保温系统》，技术指标数值如下：

项目		技术指标	
		I 型	I 型制品
干密度（kg/m³）		160 ～ 180	160 ～ 180
导热系数（平均温度25℃），[W/（m•K）]		≤ 0.045	≤ 0.049
抗压强度（MPa）		≥ 0.15	≥ 0.18
线性收缩率（%）		≤ 0.05	—
压剪黏结强度（kPa）		≥ 50	≥ 60
燃烧性能		符合 GB 8624 中 A1 级要求	符合 GB 8624 中 A1 级要求
软化系数		≥ 0.50	≥ 0.50
抗冻性（15 次冻融循环）	质量损失率（%）	≤ 5	≤ 5
	抗压强度损失率（%）	≤ 25	≤ 25
放射性		符合 GB 6566 规定	符合 GB 6566 规定

注：表内指标均系保温材料按说明书配制 28d 后的要求。

营口天瑞新型建筑材料有限公司

地址：营口市金牛山大街东 139 号
电话：15841776877
官方网站：WWW.TR-BW.COM

工程案例

营口市政府 2012 年 5 月动工建设的暖房廉租房项目，建筑面积 17 万多平方米。墙体材料为 200mm 厚混凝土剪力墙，层高 17 层。设计标准节能 65%。产品施工简便、操作简单、使用寿命耐久，本项目至今已交付使用 11 个年头之久，保温性能随着时间推移不减反增。时至东北冬季 12 月发现，在未给暖气的情况下室温达 10℃。

生产企业

营口天瑞新型建筑材料有限公司是一家集研制、开发、生产和销售高效环保建筑节能系列保温隔热产品于一体的专业民营企业，成立于 2006 年，注册资本 3050 万元，占地面积 6660 平方米。

公司以科技为先导，以人才为依托，以质量为根本，以自主研发填补国内空白的技术、性能优异的复合材料和外墙保温系统为支撑。

公司以辽宁省机喷 RQW 外保温工程技术规程和中国国土经济学会房地产资源专业委员会发布的全国性机喷 RQW 外保温工程技术规程为统领，秉承"科学以理服人，艺术以情感人，经商以诚交人，产品以质胜人"的经营理念，以取得营口市科技进步二等奖、辽宁省科技进步三等奖、全国建材行业技术革新三等奖为新起点，以被收录辽宁省建材行业高质量发展企业产品名录和被评定为 2021 年度辽宁省"专精特新"梯度培育企业为动力，本着保质薄利重义的企业原则，为广大客户提供优质的服务，竭诚为我国建筑节能早日实现 2030 年前碳达峰、2060 年前碳中和的目标贡献自己的力量。

营口天瑞新型建筑材料有限公司

地址：营口市金牛山大街东 139 号
电话：15841776877
官方网站：WWW.TR-BW.COM

证书编号：LB2023ZY001

亨特道格拉斯翼型遮阳板、遮阳窗

产品简介

亨特集团的建筑遮阳产品已有 50 多年的发展历史，是全球建筑遮阳行业的佼佼者。亨特为建筑师提供建筑调光、控热的系统解决方案，其高品质的室内外建筑遮阳产品，不仅赋予建筑物多方面实用功能，同时在建筑的装饰美学方面给人们以独特的视觉享受，真正融功能、实用和美观于一体。标准最大板长 6m、宽度 200 ～ 600mm，可根据实际项目定制。

适用范围

适用于室内外吊顶、内外遮阳立面、中厅、中庭等。

技术指标

产品执行 JG/T 274—2018《建筑遮阳通用技术要求》或 JGJ/T 416—2013《建筑用真空绝热板应用技术规程》及亨特道格拉斯企业标准，采用高质量铝镁锰合金，辊压遮阳面板，表面涂层聚酯或氟碳烤漆，可根据要求定制，防火等级 A2。

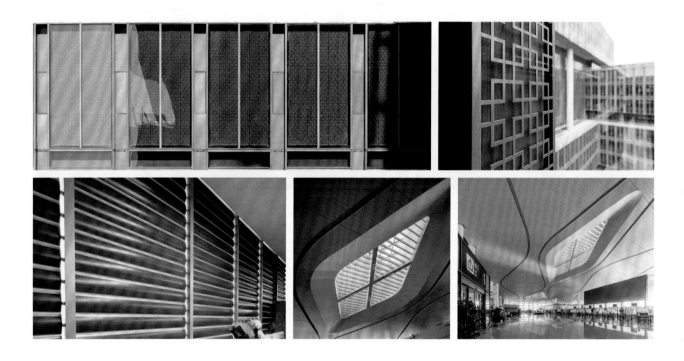

工程案例

南京江北市民中心、深圳坂田华为基地 F1 区办公大楼、盐城南洋机场、重庆宗申集团办公楼、珠海华发办公楼、福州规划勘测设计研究总院、亚洲基础设施投资银行（亚洲金融大厦）等项目。

生产企业

中国是亨特集团重点发展的市场。自 1993 年以来，集团已在中国大陆先后投资设立了十多家独资企业，形成了完善的产业布局和区域市场管理网络。亨特在中国的业务划分为建筑产品和窗饰产品两大业务块。建筑产品业务块包括吊顶、外墙（含金属外墙和建筑陶板）和建筑遮阳；窗饰产品业务块包括时尚窗饰（含家用、商用与电机及控制系统）、酒店业务和3form 艺术透光材料。

亨特道格拉斯建筑产品（中国）有限公司

地址：上海市中春路 2805 号
电话：021-64429999
官方网站：http://www.hunterdouglas.cn/

20多年来，亨特集团将世界先进的建筑产品引入中国，紧跟中国市场前沿的发展潮流和动向，并以优越的品质与完善的服务赢得市场。同时，亨特还带给中国市场一套完整的服务体系和营销理念，以"定制产品"和"零损耗"的供货模式为客户个性化需求提供了强有力的解决方案和技术支持。亨特建筑产品广泛应用于国家重点和具有社会影响的项目，涉及领域包括公共建筑、行政机构、交通设施、商务办公、工业制造和民用家居等，取得了令世人瞩目的市场业绩和社会效应。

未来，亨特集团将进一步加大在中国市场的投资，开发和引进更多环保、节能和智能化的高端建筑产品，为中国的建设事业作出新的贡献。

亨特道格拉斯建筑产品（中国）有限公司成立于2001年，是亨特集团在亚太地区的建筑产品研发、制造基地，前身是成立于1993年的亨特建材（上海）有限公司。公司位于上海莘庄工业区，总占地面积86000平方米，已建成投产的一、二期工程包括滚涂、喷涂、纵切、宽板、矩形板、复合板、条板和龙骨等生产线，具备年产500万平方米各类金属建筑产品和800万平方米预滚涂金属板的强大生产能力。产品除供应中国大陆市场外，还出口至亚洲、中东、欧洲和大洋洲等地。

亨特道格拉斯建筑产品（中国）有限公司

地址：上海市中春路2805号
电话：021-64429999
官方网站：http://www.hunterdouglas.cn/

保温材料
遮阳产品
建筑玻璃及配套材料

证书编号：LB2023BL001

Natergy/ 绿能中空玻璃用 3A 分子筛

产品简介

　　3A 分子筛作为中空玻璃专用干燥剂，符合中空玻璃性能指标的同时不会对物理和化学性质有任何影响。深度吸附中空玻璃间隔层中的水和残留有机物，有效预防玻璃的结露、结霜，解决中空玻璃膨胀或收缩而导致的扭曲破碎问题，保证中空玻璃最短 20 年 −8℃ 的露点寿命。本产品主要原料为 3A 分子筛原粉与凹凸棒黏土，经过造粒、高温烧结而成。3A 分子筛原粉作为主要成分，含量为 80% ～ 90%，3A 分子筛原粉是一种具有立体网状结构的硅铝酸盐，其分子结构简式为：

$0.4K_2O \cdot 0.6Na_2O \cdot 2SiO_2 \cdot Al_2O_3 \cdot 45H_2O$。

　　凸棒黏土含量为 10% ～ 20%，是自然界中的一种矿物，属于混合物。

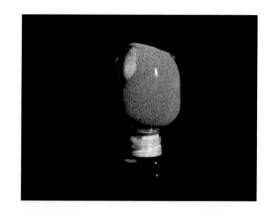

适用范围

　　水是极性很强的分子，3A 分子筛与水的亲和力极高，常常被用作效果极佳的干燥剂。

技术指标

　　3A 分子筛性能指标如下。

项目	d（0.5 ～ 0.9mm）	d（0.9 ～ 1.4mm）	d（1.4 ～ 2.0mm）
外观	米白色、米黄色或土红色球形颗粒，无机械杂质		
堆积密度（g/mL）　≥	0.70		
静态水吸附量［10%RH，(25±1)℃］（%）≥	16	16	16
粒度（%）　　　　≥	93	96	90
静态氮气吸附量（mg/g）≤	2		
包装品含水量（%）　≤	1.5		
吸水速率（%）　　　≤	0.5	0.5	0.5
气体解吸量（mL/g）≤	0.3		
温升（℃）　　　　≥	40	40	40
落粉度（mg/g）　　≤	0.01	0.01	0.01

工程案例

　　苏州东方之门、阿里巴巴淘宝城、杭州市民中心、广州珠江新城西塔、广州太古汇、北京央视新台址、北京国家会议中心等项目。

生产企业

　　山东能特异能源科技有限公司是专业从事中空玻璃用低钾型 3A 分子筛生产，拥有中空玻璃全尺寸智能生产线的高新技术企业，也是国家级专精特新"小巨人"企业。公司成立于 2003 年，位于山东省淄博市高新技术产业开发区，现拥有 3 个厂区，总占地面积 60000 多平方米。企业在职员工约 300 人，研发人员及相关人员占员工总数的 60%。公司拥有全智能化的中空玻璃 3A 分子筛生产线，年生产 3A 分子筛能力 6 万吨；在"纯爱无上"理念的引导下获得了高质量发展，业务覆盖范围逐步扩大，在苏州、重庆、成都、广州、武汉、西安、长春、南昌、厦门、沈阳、太原、贵阳、杭州、长沙、南宁、

山东能特异能源科技有限公司

地址：淄博高新区民营园二期民泰路 2 号
电话：0533-2318605
传真：0533-2318606
官方网站：www.natergy.com

兰州、合肥、海南等地已建成 20 多个仓库，产品远销全球 60 多个国家和地区。历经多年发展，公司建成了自主研发的填封式不锈钢暖边间隔条自动化生产线、填封式中空玻璃联合成框系统和中空玻璃全尺寸智能生产线，打破传统制作工艺，突破技术瓶颈，满足小板到大板全尺寸中空玻璃的生产制作需求，使中空玻璃制作工艺更加简单、智能、高效。

山东能特异能源科技有限公司自成立以来，积极响应国家环保、节能政策，参与起草了 GB/T 10504—2017《3A 分子筛》的制定，同时将 3A 分子筛作为中空玻璃专用干燥剂进行推广，全面改变中空玻璃使用氯化钙干燥剂引起的腐蚀问题，将中空玻璃使用寿命从 15 年提高到 30 年。在世界范围内先后通过欧洲 EN1279 检测标准、美国中空玻璃制造商联盟 IGCC/IGMA 认证、欧洲市场准入证 REACH 认证、韩国化学品注册与评估法案 K-REACH 认证、CTC 认证、ROHS 认证，并且通过全球玻璃行业 CEKAL 认证，产品质量处于国际先进水平，其发明专利"201610093457.0 低钾型 3A 沸石分子筛及其制备方法"被鉴定为"国际先进"。

山东能特异能源科技有限公司

地址：淄博高新区民营园二期民泰路 2 号
电话：0533-2318605
传真：0533-2318606
官方网站：www.natergy.com

保温材料　遮阳产品　**建筑玻璃及配套材料**

证书编号：LB2023BL002

建筑用钢化玻璃、建筑用夹层玻璃、建筑用中空玻璃

产品简介

"纯平无斑"是钢化玻璃的完美境界。"纯平"是指经过加工后的玻璃能够与原片的平整度基本一样；"无斑"是指在自然光或任何角度下无明显的可见斑，用偏光镜看风斑清淡均匀且无团状现象。北玻首创的"纯平无斑"钢化技术能够使浮法玻璃在钢化后保持原有的平整度及晶莹剔透的天性，消除了普通钢化玻璃难以消除的风斑和白雾现象，玻璃钢化后仍可保持其晶莹剔透，从而全面提升了钢化玻璃的品质。

北玻夹层玻璃工艺精湛，独特的工艺可以使玻璃之间夹不锈钢网、铜网，也可与金属黏结，金属件镶嵌在玻璃之中，可以为设计师提供无穷的想象空间。两层或多层钢化玻璃与SGP胶片黏结，从而使玻璃具有极强的抗压、抗弯、抗强度冲击能力，可以作为建筑结构件使用。其撕裂强度是PVB夹层玻璃的5倍；自然耐候试验无缺陷；−40～82℃无缺陷；边部具有稳定性，与结构胶相容性好；与金属高强度黏结能力，可以将金属件预埋在玻璃内部，在使用上可以起到结构作用；泛黄指数低于2.5%，与PVB玻璃相比，更加透明。

北玻拥有多条进口全自动中空玻璃生产线，从工艺上保证了中空玻璃产品的质量。同时，北玻长期致力于提高超大尺寸中空玻璃的质量，在超大中空玻璃的合片上有着独特的工艺与技术。

适用范围

钢化玻璃广泛应用于观光电梯、阳台、淋浴房、高档家具。

夹层玻璃广泛应用于玻璃面板、玻璃肋板、玻璃楼梯踏步、玻璃桥、地台、展柜等。

中空玻璃广泛应用于门窗、幕墙、采光顶。

技术指标

钢化玻璃：全钢化玻璃表面应力均在90MPa以上，应力差控制在9MPa以内，比幕墙规范要求减少6MPa，机械强度达到180MPa以上。钢化玻璃抗冲击性、抗霰弹袋冲击性能、碎片状态均符合GB 15763.2—2005《建筑用安全玻璃 第2部分：钢化玻璃》要求。钢化平整度弓形弯曲0.1%，优于国家标准要求的3倍。波形弯曲：玻璃中部0.076mm/300mm，玻璃边部0.12mm/300mm，波形弯曲优于国家标准要求的12倍。超大弯弧玻璃的弧度偏差控制在3mm以内，弯弧玻璃的扭曲值控制在5mm以内。

夹层玻璃：多层夹层玻璃可见边的边部叠差能控制在1mm以内；非裸露边叠差控制在2mm以内。夹层玻璃耐热性、耐湿性、耐辐照性、落球冲击剥离性能、霰弹袋冲击性能均符合GB 15763.3—2009《建筑用安全玻璃 第3部分：夹层玻璃》要求。其平整度及光学变形明显优于国标要求。离子型中间层夹层玻璃的雾度控制在2%以内。

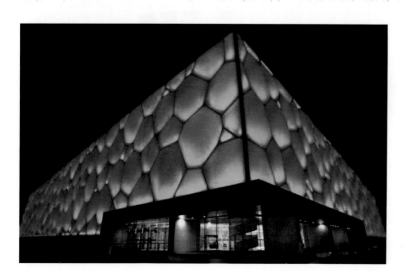

中空玻璃：中空玻璃露点、水汽密封耐久性能、耐紫外线辐照性能均符合GB/T 11944—2012《中空玻璃》要求。水分渗透指数 I_{av}=0.135，符合中空标准要求 I_{av}<0.20。充气中空玻璃年泄漏率0.45%，符合欧洲标准要求 <1%/ 年。

工程案例

上海世博会十六铺码头、广州歌剧院、国家游泳馆（水立方）、上海文化广场、北京骏豪中央广场、荷兰阿姆斯特丹梵高博物馆、英国曼彻斯特市政厅、深圳文博大厦等项目。

天津北玻玻璃工业技术有限公司

地址：天津市宝坻区节能环保工业区天兴路西侧宝中道南侧
电话：022-59280088
传真：022-59280066
官方网站：http://www.northglass.com

生产企业

天津北玻玻璃工业技术有限公司总投资金额 4 亿多元，厂区占地 130 万平方米，厂房面积 10 万平方米，是一家拥有尖端技术，专业研发、生产高品质光学质量超大钢化玻璃、夹层玻璃、中空玻璃、丝印玻璃、数码打印玻璃的新型企业，是全球高品质建筑玻璃的专业供应商。依靠在建筑玻璃行业的优势，公司在国内外承接了许多标志性大工程，如全球顶级电子消费品牌美国总部大楼及全球零售旗舰店、科威特国民银行、阿布扎比机场、曼彻斯特市政厅等。公司配备北玻最新研发的、年产 800 万平方米的 18m 超大 Low-e 节能镀膜玻璃生产线、18m 超大夹层玻璃生产线和 18m 超大安全中空节能玻璃生产线以及其他附属设备。

天津北玻玻璃工业技术有限公司

地址：天津市宝坻区节能环保工业区天兴路西侧宝中道南侧
电话：022-59280088
传真：022-59280066
官方网站：http://www.northglass.com

证书编号：LB2023WJ001

FEM 混凝土高性能减水剂、FEM 无机纳米抗裂减渗剂、FEM 无机渗透结晶防水剂

产品简介

混凝土高性能减水剂是水泥混凝土运用中的一种水泥分散剂，具有掺量低、保坍性能好、混凝土收缩率低、分子结构上可调性强、高性能化的潜力大等特点。

无机纳米抗裂减渗剂是一种多功能复合型混凝土结构自防水特种添加剂，具有高效防水、超强抗渗、抑制开裂、耐腐蚀等特点。

无机渗透结晶防水剂是一种水基性，含专用催化剂和活性化学物质的防水材料，能迅速有效地与混凝土结构层中的氢氧化钙、铝化钙、硅酸钙等反应，形成惰性晶体嵌入混凝土的毛细孔，密闭微细裂缝，从而增强混凝土表层的密实度和抗压强度。

适用范围

混凝土高性能减水剂广泛应用于港口、公路、桥梁、高铁、机场以及高层楼房的建设。

无机纳米抗裂减渗剂主要应用于有防腐防水抗渗要求的混凝土结构部位。

无机渗透结晶防水剂主要应用于有防水抗渗要求的混凝土部位，用于表面喷涂。

技术指标

混凝土高性能减水剂主要性能指标：减水率 ≥ 25%；抗压强度比（%），3d/7d/28d 分别 ≥ 160/150/140。

无机纳米抗裂减渗剂主要性能指标：泌水率比（%）≤ 80；收缩率比（28d，%）≤ 100；渗透高度比（%）≤ 30。

无机渗透结晶防水剂主要性能指标：混凝土渗透高度比（%）≤ 60，pH 值 11±1。

工程案例

1. 莒县青岛路地下管廊 3.5km 结构自防水：使用产品 FEM-101 无机纳米抗裂防水剂，主要用途：防水抗裂。

2. 中建八局地下人防 5000m² 结构自防水：使用产品 FEM-101 无机纳米抗裂防水剂，主要用途：提高混凝土结构自防水性能。

3. 日照康海创业孵化器空中花园 2000m² 结构自防水：使用产品 FEM-101 无机纳米抗裂防水剂，主要用途：防水抗裂。

4. 沂蒙交通苍山蓄能发电项目：使用产品 FEM-101 无机纳米抗裂防水剂，主要用途：防水防腐蚀抗裂。

5. 中建八局青岛地铁 8 号钱：使用产品 FEM-101 无机纳米抗裂防水剂，主要用途：防水抗裂。

日照弗尔曼新材料科技有限公司

地址：山东省日照市莒县海右经济开发区平安路西首北侧
电话：0633-6627616
传真：0633-6627616
官方网站：http://www.cn-fem.com/

生产企业

日照弗尔曼新材料科技有限公司是一家专注于化学建材研发与应用的集团化企业，主要业务为结构自防水混凝土无机纳米防水抗渗剂、无机渗透结晶防水剂、混凝土高性能减水剂等产品。

"科技创造价值"是弗尔曼的核心经营理念，公司以科技兴企的长远眼光、先进的产品技术、持续创新的观念、诚信负责的操守、共同成长的理念健康快速发展。多年来，弗尔曼与国内知名院校、科研院所建立了长期的合作关系，经高层次创新团队精心调试配制的各类产品，各项性能指标优于市场产品，获得市场一致好评。近年来，弗尔曼参与多项行业标准的撰写工作，成为砂浆保塑剂行业标准主编单位，湿拌砂浆行业标准参编单位，拥有 20 多项自主创新发明专利。

弗尔曼建设了国内先进的自动化生产线，注重推行标准化、规范化的质量管理体系，取得 ISO 9001 质量管理体系、ISO 14001 环境管理体系、ISO 45001 职业健康安全管理体系认证，并获得中国建筑材料联合会 AAA 级信用企业评价认定。2016 年公司荣获国家级高新技术企业、省级知识产权优势培育企业、市级专利示范企业称号，是中国腐蚀与防护学会理事单位。

公司研发的系列产品对生产绿色建材、促进循环经济发展、建设节约型社会、促进建材工业可持续发展具有重大意义。

日照弗尔曼新材料科技有限公司

地址：山东省日照市莒县海右经济开发区平安路西首北侧
电话：0633-6627616
传真：0633-6627616
官方网站：http://www.cn-fem.com/

证书编号：LB2023WJ002

盛瑞增强型现浇泡沫轻质土、现浇泡沫聚合土、早强增强复合发泡剂

产品简介

增强型现浇泡沫轻质土是土建工程中近年发展较快的一种新材料，是以胶凝材料为主要原料，与自主研发的发泡剂产生的泡沫按比例均匀混合后，硬化形成的一种新型路基填筑材料。其强度和力学性能较为稳定，与传统筑路材料相比，具有轻质高强、无侧压力、整体性强和施工性好等突出特点，成为解决复杂、软弱路基处理和高路堤填筑问题的优选材料。在用地、工期受限及复杂地质条件下构筑公路、铁路路基，尤其是构筑直立式高路堤具有显著优势。

现浇泡沫聚合土系指原材料采用胶凝材料加原料土的一种泡沫轻质土，具有自流平自硬化特性，无须复合地基处理，无水土流失现象，回填质量高度稳定，路面长期稳定。同时现浇泡沫聚合土可大量使用开挖出来的废弃土方，减少弃方和弃土场占地，环保效益显著。与传统地基处理工法相比，现浇泡沫聚合土原位造路技术可以取消或弱化地基处理，替代传统的石灰或水泥改良土，经济优势明显。

早强增强复合发泡剂具有起泡量大、稳泡性能好（即破泡率低）、泡沫细密、环保性好等优点，与目前正被广泛使用的各种发泡剂（包括普通复合类及动物蛋白类发泡剂）相比，不但轻质土成品的沉降距可控制在 2% 以内，而且强度可提高 40% 以上，是各种普通复合类及动物蛋白类发泡剂产品的有力替代品，可广泛用于公路及铁路（包括地铁）的减载、采空区治理、隔热屋面、自保温墙体、各种无机保温板等节能产品等领域。

适用范围

增强型现浇泡沫轻质土：公路（包括高速公路等）、铁路（包括高速铁路、地铁等）、采空区治理、工程抢修与抢险、机场拦阻系统、港口建设、新型墙体材料。

现浇泡沫聚合土主要应用于原位造路、道路改扩建、组合填料路基新建路基、组合填料路基桥梁减跨、管线及管廊回填等工程领域。

早强增强复合发泡剂可广泛应用于公路及铁路（包括地铁）的减载、采空区治理、隔热屋面、自保温墙体、各种无机保温板等领域。

技术指标

增强型现浇泡沫轻质土技术指标：

广东盛瑞科技股份有限公司

地址：广州市番禺区石楼镇创启路 63 号（创新 1 号楼）C5-2 单元
电话：020-39270123
传真：020-39270123
官方网站：http://www.gdsr88.com/

（1）发泡剂满足：发泡倍率 ≥ 1200；泡沫轻质土料浆沉降率（固化）≤ 5%。

（2）产品的密度：2 ～ 15kN/m³；产品的强度：0.3 ～ 5.0MPa。

（3）制备系统满足：单套泵的产能 ≥ 100m³/h；混合料的密度误差 < 5%。

现浇泡沫聚合土技术指标：

干密度为 600 ～ 1500kg/m³、密度为 6 ～ 15kN/m³、28d 无侧限抗压强度为 0.4 ～ 5MPa。

早强增强复合发泡剂技术指标：

（1）气泡群密度：48 ～ 52kg/m³。

（2）静置 1h 的沉降距：≤ 5mm。

（3）静置 1h 的泌水量：≤ 25mL。

（4）发泡倍率：19.2 ～ 20.8。

（5）消泡湿密度增加率：< 10%。

工程案例

山东沾临高速赤泥轻质土工程项目、广西柳南高速公路改扩建工程（国内首个高路堤地基减载项目）、广汽本田汽车试验场（国内首个超高异形道路应用项目）、港珠澳大桥澳门口岸人工岛市政道路工程、佛山市新均榄路二期工程现浇聚合土工程。

生产企业

广东盛瑞科技股份有限公司成立于 2010 年 6 月 24 日，是一家为土建工程领域提供绿色节能材料、技术咨询服务及工程施工应用等综合解决方案的专业企业，广东省专精特新企业，曾是细分行业新三板唯一挂牌企业。

公司以自主研发的土建工程领域泡沫轻质土成套技术及整体解决方案为依托，开创性地解决了公路、铁路、城市轨道交通、市政工程、地质环境治理、港口、岛礁及军事工程等领域用传统方法难以解决的一系列技术难题，并循环利用建筑垃圾、工业固废作为原材料，可有效缩短工期，提高工程质量，大幅节省用地，降低综合成本，是土建工程向绿色节能型转变里程碑式的创新。

公司设立了院士工作站、省级工程技术研究中心等 5 个研发试验平台，与多所高校及研究机构建立了产学研战略合作，聚集了强大的科研团队。目前公司已出版专著 4 部，主编及参编标准 13 部，获得发明专利 27 项，实用新型专利 27 项，取得中国专利优秀奖 1 项，广东省科技进步奖二等奖等科技奖 9 项。作为泡沫轻质土行业开拓者，公司主导建立了该领域试验体系及相关标准，业务覆盖产品的研究开发、设计咨询、生产应用等全产业链，能精准满足各领域客户的差异化需求，为产品在国家基础设施建设中推广应用提供了保障。

123

广东盛瑞科技股份有限公司

地址：广州市番禺区石楼镇创启路 63 号（创新 1 号楼）C5-2 单元
电话：020-39270123
传真：020-39270123
官方网站：http://www.gdsr88.com/

证书编号：LB2023WJ003

同舟聚羧酸高性能减水剂、速凝剂、早强剂

外加剂

产品简介

聚羧酸高性能减水剂：本产品为液体，常规含固量为 10% ～ 25%，产品保塑性能良好、不离析，坍落度损失较其他减水剂明显减少。分散性好，具有良好的减水性能，在高强度等级混凝土（C50 以上）中，其最高减水率可达 40%，与不同的水泥具有很好的适应性。

速凝剂（粉剂）

（1）使用 SS-FSA（1）速凝剂，凝结快、黏度大、回弹量小、调整范围广，对水泥适应性强。

（2）水泥凝结时间受气温影响较大，低于 20℃，可适当增加掺量。

早强剂

（1）常规掺量为胶凝材料用量的 1.0% ～ 3.0%，推荐掺量为 2.0%。掺量取决于环境温度与水泥品种，冬季掺量采用上限，春秋季取下限，夏季慎用。气温在 0℃ 以下慎用。

（2）pH 值 7~9。

（3）本产品不燃、无毒，在通常条件下，有良好的化学稳定性。

（4）对在混凝土中的钢筋无锈蚀危害。

（5）对混凝土具有早强作用，可提高混凝土的 1d、3d 强度，缩短混凝土工期，具有显著的技术经济效益。

（6）外加剂的实际用量精度误差 ≤ 1.0%。

（7）采用本剂，应使混凝土的搅拌时间延长不得少于 30s。

（8）长期处于潮湿环境中的混凝土工程，如采用的是含有活性的二氧化硅或活性碳酸盐矿物组分的粗、细集料，本产品不宜采用。

适用范围

聚羧酸高性能减水剂

（1）配制各种高强度等级、各种高要求施工工艺的高性能混凝土。

（2）配制大坍落度的高流态混凝土、预拌商品混凝土和高层泵送混凝土。

（3）配制高层建筑、道路、桥梁、水电工程混凝土。

（4）配制其他特殊建筑物工程混凝土。

速凝剂（粉剂）

SS-FSA（1）速凝剂（粉剂）是我公司针对目前国内外常用的速凝剂普遍存在喷射料浆黏聚性不好、粉尘大、回弹多、28d 强度低、腐蚀性强、刺激和严重影响施工人员身体健康等缺点，经过我公司工程技术人员的多次精心研究，取长补短研制而成，本品主要由铝氧熟料及多种无机盐复配细磨而成，是当前理想的新一代产品。

速凝剂（水剂）

SS-FSA（2）速凝剂（液体）是一种中性铝碱物质的复合品，是解决工地施工，配合矿山、井巷、隧道等地下工程喷射混凝土而开发出来的性能优良的新型混凝土外加剂。它能使混凝土在喷射后的几分钟内凝结、硬化，提早发挥混凝土和岩体形成整体支承结构的承载，具有喷层厚、回弹量少、几乎无尘、对钢筋腐蚀性小，使用后混凝土早期强度提升快、后期强度损失小、黏结性好、回弹率低、适应性广、综合性能极佳等优点。因此，操作方便、功效高、劳动强度低、浪费少。本品无氯、低碱，操作安全。

四川同舟化工科技有限公司

地址：四川省绵阳市经开区塘汛东路 169 号
电话：0816-2400025
传真：0816-2400025

早强剂

（1）现浇混凝土工程：如钢筋混凝土、预应力混凝土。

（2）预制构件如空心板、大型屋面板及梁柱、屋架、薄腹梁等。

（3）道路、隧道、桥梁、涵洞、码头等。

（4）预拌混凝土。

技术指标

聚羧酸高性能减水剂

氯离子含量 ≤ 0.01%，碱含量 ≤ 0.023%（极低），对钢筋无锈蚀危害；水泥净浆流动度 ≥ 250mm（掺量为 1.0%）。

速凝剂（粉剂）

（1）初凝时间不大于 5min，终凝时间 6 ~ 10min。

（2）掺量为水泥用量的 3% ~ 5%，一般为 4%。水灰比为 0.4。

（3）掺入本剂 3d 抗压强度不小于 8.8MPa，28d 抗压强度可保持不掺者 80% 以上。

速凝剂（水剂）

（1）在（20±3）℃时掺量为水泥用量的 4% ~ 6%，水灰比在 0.4 的条件下，可使水泥浆在 5min 内初凝，12min 内终凝。

（2）掺本剂的 1∶1.5 的水泥浆的 1d 抗压强度不小于 7MPa。28d 抗压强度比（与不掺者相比）不小于 75%。

早强剂：产品性能指标符合 GB 8076—2008《混凝土外加剂》早强剂的相关指标要求。

工程案例

成都万达广场、锦绣天府塔、成都地铁 13 号线、中电熊猫城、甘肃 G312 公路、新世纪环球中心、贵州中天未来方舟、遂渝高速公路、恒大中央广场。

生产企业

四川同舟化工科技有限公司是一家集科研、生产、销售、技术服务于一体的国家高新技术企业，是西南地区外加剂专业化科研、生产基地，公司位于绵阳经济技术开发区，注册资金为 5300 万元。公司拥有 8000 余平方米厂房，科研实验用房 2000 余平方米，建有完整的混凝土外加剂自动化生产线、化学分析实验室和物理性能实验室，配备先进的各种检验、实验设备，有大型仪器设备数十台（套）。公司经营范围为混凝土外加剂及建筑用化工产品、新型建筑材料的研发、生产、销售以及相关产品的对外出口贸易。

四川同舟化工科技有限公司

地址：四川省绵阳市经开区塘汛东路 169 号
电话：0816-2400025
传真：0816-2400025

外加剂
预拌砂浆 水泥 金属复合材料 道路材料 预拌混凝土 人造石材 预制构件 防水卷材与防水涂料 其他材料

证书编号：LB2023WJ004

三源高性能膨胀剂、复合纤维抗裂剂、多功能抗侵蚀防腐剂

产品简介

高性能膨胀剂：我公司结合市场需求、独立研发的一种硫铝酸钙 - 氧化钙双膨胀源复合型的高性能混凝土膨胀剂。本产品添加到混凝土中后，参与水化反应的过程中，可在钢筋及邻位的约束条件下，产生一定的限制膨胀，抵消混凝土因收缩产生的拉应力，防止混凝土结构因收缩过大导致开裂，有效提高混凝土的抗裂防水性能。

复合纤维抗裂剂：采用先进的生产工艺，由微膨胀抗裂剂、高强阻裂纤维、增强剂等多种功能组分复合而成的高效混凝土外加剂；多种功能材料在提高混凝土的耐久性能方面取长补短，产生超叠加效应；本产品掺入混凝土 / 砂浆中，可极为有效地控制混凝土 / 砂浆的塑性收缩及离析，抑制混凝土 / 砂浆微裂缝的产生，大大改善混凝土 / 砂浆的柔韧性。大量的工程应用实践证明，本产品是一种机理完善、性能优异的混凝土外加剂。

多功能抗侵蚀防腐剂：公司经过多年的专项试验和大量的试验数据验证而开发出的高性能混凝土多功能抗侵蚀防腐剂，本产品掺入混凝土中能起到混凝土结构自防腐的作用，使混凝土结构具有特殊的抵御复杂腐蚀介质的能力；提高混凝土的抗裂性、护筋性、耐侵蚀性、抗冻性、耐磨性以及抗碱 - 集料反应性能，从而达到有效提高混凝土结构耐久性的目的，是保证混凝土结构安全、延长服役寿命的理想外加剂。

适用范围

高性能膨胀剂、复合纤维抗裂剂产品配制的补偿收缩混凝土宜用于混凝土结构自防水、工程接缝填充、连续施工的超长混凝土结构、大体积混凝土等抗裂、防渗要求较高的防水工程，如地下停车场、地下人防、地下仓库、地下人行道、地铁、隧道、水利水电、海工、港口、水厂、电厂、水库大坝、厂房、体育场馆、大型广场、机场航站楼、影剧院等。

多功能抗侵蚀防腐剂：本产品适用于配制有抗侵蚀要求及特殊耐久性要求的混凝土，也适用于海港、化工、石化、污水处理厂、交通隧道、跨海桥梁、地铁、轻轨、江河堤坝等工程。

技术指标

产品名称	标准要求参数	产品性能指标
高性能膨胀剂	限制膨胀率：水中 7d ≥ 0.050%；空气中 21d ≥ -0.010%	限制膨胀率：水中 7d 实测 0.118%；空气中 21d 实测 0.058%
复合纤维抗裂剂	纤维性能：抗拉强度 ≥ 350MPa、弹性模量 ≥ 3000MPa	纤维性能：抗拉强度实测 772MPa、弹性模量 ≥ 4500MPa
多功能抗侵蚀防腐剂	抗蚀系数（K）≥ 0.9，膨胀系数（E）≤ 1.5；28d 氯离子扩散系数比 ≤ 0.85	抗蚀系数（K）实测 1.03，膨胀系数（E）实测 1.01；28d 氯离子扩散系数比实测 0.59

武汉三源特种建材有限责任公司

地址：武汉市青山区工人村都市工业园内
电话：027-86866337
传真：027-86866337
官方网站：http://www.sanyuantc.com/

工程案例

项目名称	开发商	设计院	施工单位	项目规模（m²）
长春一汽研发中心1标-长春市	中国第一汽车集团有限公司技术中心	中国航天建筑设计研究院（集团）第二设计所	中国建筑第二工程局有限公司东北分公司	40000
中建国际花园2期-孝感市	中建三局房地产开发有限公司	中国建筑技术集团有限公司湖北建筑设计院	中建三局第一建设工程有限责任公司	10000
扬州九龙湾润园-扬州市	扬州九龙湾置业有限公司	中国人民解放军理工大学人防工程设计研究院	江苏省建工集团有限公司	5000
锡东创富中心-无锡市	锡东科技产业园	无锡泛亚联合建筑设计有限公司	高淳区桠溪建筑安装工程有限公司	23000
响水湾度假公寓-海口市	海南运顺房地产开发有限公司	海南华磊建筑设计咨询有限公司	山河建设集团有限公司	40000
三亚妇幼保健院工程-三亚市	三亚市妇幼保健院	海南泓景建筑设计有限公司三亚分公司	江苏省华建建设股份有限公司	20000
济阳文体中心-济南市	济阳县政府	山东省城建设计院	烟建集团有限公司	15000
恒大御澜府-南昌市	恒大地产集团（南昌）有限公司	同济大学建筑设计研究院（集团）有限公司南昌分院	江西建工第一建筑有限责任公司	20000
明珠嘉苑二期-聊城市	阳谷智佳房地产开发有限公司	聊城市规划建筑设计院有限公司	阳谷县东润建工集团有限公司	10000

生产企业

　　武汉三源特种建材有限责任公司成立于2001年，是专业的混凝土外加剂、砂浆系列产品及服务供应商。近20年来，公司致力于改善混凝土性能，有效防控混凝土裂缝及渗漏问题，提升建筑生命力。

　　公司总部位于湖北省武汉市，在全国拥有多个生产基地，销售及服务网络遍布600多个城市，拥有氧化镁膨胀剂、速凝剂、减水剂、水化热抑制剂、套筒灌浆料等多条产品线，产品被评为全国质量信得过产品、中国绿色建筑选用产品。

　　公司是国家知识产权优势企业、湖北省高新技术企业、湖北省企业技术中心，是国家标准GB/T 23439—2017《混凝土膨胀剂》、团体标准T/CCPA 5—2017《混凝土用氧化镁膨胀剂》、国家图集10J301《地下建筑防水构造》的参编单位，团体标准T/CECS 540—2018《混凝土用氧化镁膨胀剂应用技术规程》的主编单位。公司先后荣获建筑材料科学技术一等奖、混凝土与水泥制品行业技术革新二等奖、武汉市重大科技成果转化奖，承担省部级及以上科研项目，共取得科技成果近20项，在混凝土外加剂领域拥有行业突出的科研实力。同时公司还多次被评为湖北省纳税大户、AAA+级质量信用企业等称号。

　　2015年，公司与中国建筑科学研究院建筑材料研究所签署战略合作协议，成立联合技术研发中心，开启全面技术合作；同时与广东省水利水电科学研究院、清华大学、南京工业大学等多家科研教学机构建立了长期稳定的合作关系。

　　公司重点推广的氧化镁膨胀剂，采用高品位的矿物原材料和先进的现代生产工艺，经国内特有的氧化镁专用回转窑煅烧而成。结合轻烧氧化镁活性可调控的特点，可实现膨胀能及膨胀发挥时间与混凝土结构物收缩匹配，有效补偿混凝土收缩，预防混凝土开裂。同时，可针对不同环境、工程结构、使用部位等进行差异化的产品定制，广泛应用于各种混凝土工程。

　　公司以"用心建筑美好生命"为使命，秉持以客户价值为中心的核心价值观，致力于创造客户价值、社会价值和员工价值。

地址：武汉市青山区工人村都市工业园内
电话：027-86866337
传真：027-86866337
官方网站：http://www.sanyuantc.com/

武汉三源特种建材有限责任公司

证书编号：LB2023SJ001

九江丰麟干混砌筑砂浆、干混抹灰砂浆、抗裂砂浆

产品简介

干混砌筑砂浆分为 M5、M7.5、M10、M15、M20、M25、M30 等规格。产品和易性好，施工方便、高效；采用国内一流生产设备，均匀性好，质量可靠；每批产品均经过出厂检验，产品强度高，安全性有保障。

干混抹灰砂浆分为 M5、M7.5、M10、M15、M20 等规格。产品和易性好，施工方便、高效；产品黏结力强、级配良好，大大减小空鼓和脱落的概率，产品强度高，安全性有保障。

抗裂砂浆黏结强度高，能够有效地增强保温板与砂浆的黏结强度；柔韧性好，能抵抗保温板的微变形而不产生裂缝；质量稳定，且具有抗冻性和耐久性。

适用范围

干混砌筑砂浆适用于烧结黏土砖、普通灰砂砖、水泥砖、石砌体等多种砌体材料的砌筑。

干混抹灰砂浆适用于烧结黏土砖墙面、普通灰砂砖墙面、水泥砖墙面、加气混凝土墙体表面、混凝土墙体表面的抹灰。

抗裂砂浆适用于各类泡沫保温板、聚苯板、保温砂浆、纤维保温板的抗裂抹面施工。

技术指标

抗裂砂浆

拉伸黏结强度：原强度（MPa）0.77，耐水强度（MPa）0.56。

透水性（24h）（mL）：2.2。

压折比：2.6。

干混抹灰砂浆

保水率（%）：91.4。

2h 稠度损失率（%）：15。

凝结时间（h）：9.2。

14d 拉伸黏结强度（MPa）：0.21。

28d 抗压强度（MPa）：5.5。

28d 收缩率（%）：0.13。

干混砌筑砂浆

保水率（%）：91.7。

九江丰麟新型建筑材料有限公司

地址：江西省彭泽县澎湖湾工业园区
电话：15180690418
官方网站：http://www.jiujiangfenglin.com

2h 稠度损失率（%）：19。

凝结时间（h）：8.4。

28d 抗压强度（MPa）：5.9。

工程案例

远洲轩廷酒店、龙城壹品等。

生产企业

九江丰麟新型建筑材料有限公司成立于 2013 年 12 月，是经九江市工业和信息化局批准建设的年产 20 万吨干混普通及特种砂浆的专业企业，2019 年 5 月公司由于技术改造升级，整体搬迁至彭泽县澎湖湾工业园。

公司生产设备和试验仪器精良，建立了完整的质量和环境管理体系，以确保出厂产品质量合格。

公司现有员工 30 余人，其中工程级各类技术人员 6 人，具有多年行业经验，熟悉本行业的发展水平与存在的问题，具备独立项目的研究与开发能力，能根据客户需求做出迅速响应和调整，为客户提供优质、环保、高性价比的砂浆产品。

"安全第一、质量第一"是公司的生产理念，抓机遇、讲科学、懂技术，在实践中学习，在学习中创新，在创新中发展。

公司承诺：预拌砂浆所用原材料不会对人体、生物及环境造成有害影响并符合 GB 6566—2010《建筑材料放射性核素限量》的相关规定。

公司的服务宗旨："诚信经营、质量为本"，以优良的品质赢得市场、以优质的服务让客户满意。

九江丰麟新型建筑材料有限公司

地址：江西省彭泽县澎湖湾工业园区
电话：15180690418
官方网站：http://www.jiujiangfenglin.com

证书编号：LB2023SJ002

亿东阳干混地面砂浆、干混薄层抹灰砂浆、陶瓷砖黏结剂

产品简介

公司生产的干混地面砂浆、干混薄层抹灰砂浆产品具有以下特点：产品原材料经过除杂处理，筛分复配级配合理；简单操作方便，用多少拌多少，无浪费；品种多，可以满足不同功能部位的需要；储存方便；产品质量稳定可靠；运输半径大、覆盖范围广；现场施工环境影响小，文明生产；不出现开裂空鼓，无表面起砂脱粉现象。

适用范围

产品广泛应用于公共建筑及住宅室内外装饰装修工程。

技术指标

普通干混地面砂浆技术指标如下：

检测项目	标准要求	实测结果	单项评定
保水率（%）	≥88.0	99.7	合格
凝结时间（h）	3～9	4h53min	合格
2h稠度损失率（%）	≤30	9	合格
28d抗压强度（MPa）	≥20.0	25.8	合格

深圳市亿东阳建材有限公司

地址：深圳市宝安区沙井街道共和社区新和大道西亿东阳10栋
电话：0755-29850344
官方网址：http://www.szytyo.com

干混薄层抹灰砂浆技术指标如下：

序号	检测项目	委托方技术要求	实测结果	单项评定
1	保水率（%）	≥99.0	99.6	合格
2	14d 拉伸黏结强度（MPa）	≥0.3	0.43	合格
3	28d 抗压强度（MPa）	≥15.0	16.6	合格
4	28d 收缩率（%）	≤0.20	0.15	合格

陶瓷砖黏结剂技术指标如下：

检测项目	标准要求（C1）	实测结果	单项评定（C1）
拉伸黏结强度（MPa）	≥0.5	1.0	合格
浸水后拉伸黏结强度（MPa）	≥0.5	0.8	合格
热老化后拉伸黏结强度（MPa）	≥0.5	0.6	合格
晾置 20min 后拉伸黏结强度（MPa）	≥0.5	0.6	合格
冻融循环后拉伸黏结强度（MPa）	≥0.5	0.7	合格
滑移（mm）	≤0.5	0.0	合格
横向变形（mm）	≥2.5，<5	2.7	合格

工程案例

三水远洋漫悦湾、远洋新干线三期、招商太子湾、福田/南山/龙华/污水处理厂、平安金融中心、淡水碧桂园群峰花园、河源龙川碧桂园、山水远洋江玥花园、平海星河湾花园、深圳大西丽校区/深大医院、华为湖岸花园 02/03 地块、万科蛇口公馆、沙井万科星城。

生产企业

深圳市亿东阳建材有限公司是一家集新型建筑材料研发、生产、销售于一体的现代化生产企业，经过十几年的发展，积累了丰富的生产与应用经验，现已成为广东地区具有规模的干混砂浆生产企业，同时也是 JGJ/T 223—2010《预拌干混砂浆应用技术规程》、T/CBCA 005—2020《抹灰材料用膨胀玻化微珠》、JC/T 2707—2022《隔声砂浆》、GB/T 28627—2023《抹灰石膏》等标准的参编单位之一。目前公司年生产干混砂浆 20 万吨，特种砂浆 10 万吨。

公司秉承"以质量求生存，以信誉求发展"的经营理念，使公司产品在各类工程中得到广泛应用，得到了广大用户的认可和好评，同时被央视选为"干混砂浆优选品牌""品牌强国"企业。

深圳市亿东阳建材有限公司

地址：深圳市宝安区沙井街道共和社区新和大道西亿东阳 10 栋
电话：0755-29850344
官方网站：http://www.szytyo.com

证书编号：LB2023SN001

盾石 P·RS 32.5 道路基层用缓凝硅酸盐水泥、32.5 粉煤灰硅酸盐水泥、42.5 普通硅酸盐水泥

产品简介

大同冀东水泥有限责任公司生产的"盾石"牌系列水泥产品全部由新型干法旋窑工艺系统生产，品种主要有 P·O 52.5、P·O 42.5、P·F 32.5、P·S·A 32.5、P·RS 32.5 等，还可以根据客户的需求定制生产特殊性能水泥产品。公司制定了严于国家标准的内控标准，严格按照质量体系要求实施质量管理和控制，水泥实物质量远高于国家标准，确保了水泥品质能够满足不同工程、不同客户的需求。各品种水泥经自检和上级机构监督抽查，放射性、水溶性六价铬、重金属含量全部符合国家标准和行业标准限量要求。水泥产品外加剂相容性良好，凝结硬化快，早期、后期强度高，可用于各种工业与民用建设。

适用范围

道路基层用缓凝硅酸盐水泥主要应用于道路路面施工水稳层混凝土。

普通硅酸盐水泥可用于任何无特殊要求的工程。经过专门的检验，也可用于受热工程、道路、低温下施工工程、大体积混凝土工程和地下工程，特别是有环境水侵蚀的工程。

粉煤灰硅酸盐水泥可用于一般无特殊要求的结构工程，适用于地下、水中、大体积等混凝土工程，而不宜用于冻融循环、干湿交替的工程。

技术指标

P·O 42.5 出厂水泥质量情况如下。

检测项目	7月	8月	9月	10月	11月	12月	国家标准
3d 抗压强度平均值（MPa）	30.8	33.1	31.6	31.2	32.4	31.9	≥17.0
28d 抗压强度平均值（MPa）	53.3	55.1	56.9	56.5	56.6	56.5	≥42.5
28d 抗压强度变异系数（%）	1.72	1.90	2.01	1.98	1.69	1.64	≤3.5

大同冀东水泥有限责任公司

地址：山西省大同市口泉新东街
电话：17735219951

工程案例

公司水泥产品覆盖大同、张家口、朔州、忻州及内蒙古等区域，广泛应用于大张高铁、呼张高铁、延崇高速、中南铁路、灵山高速、右平高速、呼北高速等重点工程。

生产企业

大同冀东水泥有限责任公司是唐山冀东水泥股份有限公司在山西省大同市设立的全资子公司，企业所有制性质为国有。公司于2008年5月28日注册成立，总投资15亿元，注册资本5.34亿元，建设两条4500t/d新型干法熟料水泥生产线，并同步配套2条7.6MW纯低温余热发电机组，分别于2009年12月18日和2010年8月18日点火投产，年水泥产能达400万吨，年熟料产能297万吨，年发电量约1亿千瓦•时。2010年由大同冀东水泥有限责任公司以现金持股100%，成立大同冀东水泥爆破有限责任公司，从事岩土爆破。

在党中央、国务院提出京津冀协同发展以及供给侧结构性改革的政策背景下，2016年4月，北京金隅集团与唐山冀东集团进行战略重组（冀东集团整体并入金隅集团），重组后金隅冀东作为金隅集团（股份）唯一的水泥、混凝土业务平台，成为金隅股份资产规模大、盈利能力优、布局区域广、竞争实力强的核心产业之一，年熟料产能1.1亿吨，年水泥产能1.7亿吨，分布在全国13个省、市、自治区，成为中国第三、世界第五大的水泥企业和全国大型的综合型建材企业。大同冀东水泥有限责任公司作为金隅集团直属子公司，成为华北区域产能布局重点企业。

大同冀东水泥有限责任公司

地址：山西省大同市口泉新东街
电话：17735219951

证书编号：LB2023SN002

广灵金隅 32.5 粉煤灰硅酸盐水泥、42.5 普通硅酸盐水泥、52.5R 普通硅酸盐水泥

产品简介

　　广灵金隅水泥有限公司生产的"金隅"牌系列水泥产品全部由新型干法旋窑工艺系统生产，公司生产的水泥品种有 P·F 32.5、M 32.5、P·O 42.5、P·O 42.5 低碱、P·O 52.5R、P·O 52.5、P·MH 42.5、P·R 7.5 等，还可根据不同客户的需求定制生产特殊性能水泥产品。公司生产的产品通过了 ISO9001 质量管理体系认证，并且制定了严于国家标准的内控标准，严格按照质量体系要求实施质量管理和控制，水泥实物质量远高于国家标准，确保了金隅水泥品质能够满足不同工程、不同客户的需求。

适用范围

　　普通硅酸盐水泥可用于任何无特殊要求的工程。经过专门的检验，也可用于受热工程、道路、低温下施工工程、大体积混凝土工程和地下工程，特别是有环境水侵蚀的工程。

　　粉煤灰硅酸盐水泥可用于一般无特殊要求的结构工程，适用于地下、水中、大体积等混凝土工程，而不宜用于冻融循环、干湿交替的工程。

技术指标

P·O 42.5 出厂水泥质量情况如下：

2023 年	7 月	8 月	9 月	10 月	11 月	12 月	国家标准
3d 抗压强度平均值（MPa）	30.8	33.1	31.6	31.2	32.4	31.9	≥ 17.0
28d 抗压强度平均值（MPa）	53.3	55.1	56.9	56.5	56.6	56.5	≥ 42.5
28d 抗压强度变异系数（%）	1.72	1.90	2.01	1.98	1.69	1.64	≤ 3.5

广灵金隅水泥有限公司

地址：山西省大同市广灵县蕉山乡杜庄村西
电话：0352-3312953
传真：0352-3312900

P·F 32.5 出厂水泥质量情况如下：

2023 年	1 月	2 月	3 月	4 月	5 月	6 月	国家标准
3d 抗压强度平均值（MPa）	20.9	20.7	20.7	20.5	20.6	20.7	≥ 10.0
28d 抗压强度平均值（MPa）	41.3	42.8	42.9	42.3	41.9	42.0	≥ 32.5
28d 抗压强度变异系数（%）	3.52	2.04	1.55	3.03	2.86	2.68	≤ 4.5
2023 年	7 月	8 月	9 月	10 月	11 月	12 月	国家标准
3d 抗压强度平均值（MPa）	20.4	20.0	20.6	20.7	20.3	19.2	≥ 10.0
28d 抗压强度平均值（MPa）	41.4	41.3	42.7	42.0	42.0	43.2	≥ 32.5
28d 抗压强度变异系数（%）	2.29	2.54	2.49	3.14	2.94	2.19	≤ 4.5

P·O 52.5 R 出厂水泥质量情况如下：

2023 年	7 月	8 月	9 月	10 月	11 月	12 月	国家标准
3d 抗压强度平均值（MPa）	34.4	35.0	34.9	35.1	35.2	—	≥ 27.0
28d 抗压强度平均值（MPa）	63.0	63.0	62.8	61.6	63.9	—	≥ 52.5
28d 抗压强度变异系数（%）	0.88	1.19	1.37	2.51	1.43	—	≤ 3.0

工程案例

公司水泥产品覆盖太原、北京、雄安等区域，广泛应用于京张高速、荣乌高速、大张高速、京蔚高速、大张高铁、呼张高铁、崇礼高铁、守口堡中国第一砂砾混凝土试验大坝、大唐蔚县电厂等重点工程。

生产企业

广灵金隅水泥有限公司是 2012 年 11 月成立的现代化水泥企业，隶属于北京金隅集团。公司具有一条日产 3000 吨熟料新型干法水泥生产线和 186 万吨水泥粉磨系统，配套 7.5MW 纯低温余热发电系统和利用水泥窑协同处置 30000t/a 危险废物系统。生产线融入国际先进的窑外分解干法旋窑生产工艺，各项生产技术指标均达到国内外先进水平；生产现场环保设施配置齐全，各项污染物排放浓度均低于国家排放标准。通过运用新工艺和新技术，以工业废渣做原料，实施资源综合利用；利用水泥窑协同处置危险废物，大力发展循环经济，实现了企业转型升级、绿色发展。

公司注册资本 3.17 亿元，资产总额 8.88 亿元。其中环保设施投资 1.77 亿元（包括建厂时的投资 6128 万元，投产后的投资 11590 万元），环保投资占总资产的比例为 19.95%。

公司水泥产品具有早期、后期强度高，和易性、耐磨性、可塑性、均匀性优良，色泽美观，碱含量低等特点，销售市场覆盖了京、冀、晋等 30 多个地区，高强低碱水泥以强大的品牌声誉开拓了呼张高铁、守口堡中国第一砂砾混凝土试验大坝、大唐蔚县电厂、大张高铁等国家重点工程，为对接京津冀、服务长城金三角建设提供了有力支持。

2015 年 4 月，公司荣获第二批建材行业"百家节能减排示范企业"称号。2016 年 12 月，公司取得山西省"高新技术企业证书"。2017 年 8 月 23 日，被工业和信息化部评定为第一批"国家级绿色工厂"，成为山西省较先获此殊荣的水泥企业。2017 年 10 月 23 日，被评为水泥行业"安全生产一级标准化"企业。2017 年 12 月 8 日，完成新版排污许可证的申领工作；12 月 28 日，公司技术中心被评为山西省省级企业技术中心；12 月 29 日，公司取得山西省"矿产资源节约集约与综合利用示范矿山"，是山西省水泥行业较先取得此项荣誉的企业。

广灵金隅水泥有限公司

地址：山西省大同市广灵县蕉山乡杜庄村西
电话：0352-3312953
传真：0352-3312900

证书编号：LB2023SN003　　LB2023QT008

泉头普通硅酸盐水泥（P·O 42.5）、复合硅酸盐水泥（P·C 42.5）、机制砂

产品简介

公司生产的"泉头"牌普通硅酸盐水泥 P·O 42.5、复合硅酸盐水泥 P·C 42.5，具有安定性好、凝结时间适中，早期、后期富余强度高，和易性、耐磨性、可塑性、均匀性优良，色泽美观、碱含量低，与外加剂的适应性好等特点，产品质量优于国家标准，得到了广大用户的认可与信赖。

公司的机制砂产品粒度均匀，颜色清、水泥附着性好，不含泥土等杂质，受到了广大用户的认可与信赖。

适用范围

产品主要应用于机场、商场、桥梁、涵洞、居民楼、广场的建设及道路硬化。

技术指标

产品主要性能指标参数如下：

检验项目		P·C 42.5 级		P·O 42.5 级		检验标准
		国家标准	内控标准	国家标准	内控标准	
细度（0.045mm）		≤ 30%	8.0%±2.0%	—	—	GB/T 1345—2005
比表面积（m²/kg）		—	—	≥ 300	380±15	GB/T 8074—2008
凝结时间(min)	初凝	≥ 45	≥ 60	≥ 45	≥ 60	GB/T 1346—2011
	终凝	≤ 600	≤ 400	≤ 600	≤ 400	
安定性		合格	合格	合格	合格	
水溶性铬（Ⅵ）（mg/kg）		≤ 10.0	≤ 8.0	≤ 10	≤ 8.0	GB 31893—2015
SO_3（%）		≤ 3.5	≤ 3.2%	≤ 3.5	≤ 3.2%	GB/T 176—2017
MgO（%）		≤ 6.0	≤ 5.5%	≤ 6.0	≤ 5.0%	GB/T 176—2017
Cl^-（%）		≤ 0.06	≤ 0.050%	≤ 0.06	≤ 0.050%	GB/T 176—2017
LOSS（%）		—	—	≤ 5.0	≤ 4.5%	GB/T 176—2017
3d 抗折强度（MPa）		≥ 3.5	≥ 4.0	≥ 3.5	≥ 5.0	GB/T 17671—1999
3d 抗压强度（MPa）		≥ 15.0	≥ 21.0	≥ 17.0	≥ 26.0	
28d 抗折强度（MPa）		≥ 6.5	≥ 7.0	≥ 6.5	≥ 8.0	
28d 抗压强度（MPa）		≥ 42.5	≥ 46.0	≥ 42.5	≥ 48.0	

工程案例

泗阳绿都第一城、泗阳大桥、涟水便于一条街、灌南开发区冷库、临沂天元商务大厦、临沂市文化艺术中心、临沂环球国际大厦、临沂汽车站、祊河大桥、临沂飞机场等项目。

泉头集团枣庄金桥旋窑水泥有限公司

地址：山东省枣庄市市中区税郭镇驻地
电话：13963291168
传真：0632-3511099
官方网站：http://www.quantougroup.com/

生产企业

　　泉头集团是一家集水泥生产、房地产、精密铸造为一体的综合性民营企业，2009 年公司在拆除 23 台机立窑基础上注册成立了泉头集团枣庄金桥旋窑水泥有限公司，公司总投资 5.0 亿元，一期工程投资 4.5 亿元，建立日产 5000 吨熟料生产线，已于 2009 年 6 月正式开工，2010 年 5 月完工并投入使用；二期工程在一期工程的基础上追加投资 0.5 亿元，利用水泥熟料生产过程中的余热，配套建设 9MW 低温余热发电项目。生产基地位于山东省枣庄市郊，东依 206 国道、京沪高速公路和青岛、日照、连云港三个沿海港口；西邻 104 国道、京福高速公路、京沪铁路和拟建中的京沪高速铁路；南濒京杭大运河的台儿庄等诸多港口，水陆交通十分便利。

　　公司已按照 ISO 9001 质量管理体系、ISO 14001 环境管理体系、ISO 45001 职业健康安全管理体系、GB/T 23331 能源管理体系标准建立综合管理体系，同时进行产品质量认证、低碳产品认证、有害物限量认证，进一步提高我公司的管理水平、加强环境和职业健康建设，增强产品的市场竞争力，为公司的稳定长久发展打好坚实的基础。"泉头"牌水泥以优良的品质、周到的服务，深受顾客欢迎，先后荣获全国诚信示范单位、全国化学分析大对比特等级、全国物理品质检验大对比特等级、山东省消费者满意单位、山东省重点守信用企业、江苏市场名优企业、4A 标准化良好行为企业、国家级绿色工厂、一级安全标准化企业、枣庄市企业百强、枣庄市明星企业、质量效益型企业、水泥行业质量管理一级优胜企业、山东省著名商标等称号。

　　产品"泉头"牌水泥，各项技术指标全部优于国家标准，主要销往淮北、连云港等 400km 范围内，广泛用于桥梁、隧道、道路等国家重点建设项目。公司的不断发展壮大，带动了周边一批采矿、运输以及房地产开发等行业的兴盛，成为造福一方的龙头企业。

泉头集团枣庄金桥旋窑水泥有限公司

地址：山东省枣庄市市中区税郭镇驻地
电话：13963291168
传真：0632-3511099
官方网站：http://www.quantougroup.com/

证书编号：LB2023SN004

中联 42.5 复合硅酸盐水泥、52.5 普通硅酸盐水泥

产品简介

"CUCC"中联牌水泥在施工中具有以下显著特点：安定性好，需水量小，凝结时间适中，早期、后期强度高，和易性、耐磨性、可塑性、均匀性优良，水化热低，收缩性小，色泽美观，碱含量低，水泥产品富裕强度高，实物质量达到国际先进水平。

"CUCC"中联牌水泥配制的混凝土拌合物，具有和易性及外加剂适应性好、泌水率低、体积稳定性好、抗冻及耐磨性能佳、坍落度损失小等优秀特性，可满足混凝土搅拌站长距离输送、使用、施工的要求。

适用范围

P·O 52.5 水泥适用于国防、铁路、机场、高强度等级混凝土及大跨度桥梁构件等。

P·C 42.5 水泥适用于低层建筑梁板柱、村镇道路、沟渠、中小型预制品等民用结构施工部位，也适用于早期强度要求较高的建筑工程、预拌混凝土、水泥地面和楼面工程。

技术指标

P·O 52.5 出厂水泥质量情况如下：

项目	12 月	1 月	2 月	3 月	国家标准
3d 抗压强度（MPa）	32.5	32.5	32.5	32.5	≥ 23.0
28d 抗压强度（MPa）	59.2	59.5	60.4	59.8	≥ 52.5
28d 抗压强度变异系数（%）	0	0	0	0.09	≤ 3.0

P·C 42.5 出厂水泥质量情况如下：

项目	9 月	10 月	11 月	12 月	国家标准
3d 抗压强度（MPa）	8.5	24.2	24.6	24.6	≥ 15.0
28d 抗压强度（MPa）	46.7	47	46.6	46.5	≥ 42.5
28d 抗压强度变异系数（%）	0	0.41	0.13	0.13	≤ 3.5

洛阳中联水泥有限公司

地址：河南省洛阳市汝阳县柏树乡中联大道
电话：0379-68638996
传真：0379-68638996

工程案例

公司产品覆盖河南、湖北、山西等区域，广泛适用于国防、交通、水利、工农业及城市建设等复杂而质量要求较高的工程。（1）高速公路：尧栾高速 4 标段、5 标段；（2）水利工程：北汝河治理工程，天坪水库工程；（3）机场：洛阳机场扩建工程；（4）桥梁：G208 国道桥梁、汝河大桥、洛阳大桥；（5）电厂：伊川热电厂、洛阳大唐电厂；（6）其他重点大型工程：某部队国防工程、汝阳县体育场、汝阳县人民医院、中电建装配式建筑。

生产企业

洛阳中联水泥有限公司位于河南省洛阳市汝阳县，成立于 2007 年 12 月，占地 500 余亩，现拥有一条 4500t/d 新型干法熟料水泥生产线，配套建设 9MW 纯低温余热发电站，设计年产熟料 155 万吨、水泥 100 万吨、商品混凝土 90 万立方米、骨料 200 万吨。2019 年实际完成利润总额 1.4329 亿元，实现净利润 10600 万元。

公司经营范围为制造、销售水泥、水泥熟料、水泥制品、新型建材等。依靠完备的质量保证体系与控制手段，公司主要生产"中联"（CUCC）牌 P·C 42.5、P·O 42.5、P·O 52.5 等多种型号的水泥产品，以统一的"中联"（CUCC）产品品牌，向客户提供一致性的产品品质和服务。"CUCC"中联牌水泥具有安定性好，凝结时间适中，早期、后期强度高，和易性、耐磨性、可塑性、均匀性优良，色泽美观，碱含量低等特点，实物质量达到国际先进水平，适用于国防、交通、水利、工农业及城市建设等复杂而质量要求较高的工程。

公司先后通过了国家产品质量认证、过程质量认证、职业健康安全和环境管理体系认证、能源体系认证等，还荣获了"2019 年河南省智能工厂""环境保护诚信企业""建材行业与互联网融合发展试点示范企业""河南省建材工业最具影响力企业""产业发展先进单位""全国质量诚信标杆企业""全国产品和质量诚信示范企业""全国质量检验稳定合格产品"和"全国建材行业质量领军企业"等荣誉称号。致力追求"过程精品"是公司的质量宗旨，"全天候服务，全方位服务，全过程服务和最大限度地让客户满意"是企业的服务承诺。

洛阳中联水泥有限公司

地址：河南省洛阳市汝阳县柏树乡中联大道
电话：0379-68638996
传真：0379-68638996

证书编号：LB2023SN005

西麟 M32.5 砌筑水泥、42.5 普通硅酸盐水泥、52.5 普通硅酸盐水泥

产品简介

　　"西麟"牌水泥在施工中具有以下显著特点：安定性好，需水量小，凝结时间适中，早期、后期强度高，和易性、耐磨性、可塑性、均匀性优良，水化热低，收缩性小，色泽美观，碱含量低，水泥产品富裕强度高，实物质量达到国际先进水平。

　　水泥配制的混凝土拌合物和易性及外加剂具有适应性好、泌水率低、体积稳定性好、抗冻及耐磨性能佳、坍落度损失小等优秀特性，可满足混凝土搅拌站长距离输送、使用、施工的要求。

适用范围

　　P•O 52.5 水泥适用于国防、铁路、机场、高强度等级混凝土及大跨度桥梁构件等；P•O 42.5 水泥适用于桥梁、道路、高层建筑工程、一般工业及民用建筑，可配制 C30～C60 不同强度等级的混凝土；M 32.5 适用于低层建筑梁板柱、村镇道路、沟渠、中小型预制品等民用结构施工部位，也适用于早期强度要求较高的建筑工程、预拌混凝土、水泥地面和楼面工程。

技术指标

P•O 52.5 出厂水泥质量情况如下：

2022 年	1 月	3 月	4 月	6 月	8 月	12 月	国家标准
3d 抗压强度	36.7	37.7	36.4	35.5	34.0	36.1	≥ 23.0
28d 抗压强度	59.6	59.3	59.3	59.6	59.8	60.7	≥ 52.5

P•O 42.5 出厂水泥质量情况如下：

2022 年	1 月	2 月	3 月	4 月	5 月	6 月	7 月	8 月	9 月	10 月	11 月	12 月	国家标准
3d 抗压强度	27.6	28.5	29.3	29.0	29.3	28.8	29.3	29.2	29.3	27.5	27.3	27.0	≥ 17.0
28d 抗压强度	50.1	49.9	49.9	49.7	49.9	49.4	49.9	48.8	49.5	49.5	49.7	49.7	≥ 42.5

M 32.5 出厂水泥质量情况如下：

2022 年	1 月	2 月	3 月	4 月	5 月	6 月	7 月	8 月	9 月	10 月	11 月	12 月	国家标准
3d 抗压强度	24.2	23.8	24.6	24.3	23.2	22.9	22.9	22.8	23.4	23.7	19.4	20.3	≥ 10.0
28d 抗压强度	39.0	38.6	39.7	38.4	38.0	38.0	37.6	37.8	38.1	38.8	38.6	38.8	≥ 32.5

普洱昆钢嘉华水泥建材有限公司

地址：云南省普洱市镇沅彝族哈尼族拉祜族自治
县者东镇者东村跺簸田
电话：0879-5877068
传真：0879-5877068

工程案例

大嘎高速、墨临高速、景文高速、镇沅民族文化馆、普洱茶马古城等。

生产企业

普洱昆钢嘉华水泥建材有限公司是云南水泥建材集团有限公司与美力（香港）企业有限公司（香港嘉华集团子公司）共同出资对当地等量淘汰的水泥厂（将淘汰镇沅水泥厂的立窑生产线）进行异地技改，建成的一条日产 4000t 熟料新型干法水泥生产线，总投资约 93000 万元，2012 年 4 月 24 日完成工商注册登记，注册资本 38340 万元，公司主要经营范围：生产、加工、销售水泥、熟料、碎石、骨料，生产规模为年产熟料 140 万吨，年产水泥 160 万吨，配套建设 9.0MW 装机容量的纯低温余热发电系统，年发电量 5400 万 kW·h。此外，公司自主建设一条年产 100 万 t 骨料生产线，主要生产骨料、机制砂等。

普洱昆钢嘉华水泥建材有限公司生产的水泥品种有 3 种，分别是 M 32.5、P·O 42.5、P·O 52.5 硅酸盐水泥，产品质量稳定，主要销往镇沅、景东、普洱、景谷、墨江等区域，先后用于墨临高速、大嘎高速、景文高速、景谷高速等重点工程及民用市场，深受广大客户青睐和好评，也为拉动当地经济、产业结构调整及资源综合利用作出了突出贡献。2016 年获得"普洱市重点龙头企业"，中国建筑材料联合会颁发的"水泥企业化验合格证书"，云南省建筑材料产品质量检验研究院颁发的"全合格单位"，在国家水泥质量监督检验中心 2016 年举行的"CTC 杯"中获得"全合格单位"，2017 年、2018 年举行的"弘朝科技杯"中分别获得"优良单位""全合格奖"，2018 年获得云南省质量检验协会建筑材料产品专业委员会颁发的"优秀单位"称号，2018、2019 年获得云南水泥建材集团颁发的 4000t 熟料生产线标准煤耗最低、电耗最低及销售进步提升等奖项，通过非煤矿山行业"安全标准化二级达标"；2019 年获得国家水泥质量监督检验中心颁布的"葛洲坝水泥杯全国第十七次水泥品质指标检验大对比全优奖"。

141

普洱昆钢嘉华水泥建材有限公司

地址：云南省普洱市镇沅彝族哈尼族拉祜族自治
　　　县者东镇者东村踩簸田
电话：0879-5877068
传真：0879-5877068

证书编号：LB2023SN006

祁连山普通硅酸盐水泥（P·O 52.5、P·O 42.5）、砌筑水泥（M 32.5）

产品简介

公司主导产品有 P·O 52.5 普通硅酸盐水泥，P·O 42.5 普通硅酸盐水泥、P·O 42.5 低碱普通硅酸盐水泥；M 32.5 砌筑水泥，均严格按国家标准《通用硅酸盐水泥》（GB 175—2007）和《水泥砌筑》（GB/T 3183—2017）组织生产，各项品质指标均优于国家标准的基本要求，质量优良，早期强度高，脱模快，耐久性好，深受广大用户欢迎。

适用范围

P·O 52.5 普通硅酸盐水泥具有凝结时间短、快硬早强高强等特点，一般适用于配制高强度混凝土、先张预应力制品、道路、低温下施工的工程和一般受热（250℃以下）的工程。

P·O 42.5 普通硅酸盐水泥、P·O 42.5 低碱普通硅酸盐水泥主要用于高速公路、基础工程、农村房屋建筑工程中的各类构件制作，如混凝土圈梁、现浇楼梯、柱、梁、板等构件，生产预应力混凝土构件等，还可当作地板砖、饰面砖的胶结材料。

M 32.5 砌筑水泥可作为砌筑墙体或混合砂浆胶凝材料。

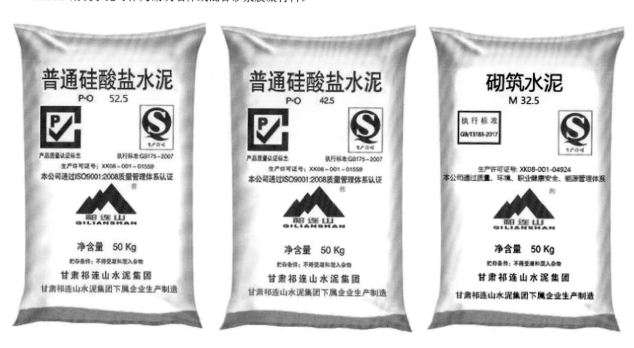

技术指标

P·O 52.5 普通硅酸盐水泥：密度 3.14kg/m^3；比表面积 380～410m^2/kg；标准稠度：26.8%～27.2%；初凝时间：150～180min；终凝时间：220～260min；安定性小于 2.0mm；3d 抗压强度大于 27.0MPa；28d 抗压强度大于 57.0MPa；月变异系数小于 1.5%，质量保证系数大于 3.5。

P·O 42.5 普通硅酸盐水泥、P·O 42.5 低碱普通硅酸盐水泥：密度 3.11kg/m^3；比表面积 330～350m^2/kg；标准稠度：27.0%～27.3%；初凝时间：160～190min；终凝时间：230～260min；安定性小于 2.0mm；3d 抗压强度大于 23.0MPa；28d 抗压强度大于 48.0MPa；月变异系数小于 1.8%；低碱水泥碱含量小于 0.55%；质量保证系数大于 3.3。

M 32.5 砌筑水泥：密度 3.11kg/m^2；比表面积 360～380m^2/kg；标准稠度：27.1%～27.5%；初凝时间：170～200min；终凝时间：240～270min；安定性小于 2.0mm；3d 抗压强度大于 20.0MPa；28d 抗压强度大于 38.0MPa；月变异系数小于 1.9%；保水率大于 85%，质量保证系数大于 3.0。

成县祁连山水泥有限公司

地址：甘肃省陇南市成县抛沙镇转湾村
电话：0939-3222556
传真：0939-3222555

工程案例

1. 2010—2012 年成武高速公路建设用 P·O 52.5、P·O 42.5 水泥 50 万吨，主要用于路基、路面、高速桥涵等建设；

2. 2012—2014 年十天高速公路建设用 P·O 52.5、P·O 42.5、M 32.5 缓凝水泥 120 万吨，主要用于路基、路面、高速桥涵等建设；

3. 2015—2019 年渭武高速公路建设用 P·O 52.5、P·O 42.5、M 32.5 缓凝水泥 120 万吨，主要用于路基、路面、高速桥涵等建设；

4. 2016—2019 年两徽高速公路建设用 P·O 52.5、P·O 42.5、M 32.5 缓凝水泥 60 万吨，主要用于路基、路面、高速桥涵等建设；

5. 2018 年陇南机场建设用 P·O 52.5/P·O 42.5 低碱水泥 2 万吨，主要用于基础设施和机场跑道建设；

6. 2019—2022 年武九高速公路、绵九高速公路、景礼高速公路建设用 P·O 52.5、P·O 42.5 水泥 100 万吨，主要用于路基、高速桥涵等建设；

7. 2020—2023 年康略高速公路、太凤高速公路建设用 P·O 52.5、P·O 42.5 水泥 85 万吨，主要用于路基、高速桥涵等建设；

8. 2022 年天陇铁路建设用 P·O 42.5、P·O 42.5 低碱水泥 15 万吨，主要用于路基、铁路桥涵等建设。

生产企业

成县祁连山水泥有限公司位于甘肃省陇南市成县抛沙镇陇南西成经济开发区抛沙工业园区，公司总投资（含矿山、余热发电）11 亿元，在册职工 290 人，是中国建材集团旗下甘肃祁连山水泥集团股份有限公司全资子公司。

公司拥有两条 3000t/d 和 4500t/d 新型干法水泥生产线，一条年产 120 万吨机制骨料生产线，年产混凝土 80 万立方米双 180 搅拌站，两条新型干法水泥生产线配套（6MW+7.5MW）纯低温余热发电站。生产线采用先进的工艺技术和节能环保设备。

产品以"祁连山"牌优质高强度等级水泥为主，年产水泥 320 万吨，品种有 P·O 52.5 硅酸盐水泥，P·O 42.5 普通硅酸盐水泥、P·O 42.5 低碱道路水泥、M 32.5 砌筑水泥；年产骨料 120 万吨，产品有 20～31.5mm 骨料、10～20mm 骨料、5～10mm 骨料、0.075～5mm 机制砂；年产 80 万立方米商品混凝土，涵盖强度等级 C15～C60 以及特殊要求商品混凝土；满足区域内各类工程水泥、骨料和混凝土产品需求。

公司有健全的质量、环境、能源、职业健康安全管理体系的"四标一体"综合管理体系，坚持"严格管理，争创效益，持续改进，顾客满意"的质量方针，生产的水泥、骨料产品经省、市质量监督检验中心多次抽检，合格率均达到 100%，荣获"葛洲坝水泥杯""中岩科技杯"全国质量大对比特等奖，工业和信息化部"绿色工厂"，自然资源部"国家绿色矿山""全国安全文化建设示范企业"，甘肃省市场信用等级 AAA 企业，中国建材集团"六星企业""先进企业""创先争优先进集体""安全生产先进集体"，陇南市"先进企业""纳税先进单位"，中国建筑材料联合会"百家节能减排示范企业"，原国家安监总局"安全生产标准化一级企业"等荣誉称号。

成县祁连山水泥有限公司

地址：甘肃省陇南市成县抛沙镇转湾村
电话：0939-3222556
传真：0939-3222555

外加剂 预拌砂浆 **水泥** 金属复合材料 道路材料 预拌混凝土 人造石材 预制构件 防水卷材与防水涂料 其他材料

证书编号：LB2023SN007

民和祁连山通用硅酸盐水泥（P·II 52.5、P·O 42.5）

产品简介

民和祁连山水泥有限公司位于青海省海东市民和县川口镇享堂村，年生产水泥80万吨。主导产品有P·II 52.5硅酸盐水泥，P·O 42.5普通硅酸盐水泥、P·O 42.5低碱普通硅酸盐水泥，严格按国家标准《通用硅酸盐水泥》（GB 175—2023）组织生产，各项品质指标均优于国家标准的基本要求，质量优良，早期强度高，碱含量低，耐久性好，深受甘青两省广大用户欢迎。

适用范围

P·II 52.5硅酸盐水泥具有凝结时间短、快硬早强高强特点，一般适用于配制高强度混凝土、先张预应力制品、道路、低温下施工的工程和一般受热（250℃以下）的工程，用于早期强度要求比较高的工程，如现场浇筑混凝土柱、混凝土梁、现浇板等构件；生产预应力混凝土构件，如预应力空心板、平板、箱梁等。

P·O 42.5普通硅酸盐水泥硬化时干缩小，不易产生干缩裂缝。其主要用于高速公路、基础工程、农村房屋建筑工程中的各类构件制作，如混凝土圈梁和现浇楼梯、柱、梁、板等构件；生产预应力混凝土构件等；还可当作地板砖、饰面砖的胶结材料。

技术指标

P·II 52.5硅酸盐水泥：密度3.16kg/m³；比表面积350～380m²/kg；标准稠度：26.0%～27.6%；初凝时间：100～150min；终凝时间：210～240min；安定性小于2.0mm；3d抗压强度大于27.0MPa；28d抗压强度大于56.0MPa；月变异系数小于1.3%。

P·O 42.5普通硅酸盐水泥：密度3.10kg/m³；比表面积330～350m²/kg；标准稠度：27.0%～28.0%，初凝时间：150～190min；终凝时间：220～260min；安定性小于2.0mm；3d抗压强度大于23.0MPa；28d抗压强度大于47.0MPa；月变异系数小于1.6%；低碱水泥碱含量小于0.50%。

工程案例

1. 2015—2016年牙同高速公路建设用P·II 52.5硅酸盐水泥、P·O 42.5低碱水泥20万吨，主要用于路基、路面、高速桥涵等建设。

民和祁连山水泥有限公司

地址：青海省海东市民和县川口镇享堂村
电话：0931-6214252
传真：0931-6316666

2. 2014—2015 年西宁火车站建设用 P·II 52.5 硅酸盐水泥、P·O 42.5 低碱水泥 5 万吨，主要用于地下基础、站台、框架、给排水等建设。

3. 2018—2019 年川海大桥建设用 P·II 52.5 硅酸盐水泥、P·O 42.5 低碱水泥 2 万吨，主要用于路基、路面、桥涵、梁柱等建设。

4. 2016—2018 年川大高速公路建设用 P·II 52.5 硅酸盐水泥、P·O 42.5 水泥 15 万吨，主要用于路基、路面、高速桥涵等建设。

5. 2019—2020 年扁门高速公路建设用 P·II 52.5 硅酸盐水泥、P·O 42.5 水泥 5 万吨，主要用于路基、路面、高速桥涵等建设。

生产企业

民和祁连山水泥有限公司是中国建材集团旗下甘肃祁连山水泥集团有限公司的控股子公司，其前身是兰州红古祁连山水泥股份有限公司全资子公司。公司一直致力于以节能减排为主要内容的技术改造工作，2014 年至今，共计投入资金达 1.46 亿元，先后完成了 2000t/d 高效节能减排技术改造工程、窑尾袋收尘改造、生料磨和 2 号水泥磨系统节能降耗技术改造、厂区噪声达标的综合治理、水泥窑在线监测和在线视频监控、水泥窑脱硝系统建设、矿山平硐和破碎系统技术改造等，实现了煤电消耗大幅降低、各项工序能耗指标低于限额标准、粉尘和 NO_x 达标排放的预期目标。党的二十大为公司的绿色发展、高质量发展描绘出了宏伟蓝图，为建设绿色矿山、绿色工厂指明了方向。公司早在 2015 年便开始规划部署北山大理岩矿绿色矿山创建工作，经过多年的不懈努力，矿区面貌焕然一新，生产秩序井然有条，2018 年被青海省授予"省级绿色矿山"荣誉称号，2019 年被纳入国家级"绿色矿山"名录。

公司建立健全了质量、环境、能源、职业健康安全管理体系的"四标一体"综合管理体系；公司产品以"祁连山"牌优质高强度等级水泥为主，年产水泥 80 万吨，主要品种有 P·II 52.5 硅酸盐水泥、P·O 42.5 普通硅酸盐水泥、P·O 42.5 低碱普通硅酸盐水泥。公司生产的水泥产品经省、市质量监督检验中心多次抽检，合格率均达到 100%，在全国水泥品质指标检验大对比中获得"全优单位"称号。公司化验室 2019 年获得"标准化化验室"称号。公司还荣获祁连山股份"AAAAA 企业"称号。

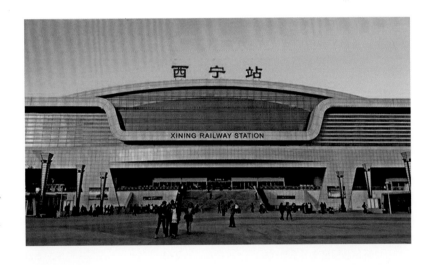

民和祁连山水泥有限公司

地址：青海省海东市民和县川口镇享堂村
电话：0931-6214252
传真：0931-6316666

证书编号：LB2023SN008

盾石 P·O 42.5 普通硅酸盐水泥、P·C 42.5 复合硅酸盐水泥、P·S·A 32.5 矿渣硅酸盐水泥

产品简介

"盾石"牌通用硅酸盐水泥产品全部由新型干法旋窑工艺系统生产，制定了严于国家标准的内控标准，确保了金隅冀东水泥品质满足不同市场和客户的需求。

公司生产的水泥具有以下显著特点：

水泥中混合材掺量少；产品质量稳定，质量波动小，早后期强度高，富裕强度高；配制混凝土可降低综合成本。

水泥本身色泽长期稳定，可广泛使用于素色外表面建筑物。

配制的混凝土泌水率低。

水泥的抗冻性好。

水泥的耐磨性好。

配制的混凝土体积稳定性好，一年龄期时，混凝土收缩徐变基本趋于平衡，达到国内和国际先进水平，特别适合大体积工程建设。

P·C 42.5 品种水泥耐久性和抗渗性好，且性能稳定，广泛应用于预制构件、建筑砂浆、砌砖、硬化地面等领域。

P·S·A 32.5 品种水泥易搅拌，拌和后工作实效处于行业先进水平，且性能保持不变，施工后微裂纹少，可广泛应用于装饰、装修工程的砌筑、抹面及瓷砖粘贴等。

适用范围

产品适用于交通、水利、公建、民建、家装等有需求的工程。

技术指标

P·O 42.5 出厂水泥质量情况如下：

2022 年	1 月	2 月	3 月	4 月	5 月	6 月	国家标准
3d 抗压强度平均值（MPa）	30.3	30.3	30.3	30.0	30.5	29.9	17.0
28d 抗压强度平均值（MPa）	56.1	55.1	56.0	55.5	55.1	55.1	42.5
28d 抗压强度变异系数（%）	2.63			2.21		1.87	无

2022 年	7 月	8 月	9 月	10 月	11 月	12 月	国家标准
3d 抗压强度平均值（MPa）	30.3	30.0	30.3	30.1	30.4	30.2	17.0
28d 抗压强度平均值（MPa）	55.0	54.9	55.1	55.3	55.6	56.0	42.5
28d 抗压强度变异系数（%）	1.87		2.11			2.23	无

冀东水泥滦州有限责任公司

地址：河北省唐山市滦州市杨柳庄镇
电话：0315-7520520、7520627
传真：0315-7520520

P·C 42.5 出厂水泥质量情况如下：

2022年	1月	2月	3月	4月	5月	6月	国家标准
3d 抗压强度平均值（MPa）	28.3	27.2	28.0	28.2	28.3	27.8	15.0
28d 抗压强度平均值（MPa）	53.3	52.7	52.5	53.9	52.7	52.8	42.5
28d 抗压强度变异系数（%）		2.01		2.05		1.81	无
2022年	7月	8月	9月	10月	11月	12月	国家标准
3d 抗压强度平均值（MPa）	28.3	27.9	28.0	28.1	28.4	28.6	15.0
28d 抗压强度平均值（MPa）	52.6	52.7	52.6	52.5	53.5	52.8	42.5
28d 抗压强度变异系数（%）	1.81		2.01		1.99		无

P·S·A 32.5 出厂水泥质量情况如下：

2023年	5月	6月	7月	8月	9月	10月	国家标准
3d 抗压强度平均值（MPa）	21.3	21.0	21.0	21.1	21.4	—	10.0
28d 抗压强度平均值（MPa）	45.2	46.5	45.9	44.1	—		32.5
28d 抗压强度变异系数（%）			2.36				无

工程案例

产品覆盖河北、天津、北京等区域，应用于北京首都国际机场、北京南苑新机场、中央电视台、国家体育馆（鸟巢）、天津港、曹妃甸港、城际高铁等国家及地方重点工程。

生产企业

冀东水泥滦州有限责任公司是唐山冀东水泥股份有限公司控股的混合所有制企业，总资产 11.54 亿元，公司于 2002 年 9 月注册成立（一期主体工程于 2003 年 3 月底正式开工筹建，2004 年 3 月开始试生产。二期工程 2009 年 10 月开工筹建，2011 年 1 月开始试生产），公司现有员工 449 人。公司建有两条 4000t/d 熟料生产线，三台合计年产能力为 244 万吨的水泥粉磨生产线，附带 1 条 15MW 和 1 条 12MW 的纯低温余热发电系统。

公司坐落在滦州市杨柳庄镇，厂区占地面积 450 亩（30 公顷），地理位置优越，距离京唐港 90 千米，距曹妃甸工业区 120 千米，距京沈高速、102 国道 10 公里，紧临唐迁公路，毗邻京秦铁路，交通便利，市场辐射范围广阔。

公司自投产以来，发展势头强劲，先后荣获"河北省清洁生产审核验收先进企业""河北省先进基层党组织""AAA 级劳动关系和谐企业""全国建材行业优秀化验室""环渤海地区诚信企业"等荣誉称号。

公司隶属于金隅冀东集团，集团为上市公司，于 1996 年 6 月 14 日挂牌上市，水泥产能近 1.18 亿吨，水泥生产线布局和销售网络覆盖 12 个省、自治区、直辖市，熟料生产线全部采用新型干法技术。"盾石" P·C 42.5、P·O 42.5 水泥被广泛应用于体积较大的桥梁或厂房，以及一些重要路面和制造预制构件。

冀东水泥滦州有限责任公司

地址：河北省唐山市滦州市杨柳庄镇
电话：0315-7520520、7520627
传真：0315-7520520

证书编号：JK2023SN001

峨胜 32.5 级砌筑水泥、42.5R 级复合硅酸盐水泥、52.5 级普通硅酸盐水泥

产品简介

砌筑水泥：需水量小、泌水率低、色泽稳定，配制的砂浆保水率高、混凝土和易性好，操作柔顺，施工性能稳定。

复合硅酸盐水泥：水化热低、耐蚀性好、韧性好、保水性好、需水量小、干燥收缩小。

普通硅酸盐水泥：凝结时间短、快硬、早强、高强、抗冻、耐磨、耐热。

适用范围

砌筑水泥：适用于配制砌筑砂浆、抹灰砂浆、普通混凝土、垫层混凝土及预制非承重构件，可广泛用于工业与民用建筑的砌筑、垫层混凝土、装修抹面和贴砖、保温砂浆、水泥砌块、机制砖等工程。

复合硅酸盐水泥：适用于无特殊要求的一般结构工程，如地下、水利和大体积等混凝土工程，特别是有化学侵蚀的工程。

普通硅酸盐水泥：适用于无特殊要求的工程。

技术指标

32.5 级砌筑水泥主要技术指标			
控制项目		标准要求	检验结果
三氧化硫（%）		≤ 3.5	2.70
氯离子（%）		≤ 0.06	0.010
水溶性铬（Ⅵ）（mg/kg）		≤ 10.0	1.8
保水率（%）		≥ 80	94
安定性	沸煮法	试饼法合格	合格
细度（%）	80μm 筛余	≤ 10.0	0.8
凝结时间（min）	初凝	≥ 60	166
	终凝	≤ 720	226
抗折强度（MPa）	3d	≥ 2.5	5.4
	28d	≥ 5.5	7.8
抗压强度（MPa）	3d	≥ 10.0	30.1
	28d	≥ 32.5	48.3
放射性	内照射指数	≤ 1.0	0.3
	外照射指数	≤ 1.0	0.3

42.5R 级复合硅酸盐水泥主要技术指标			
控制项目		标准要求	检验结果
三氧化硫（%）		≤ 3.5	2.64
氧化镁（%）		≤ 6.0	1.77
氯离子（%）		≤ 0.06	0.018
水溶性铬（Ⅵ）（mg/kg）		≤ 10.0	4.2
安定性	沸煮法	试饼法合格	合格
细度（%）	45μm 筛余	≤ 30	9.0
凝结时间（min）	初凝	≥ 45	143
	终凝	≤ 600	199
抗折强度（MPa）	3d	≥ 4.0	5.8
	28d	≥ 6.5	8.3

四川峨胜水泥集团股份有限公司

地址：四川省峨眉山市九里镇
电话：0833-5571188
官方网站：http://www.esjt.com.cn

续表

42.5R 级复合硅酸盐水泥主要技术指标			
抗压强度（MPa）	3 天	≥ 19.0	32.2
	28 天	≥ 42.5	53.5
放射性	内照射指数	≤ 1.0	0.2
	外照射指数	≤ 1.0	0.2

52.5 级普通硅酸盐水泥主要技术指标			
控制项目		标准要求	检验结果
三氧化硫（%）		≤ 3.5	2.81
烧失量（%）		≤ 5.0	1.90
氧化镁（%）		≤ 5.0	2.14
碱含量（%）		—	0.49
氯离子（%）		≤ 0.06	0.025
水溶性铬（Ⅵ）（mg/kg）		≤ 10.0	3.5
比表面积（m²/kg）		≥ 300	364
安定性	沸煮法	试饼法合格	合格
细度（%）	45μm	—	4.8
凝结时间（min）	初凝	≥ 45	157
	终凝	≤ 600	204
抗折强度（MPa）	3d	≥ 4.0	5.9
	28d	≥ 7.0	8.8
抗压强度（MPa）	3d	≥ 23.0	36.4
	28d	≥ 52.5	63.5
放射性	内照射指数	≤ 1.0	0.3
	外照射指数	≤ 1.0	0.2

工程案例

成都地铁 19 号线、苏洼龙水电站、锅浪跷水电站、大唐长河坝电站、峨汉高速、成都经济环线高速（沱江特大桥）、乐西高速（乐山至马边段）、雅安宝兴至康定公路、雅康高速（大渡河特大桥）、宜彝高速公路（宋江河特大桥）。

生产企业

四川峨胜水泥集团股份有限公司是以水泥产业为主，集投资、物流、房地产、矿业、环境工程等多产业于一体的大型民营股份制企业，现有资产 100 多亿元。公司是国家级绿色工厂示范单位、国家级"资源节约型和环境友好型"试点企业、国家级绿色矿山企业、全国建材行业先进集体、四川省百强民营企业、四川省优秀民营企业、四川省安全生产二级标准化企业等获得单位。

公司现有 5 条日产 4600t 和 1 条日产 3000t 新型干法水泥生产线，设计产能 996.8 万吨 / 年；自备石灰石矿山和石膏矿山，年可开采石灰石 1200 万吨、石膏 200 万吨。6 条生产线全部配套纯低温余热发电系统和 SNCR 窑尾烟气脱硝系统，2 条生产线分别配套城市生活垃圾处置系统和污泥固废处置系统，年可处理生活垃圾 13 万吨、污泥 8 万吨。

凭借优良的产品质量，公司"峨胜"牌水泥被广泛应用于铁路、机场、公路、桥梁、水电及民用建筑，是溪洛渡、锦屏、大岗山等国家级重点水电工程水泥重点供应商，连续多年被评为"支持国家重点建设工程优秀供应商"。

"十四五"期间，公司将继续以国家产业政策为导向，坚持绿色发展理念，持续深化企业内部改革，加快工艺技术改造，着力打造数字化矿山，建设智慧工厂，奋力续写高质量发展新篇章。

149

四川峨胜水泥集团股份有限公司

地址：四川省峨眉山市九里镇
电话：0833-5571188
官方网站：http://www.esjt.com.cn

外加剂 预拌砂浆 水泥 金属复合材料 道路材料 预拌混凝土 人造石材 预制构件 防水卷材与防水涂料 其他材料

证书编号：LB2023JS001

三行科技珐琅装饰板（搪瓷钢板）

产品简介

珐琅装饰板是一种新型的装饰材料，具有耐磨性、防腐性、不褪色、防火性、易清洁保养、色彩丰富和安装便捷等优点。

适用范围

产品广泛应用于地铁、隧道、幕墙、车站、机场、医院等场所墙面和柱面的装饰，同时还可应用于箱式集装箱房、高低压箱变、环网箱等电气用品。

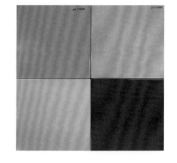

技术指标

产品理化性能指标如下：

项目	规定
耐盐水性	不生锈
耐酸性	A 级及以上
耐碱性	定性不失光
光泽度	亮光 ≥ 85，亚光 60 ～ 85
密着性	丝状及以上
耐磨性	无明显擦伤
耐硬物冲击性	瓷面无裂纹、无掉瓷
耐软重物体撞击性能 [a]	板面无明显变形、瓷面无裂纹
抗风压性能 [b]	瓷面无裂纹、板面无明显变形、背衬不折断或开裂、挂件不松动

a 耐软重物撞击性能指标值由需方确定，但撞击能量不宜小于 300N·m。
b 抗风压性能指标值由需方确定，但不应低于风荷载标准值（w_k），且不应小于 1.0kPa。

工程案例

武汉团山隧道、武汉泛海中心地下环廊、河南郑机城际地铁（新郑机场）、上海华能办公楼、武汉 BRT、合肥市轨道交通 2 号线、南昌红谷滩隧道、南宁轨道交通 3 号线 01 标、洛阳古城路快速通道（金城寨街—伊洛路）、长沙轨道交通 4 号线一期、湘府路快速改造工程 III 标、柳州市下桃花片区路网（南环路立交工程）、厦门地铁 2 号线、洛阳市王城大道快速路一期建设工程 3 标段隧道、深圳地铁 10 号线工程 1011 标段、长沙地铁 3 号线一期工程、西安科技八路隧道、洛阳周山隧道、长沙地铁 5 号线、深圳地铁 4 号线三期工程、广州印钞厂项目、长沙润和·滨江湾项目售楼部、南昌地铁 4 号线、深圳地铁 4 号线、深圳地铁 10 号线、深圳地铁 14 号线、杭州博奥路南伸（湘西路—潘水路）工程项目西山隧道、深圳岗厦北地下交通枢纽、深圳市黄木岗综合交通枢纽。

生产企业

湖北三行科技股份有限公司是一家集研发、设计、生产、销售和安装珐琅装饰板于一体的高新技术企业，2014 年成立于湖北省黄冈市浠水县经济技术开发区散花工业园，注册资本 5170 万元，占地面积 5 万余平方米，公司主要客户群体为"轨道公司""中铁""中隧""中建"等企业，截至目前，工程案例覆盖武汉、洛阳、长沙、南宁、南昌、合肥、郑州、厦门、深圳、珠海等 20 多个城市。公司自 2015 年投产以来，呈快速发展之势，产能产值连年增长，市场占有率不断扩大，品牌效应不

湖北三行科技股份有限公司

地址：湖北省黄冈市浠水县经济开发区散花工业园
电话：15586509582
传真：0713-3602366
官方网站：http://www.hbsanxingtech.com/

断增强，综合实力在同行业中名列前茅。

公司注重质量管理，坚持"传承匠心，精益求精"的质量管理理念，始终把提高用户满意度作为公司的不懈追求。公司通过了 ISO 9001：2008 质量管理体系、ISO 14001：2015 环境管理体系和 GB/T 45001—2020 职业健康安全管理体系认证。

公司注重产品的技术创新和管理提升，成立了省级专家工作站，吸纳了多名有近 30 年从事珐琅制品研发、生产经验的高级技术人才。自成立至今，公司已获得发明专利 2 项和实用新型专利 28 项，先后荣获"湖北省知识产权示范企业""湖北省两化融合试点示范企业""湖北省首批专精特新'小巨人'企业""国家第四批专精特新'小巨人'企业"等荣誉称号。

湖北三行科技股份有限公司

地址：湖北省黄冈市浠水县经济开发区散花工业园
电话：15586509582
传真：0713-3602366
官方网站：http://www.hbsanxingtech.com/

证书编号：LB2023JS002

亨特道格拉斯金属瓦楞板、金属蜂窝板、金属饰面夹芯墙体板

产品简介

　　金属瓦楞板在制造商工厂加工成型，成品为四周封闭呈盒式的铝板系统，并且盒式板的固定安装边必须以辊压成型方式或冲压方式加工而成，以保证铝板安装精度；采用数控喷胶设备，确保喷胶速度和喷胶量均匀；数控热压设备能确保产品在热压过程中受热均匀。

　　亨特盒式金属蜂窝板是采用航空工业蜂窝复合技术开发的新型建筑装饰材料，产品不仅选材精良、工艺先进、构造合理，而且在材质、涂层、造型、系统等方面具有丰富的选择。

　　亨特金属夹芯墙体板由两层金属板和一层隔热芯材组成。产品不仅选材精良、工艺先进、构造合理，而且在材质、涂层、造型、系统等方面具有丰富的选择。

适用范围

　　金属瓦楞板应用领域十分广泛，如机场、轨道交通、体育美术场馆、学校、商业办公楼、大型商业购物广场等项目的天花吊顶。

　　金属蜂窝板应用领域十分广泛，包括幕墙、屋面、包柱、挑檐和室内户外吊顶等。

　　金属饰面夹芯墙体板应用于生物制药、医疗、高精端厂房等领域的外墙。

技术指标

　　金属饰面夹芯墙体板技术指标如下：

表面涂层	正面	聚偏氟乙烯（PVDF）或同等性能油漆
	背面	聚酯烤漆（POLYESTER）或按客户要求
	涂层厚度	正面 24～32μm，背面 0.5μm
	光泽度（60°角）	（25±5）unit
	同批色差	＜ 0.7unit
	铅笔硬度	＞ H
	柔韧性／黏结力	≤ 1T
	耐高温性能	1h80℃，涂层无变化
	抗腐蚀性能（暴露室外）	3 年，蠕变小于 2mm
	抗紫外线	5 年无裂纹、剥落、气泡、粉化，颜色变化＜ 5unit，光泽度损失＜ 50%
	抗湿性能	1000h，气泡≤ B2S2
	盐／酸雾腐蚀测试	1000h，蠕变小于 2mm
芯材	材质	高密度矿棉
	密度	155kg/m³±11%
黏结剂		双组分高温固化的聚氨酯胶
火焰在铝板表面的扩散性		1 级（英国标准 BS 476 第 7 部分）
表面防火性能		0 级（最高级）（英国标准 BR 1991 ADB）
耐火性		＞ 70 分钟（英国标准 BR 476 第 22 部分）

亨特道格拉斯（中国）投资有限公司

地址：上海市莘庄工业区中春路 2805 号
电话：18601705080
传真：86-21-6442 8090
官方网站：www.hunterdouglas.com.cn

金属蜂窝板技术指标如下：

性能指标	涂层	铅笔硬度 ≥ 2H；面板涂层厚度 ≥ 40μm；氟碳树脂含量 ≥ 75%；涂层附着力 0 级；涂层耐酸碱性无变化，颜色以业主确定为准
	力学	滚筒剥离强度 ≥ 40N·mm/mm；平均抗拉强度 ≥ 0.8MPa；平均抗压强度 ≥ 0.8MPa
	防火等级	A2

工程案例

常州机场、合肥新桥国际机场、虹桥机场 T1 航站楼、广州利通广场、广州星河国际发展中心、上海前滩中心大厦、福建儿童医院、烟台国际肿瘤医学中心、厦门国际会展中心、诺和诺德制药天津工厂、合肥 38 所、昆明长水国际机场、天津托普催化剂一期、格力电器合肥公司、无锡通用医疗二期、西安杨森制药厂房、无锡八佰伴商场、上海丁香国际商业中心、南京奥美大厦、萧山国际机场、上海新开发银行总部大楼、北京望京美瑞大厦。

生产企业

荷兰亨特道格拉斯集团（简称亨特集团），1919 年创立于德国杜塞尔多夫，总部设在荷兰鹿特丹市。集团主要从事建筑产品、窗饰产品的制造、销售和服务，以及金属加工、精密机械生产和金属期货交易等业务。集团旗下的世界知名品牌包括 HunterDouglas、亨特道格拉斯、亨特窗饰、樂思龍和 NBK 等。近百年来，作为行业的佼佼者，亨特集团以出色的产品、技术和服务与全世界的建筑师、设计师、投资商和承包商合作，分布在全球各地数以千计的建设项目凝聚着建筑师与亨特的设计智慧。建筑师和设计师不仅是亨特的合作伙伴，而且是灵感来源，他们孜孜不倦地追求建筑设计的更高境界，亨特则以不断创新的产品将他们的奇妙构想化为令世人惊叹的现实。

亨特道格拉斯（中国）投资有限公司

地址：上海市莘庄工业区中春路 2805 号
电话：18601705080
传真：86-21-6442 8090
官方网站：www.hunterdouglas.com.cn

证书编号：LB2023JS003

广铝铝合金建筑型材（喷粉型材、阳极氧化型材）

产品简介

铝合金建筑型材是通过挤压加工获得的铝及铝合金材料，是可以广泛应用于建筑领域的新型材料。合金主要为6063-T5和6063-T6，表面处理主要分为阳极氧化、粉末喷涂、氟碳喷涂、电泳、拉丝、抛光。

适用范围

铝合金建筑型材主要适用于建筑外围的门窗与幕墙结构上。

技术指标

铝合金力学性能指标如下。

合金牌号	状态	抗拉强度	屈服强度	伸长率	维氏硬度	韦氏硬度
6061	T6	≥ 265MPa	≥ 245MPa	≥ 8%	—	—
6063	T5	≥ 160MPa	≥ 110MPa	≥ 8%	HV ≥ 58	HW ≥ 8
	T6	≥ 205MPa	≥ 180MPa	≥ 8%		

氟碳喷涂型材性能指标如下。

种类	涂层厚度		涂层铅笔硬度	涂层附着力
	平均膜厚	最小局部厚度		
二涂 2	≥ 30μm	≥ 25μm		
三涂 3	≥ 40μm	≥ 34μm	≥ 1H	0 级
四涂 4	≥ 65μm	≥ 55μm		

工程案例

东莞酷派天安云谷
深圳博林天瑞
青岛天安数码城
天健科技大厦
遵义希尔顿酒店
深圳华讯中心
广州白云国际机场
广州白云国际会议中心
广州亚运综合馆
湛江喜来登酒店
深圳天安云谷
佛山国际商业中心
上海源深体育馆
上海中大长江紫都
海南三亚亚太国际会议中心
内蒙古呼和浩特东岸国际
中山凯茵新城

广东广铝铝型材有限公司

地址：广东省广州市白云区江高镇青云路 55 号
电话：（8620）86161617
传真：（8620）86161110
官方网站：www.gzga.com.cn

苏州湖畔天城
菲律宾特朗普大厦
越南梦想市场
坦桑尼亚 TAN 大厦

生产企业

广铝集团有限公司成立于 1993 年，总部位于广州市，是一家集铝土矿山开采、氧化铝生产、铝冶炼及铝精深产品研发—生产加工—贸易销售、铝质幕墙门窗生产与工程安装于一体的铝全产业链覆盖的多元化投资发展的大型企业集团，是铝全产业链生产企业。目前，集团拥有 22 家全资下属子公司，拥有八大生产基地，分别位于广州市白云区、越秀区、增城区、黄埔区，佛山市南海区、东莞市麻涌镇和贵州省贵阳市。

诚信至上，质量为先。广铝集团先后荣获了国家重点新产品生产基地、国家认可实验室、中国节能型材创新企业十强、博士后科研工作站、广东省高新技术企业、广东省企业技术中心、广东省十大守信用提名企业、广东省优秀信用企业、广州市政府重点扶持十大民营企业、建筑幕墙工程设计与施工一级资质证书等多项荣誉资格，成立了铝全产业链专家委员会，并先后通过了 ISO 9001、ISO 14001 以及 OHSAS 18001 三大国际认证。

广东广铝铝型材有限公司为广铝集团旗下子公司，业务以铝冶炼加工、铝产品研发销售、门窗幕墙系统配件供应于一体。

广东广铝铝型材有限公司

地址：广东省广州市白云区江高镇青云路 55 号
电话：（8620）86161617
传真：（8620）86161110
官方网站：www.gzga.com.cn

155

证书编号：LB2023JS004

萨克森铝蜂窝复合板、铝合金装饰板

产品简介

铝合金蜂窝铝板、超微孔铝合金蜂窝板、铝合金单板表面均为高漫反射涂层，漫反射膜层厚度 ≥ 100μm，漫反射率 ≥ 95%，T 弯 <2T，性能经过国家检测中心检测达标，同时满足装饰金属吊顶板国标规定指标要求；漫反射蜂窝铝板的物理性能满足国家规范相应要求，漫反射涂层甲醛含量 <1.5mg/L。

公司面板和背板使用的铝基材材质为西南铝 3003 系列（铝锰合金），硬度为 H24 半硬状态，采用这种基材加工出的方板平整度好、变形率低。蜂窝芯选用国内优质材料，黏的胶水采用中性环保胶水，不散发异味。表面处理方式为白橡木纹预滚涂。龙骨、附件及各种固定件，均采用 1.0mm 厚钢板卷材或铝型材挤压而成，钢材均采用镀锌钢材质，钢材等级为 Q235，镀锌层表面为热镀锌。

适用范围

产品主要适用于大型公共建筑金属吊顶系统和金属墙面系统。

技术指标

1. 材质：AA3003 铝合金
2. 厚度：按施工图
3. 尺寸偏差：宽度允许误差 ±0.75mm；翻边高度偏差 ±0.5mm
   颜色和色差：光泽度偏差：光泽度 < 30±4；30 ≤ 光泽度 < 70 ±5；光泽度 ≥ 70 ±6

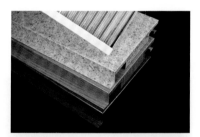

4. 表面涂层处理
   （1）辊涂：涂层不得有漏涂、波纹、鼓泡或穿透涂层的损伤
   （2）涂层厚度：平均膜厚 ≥ 100μm
   （3）硬度：≥ 2H
   （4）抗冲击强度：不小于 5N•m
   （5）光泽度偏差：光泽度 < 30±4；30 ≤ 光泽度 < 70±5；光泽度 ≥ 70 ±6。光泽保持率：70%

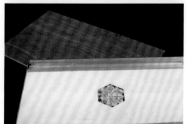

   （6）涂层附着力：≥ 0 级
   （7）耐酸性 / 耐碱性 / 耐油性：无变化
   （8）涂层耐久性：中性盐雾（720h）实验要求不次于 1 级；耐湿热性（600h）要求不次于 1 级；耐人工气候加速老化性（650h）
5. 防火性能：A 级标准
6. 外观质量：
   （1）外观应整洁，图案清晰、色泽基本一致，无明显擦伤和毛刺
   （2）表面不得有明显压痕、印痕和凹凸等痕迹
   （3）目视无明显色差，涂层不得有露底和明显流气橘皮等缺陷
   （4）涂层不得有漏涂或穿透涂层厚度的损伤

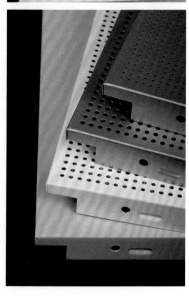

萨克森工业（嘉兴）有限公司

地址：浙江省嘉兴市海盐县百步镇百兴路 1299 号
电话：010-85860784
传真：010-85864184
官方网站：www.sachsen.com.cn

工程案例

序号	项目名称	备注
1	北京大兴国际机场	
2	成都天府国际机场航站楼 1 标段	
3	成都天府国际机场航站楼 3 标段	
4	成都天府国际机场航站楼 6 标段	
5	成都天府国际机场航站楼 7 标段	
6	成都天府国际机场航站楼 8 标段	
7	杭州萧山国际机场三期项目	
8	山东济宁军民合用机场	
9	乌鲁木齐机场北区改扩建	
10	哈尔滨太平国际机场 T1 航站楼 1 标	
11	哈尔滨太平国际机场 T1 航站楼 2 标	
12	哈尔滨太平国际机场 T1 航站楼 3 标	
13	重庆江北国际机场 T3B 航站楼屋面	
14	重庆江北国际机场 T3B 航站楼幕墙	
15	山东烟台蓬莱国际机场	
16	嘉兴火车站	
17	杭州西站	
18	北京速滑馆	
19	重庆规划馆	
20	青海国际会展中心	

生产企业

萨克森工业（嘉兴）有限公司是全球知名的建筑产品解决方案供应商，专业从事金属外墙、建筑遮阳、金属吊顶与内装系统的研发、设计、制造和销售。萨克森依托在行业内积累的丰富的重大项目经验和产品研发能力，促进行业技术发展。位于上海、北京、西安、厦门、成都的营销、服务与技术支持中心为客户提供一站式专业服务。

位于浙江嘉兴百步经济开发区的研发制造基地，采用先进的装备、技术和工艺，大力推进智能化生产系统、生产物流管理、人机互动等技术的应用，并通过了 ISO 9001 质量管理体系、ISO 14001 环境管理体系和 GB/T 45001 职业健康安全管理体系的认证，打造客户满意、环境友好、以人为本的持续改善的现代工厂。

多年来，我们凝聚了一大批行业精英人才，打造了一支富有创造力和丰富行业经验的高素质员工团队，并秉持"项目导向性研发"和"专业化定制"的理念，在创新研发、精细制造和客户服务等领域孜孜以求，为客户个性化需求提供了独特的解决方案和强大的技术支持。我们以自己的专业、真诚赢得了世界各地建筑师、产品设计师、投资商和承包商的赞誉和信任。

萨克森金属装饰产品广泛应用于国家重点和具有社会影响力的项目，包括公共建筑、商务办公、交通设施、行政机构、工业制造等领域，创造了令人瞩目的业绩和社会效益。

外加剂 预拌砂浆 水泥 **金属复合材料** 道路材料 预拌混凝土 人造石材 预制构件 防水卷材与防水涂料 其他材料

萨克森工业（嘉兴）有限公司

地址：浙江省嘉兴市海盐县百步镇百兴路 1299 号
电话：010-85860784
传真：010-85864184
官方网站：www.sachsen.com.cn

证书编号：LB2023JS005

金近装饰铝板、装饰铝蜂窝板

产品简介

装饰铝单板是采用优质铝合金板材为基材，再经过数控折弯等技术成型，表面喷涂装饰性涂料的一种新型幕墙材料。铝单板基材采用 1100H24、1060H24、3003H24、5005H24 等幕墙专用单层铝合金板。其构造主要由面板、加强筋和角码等部件组成。

蜂窝板是由面板、背板及铝质蜂窝芯复合而成，厚度有 12mm、15mm、20mm、25mm 等。面板、背板一般均采用铝板，根据实际需要，面板主要有三种形式：不打孔、打孔、转印木纹。蜂窝板的这种结构决定了它有以下优点：

防火性能高：安全性符合国家建筑材料等级 A1 级不燃、不起明火的要求；

隔声、隔热性能好：由于面板与背板之间的空气层被蜂窝芯分成众多封闭空隙，使声波和热量不易传播；

防潮、耐候性能好：在浓度 2% 的酸及碱溶液中浸泡 24h 无变化，在 -40 ～ 80℃ 的温度范围内正常使用；

强度好、刚度大、环保性能高：以合理的结构实现最大的强度，从而使材料的使用达到最优化，易清洁，可回收再利用，符合国家的可持续发展战略；

质轻，使用安装方便：铝蜂窝板质量是同体积木板质量的 1/5 甚至更小，约玻璃质量的 1/6，可大大减轻装饰面层对建筑物的荷载。

适用范围

适用于各种建筑内外墙、大堂门面、柱饰、高架走廊、人行天桥、电梯包边、阳台包装、广告指示牌、室内异形吊顶等装饰。应用场合包括：建筑物外墙、梁柱、阳台、候机 / 车楼、会议厅、歌剧院、体育场馆、接待大堂等。

技术指标

装饰铝板、装饰方通：外观质量无毛刺、裂边，无明显擦伤、压痕，光泽度 10 ～ 30，涂层厚度 ≥ 20mm，铅笔硬度 ≥ 1H，耐冲击 ≥ 6N•m，经冲击试验，涂层无开裂或脱落现象。经耐盐酸试验后，目视检查试验后的涂层表面不应有气泡及其他明显变化。具耐磨性，磨耗系数（f）≥ 0.8，含 Si（%）≤ 0.6，Fe（%）≤ 0.7，Cu（%）= 0.05 ～ 0.20，Mn（%）= 1.0 ～ 1.5，Zn（%）≤ 0.10。

蜂窝板：蜂窝板是由面板、背板及铝质蜂窝芯复合而成，厚度有 12mm、15mm、20mm、25mm 等。无毛刺、裂边，无明显擦伤、压痕，光泽度 10 ～ 30，涂层厚度 ≥ 20mm，铅笔硬度 ≥ 1H，耐冲击 ≥ 6N•m，无脱落，耐酸性无变化，耐碱性无变化，涂层光泽度偏差 ≤ 10，涂层柔韧性（T）≤ 2，胶水柔韧，非快干性、双组分聚氨酯进口胶水或热塑型胶膜。炉内温升（℃）≤ 5。弯曲强度 102.2MPa，弯曲刚度 $2.50×10^3$MPa，平面压缩强度 2.4MPa，平面压缩弹性模量 47.4MPa，平面剪切强度 1.27MPa，平面拉伸强度 1.50MPa，滚筒剥离强度 141.7N•cm/cm。

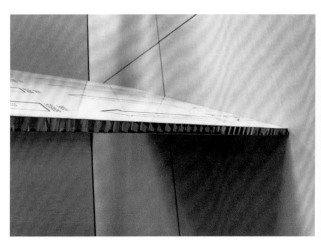
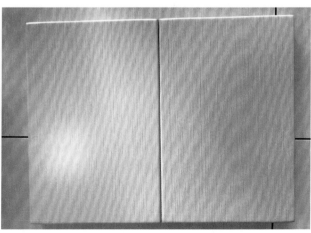

苏州金近幕墙有限公司

地址：苏州市相城区黄埭镇春兰路 85 号
电话：0512-65451328-8058
传真：0512-65451408
官方网站：www.jinjin-cn.com

工程案例

　　火车站：苏州火车站南广场、上海火车站、杭州火车站、郑州火车站、杭州铁路东站。

　　机场：浦东国际机场、虹桥机场、江都民用机场、石家庄机场、虹桥交通枢纽等。

　　地铁：宁波地铁 2 号线、苏州地铁大厦、苏州地铁 2 号线、苏州地铁 2 号线延伸线、无锡地铁 1 号线和 2 号线、上海地铁等。

　　医院：齐鲁医院、苏州母子医院、郯城第一人民医院、浙江第一人民医院、浙江肿瘤医院、比利时医院、苏州相城人民医院、沂南人民医院、嘉兴荣军医院、桐庐县中医院等。

　　学校：上海科技大学新校区、苏州金阊小学、苏州相城区蠡口中学、苏州陆慕实验小学、北美国际学校、苏州利物浦学校、青岛中学等。

　　银行：杭州联合银行、苏州银行、农业银行、建设银行、嘉兴宁波银行等。

　　体育馆：上海东方体育中心、合肥体育中心、富阳体育馆、刚果（布）布拉柴维尔体育场、崇明岛体育中心。

　　会议中心：鲁南中印软件园—印度会所、昆明滇池国际会展中心、非盟会议中心、老挝国家会议中心、上海国际会议中心、上海国际博览中心、中国博览中心、杭州感知中心、泰州医药会展中心、昆明新政务服务中心等。

　　行政中心：格鲁吉亚司法大厦、驻刚果（布）使馆、宁波东部新城、浙江中烟、重庆市政府大楼、袍江新区管委会、南浔综合行政中心、宁波行政中心、临安金融国际大厦、嘉兴东方大厦、陕西羽顺办公楼、天津陆家嘴金融大厦等。

　　电力、电信、广电：河北电谷、镇江供电、余杭电力、萧山电力、武汉广播电视中心、舟山电力、宁波电讯、浙江省移动、江苏电力等。

　　景区、度假酒店：牛首山文化旅游区、上海迪士尼乐园、西安凯悦酒店、千岛湖皇冠假日酒店等。

　　商城、广场：上海近铁城市广场、上海华漕时尚生活中心、杨浦创智天地、张家港大成广场、无锡科创中心、潍坊新生活广场、临沂市民中心、银峰财富广场 D 座等。

生产企业

　　苏州金近幕墙有限公司成立于 1992 年，是生产铝幕墙板和铝型材氟碳喷涂的专业化公司，公司拥有 Ω 立式型材氟碳喷涂流水线和卧式氟碳喷涂流水线，是国内较早从事金属内外铝板、金属吊顶板的生产、设计并可提供安装服务的专业化公司之一，凭借优良的质量、良好的服务、快捷的供货取得了建筑装饰行业的认可和赞誉。公司自成立以来，先后为近千项大小工程提供了各种规格、各种颜色的铝幕墙板，并获得了用户的好评。

苏州金近幕墙有限公司

地址：苏州市相城区黄埭镇春兰路 85 号
电话：0512-65451328-8058
传真：0512-65451408
官方网站：www.jinjin-cn.com

证书编号：LB2023JS006

金鼎钢筋混凝土用热轧光圆钢筋、碳素结构钢热轧钢板、碳素结构钢热轧 H 型钢

产品简介

金鼎拥有两条高速线材生产线，年产 $\phi 5.5 \sim 24mm$ 规格线材200万吨。两条生产线均为全连轧生产线，设备精良，工艺先进。加热炉为双蓄热步进梁加热炉，可根据不同钢种要求，控制加热时间；粗中轧由14架平立交替重负荷闭口式轧机组成，弹跳小，精度高；预精轧为4架悬臂式轧机，精轧机为10架45°布置悬臂式轧机组成，最高轧制速度90m/s；冷却线全长114m，配置22个保温罩，12台22万风量风机；在消除品种钢内应力方面优势显著，使产品的组织均匀，性能稳定。

金鼎2500mm中板生产线建于2010年，有2500mm四滚可逆式轧机一架，最大轧制力4500kN，主电机功率3500kW×2台，压下系统采用电动 APC+ 液压 AGC，配有 AGC 厚度自动控制系统、平面形状控制系统。年产(10 ～ 50)mm×(1500 ～ 2100)mm×(5000 ～ 12700)mm 规格中厚板200万吨。产品硫、磷含量低，具有高塑性、高韧性、高强度、高焊接性能、外观光洁、尺寸精度高等特点。

金鼎 1 条 600H 型钢生产线，设计生产规模为年产 170 万吨，腹板宽度 200 ～ 600mm，翼缘高度 100 ～ 300mm，产品覆盖 H 型钢、工字钢、槽钢、角钢、钢板桩等。生产钢种：碳素结构钢、低合金结构钢、耐候钢等。生产线采用短应力轧制技术，产品具有成分控制精细、内应力小、断面尺寸精度高等优势。高精度的装备、高度自动化和型钢生产 MES 系统为高效生产提供有力的保证。

适用范围

钢筋混凝土用热轧光圆钢筋主要用于房屋建筑，高速公路的桥梁、隧道，地铁、机场、水库大坝等重点工程。

碳素结构钢热轧钢板适用于工程钢结构、焊管、机械加工、交通车辆、工程机械、工程车辆、建筑机械、化工设备、农业机械等结构件与焊接制造。

碳素结构钢热轧 H 型钢应用于各种民用和工业建筑结构，各种大跨度的工业厂房和现代化高层建筑，大型建筑船舶、起重运输机械、设备基础、支架等。

技术指标

钢筋混凝土用热轧光圆钢筋力学及工艺性能如下。

下屈服强度 R_{eL}（MPa）	抗拉强度 R_m（MPa）	断后伸长率 A（%）	最大力总延伸率 A_{gt}（%）	冷弯试验（180°，d=a）
350	532	29.5	17	合格

碳素结构钢热轧钢板力学及工艺性能如下。

屈服强度 R_{eH}（MPa）	抗拉强度 R_m（MPa）	断后伸长率 A（%）	平均冲击吸收功（纵向）A_{kv}（J）	冷弯试验（横向）（180°，d=1.5a）
270	417	31.0	95	合格

碳素结构钢热轧 H 型钢力学及工艺性能如下。

屈服强度 R_{eH}（MPa）	抗拉强度 R_m（MPa）	断后伸长率 A（%）	平均冲击吸收功（纵向）A_{kv}（J）	冷弯试验（纵向）（180°，d=a）
298	433	36.0	91.0	合格

工程案例

钢筋混凝土用热轧光圆钢筋：青蓝高速武安至长治段，高速路段护网维护，使用 HPB300，2015 年至今上期供货。南水北调，邯郸至石家庄段护栏丝网维护，使用 HPB300，2015 年至今上期供货。

金鼎重工有限公司

地址：河北省邯郸市武安工业园区青龙山工业园
电话：0310-5678777
官方网站：http://www.jindingsteel.cn/

碳素结构钢热轧钢板：南商河高中一期，位于济南市商河县，使用 Q235B 10～30mm。

生产企业

金鼎重工有限公司（以下简称金鼎重工）始建于 1995 年，位于河北省武安市青龙山工业园区，占地 3000 余亩（200 余公顷），是一家集烧结、炼铁、炼钢、轧钢、发电于一体的民营钢铁企业。公司连续多年荣膺"中国企业 500 强""中国民营企业百强""全国质量诚信示范企业""国家高新技术企业""河北省工业 A 级研发机构"，2017 年被工业和信息化部评为国家级绿色工厂。

公司主导产品有优质高速线材、中厚板、精密铸件、高强度 H 型钢及钢板桩等，广泛应用于海洋船舶、工程机械、高铁桥梁、建筑汽车等。企业坚持"创优质企业、铸幸福金鼎"的发展理念不动摇，以创新引领高质量发展，以实干兴企的拼搏奋斗精神，成就了钢铁品牌的强势崛起与壮大。

未来，金鼎重工将以绿色化、智能化、精品化为发展方向，积极贯彻落实国家政策，从钢铁制造走向钢铁智造，着力打造成产品、服务、技术、管理、环境、效益六位一体，具有国内先进水平的多元化大型钢铁集团企业。

金鼎重工有限公司

地址：河北省邯郸市武安工业园区青龙山工业园
电话：0310-5678777
官方网站：http://www.jindingsteel.cn/

证书编号：LB2023JS007

语翀建筑装饰用铝单板

产品简介

　　建筑装饰用铝单板以铝板为主要材料，根据客户需求裁剪板型，经过折弯的塑型，再经表面喷涂烤制精制而成。产品具有表面光滑、质量轻、刚性好、强度高、防火性强，加工工艺好，环保回收，安装方便，可加工各种复杂形状，色彩选择性广，装饰效果佳等特点。

适用范围

　　产品广泛应用于各类建筑的室内、室外的装饰装修，如机场、高铁、体育场馆、商业办公楼、高端酒店、大型购物广场、高端住宅、别墅等。

技术指标

　　材质：3003H24，厚度：3.0mm，喷涂类型：氟碳三涂，涂层厚度：＞40μm。

　　干膜平均膜厚：三涂＞40μm。

　　氟碳喷涂色差：目视检查无明显色差或单色涂料用电脑色差计测试 $\Delta E ＜ 2NBS$；

　　氟碳喷涂光泽度：限值的误差＜±5；

　　氟碳喷涂耐冲力（正面冲击）：490N•cm，无裂痕无脱漆。

　　氟碳喷涂耐化学性：耐盐酸，15min 点滴，无气泡；耐硝酸，颜色变化 $\Delta E ＜ 5NBS$。

　　氟碳喷涂耐腐蚀性：4000h，达 GB1740 二级以上。

工程案例

　　上海龙人建设集团有限公司在温州华润悦未来项目的幕墙装饰。

上海语翀金属制品有限公司

地址：上海市嘉定区华亭镇霜竹公路 568 号
电话：021-69583879
官方网站：www.shyuchong.com

生产企业

上海语翀金属制品有限公司是铝幕墙材料、铝型材表面喷涂加工生产企业，2022年铝单板生产量70万平方米。公司拥有现代化钣金车间、氟碳喷涂车间、亚威钣金生产设备和日本兰氏喷涂系统，这些先进的设备保证了加工的精度和所有产品的质量，企业知名度和市场占有率名列前茅。公司主要生产建筑装饰用铝单板、蜂窝板、仿石（木纹）精装内装饰板系列、铝型材氟碳粉末喷涂、氟碳铜拉丝、氟碳4D木纹表面加工处理。产品出口美国、澳大利亚、新加坡等国家。公司已全面通过ISO 9001质量管理体系、IOS 4001环境管理体系认证。

上海语翀金属制品有限公司

地址：上海市嘉定区华亭镇霜竹公路568号
电话：021-69583879
官方网站：www.shyuchong.com

证书编号：LB2023JS008

新邦铝蜂窝复合板

产品简介

"新邦"铝蜂窝板是一种高级建筑装饰材料，以前只是用于要求很高的航空航天业，蜂窝板上下两面为铝合金薄板，而中间层是用铝箔制成的蜂窝结构的芯材，具有良好的刚性和平整度，是目前金属幕墙材料中的优良产品，该产品目前被广泛应用于现代建筑装饰及轨道交通业。铝蜂窝板密度小、强度高、刚度大、结构稳定、抗风压好；隔声、隔热、防火、防震功能突出；外观平直、颜色多样、高雅光洁、经久耐用。

适用范围

机关企业事业单位办公楼外墙装饰，厂房外墙装饰，医院、学校外墙装饰，住宅楼外墙装饰，机场、车站、码头、渡口等建筑物的幕墙造型装饰，高速公路出入口收费站、加油站的装饰，广告、标识标牌和电梯、隧道的壁板装饰等。

技术指标

1. 装饰面层性能

表面硬度：2H，涂层光泽度差：1

涂层附着力：0 级

涂层耐磨耗性：大于 5L/μm

涂层耐盐酸性：无变化

涂层耐碱性：无鼓泡、凸起、粉化，色差 $\Delta E \leqslant 2$

涂层耐硝酸性：无鼓泡、凸起、粉化，色差 $\Delta E \leqslant 5$

涂层耐油性：无变化

涂层耐沾污性：$\leqslant 5\%$

耐人工气候加速老化：

色差：$\Delta E \leqslant 4$

失光等级：不次于 2 级

其他老化程度：0 级

外观：无脱胶

2. 物理性能

滚筒剥离强度：平均值 $\geqslant 50N \cdot mm/mm$，最小值 $\geqslant 40N \cdot mm/mm$

平拉强度：平均值 $\geqslant 0.8MPa$，最小值 $\geqslant 0.6MPa$

耐冲击性能：无明显变形

平压弹性模量 $\geqslant 30MPa$

平面剪切强度 $\geqslant 0.5MPa$

平面剪切弹性模量 $\geqslant 4.0MPa$

弯曲刚度 $\geqslant 1.0 \times 10^8 N \cdot mm^2$

剪切刚度 $\geqslant 1.0 \times 10^4 N$

耐温差性：外观无异常；耐热水性：外观无异常，剥离最小值 $\geqslant 30N \cdot mm/mm$

尺寸允许偏差：长度：±2.0mm；宽度：±2.0mm；平整度：$\leqslant 2.0mm$；对角线差：$\leqslant 3.0mm$；厚度：±0.25mm；边直度：$\leqslant 2.0mm$

外观质量：幕墙板外观应整洁，切边平齐整洁无毛刺，正反面无铝蜂窝芯外露，折边处无明显裂纹，非装饰面无明显损伤，产品无脱胶

防火性能 $\geqslant B$ 级

常州鑫邦板业有限公司

地址：常州市武进高新区龙飞路 25 号
电话：0519-85777808
传真：0519-85777608
官方网站：www.xin-bang.com

工程案例

工程名称	竣工时间	应用部位	应用量
成都独角兽	2023 年 10 月	幕墙	6000m²
成都科幻馆	2023 年 8 月	幕墙	12000m²
成都中医药馆	2023 年 2 月	幕墙	5000m²
济宁机场	2023 年 8 月	幕墙	8000m²
青岛华润崂山万象汇	2023 年 5 月	幕墙	5000m²
沈阳皇姑万象汇	2023 年 2 月	幕墙	10000m²
上海张江实验科研楼	在建	幕墙	27000m²

生产企业

　　常州鑫邦板业有限公司是专业从事幕墙高档建筑装饰材料——蜂窝板、瓦楞复合板、铝单板、铝塑复合板、岗纹板及钢塑复合板等产品的生产型企业，拥有自营进出口权。公司坐落在经济发达的长江三角洲地区，占地面积 30000 余平方米，紧邻常州长江码头、常州机场、沪宁高速公路和沿江高速公路，地理位置优越。

　　公司具有多年专业生产经验，拥有中国铝塑复合板行业专家委员会专家成员，技术力量雄厚。经过多年的发展，企业已通过 ISO 9001 质量管理体系认证和 ISO 4001 环境管理体系认证，连续被相关部门评定为"常州市建材行业先进企业""江苏省质量信得过企业"；曾先后被中国建材工业协会铝塑复合材料分会授予"中国铝塑复合板行业理事单位""中国铝塑复合板行业常务理事单位""中国铝塑复合板行业专家委员会专家"等多项荣誉称号。

　　公司主要设备及加工工艺从国外引进，与国内知名公司合作研制。主要原材料均采用进口，其中铝塑板核心复合黏结技术与美国 DUPONT 公司合作，拥有自主技术，连续共挤自动一体复合线总长度约 70m，由共挤机组、高温高压复合、冷却整平、裁切及专有技术工序等工段组成，全线工艺技术控制手段完善，生产流程由计算机全程监控。公司产品经国家建筑材料测试中心检测，各项技术性能指标均远超标准基本要求，产品的生产严格按 ISO 9001 的要求实行全过程控制。公司生产的铝蜂窝板、不锈钢蜂窝板、瓦楞板被广泛应用于高档建筑内、外墙装饰，地铁、轻轨车辆内部装饰，电梯内部装饰等领域，是当今世界先进的环保产品。

　　公司产品已被国内各大幕墙公司作为推荐产品，并获得业主一致好评。产品远销韩国、印度尼西亚、俄罗斯、泰国、马来西亚、巴西、智利、哥伦比亚、印度、阿拉伯联合酋长国、巴林、科威特等地。

　　常州鑫邦板业有限公司秉承"以人为本、服务社会"的经营理念，追求严谨的管理、优良的品质、高效的服务、至诚的信誉，为新型环保装饰材料的发展和城市美化作出鑫邦人自己的贡献。

常州鑫邦板业有限公司

地址：常州市武进高新区龙飞路 25 号
电话：0519-85777808
传真：0519-85777608
官方网站：www.xin-bang.com

证书编号：LB2023DL001

金顺通步道砖

产品简介

本产品是利用建筑垃圾为主料生产的步道砖，促进资源的再生利用；减少了天然砂石资源及水泥的使用，节能环保；保证了产品的透水率要求，响应了国家建设海绵城市的行动。

适用范围

本产品适用于人行步道、园林绿化、水利护坡、墙体砌块等。

技术指标

形状尺寸要求：混凝土路面砖面层厚度不宜小于 8mm；表面装修沟槽深度不应超过面层厚度；砖的上表面棱角应有倒角；侧面应有定位肋。外观质量要求：铺装面粘皮或缺损的最大投影尺寸 ≤ 5mm；铺装面缺棱或掉角的最大投影尺寸 ≤ 5mm；不允许出现铺装面裂纹；色差及杂色不明显；平整度及垂直度满足要求。

根据混凝土路面砖公称长度与公称厚度的比值来确定进行抗压强度或抗折强度的试验。长度与厚度的比值 ≤ 4 时，进行抗压强度试验；长度与厚度的比值 > 4 时，进行抗折强度试验。试验值应符合以下规定。

抗压强度（MPa）			抗折强度（MPa）		
抗压强度等级	平均值	单块最小值	抗折强度等级	平均值	单块最小值
C40	≥ 40.0	≥ 35.0	C4.0	≥ 4.00	≥ 3.20
C50	≥ 50.0	≥ 42.0	C5.0	≥ 5.00	≥ 4.20
C60	≥ 60.0	≥ 50.0	C6.0	≥ 6.00	≥ 5.00

混凝土路面砖的物理性能应符合以下要求。

序号	项目		指标
1	耐磨性	磨坑长度 ≤	32.0
		耐磨度 ≥	1.9
2	抗冻性 严寒地区 D50 寒冷地区 D35 其他地区 D25	外观质量	冻后外观无明显变化，且符合相关规定
		强度损失率（%）≤	20.0
3	吸水率（%）	≤	6.5
4	防滑性（BPN）	≥	60
5	抗盐冻性（剥落量）/（g/m²）		平均值 ≤ 1000，且最大值 > 1500

北京金顺通建材厂

注册地址：北京市大兴区亦庄镇鹿圈村南 500 米（红星砖厂院内）
办公地址：北京经济技术开发区天华园一里四区中央公馆 B5 北京金顺通建材厂
电话：010-87967065

工程案例

1. 2022 年北京冬季奥运会组委会办公区项目

2. 2021 年北京市核心区景观提升工程

3. 永引南路（金顶北路—西五环路）道路工程 1 号标段

4. 北京城市副中心行政办公区道路网配套道路工程（二期）三标段

5. 德胜门文化街区改造提升项目工程

6. 西单商业街园林市政设施及绿化养护市政部分

7. 2021 年区属道路日常养护项目

8. 旧鼓楼大街品质提升项目市政工程

9. 平安大街环境整治提升项目

10. 怀柔金隅兴发地块科研楼及附属设施项目市政工程

生产企业

北京金顺通建材厂始建于 2000 年 7 月，是一家以生产环保、透气、透水、防滑的人行道砖、磨石砖、广场彩砖、护坡砖、园林用品为主的企业。企业注册资本 1300 万元。经济性质：股份合作制企业。企业资质等级：三级。

北京金顺通建材厂位于北京市亦庄开发区（总厂）及河北省承德市滦平县红旗镇红旗村（生产基地）。厂区占地面积超过 100000 平方米，厂房面积超过 8000 平方米，办公宿舍区面积超过 3000 平方米。企业现有职工 110 人，各类管理人员 30 人，其中工程技术人员 16 人。企业现有资产总额 8350 万元，固定资产 4300 万元。

为了企业长远的发展，北京金顺通建材厂从建立初期就建立了比较完善的组织体系和管理体系，并通过了 ISO 9001 和 ISO 14000 和 GB/T 2800—2001 体系认证。机构上分别设立了产品研发部、财务部、质检部、生产车间。管理上根据不同的岗位，分别制定了各自的岗位责任制。

北京金顺通建材厂作为一家股份制企业，深知产品的质量是企业的根本，在完全遵从科学化、标准化、人性化、个性化管理理念的基础上，为城市的市政建设提供优质、完善的服务。

北京金顺通建材厂

注册地址：北京市大兴区亦庄镇鹿圈村南 500 米（红星砖厂院内）
办公通讯地址：北京经济技术开发区天华园一里四区中央公馆 B5
北京金顺通建材厂
电话：010-87967065

证书编号：LB2023HN001

洛阳中联预拌混凝土

产品简介

洛阳中联水泥有限公司商品混凝土站拥有两条环保型商品混凝土生产线，年产优质商品混凝土 90 万 m³。主机设备有：HZS-180 混凝土搅拌机 2 台、大型混凝土搅拌车 20 台。商品混凝土站占地面积 12000m²，技术力量雄厚，设立专项混凝土实验室；配套混凝土砂石分离系统、废水回收利用系统、全封闭环保物料大棚，符合环保混凝土搅拌站标准，目前已经发展成为豫西重要的商品混凝土生产基地。洛阳中联水泥有限公司商品混凝土站主要生产"中联"牌 C80 以下高性能混凝土，具有早期强度高，抗渗、抗冻、抗侵蚀、抗碳化、抗碱 - 骨料反应性能好，富裕强度高等特点。

适用范围

产品广泛适用于国防、交通、水利、工农业及城市建设等复杂而质量要求较高的工程。

技术指标

C20 混凝土出厂质量情况如下：

项目	4 月	5 月	6 月	7 月	8 月	9 月	10 月	11 月	国家标准
7d 抗压强度	16.3	17.1	16.5	16.8	16.3	17.0	16.5	17.2	—
28d 抗压强度	24.8	25.0	24.2	24.5	25.3	23.9	24.3	24.6	≥ 23
28d 强度标准差	4.6	5.3	4.5	5.2	4.7	5.0	5.1	4.7	—

C30 混凝土出厂质量情况如下：

项目	4 月	5 月	6 月	7 月	8 月	9 月	10 月	国家标准
7d 抗压强度	25.3	24.5	24.3	24.9	24.7	25.3	25.5	—
28d 抗压强度	34.9	35.2	35.3	35.7	35.7	36.0	34.9	≥ 34.5
28d 强度标准差	5.3	4.9	5.4	5.1	4.8	5.2	5.3	—

C50 混凝土出厂质量情况如下：

项目	4 月	5 月	6 月	7 月	8 月	9 月	10 月	11 月	12 月	国家标准
7d 抗压强度	40.9	41.3	42.1	41.8	41.6	42.2	42.5	41.7	41.5	—
28d 抗压强度	58.3	58.2	57.9	58.6	59.1	58.3	58.6	57.9	58.4	≥ 57.5
28d 强度标准差	5.3	5.5	4.8	5.3	5.1	5.3	5.1	5.1	5.2	—

工程案例

高速公路：尧栾高速 4 标段、5 标段；水利工程：北汝河治理工程、天坪水库工程；机场：洛阳机场扩建工程；桥梁：G208 国道桥梁、汝河大桥、洛阳大桥；电厂：伊川热电厂、洛阳大唐电厂；其他重点大型工程：某部队国防工程、汝阳县体育场、汝阳县人民医院、中电建装配式建筑。

洛阳中联水泥有限公司

地址：河南省洛阳市汝阳县柏树乡中联大道
电话：0379-68638996
传真：0379-68638996

生产企业

洛阳中联水泥有限公司位于河南省洛阳市汝阳县，成立于 2007 年 12 月，占地 500 余亩（约 33.3 公顷），现拥有一条 4500 吨 / 天新型干法熟料水泥生产线，配套建设 9MW 纯低温余热发电站，设计年产熟料 155 万吨、水泥 100 万吨、商品混凝土 90 万立方米、骨料 200 万吨。其主导产品为 "CUCC" 中联水泥品牌 P • C 42.5、P • O 42.5、P • O 52.5 等级水泥等多种型号的水泥产品，特点为：质量稳定性高，凝结时间适中，前期、后期强度高，和易性、耐磨性、可塑性、均匀性优良，色泽美观，碱含量低。实物质量达到国际先进水平，可广泛用于国家重点大型工程、基础设施建设和民用建筑等领域。公司先后通过了国家产品质量认证、过程质量认证、职业健康安全和环境管理体系认证、能源体系认证等，还荣获了 "2019 年河南省智能工厂""环境保护诚信企业""建材行业与互联网融合发展试点示范企业""河南省建材工业最具影响力企业""产业发展先进单位" 等荣誉称号。

公司经营范围为制造、销售水泥、水泥熟料、水泥制品、新型建材等，依靠完备的质量保证体系与控制手段，以统一的 "CUCC" 中联水泥产品品牌，向客户提供良好的产品品质和服务。

"CUCC" 中联水泥以其良好的质量品质，成为全国政府采购优选产品、河南省免检产品、重点保护产品和消费者信得过产品和 "全国质量检验稳定合格产品"；"中联" 牌商标连续四届被评为河南省著名商标；公司荣获 "全国质量诚信标杆企业""全国产品和质量诚信示范企业" 和 "全国建材行业质量领军企业"。公司追求 "过程精品" 是企业的质量宗旨；追求 "全天候服务，全方位服务，全过程服务和让客户满意" 是企业的服务承诺。

洛阳中联水泥有限公司

地址：河南省洛阳市汝阳县柏树乡中联大道
电话：0379-68638996
传真：0379-68638996

证书编号：LB2023HN002

祁连山预拌混凝土

产品简介

成县祁连山水泥有限公司 2×180m/h 商品混凝土搅拌站项目于 2021 年 6 月开工建设，2021 年 11 月建成投产，建设工期 5 个月，是甘肃祁连山水泥集团股份有限公司全面贯彻落实中国建材集团"水泥＋"业务发展理念和公司产业链条的延伸。搅拌站规模为年产混凝土 80 万立方米，主要产品有 C10 ～ C60 以及更多高强高性能混凝土，具有早期强度高，抗渗、抗冻、抗侵蚀、抗碳化、抗碱 - 骨料反应性能好，富裕强度高等特点。公司依靠完备的质量保证体系与控制手段，向客户提供优质的产品和服务，产品涵盖市场广泛，可满足区域内各类工程混凝土产品需求。

适用范围

产品广泛适用于交通、水利、城市建设等工程。

技术指标

C25 混凝土出厂质量情况如下：

2022 年	8 月	9 月	10 月	11 月	12 月	1 月	2 月	3 月	4 月	5 月	6 月	7 月	国家标准
7d 抗压强度	29.3	29.3	29.6	28.9	30.0	29.6	30.9	30.5	30.2	31.5	30.4	31.2	—
28d 抗压强度	34.3	33.9	34.6	33.9	34.0	34.6	34.9	34.5	35.2	34.5	34.4	34.2	≥ 28.8
28d 强度标准差	4.9	5.0	4.8	4.6	4.5	4.8	5.0	4.9	5.2	5.4	5.1	5.2	—

C40 混凝土出厂质量情况如下：

2022 年	8 月	9 月	10 月	11 月	12 月	1 月	2 月	3 月	4 月	5 月	6 月	7 月	国家标准
7d 抗压强度	45.3	45.8	44.3	45.0	45.9	45.8	45.5	45.3	44.9	45.5	45.1	45.3	—
28d 抗压强度	50.3	49.9	49.6	49.9	50.0	50.6	49.7	50.5	49.2	50.5	49.7	51.2	≥ 46.0
28d 强度标准差	4.7	4.5	4.7	4.5	4.3	4.5	4.9	5.0	4.5	4.9	4.8	5.1	—

C50 混凝土出厂质量情况如下：

2022 年	8 月	9 月	10 月	11 月	12 月	1 月	2 月	3 月	4 月	5 月	6 月	7 月	国家标准
7d 抗压强度	56.2	57.5	56.5	56.9	56.1	57.3	57.3	57.1	56.9	57.1	56.6	57.2	—
28d 抗压强度	59.3	60.9	59.6	59.9	60.0	61.6	60.7	60.5	61.2	59.5	59.7	60.2	≥ 57.5
28d 强度标准差	4.2	4.5	4.6	4.3	4.2	4.6	4.3	4.4	4.3	4.7	4.5	4.4	—

工程案例

1. 2010—2012 年成武高速公路建设用 P·O 52.5、P·O 42.5 水泥 50 万吨，主要用于路基、路面、高速桥涵等建设。

2. 2012—2014 年十天高速公路建设用 P·O 52.5、P·O 42.5、M 32.5 缓凝水泥 120 万吨，主要用于路基、路面、高速桥涵等建设。

3. 2015—2019 年渭武高速公路建设用 P·O 52.5、P·O 42.5、M 32.5 缓凝水泥 120 万吨，主要用于路基、路面、高速桥涵等建设。

4. 2016—2019 年两徽高速公路建设用 P·O 52.5、P·O 42.5、M 32.5 缓凝水泥 60 万吨，主要用于路基、路面、高速桥涵等建设。

成县祁连山水泥有限公司

地址：甘肃省陇南市成县抛沙镇转湾村
电话：0939-3222556
传真：0939-3222555

5. 2018 年陇南机场建设用 P·O 52.5/P·O 42.5 低碱水泥 2 万吨，主要用于基础设施和机场跑道建设。

6. 2019—2022 年武九高速公路、绵九高速公路、景礼高速公路建设用 P·O 52.5、P·O 42.5 水泥 100 万吨，主要用于路基、高速桥涵等建设。

7. 2020—2023 年康略高速公路、太凤高速公路建设用 P·O 52.5、P·O 42.5 水泥 85 万吨，主要用于路基、高速桥涵等建设。

8. 2022 年天陇铁路建设用 P·O 42.5、P·O 42.5 低碱水泥 15 万吨，主要用于路基、铁路桥涵等建设。

生产企业

成县祁连山水泥有限公司位于甘肃省陇南市成县抛沙镇陇南西成经济开发区抛沙工业园区，公司总投资（含矿山、余热发电）11 亿元，在册职工 290 人，是中国建材集团旗下甘肃祁连山水泥集团股份有限公司全资子公司。

公司拥有两条 3000t/d 和 4500t/d 新型干法水泥生产线，一条年产 120 万吨机制骨料生产线，年产混凝土 80 万立方米，双 180 搅拌站，两条新型干法水泥生产线配套（6MW+7.5MW）纯低温余热发电站。生产线采用目前国内较为先进的工艺技术和节能环保设备。

产品以"祁连山"牌优质高强度等级水泥为主，年产水泥 320 万吨，品种有 P·O 52.5 硅酸盐水泥，P·O 42.5 普通硅酸盐水泥、P·O 42.5 低碱道路水泥、M32.5 砌筑水泥；年产骨料 120 万吨，产品有 20～31.5mm 骨料、10～20mm 骨料、5～10mm 骨料、0.075～5mm 机制砂；年产 80 万立方米商品混凝土，涵盖强度等级 C15～C60 以及有特殊要求的商品混凝土；满足区域内各类工程水泥、骨料和混凝土产品需求。

公司有健全的质量、环境、能源、职业健康安全管理体系的"四标一体"综合管理体系，坚持"严格管理，争创效益，持续改进，顾客满意"的质量方针，生产的水泥、骨料产品经省、市质量监督检验中心多次抽检，合格率均达到 100%，荣获"葛洲坝水泥杯""中岩科技杯"全国质量大对比特等奖，工业和信息化部"绿色工厂"，自然资源部"国家绿色矿山""全国安全文化建设示范企业"甘肃省市场信用等级 AAA 企业，中国建材集团"六星企业""先进企业""创先争优先进集体""安全生产先进集体"，陇南市工业"先进企业""纳税先进单位"，中国建筑材料联合会"百家节能减排示范企业"，国家安监总局"安全生产标准化一级企业"等荣誉称号。

成县祁连山水泥有限公司

地址：甘肃省陇南市成县抛沙镇转湾村
电话：0939-3222556
传真：0939-3222555

证书编号：LB2023SC001

荣冠人造岗石、人造石英石

产品简介

人造岗石又称合成石、再造石、工程石。它以天然大理石碎料、石粉为主要原材料，也可添加马赛克、贝壳、玻璃等材料作为点缀，以有机树脂为黏结剂，经真空搅拌、高压振荡制成方料，再经过自然室温固化、锯切、打磨、抛光等工序制成板材。由于人造岗石组成中含有92%以上的天然大理石，因此保留了天然大理石高贵、典雅的特性，具有色泽艳丽、颜色均匀、尺寸精确、光洁度高、抗压耐磨、环保、可多次翻新等特点，是一种国际流行的绿色环保装饰材料，还具有色差小、无辐射、强度高、防污性好等特点。

人造石英石是一种以天然石英石为主要原材料，以优质的不饱和树脂为黏结剂，配合微量的颜料和助剂，并采用国外先进生产工艺精制而成的绿色环保建筑装饰石材，具有刮不花、难污染、用不旧、燃不着、无毒无辐射等特性。

适用范围

产品广泛应用于宾馆、酒店、商厦、机场、车站、地铁等场所的大面积装修以及家居装修。

技术指标

人造岗石技术参数如下。

序号	检测项目		指标要求
1	放射性		A 类
2	耐久性能	耐人工气候性能 外观	表面无明显鼓泡、粉化、白化、质感改变等变化
		色差（CIE 单位）	2.0
		弯曲强度变化率（%）	15.0
		耐高温性能 外观	表面无明显鼓泡、开裂等破坏以及变化
		抗热震性能 外观	表面无明显颜色、斑点、裂纹、剥落膨胀等变化
		弯曲强度变化率（%）	10.0
		抗冻性能 外观	表面无明显裂纹、剥落、膨胀以及变色等变化
		弯曲强度变化率（%）	10.0
3	弯曲性能（MPa）≥		粗骨料：12，细骨料：16
4	压缩强度（MPa）≥		≥ 90
5	线性热膨胀系数（℃$^{-1}$）≤		D 类 ≤ 23×10^{-6}，Q、T 类 ≤ 40×10^{-6}
6	肖氏硬度 ≥		40
7	吸水率（%）≤		粗骨料：0.20，细骨料：0.15
8	耐磨性（mm）≤		39
9	防火检测		A
10	落球冲击能（J）≥		2.9
11	重金属含量限量 (mg/kg) ≤		可溶性铅 90、可溶性镉 75、可溶性铬 60、可溶性汞 60
12	放射性核素限量		A 类
13	耐污染性能	最大耐污值 ≤	
14	防火性能		A2

佛山市荣冠玻璃建材有限公司

地址：佛山市三水区白坭镇三水大道南 161 号及 161 号 F(2)、(F4)、(F5)、F6
电话：0757-87562228　传真：0757-87510282
官方网站：http://rongguanco.com

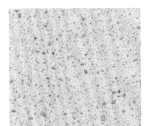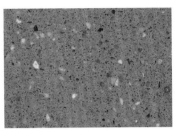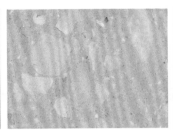

人造石英石技术参数如下。

序号	检测项目		指标要求
1	放射性		A 类
2	耐久性能	耐人工气候性能	表面无明显鼓泡、粉化、白化、质感改变等变化 2.0 10.0
		耐高温性能	表面无明显鼓泡、开裂等破坏以及变化
		抗热震性能	表面无明显颜色、斑点、裂纹、剥落膨胀等变化 5.0
		抗冻性能	表面无明显裂纹、剥落、膨胀以及变色等变化 5.0
3	弯曲性能（MPa）≥		粗骨料：30，细骨料：35
4	压缩强度（MPa）≥		150
5	线性热膨胀系数（℃$^{-1}$）≤		D 类 ≤ 30×10^{-6}，Q、T 类 ≤ 40×10^{-6}
6	肖氏硬度 ≥		60
7	吸水率（%）≤		粗骨料：0.15，细骨料：0.10
8	耐磨性（mm）≤		32
9	防火检测		A
10	落球冲击能（J）≥		3.9
11	重金属含量限量 (mg/kg)≤		可溶性铅90、可溶性镉75、可溶性铬60、可溶性汞60
12	放射性核素限量		A 类
13	耐污染性能	最大耐污值 ≤	4

工程案例

厦门新会展中心、深圳六金广场项目等。

生产企业

佛山市荣冠玻璃建材有限公司始创于 1986 年，是目前我国规模较大的工程用岗石、石英石生产厂家。厂区坐落于佛山市三水区白坭镇，占地面积 20 多万平方米，注册资本 3000 万元。公司从建厂发展至今，一直传承"以满足顾客要求为根本"的宗旨，不断追求新的产品、更佳的质量和成熟的工程服务体系。公司的人造石产品从投产以来，产品质量和售后服务体系获得市场认可，先后与中海地产、新城控股、深圳招商蛇口等大型房地产公司签订战略集采协议，树立"精装石材、全屋配送"的服务理念，把公司建设成为大型商业和房地产产业链的高端装配企业。

佛山市荣冠玻璃建材有限公司

地址：佛山市三水区白坭镇三水大道南 161 号及 161 号 F(2)、(F4)、(F5)、F6
电话：0757-87562228　传真：0757-87510282
官方网站：http://rongguanco.com

证书编号：LB2023YZ001

先张法预应力混凝土管桩、方桩

产品简介

先张法预应力混凝土管桩运用先进的生产工艺，取消了蒸压养护这道工序，降低了投资成本；减少了特种设备的使用，节约大量能源。混凝土的养护需要大量的蒸汽，蒸压养护所耗的蒸汽占总耗汽量的三分之二。因此，省去此工序可减少煤的消耗，缩短了混凝土管桩的生产周期（蒸压养护工序的时间需要 7.5 小时）。当前先张法预应力混凝土管桩生产中的问题主要在能源消耗、环保和安全方面。在混凝土管桩离心成型后，需倒余浆，虽然现已有对余浆进行再次利用，但需投入相关的回收利用设备，增加了生产成本，且待余浆凝固后，只能当废料处理，给环境造成了一定的污染。采用新工艺进行生产后，管桩离心后余浆基本接近于无。省去压蒸养护工艺后，生产过程中不再产生 pH=13 的大量冷凝水。

预应力高强混凝土耐腐蚀管桩不仅继承了传统管桩的各种优势，更进一步弥补了管桩多年以来使用时的种种不足。混凝土主要由胶凝材料、砂、碎石、外加剂、矿物掺和料和水等物质组成，其中水灰比为 0.2 ～ 0.4，胶凝材料为水泥或水泥与掺和料的混合物。胶凝材料的比表面积为 300 ～ 450kg/m²；砂的细度模数为 2.0 ～ 3.5，砂率为 27% ～ 44%；碎石的粒径为 5 ～ 25mm；外加剂为萘系高效减水剂或聚羧酸盐高性能减水剂。

适用范围

产品适用于非抗震设计及抗震设防烈度小于等于 8 度地区的工业与民用建筑、构筑物等工程的低承台基础。

预应力高强混凝土耐腐蚀管桩（C80 管桩）是一种重要的桩基材料，可用于高层建筑、大跨度桥梁、高速公路和港口码头等工程的桩基础，可以缩短建设周期，同时节约大量的能源材料，因而在建筑业得到了广泛的应用。

技术指标

产品执行 GB/T 50081—2019《混凝土物理力学性能试验方法标准》、GB/T 50082—2009《普通混凝土长期性能和耐久性能试验方法标准》、GB 50164—2011《混凝土质量控制标准》、GB/T 13476—2023《先张法预应力混凝土管桩》等标准，部分性能如下：

耐久性项目		GB/T 50476—2019			实测值
		标准值	使用范围	使用年限	
抗冻性能	循环次数	F400	严寒地区及除冰盐等其他氯化物环境	100 年	400
	动弹性模量	≥ 80			86.0%
	质量损失	≤ 5.0			0.2%
抗硫酸盐性能		KS120	严重硫酸盐腐蚀环境		150
抗渗性能			国家标准最高 P12		P15
混凝土电通量（C）		≤ 1000	严重氯盐腐蚀环境	100 年	454
氯离子扩散系数（RCM）（10⁻¹²m²/s）		≤ 4.0	严重氯盐腐蚀环境	100 年	0.8

建华建材（安徽）有限公司

电话：18375327100
官方网站：www.jianhua-phc.com

工程案例

永臻科技（芜湖）有限公司新建光伏边框支架与储能电池、首都医科大学附属北京天坛医院、安徽医院桩基工程等。

生产企业

建华建材（安徽）有限公司（简称安徽建华）是建华建材集团的子公司，建华建材集团是混凝土制品与技术综合服务商、国家住宅产业化基地、制造业单项冠军示范企业，创建于 1992 年，前身是建华管桩。

自创立之日起，建华建材集团始终坚持"走正道、负责任、心中有别人"的企业文化，至今已在国内建立了 67 个生产基地、300 多个服务网点，共有员工 3 万余人，在海外建立了 2 个生产基地，产品销往越南、印度尼西亚、马来西亚等多个国家。2022 年，建华建材集团位列"中国民营企业 500 强"第 277 位、"中国制造业企业 500 强"第 280 位。

安徽建华自 2007 年落户芜湖市繁昌区后，集团各板块入驻 17 家公司，并组建产业园，是区域总部所在地。目前，产业涵盖高端预制桩、绿色住宅装配式构件、物流运输、码头、矿山骨料加工、总部集采贸易、建华环保等。安徽建华拥有本科及以上学历 300 余人，为社会提供就业机会 2000 余个，获得国家颁发的有效发明专利 5 项、实用新型专利 28 项、外观设计专利 1 项、高新技术产品 2 项，同时荣获安徽省科学技术进步奖二等奖。

建华建材（安徽）有限公司

电话：18375327100
官方网站：www.jianhua-phc.com

证书编号：LB2023YZ002

先张法预应力混凝土管桩、先张法预应力混凝土方桩

产品简介

先张法预应力混凝土管桩运用先进的生产工艺，取消了蒸压养护这道工序，降低了投资成本；减少了特种设备的使用，节约大量能源。混凝土的养护需要大量的蒸汽，蒸压养护所耗的蒸汽占总耗汽量的三分之二，因此，省去此工序可减少煤的消耗，缩短了混凝土管桩的生产周期（蒸压养护工序的时间需要 7.5 小时）。当前先张法预应力混凝土管桩生产中的问题主要在能源消耗、环保和安全方面。在混凝土管桩离心成型后，需倒余浆，虽然现已对余浆进行再次利用，但需投入相关的回收利用设备，增加了生产成本，且待余浆凝固后，只能当废料处理，给环境造成了一定的污染。采用新工艺进行生产后，管桩离心后余浆基本接近于无。省去压蒸养护工艺后，生产过程中不再产生 pH=13 的大量冷凝水。

预应力高强混凝土耐腐蚀管桩不仅继承了传统管桩的各种优势，更进一步弥补了管桩多年以来使用时的种种不足。混凝土主要由胶凝材料、砂、碎石、外加剂、矿物掺和料和水等物质组成，其中水灰比为 0.2 ～ 0.4，胶凝材料为水泥或水泥与掺和料的混合物。胶凝材料的比表面积为 300 ～ 450kg/m²；砂的细度模数为 2.0 ～ 3.5，砂率为 27% ～ 44%；碎石的粒径为 5 ～ 25mm；外加剂为萘系高效减水剂或聚羧酸盐高性能减水剂。

适用范围

产品适用于非抗震设计及抗震设防烈度小于等于 8 度地区的工业与民用建筑、构筑物等工程的低承台基础。

预应力高强混凝土耐腐蚀管桩（C80 管桩）是一种重要的桩基材料，可用于高层建筑、大跨度桥梁、高速公路和港口码头等工程的桩基础，可以缩短建设周期，同时节约大量的能源材料，因而在建筑业得到了广泛的应用。

技术指标

产品执行 GB/T 50081—2019《混凝土物理力学性能试验方法标准》、GB/T 50082—2009《普通混凝土长期性能和耐久性能试验方法标准》、GB 50164—2011《混凝土质量控制标准》、GB/T 13476—2023《先张法预应力混凝土管桩》等标准，部分性能如下：

耐久性项目		混凝土结构耐久性设计标准（GB/T 50476—2019）			实测值
		标准值	使用范围	使用年限	
抗冻性能	循环次数	F400	严寒地区及除冰盐等其他氯化物环境	100 年	400
	动弹性模量	≥ 80			86.0 %
	质量损失	≤ 5.0			0.2 %
抗硫酸盐性能		KS120	严重硫酸盐腐蚀环境		150
抗渗性能		国家标准最高 P12			P15
混凝土电通量（C）		≤ 1000	严重氯盐腐蚀环境	100 年	454
氯离子扩散系数（RCM）（10^{-12}m²/s）		≤ 4.0	严重氯盐腐蚀环境	100 年	0.8

建华管桩控股有限公司

电话：400-1888-801
官方网站：www.jianhua-phc.com
www.shjh88wgr.com.cn

工程案例

上海宝能通信产业园、上海金融产业服务基地酒店项目、旭辉金山 B-17 地块项目等。

生产企业

建华管桩控股有限公司于 1993 年成立于广东省中山市，是混凝土综合制品服务商，在全国的 14 个省、2 个直辖市和 1 个自治区建立了 35 处预应力混凝土管桩生产基地。与此同时，公司积极探索国外市场，已在越南建立生产基地。

公司在创始人许景新先生的领导下，遵循"以人为本，无为而治"的管理理念和"求实、务实，提高办事效率，参与市场竞争"的精神，创立了"走正道、负责任、心中有别人"的企业文化。经过 30 多年的发展，建华管桩员工已从 200 人发展到 25000 多人，产值由 3200 万元增加到 100 多亿元，年销量由 26 万米增加到 1 亿多米，成为全球知名管桩制造商。

建华管桩控股有限公司

电话：400-1888-801
官方网站：www.jianhua-phc.com
www.shjh88wgr.com.cn

证书编号：LB2023YZ003

先张法预应力混凝土管桩、先张法预应力混凝土方桩

产品简介

　　预应力高强混凝土耐腐蚀管桩运用比较先进的生产工艺，采用高压养护这道工序。在混凝土桩离心成型后，需进行倒余浆，采用回收利用设备对余浆进行再次利用，目前已实现 100% 使用，减少了环境污染。生产过程杜绝了余浆废物的排放，也大大减少了废水的排放。由于采用新工艺进行生产，管桩离心后余浆基本接近于无，同时压蒸养护工艺采用循环用水。

　　预应力高强混凝土耐腐蚀管桩不仅取代了传统管桩的各种优势，更进一步弥补了管桩多年以来使用时的种种不足。混凝土主要由胶凝材料、砂、碎石、外加剂，矿物掺和料和水等组成，其中水灰比为 0.2 ～ 0.4，胶凝材料为水泥或水泥与掺和料的混合物。胶凝材料的比表面积为 $300 \sim 450 kg/m^2$；砂的细度模数为 2.0 ～ 3.5，砂率为 27% ～ 44%；碎石的粒径为 5 ～ 25mm；外加剂为萘系高效减水剂或聚羧酸盐高性能减水剂。

适用范围

　　产品适用于非抗震设计及抗震设防烈度小于等于 8 度地区的工业与民用建筑、构筑物等工程的低承台基础。

　　预应力高强混凝土耐腐蚀管桩（C80 管桩）是一种重要的桩基材料，可用于高层建筑、大跨度桥梁、高速公路和港口码头等工程的桩基础，可以缩短建设周期，同时节约大量的能源材料，因而在建筑业得到了广泛的应用。

技术指标

　　产品执行 GB/T 50081—2019《混凝土物理力学性能试验方法标准》、GB/T 50082—2009《普通混凝土长期性能和耐久性能试验方法标准》、GB 50164—2011《混凝土质量控制标准》、GB/T 13476—2023《先张法预应力混凝土管桩》等标准，部分性能如下：

耐久性项目		GB/T 50476—2019			实测值
		标准值	使用范围	使用年限	
抗冻性能	循环次数	F400	严寒地区及除冰盐等其他氯化物环境	100 年	400
	动弹性模量	≥ 80			86.0%
	质量损失	≤ 5.0			0.2%
抗硫酸盐性能		KS120	严重硫酸盐腐蚀环境		150
抗渗性能		国家标准最高 P12			P15
混凝土电通量（C）		≤ 1000	严重氯盐腐蚀环境	100 年	454
氯离子扩散系数（RCM）（$10^{-12} m^2/s$）		≤ 4.0	严重氯盐腐蚀环境	100 年	0.8

电话：0517-85798957

汤始建华建材（淮安）有限公司

工程案例

通威光伏、连云港石化、虹港石化、滨淮高速、晶澳光伏。

生产企业

汤始建华建材（淮安）有限公司始建于 2006 年 8 月，位于淮安市盐化工业区，地处苏北灌溉总渠右南岸、高良涧闸和运东闸之间，紧邻京沪、宁连等高速公路，交通十分便利。汤始建华建材（淮安）有限公司隶属于建华建材集团，该集团是混凝土制品与技术综合服务商、国家住宅产业化基地，其前身是建华管桩集团。

公司自投产以来，生产经营业绩保持整体增长，经济效益良好，成长空间广阔。产品已覆盖整个苏北，并向周边省市扩展，应用于淮安万达广场、建华玖珑湾、盐城师范学院等大型工程项目。汤始建华建材（淮安）有限公司在生产及经营优质建材的同时，还为广大客户提供量身搭配的全程服务，并配备专业工程师，为每一个采用建华管桩进行施工的工程提供产品跟踪、技术咨询等各项售后服务。

汤始建华建材（淮安）有限公司将抓住机遇，坚持"走正道、负责任、心中有别人"的企业文化，遵循"以人为本，无为而治"的管理理念，坚守"用户第一，信誉至上"的企业宗旨，弘扬"求实、务实，提高办事效率，参与市场竞争"的企业精神，锐意进取，开拓创新，为苏北地区基础设施建设提供高品质的服务。

电话：0517-85798957

汤始建华建材（淮安）有限公司

证书编号：LB2023YZ004

先张法预应力混凝土管桩、预制混凝土方桩

产品简介

预应力混凝土管桩及空心方桩运用比较先进的生产工艺，取消了高压养护这道工序，降低投资成本；减少了特种设备的使用，节约大量能源。混凝土的养护需要大量的蒸汽，蒸压养护所耗的蒸汽占总耗汽量的三分之二。因此，省去此工序可以大大减少能源的消耗。

预应力混凝土管桩及空心方桩采用特殊的离心成型工艺，离心结束后需将离心过程中产生的余浆倒出。以前该余浆均作为废弃产物处理，如处理不当可能会给环境造成一定的污染。现公司通过大量的试验，研制出了余浆循环利用的生产工艺及配方，生产过程中产生的余浆均全自动循环利用，无余浆废物及废水的排放，可起到节约资源、减少废弃物排放的作用。

其他混凝土预制构件主要由胶凝材料、砂、碎石、外加剂，矿物掺和料和水等组成，其中水灰比为 0.2 ~ 0.4，胶凝材料为水泥或水泥与掺和料的混合物。胶凝材料的比表面积为 300 ~ 450kg/m²；砂的细度模数为 2.0 ~ 3.5，砂率为27% ~ 44%；碎石的粒径为 5 ~ 25mm；外加剂为聚羧酸盐高性能减水剂，生产过程均不采用蒸压养护，同时可利用管桩和空方生产过程产生的余浆，减少资源的浪费，避免废弃物的排放。

适用范围

公司生产的混凝土制品，包括预应力高强混凝土管桩、预制混凝土方桩、先张法预应力混凝土空心方桩、预制混凝土板桩、装配式建筑混凝土预制构件等，产品结构合理，品种规格齐全，其中预应力高强混凝土管桩、预制混凝土方桩适用面广，桩身承载力强度高，抗弯性能好。产品采用了预应力混凝土用钢棒、先张法预应力张拉工艺，有较高的抗裂弯矩与极限弯矩。产品适用于非抗震设计及抗震设防烈度小于等于 8 度地区的工业与民用建筑的桩承台基础，铁路、公路与桥梁、港口、码头、水利、市政、构筑物及大型设备等工程的低承台基础。

技术指标

产品执行 GB/T 50081—2019《混凝土物理力学性能试验方法标准》、GB/T 50082—2009《普通混凝土长期性能和耐久性能试验方法标准》、GB 50164—2011《混凝土质量控制标准》、GB/T 13476—2023《先张法预应力混凝土管桩》等标准，部分性能如下：

耐久性项目		GB/T 50476—2019			实测值
		标准值	使用范围	使用年限	
抗冻性能	循环次数	F400	严寒地区及除冰盐等其他氯化物环境	100 年	400
	动弹性模量	≥ 80			92.7%
	质量损失	≤ 5.0			0.0%
抗硫酸盐性能		KS120	严重硫酸盐腐蚀环境		> 120
抗渗性能		国家标准最高 P12			> P12
混凝土电通量（C）		≤ 1000	严重氯盐腐蚀环境	100 年	818
氯离子扩散系数（RCM）（10⁻¹²m²/s）		≤ 7.0	严重氯盐腐蚀环境	100 年	4.6

工程案例

公司生产的混凝土制品在临港新片区数字文化装备产业基地桩基工程、上海湾区东湖国际创新中心项目（E 地块）桩基及基坑围护、艾为电子车规级可靠性测试中心建设项目（桩基工程）、南翔镇河道整治工程（徐家宅河等 7 条河道）、临港书院社区安置房等项目均有应用。

汤始建华建材（上海）有限公司

地址：上海市松江区新浜镇文超路 88 号
电话：021-37745209

生产企业

汤始建华建材（上海）有限公司成立于 2007 年 2 月，是建华建材集团的全资子公司。截至 2022 年年底，汤始建华建材（上海）有限公司建立 6 条生产线，日产总量达 28000 米，是上海地区规模、产量且生产效率名列前茅的预制构件生产厂家，并与珠三角、环渤海区域的其他兄弟公司遥相呼应，成为国内重要的预制构件生产龙头企业。

经过持续发展，公司业务从单一生产销售预应力混凝土管桩转变为向客户提供专业的混凝土预制构件产品和技术解决方案，提供从地下基础工程到上部结构工程的全流程产品，如管桩、方桩、钢管混凝土桩、异形桩等桩基础产品，箱涵、管廊、顶管、窨井等管道产品，梁、板、柱、架、楼梯等混凝土 PC 部件，以及围栏、花架、桌椅、台面等各类混凝土装饰构件。产品广泛应用于民用建筑、工业厂房、铁路、机场、公路、水利、市政、电力通信、装饰装修等各类工程领域，并提供勘察设计、产品供应、施工管理、方案优化、工程应用咨询等系列标准化服务和定制服务。

公司一直注重产品质量建设，相继获得"松江区重点骨干企业""2012 年度上海市混凝土行业质量诚信杯""2012 年度优质预应力混凝土管桩第三名""2012—2013 年度中国混凝土行业优秀企业""2013 年度优质预应力混凝土管桩第二名""2014 年度上海市混凝土行业诚信杯四星级企业""2017 年上海市一星级诚信创建企业""2018 年区专利试点企业""2018 松江区企业技术中心""2018—2022 年预制构件质量优胜企业""2020 年松江区质量创新奖""2020 年上海市企业技术中心""2023 年区专精特新""2023 年区党建示范奖""2023 年区科技创新奖""上海市高新技术企业""GM 免蒸压管桩获得上海市高新技术成果转化百佳"等荣誉称号。

公司自创立之日起，一直坚持"走正道、负责任、心中有别人"的企业文化，遵循"以人为本，无为而治"的管理理念，坚守"用户第一，信誉至上"的企业宗旨，弘扬"求实、务实，提高办事效率，参与市场竞争"的企业精神，牵手建华，共赢你我。

汤始建华建材（上海）有限公司

地址：上海市松江区新浜镇文超路 88 号
电话：021-37745209

证书编号：LB2023YZ005

先张法预应力混凝土管桩、先张法预应力混凝土方桩、先张法混合配筋预应力混凝土圆桩、预制混凝土板桩式挡土墙、混凝土预制构件（叠合板）

产品简介

　　预应力高强混凝土耐腐蚀管桩运用比较先进的生产工艺，采用高压养护这道工序。在混凝土桩离心成型后，需进行倒余浆，采用回收利用设备对余浆进行再次利用，目前已实现 100% 使用，减少了环境污染。生产过程杜绝了余浆废物的排放，也大大减少了废水的排放。由于采用新工艺进行生产，管桩离心后余浆基本接近于无，同时压蒸养护工艺采用循环用水。

　　预应力高强混凝土耐腐蚀管桩不仅取代了传统管桩的各种优势，更进一步弥补了管桩多年以来使用时的种种不足。混凝土主要由胶凝材料、砂、碎石、外加剂、矿物掺和料和水等组成，其中水灰比为 0.2 ～ 0.4，胶凝材料为水泥或水泥与掺和料的混合物。胶凝材料的比表面积为 300 ～ 450kg/m²；砂的细度模数为 2.0 ～ 3.5，砂率为 27% ～ 44%；碎石的粒径为 5 ～ 25mm；外加剂为萘系高效减水剂或聚羧酸盐高性能减水剂。

适用范围

　　产品适用于非抗震设计及抗震设防烈度小于等于 8 度地区的工业与民用建筑、构筑物等工程的低承台基础。

　　预应力高强混凝土耐腐蚀管桩（C80 管桩）是一种重要的桩基材料，可用于高层建筑、大跨度桥梁、高速公路和港口码头等工程的桩基础，可以缩短建设周期，同时节约大量的能源材料，因而在建筑业得到了广泛的应用。

技术指标

　　产品执行 GB/T 50081—2019《混凝土物理力学性能试验方法标准》、GB/T 50082—2009《普通混凝土长期性能和耐久性能试验方法标准》、GB 50164—2011《混凝土质量控制标准》、GB/T 13476—2023《先张法预应力混凝土管桩》等标准，

建华建材（四川）有限公司

电话：13550608418
官方网站：http://www.jianhuabm.com/

部分性能如下：

耐久性项目		GB/T 50476—2019			实测值
		标准值	使用范围	使用年限	
抗冻性能	循环次数	F400	严寒地区及除冰盐等其他氯化物环境	100 年	400
	动弹性模量	$\geqslant 80$			86.0%
	质量损失	$\leqslant 5.0$			0.2%
抗硫酸盐性能		KS120	严重硫酸盐腐蚀环境		150
抗渗性能			国家标准最高 P12		P15
混凝土电通量（C）		$\leqslant 1000$	严重氯盐腐蚀环境	100 年	454
氯离子扩散系数（RCM）（$10^{-12}m^2/s$）		$\leqslant 4.0$	严重氯盐腐蚀环境	100 年	0.8

工程案例

高效晶硅光伏组件智能工厂项目、两河口水电站水光互补一期项目等。

生产企业

建华建材集团是混凝土制品与技术综合服务商、国家住宅产业化基地，创建于 1992 年，其前身是建华管桩集团。

经过 40 多年的砥砺奋进，建华建材集团紧抓"长三角""珠三角""环渤海湾"三大区域经济增长点，在国内 19 个省（广东、福建、江苏、安徽、湖北、河南、湖南、山西、山东、辽宁、吉林、河北、四川、黑龙江、江西、浙江、陕西、海南、甘肃）、2 个直辖市（上海、天津）、2 个自治区（广西、内蒙古）成立了 70 多家生产基地、300 多个服务网点，共有员工 30000 余人。

建华建材（四川）有限公司成立于 2011 年 3 月，公司地处广汉市工业集中发展区腹地，占地约 200 亩，是广汉市委、市政府于 2022 年度认定的 30 户重点工业企业之一，是四川省住建厅认定的第四批装配式建筑产业基地，2022 年产值超 8 亿元，税收超 3000 万元人民币，解决劳动用工 700 人以上。

建华建材（四川）有限公司

电话：13550608418
官方网站：http://www.jianhuabm.com/

证书编号：LB2023YZ006

先张法预应力混凝土管桩、先张法预应力混凝土方桩、生态框

产品简介

　　先张法预应力混凝土管桩适应面广，规格齐全，桩身承载力高，抗弯性能好，桩身混凝土强度高，密实耐打，有较强的穿透能力，施工过程文明，现场整洁，不污染环境，符合环保要求。产品壁厚有 $\phi300 \sim \phi1200$ 多种、A型～C型各类管桩，桩身承载力设计值 $1271 \sim 12434$kN。

　　先张法预应力混凝土方桩桩型采用预应力钢棒和箍筋滚焊成钢筋笼，通过先张法工艺和自密实混凝土（C40以上）浇筑成型。该桩型具备高承载力、高耐久性特点，竖向抗压、抗拉承载力提高了30%～40%，水平承载力提高了20%～30%；节省钢筋用量，降低工程造价。

　　混凝土生态护坡（生态框）是综合工程力学、土壤学、生态学和植物学等学科的基本知识对斜坡或边坡进行支护，形成综合护坡系统的护坡技术。开挖边坡形成以后，通过种植植物，利用植物与岩、土体的相互作用（根系锚固作用）对边坡表层进行防护、加固，使之既能满足对边坡表层稳定的要求，又能恢复曾被破坏的自然生态环境，是一种有效的护坡、固坡手段。

适用范围

　　先张法预应力混凝土管桩适用于工业与民用建筑的桩承台基础，铁路、公路与桥梁、港口、码头、水利、市政、构筑物及大型设备等工程基础。

　　先张法预应力混凝土方桩适用面广，具有比其他桩型的桩基设计更高的抗震性能，桩质量可靠，同时抗弯、抗拉性能好，单桩承载力高，单位承载力造价便宜，可广泛应用于工业与民用建筑、铁路、公路、桥梁、码头、港口等工程建设和大型设备基础工程等。

技术指标

　　先张法预应力混凝土管桩性能参数如下：

外径（mm）	型号	壁厚（mm）	横截面面积（mm²）	混凝土有效预压应力（MPa）	抗裂弯矩（kN·m）	极限弯矩（kN·m）	桩身结构竖向承载力设计值（kN）
300	A	70	5580	4.0	25	37	1271
	AB			6.0	30	50	
400	A	95	91030	4.0	54	81	2288
	AB			6.0	64	106	
500	A	100	125700	4.0	103	155	3158
	AB			6.0	125	210	
	A	125	147300	4.0	111	167	3701
	AB			6.0	136	226	
600	A	110	169330	4.0	167	250	4255
	AB			6.0	206	346	
	B			8.0	245	441	
	A	130	191950	4.0	180	270	4824
	AB			6.0	223	374	
	B			8.0	1030	1854	
	C			10.0	1177	2354	

建华建材（山西）有限公司

地址：山西省吕梁市交城县段村
电话：0351-5296196

先张法预应力混凝土方桩性能参数如下：

边长（mm）	型号	混凝土有效预压应力（MPa）	抗裂弯矩 M_{cr}（kN·m）	正截面受弯承载力设计值 M_u（kN·m）	桩身轴心受压承载力设计值 T_p(kN)
400	A	3.29	85	107	3080
450	A	3.88	128	188	3898

工程案例

介休市昌盛煤气化有限公司 180 万吨 / 年焦化项目、太原张花营 220kV 变电站新建工程、汾河百公里项目、朔城区 100MW 光伏构件项目、山西芦荟清王酒业发展有限公司年产 10000 吨优质原酒酿造项目。

生产企业

建华建材（山西）有限公司成立于 2009 年，注册资本 7000 万元，总占地约 200 亩，坐落在山西省吕梁市交城县美锦集团工业园区。美锦集团工业园区位于清徐、交城的交界处，紧靠 307 国道，距离清徐、交城县城各 10 千米，距离太原 50 千米，场地地理位置优越，地质条件良好。

建华建材（山西）有限公司现有 4 条管桩生产线、1 条预制构件生产线，从建厂至今，公司获得山西省建材行业优秀企业、高新技术企业、国家装配式建筑产业技术创新联盟理事单位、山西省黑龙江商会常务副会长单位、技术创新项目三等奖等多项殊荣。

公司主要产品预应力混凝土管桩被广泛应用于铁路、公路、桥梁、港口、码头、水利、市政等工业及民用建筑。大西高速铁路、太钢、兴安化工、太原大学、汾西矿业、鹏飞焦化、中泽建工等山西省内重点项目均使用了建华管桩。公司从 2014 年年底开始主动求变，创新转型，逐步从单一的管桩生产销售商转型成混凝土制品与技术综合服务商，现已形成完善的混凝土制品生产线。

公司形成量产的主要装配式建筑产品有排水管、检查井、警示柱、预制路面、植草砖、挡土墙、混凝土箅子、预制围墙、厌氧板、防浪围栏、生态框、屋面板、预制楼梯、综合管廊、葡萄架、预制混凝土清水看台等。

建华建材（山西）有限公司

地址：山西省吕梁市交城县段村
电话：0351-5296196

证书编号：LB2023YZ007

先张法预应力混凝土管桩、先张法预应力混凝土方桩

产品简介

先张法预应力高强混凝土耐腐蚀管桩不仅继承了传统管桩的各种优势，更进一步地弥补了管桩多年以来使用时的种种不足。混凝土主要由胶凝材料、砂、碎石、外加剂、矿物掺和料和水等组成，其中水灰比为 0.2～0.4，胶凝材料为水泥或水泥与掺和料的混合物。胶凝材料的比表面积为 300～450kg/m²；砂的细度模数为 2.0～3.5，砂率为 27%～44%；碎石的粒径为 5～25mm；外加剂为萘系高效减水剂或聚羧酸盐高性能减水剂。

适用范围

产品适用于非抗震设计及抗震设防烈度小于等于 8 度地区的工业与民用建筑、构筑物等工程的低承台基础。

预应力高强混凝土耐腐蚀管桩（C80 管桩）是一种重要的桩基材料，可用于高层建筑、大跨度桥梁、高速公路和港口码头等工程。

技术指标

产品执行 GB/T 50081—2019《混凝土物理力学性能试验方法标准》、GB/T 50082—2009《普通混凝土长期性能和耐久性能试验方法标准》、GB 50164—2011《混凝土质量控制标准》、GB/T 13476—2023《先张法预应力混凝土管桩》等标准，部分性能如下：

耐久性项目		GB/T 50476—2019			建华建材（苏州）有限公司
		标准值	使用范围	使用年限	
抗冻性能	循环次数	F400	严寒地区及除冰盐等其他氯化物环境	100 年	400
	动弹性模量	≥ 80			86.0%
	质量损失	≤ 5.0			0.2%
抗硫酸盐性能		KS120	严重硫酸盐腐蚀环境		150
抗渗性能		国家标准最高 P12			P15
混凝土电通量（C）		≤ 1000	严重氯盐腐蚀环境	100 年	454
氯离子扩散系数（RCM）（$10^{-12}m^2/s$）		≤ 4.0	严重氯盐腐蚀环境	100 年	0.8

工程案例

昆山天环冷链桩基工程

娄葑东区金文茂盛电机有限公司新建厂房

京隆科技独墅湖工厂项目

建华建材（苏州）有限公司

地址：张家港市南丰镇东福路 1 号
电话：0512-58851999

生产企业

　　建华建材（苏州）有限公司成立于 2020 年 8 月，隶属建华建材集团，公司注册资本 3 亿元人民币，计划总投资 10 亿元，一期占地 227 亩（二期规划用地 70 亩）。公司坐落于张家港市江南智能制造产业园区，为 2022 年度张家港市招商引资重点项目，现有员工约 1000 人；一期共建设 5 条生产线，年生产能力 800 万米，全面建成投产后年产值近 20 亿元，预计年度纳税超 1 亿元。公司建设有自备码头，共计 9 个泊位，年最大吞吐量可达 350 万吨。

　　作为区域内先进的混凝土制品与技术综合服务商，公司主营多种高性能混凝土管桩、方桩等桩基产品，可广泛应用于民用建筑、工业建筑、公路市政、水利水运、电力通信、轨道交通与航空等工程领域。

建华建材（苏州）有限公司

地址：张家港市南丰镇东福路 1 号
电话：0512-58851999

外加剂　预拌砂浆　水泥　金属复合材料　道路材料　预拌混凝土　人造石材　**预制构件**　防水卷材与防水涂料　其他材料

证书编号：LB2023YZ008

先张法预应力混凝土管桩、方桩

产品简介

预应力混凝土管桩运用先进的生产工艺，采用高压养护这道工序。在混凝土桩离心成型后，需进行倒余浆，采用回收利用设备对余浆进行再次利用，目前已实现 100% 使用，减少了环境污染。生产过程杜绝了余浆废物的排放，也大大减少了废水的排放。由于采用新工艺进行生产，管桩离心后余浆基本接近于无，同时压蒸养护工艺采用循环用水。

预应力高强混凝土耐腐蚀管桩不仅取代了传统管桩的各种优势，更进一步弥补了管桩多年以来使用时的种种不足。混凝土主要由胶凝材料、砂、碎石、外加剂，矿物掺和料和水等组成，其中水灰比为 0.2 ～ 0.4，胶凝材料为水泥或水泥与掺和料的混合物。胶凝材料的比表面积为 300 ～ 450kg/m^2；砂的细度模数为 2.0 ～ 3.5，砂率为 27% ～ 44%；碎石的粒径为 5~25mm；外加剂为萘系高效减水剂或聚羧酸盐高性能减水剂。

适用范围

产品适用于非抗震设计及抗震设防烈度小于等于 8 度地区的工业与民用建筑、构筑物等工程的低承台基础。

预应力高强混凝土耐腐蚀管桩（C80 管桩）是一种重要的桩基材料，可用于高层建筑、大跨度桥梁、高速公路和港口码头等工程的桩基础，可以缩短建设周期，同时节约大量的能源材料，因而在建筑业得到了广泛的应用。

技术指标

产品执行 GB/T 50081—2019《混凝土物理力学性能试验方法标准》、GB/T 50082—2009《普通混凝土长期性能和耐久性能试验方法标准》、GB 50164—2011《混凝土质量控制标准》、GB/T 13476—2023《先张法预应力混凝土管桩》等标准，部分性能如下：

耐久性项目		GB/T 50476—2019			实测值
		标准值	使用范围	使用年限	
抗冻性能	循环次数	F400	严寒地区及除冰盐等其他氯化物环境	100 年	400
	动弹性模量	≥ 80			86.0%
	质量损失	≤ 5.0			0.2%
抗硫酸盐性能		KS120	严重硫酸盐腐蚀环境		150
抗渗性能			国家标准最高 P12		P15
混凝土电通量（C）		≤ 1000	严重氯盐腐蚀环境	100 年	454
氯离子扩散系数（RCM）（10^{-12}m^2/s）		≤ 4.0	严重氯盐腐蚀环境	100 年	0.8

工程案例

中天绿色精品钢（通州湾海门港片区）全厂总图运输单元二标段工程、兴化调味品产业集聚区一期项目。

电话：0513-80550909

汤始建华建材（南通）有限公司

生产企业

汤始建华建材（南通）有限公司（简称南通建华）是隶属于建华建材集团的子公司。建华建材集团是混凝土制品与技术综合服务商、国家住宅产业化基地、制造业单项冠军示范企业，创建于 1992 年，前身是建华管桩。自创立之日起，建华建材集团始终坚持"走正道、负责任、心中有别人"的企业文化，至今已在国内建立了 67 家生产基地、300 多个服务网点，共有员工 3 万余人；在海外建立了 2 个生产基地，产品销往越南、印度尼西亚、马来西亚等多个国家。2022 年，建华建材集团位列"中国民营企业 500 强"第 277 位、"中国制造业企业 500 强"第 280 位。

南通建华成立于 2010 年 5 月，位于如皋市长江镇车马湖社区，公司占地 210 亩，注册资本 12362.09 万元人民币，现有员工 800 余人。2014 年 8 月 8 日，第一条全自动管桩及方桩生产线顺利投产。全线建成后，预应力混凝土管桩及新型水泥制品年产量可达 1000 万米，届时将成为长三角流域较大规模的管桩建材生产基地，预计将形成 20 亿元的年产销规模。

南通建华主要生产、加工预应力混凝土管桩、水泥混凝土电杆、钢筋混凝土方桩、混合配筋预应力混凝土管桩、防腐管桩、抗拔桩、异型桩、变径桩、钢管桩、H 型钢混凝土桩、竹节桩、加气混凝土砌块、混凝土墙体材料、混凝土水管、灰砂砖及水泥构件，2021 年度产量达到 800 万米，销售收入超过 14 亿元，上缴利税 6000 多万元。

南通建华积极响应如皋市委、市政府号召，利用公司自身技术、生产工艺优势，重点发展建筑产业化产品、新型建材、轻质建材、耐火材料等建材产业，打造集生产、交易、展示、研发、信息交流、商贸金融服务于一体的综合性建材产业园区。

电话：0513-80550909

汤始建华建材（南通）有限公司

证书编号：LB2023YZ009

先张法预应力混凝土管桩、方桩

产品简介

预应力混凝土管桩运用先进的生产工艺，采用高压养护这道工序。在混凝土桩离心成型后，需进行倒余浆，采用回收利用设备对余浆进行再次利用，目前已实现100%使用，减少了环境污染。生产过程杜绝了余浆废物的排放，也大大减少了废水的排放。由于采用新工艺进行生产，管桩离心后余浆基本接近于无，同时压蒸养护工艺采用循环用水。

预应力高强混凝土耐腐蚀管桩不仅取代了传统管桩的各种优势，更进一步弥补了管桩多年以来使用时的种种不足。混凝土主要由胶凝材料、砂、碎石、外加剂，矿物掺和料和水等组成，其中水灰比为0.2～0.4，胶凝材料为水泥或水泥与掺和料的混合物。胶凝材料的比表面积为300～450kg/m²；砂的细度模数为2.0～3.5，砂率为27%～44%；碎石的粒径为5～25mm；外加剂为萘系高效减水剂或聚羧酸盐高性能减水剂。

适用范围

产品适用于非抗震设计及抗震设防烈度小于等于8度地区的工业与民用建筑、构筑物等工程的低承台基础。

预应力高强混凝土耐腐蚀管桩（C80管桩）是一种重要的桩基材料，可用于高层建筑、大跨度桥梁、高速公路和港口码头等工程的桩基础，可以缩短建设周期，同时节约大量的能源材料，因而在建筑业得到了广泛的应用。

技术指标

产品执行 GB/T 50081—2019《混凝土物理力学性能试验方法标准》、GB/T 50082—2009《普通混凝土长期性能和耐久性能试验方法标准》、GB 50164—2011《混凝土质量控制标准》、GB/T 13476—2023《先张法预应力混凝土管桩》等标准，部分性能如下：

耐久性项目		GB/T 50476—2019			实测值
		标准值	使用范围	使用年限	
抗冻性能	循环次数	F400	严寒地区及除冰盐等其他氯化物环境	100年	400
	动弹性模量	≥80			86.0%
	质量损失	≤5.0			0.2%
抗硫酸盐性能		KS120	严重硫酸盐腐蚀环境		150
抗渗性能			国家标准最高 P12		P15
混凝土电通量（C）		≤1000	严重氯盐腐蚀环境	100年	454
氯离子扩散系数（RCM）（10^{-12}m²/s）		≤4.0	严重氯盐腐蚀环境	100年	0.8

工程案例

中天绿色精品钢（通州湾海门港片区）全厂总图运输单元二标段工程、兴化调味品产业集聚区一期项目。

生产企业

汤和建华建材（扬州）有限公司（简称扬州建华）是隶属于建华建材集团的子公司。建华建材集团是混凝土制品与技术综合服务商、国家住宅产业化基地、制造业单项冠军示范企业，创建于1992年，前身是建华管桩。

自创立之日起，建华建材集团始终坚持"走正道、负责任、心中有别人"的企业文化，至今已在国内建立了67家生产基地、

电话：0514-86661677

汤和建华建材（扬州）有限公司

300 多个服务网点，共有员工 3 万余人；在海外建立了 2 个生产基地，产品销往越南、印度尼西亚、马来西亚等多个国家。2022 年，建华建材集团位列"中国民营企业 500 强"第 277 位、"中国制造业企业 500 强"第 280 位。

扬州建华成立于 2013 年 1 月，位于扬州市江都区大桥镇杨桥村杨湾港，公司占地 239 亩，注册资本 12000 万元人民币，现有员工 400 余人。2014 年 8 月 8 日，第一条全自动管桩和方桩生产线顺利投产。全线建成后，预应力混凝土管桩及新型水泥制品年产量可达 1000 万米，届时将成为长三角流域较大规模的管桩建材生产基地，预计将形成 20 亿元的年产销规模。

扬州建华主要生产、加工预应力混凝土管桩、水泥混凝土电杆、钢筋混凝土方桩、混合配筋预应力混凝土管桩、防腐管桩、抗拔桩、异型桩、变径桩、钢管桩、H 型钢混凝土桩、竹节桩、加气混凝土砌块、混凝土墙体材料、混凝土水管、灰砂砖及水泥构件，2021 年度产量达到 500 万米，销售收入超过 8 亿元，上缴利税 3000 多万元。

扬州建华积极响应江都区委、区政府号召，利用公司自身技术、生产工艺优势，重点发展建筑产业化产品、新型建材、轻质建材、耐火材料等建材产业，打造集生产、交易、展示、研发、信息交流、商贸金融服务于一体的综合性建材产业园区。

汤和建华建材（扬州）有限公司

证书编号：LB2023FS001

弹性体改性沥青防水卷材、预铺防水卷材、自粘聚合物改性沥青防水卷材

产品简介

弹性体改性沥青防水卷材是以 SBS 改性沥青为浸渍覆盖层，以聚酯纤维无纺布作为胎基，以塑料薄膜、石英砂、页岩片为防粘隔离层，经选材、配料、共熔、浸渍、复合成型、卷曲等工序加工制作而成，具有耐高温、较高的弹性和耐疲劳性、延伸性能好，使用寿命长，施工简便，污染小等特点。

预铺防水卷材是以塑料、沥青为主体材料，一面有自粘胶，胶表面采用不粘或减粘材料处理，与后浇筑混凝土黏结的防水卷材。它对基面要求低，施工自由度高，不受天气变化的影响，能在潮湿基面上施工，从而大大地缩短工期、节约成本。

自粘聚合物改性沥青防水卷材以自粘聚合物改性沥青为基料，以优质聚乙烯膜、聚酯膜、铝箔或防粘隔离材料作为表面材料，具有良好的不透水性、低温柔性、延伸性、黏结性、抗变形性能及自愈性好等特点，易于施工，可以提高铺设速度，加快工程进度。

适用范围

产品可应用于工业与民用建筑的屋面和地下、地铁、隧道、公路、铁路、桥梁、机场跑道、蓄水池等工程领域。

技术指标

<table>
<tr><td colspan="6" align="center">弹性体改性沥青防水卷材主要性能参数</td></tr>
<tr><td rowspan="2">序号</td><td rowspan="2" colspan="2">项目</td><td rowspan="2"></td><td colspan="2" align="center">指标</td></tr>
<tr><td align="center">I</td><td align="center">II</td></tr>
<tr><td rowspan="2">1</td><td rowspan="2" colspan="2">可溶物含量（g/m²）≥</td><td align="center">3mm</td><td colspan="2" align="center">2100</td></tr>
<tr><td align="center">4mm</td><td colspan="2" align="center">2900</td></tr>
<tr><td rowspan="2">2</td><td rowspan="2" colspan="2">耐热性</td><td align="center">℃</td><td align="center">90</td><td align="center">105</td></tr>
<tr><td align="center">滑动（mm）≤</td><td colspan="2" align="center">2</td></tr>
<tr><td>3</td><td colspan="3" align="center">低温柔性（℃）</td><td align="center">−20</td><td align="center">−25</td></tr>
<tr><td>4</td><td colspan="3" align="center">不透水性</td><td colspan="2" align="center">0.3MPa/30min</td></tr>
<tr><td>5</td><td colspan="2" align="center">拉力</td><td align="center">最大峰拉力（N/50mm）≥</td><td align="center">500</td><td align="center">800</td></tr>
<tr><td>6</td><td colspan="2" align="center">延伸率</td><td align="center">最大峰时延伸率（%）≥</td><td align="center">30</td><td align="center">40</td></tr>
</table>

北新防水（河南）有限公司

地址：河南省长葛市佛耳湖镇辛集村（107国道西侧）
电话：0374-6846998
传真：0374-6846998
官方网站：http://www.jinmuzhi.com.cn/

预铺防水卷材主要性能参数

序号	项目		指标	
			P	PY
1	可溶物含量（g/m²）≥		—	2900
2	耐热性		80℃，2h无滑移、流淌、滴落	70℃，2h无滑移、流淌、滴落
3	拉伸性能	拉力（N/50mm）≥	600	800
		拉伸强度（MPa）≥	16	—
		断裂伸长率/%≥	400	—
		最大拉力伸长率（%）≥	—	40
4	低温柔性		−25℃无裂纹	−20℃无裂纹

自粘聚合物改性沥青防水卷材主要性能参数

序号	项目		指标			
			N 类		PY 类	
			I	II	3mm	4mm
1	可溶物含量（g/m²）≥		—	2900	2100	2900
2	耐热性		70℃，2h无滑移、流淌、滴落			
3	拉伸性能	拉力（N/50mm）≥	150	200	450	600
		断裂伸长率（%）≥	200			
		最大拉力伸长率（%）≥	200		30	40
4	低温柔性（无裂纹）		−20℃		−30℃	

工程案例

北京大兴机场、郑州地铁 14 号线、郑州轨道交通 5 号线、郑东新区凤阳中学项目、安徽省宣城市蓝城桃花源项目、碧桂园翡翠湾、郑州奥体中心、合肥市轨道交通 3 号线、重庆地铁 10 号线等项目。

生产企业

北新防水（河南）有限公司隶属于北新集团建材股份有限公司（简称"北新建材"）。北新建材是国务院国资委直属央企中国建材集团（世界 500 强第 203 位）旗下的 A 股上市公司（000786.SZ）。北新防水（河南）有限公司成立于 2000 年 3 月，是集防水材料研发、生产、销售、施工及技术服务于一体的防水系统综合服务商。公司始终认为质量是北新防水（河南）有限公司的生命线，从设计材料选用、施工过程管控到成品管理保护，实现全程管控、无缝链接的标准化工作流程，致力于解决建筑防水工程渗漏问题，同时带动中国防水产业的新变革，为全人类创造更美好的生活环境不断前行。公司现已拥有 8 条全自动卷材生产线、2 条高分子生产线、3 个涂料生产车间，主要产品包括高分子类防水卷材、沥青类防水卷材和各类防水涂料及配套类产品共 3 大类 21 个系列 105 个品种，广泛应用于民用建筑、市政工程、高铁、地铁、地下管廊及高速公路和城市道桥等领域，多项工程项目荣获建筑防水领域"大豫杯优质防水工程奖"，是国家高新技术企业、中国建筑防水行业标准化实验室、中国建筑防水协会副会长单位、中国房地产供应商竞争力 10 强（防水材料）、中国建材企业 500 强企业、中国防水材料 10 强企业。

北新防水（河南）有限公司

地址: 河南省长葛市佛耳湖镇辛集村 (107 国道西侧)
电话: 0374-6846998
传真: 0374-6846998
官方网站: http://www.jinmuzhi.com.cn/

证书编号：LB2023FS002

高弹厚质丙烯酸防水涂料、聚氨酯防水涂料、非固化橡胶沥青防水涂料

产品简介

高弹厚质丙烯酸防水涂料是以优质改性丙烯酸乳液和多种添加剂组成的有机溶液，经化学配比加工制成的水性防水涂料。它有一定强度和高柔韧性，也具有耐水、耐老化、抗裂等优质性能；在潮湿、干燥基层上均可施工，黏结强度高，与基层和外保护装饰层有着良好的黏结性能；涂膜延伸率大，对基层收缩和变形开裂适应性强。

聚氨酯防水涂料分为单组分聚氨酯防水涂料和双组分聚氨酯防水涂料，该产品基层黏结力好，拉伸强度、耐候性、耐化学性能好，具有很好的延伸率，固化后形成无接缝整体防水层，能够经受结构的微量变化和环境变化，膜密实，防水层完整，无裂缝，无针孔，无气泡，水蒸气渗透系数小，既具有防水功能又有隔气功能，防水性能优越。

非固化橡胶沥青防水涂料是采用橡胶改性沥青和特殊添加剂，经特殊工艺而制成的改性沥青防水涂料。它在应用状态下长期保持黏性膏体，具有较强的蠕变性和自愈性；耐久、耐腐、耐高低温、无毒无味、黏结性强，可在潮湿基面施工，且能与任何异物黏结；能阻止水在防水层流窜，易维护管理，也可与其他防水材料同时使用，形成复合式防水层，以提高防水效果。

适用范围

产品可应用于工业与民用建筑的屋面和地下、地铁、隧道、公路、铁路、桥梁、机场跑道、蓄水池等工程领域。

 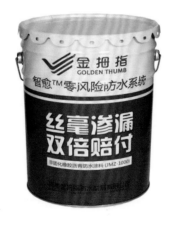 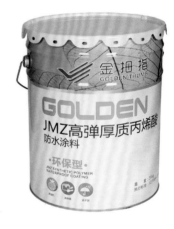

 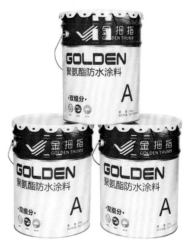

北新防水（河南）有限公司

地址：河南省长葛市佛耳湖镇辛集村（107国道西侧）
电话：0374-6846998
传真：0374-6846998
官方网站：http://www.jinmuzhi.com.cn/

技术指标

高弹厚质丙烯酸防水涂料主要性能参数

序号	项目	指标	
		I	II
1	固体含量（%）≥	65	
2	拉伸强度（MPa）≥	1.0	1.5
3	断裂延伸率（%）	300	
4	不透水性（0.3MPa，30min）	不透水	

聚氨酯防水涂料主要性能参数

序号	项目	指标	
		单组分	双组分
1	固体含量（%）≥	85	92
2	拉伸强度（MPa）≥	2.0	
3	断裂延伸率（%）	500	
4	不透水性（0.3MPa，120min）	不透水	

非固化橡胶沥青防水涂料主要性能参数

序号	项目	指标
	闪点（℃）≥	180
1	固体含量（%）≥	98
2	延伸性（mm）≥	15
3	低温柔性	−20℃无裂纹
4	耐热性	65℃无滑动、流淌、滴落

工程案例

北京大兴机场、郑州地铁14号线、郑州轨道交通5号线、郑东新区凤阳中学项目、安徽省宣城市蓝城桃花源项目、碧桂园翡翠湾、郑州奥体中心、合肥市轨道交通3号线、重庆地铁10号线等项目。

生产企业

北新防水（河南）有限公司隶属于北新集团建材股份有限公司（简称"北新建材"）。北新建材是国务院国资委直属央企中国建材集团（世界500强第203位）旗下的A股上市公司（000786.SZ）。北新防水（河南）有限公司成立于2000年3月，是集防水材料研发、生产、销售、施工及技术服务于一体的防水系统综合服务商。公司始终认为质量是北新防水（河南）有限公司的生命线，从设计材料选用、施工过程管控、到成品管理保护，实现全程管控、无缝链接的标准化工作流程，致力于解决建筑防水工程渗漏问题，同时带动中国防水产业的新变革，为全人类创造更美好的生活环境不断前行。公司现已拥有8条国内领先的全自动卷材生产线、2条高分子生产线、3个涂料生产车间，主要产品高分子类防水卷材、沥青类防水卷材和各类防水涂料及配套类产品共3大类21个系列105个品种，广泛应用于民用建筑、市政工程、高铁、地铁、地下管廊及高速公路和城市道桥等领域，多项工程项目荣获建筑防水领域"大豫杯优质防水工程奖"，是国家高新技术企业、中国建筑防水行业标准化实验室、中国建筑防水协会副会长单位、中国房地产供应商竞争力10强（防水材料）、中国建材企业500强企业、中国防水材料10强企业。

北新防水（河南）有限公司

地址：河南省长葛市佛耳湖镇辛集村（107国道西侧）
电话：0374-6846998
传真：0374-6846998
官方网站：http://www.jinmuzhi.com.cn/

证书编号：LB2023FS003

天诺橡胶止水带、三元乙丙橡胶弹性密封垫

产品简介

橡胶止水带系以天然橡胶与各种合成橡胶为主要原料，掺加各种助剂及填充料，经塑炼、混炼、压制成型，以天然橡胶或各种合成橡胶为主要原料，掺入多种助剂和填充料，经塑化、混炼、压延和硫化等工序制成。该止水材料具有良好的弹性、耐磨性、耐老化性和抗撕裂性能，适应变形能力强、防水性能好，一般常在地下室外墙和后浇带施工时使用。

公司生产的三元乙丙橡胶密封垫主要应用于混凝土预制盾构管片接缝的密封止水，产品在横断面上设有若干个孔隙，在受到外力挤压时，橡胶自身的弹性和孔隙变形产生的反弹力使产品起到良好的防水止水效果。三元乙丙橡胶与遇水膨胀橡胶复合则使密封垫加上了"双重保险"，当密封垫遇水时，遇水膨胀橡胶就会缓慢膨胀，从而起到以水止水的防水作用。三元乙丙橡胶与遇水膨胀橡胶复合密封垫采用先进微波硫化结合的生产工艺，三元乙丙胶料和遇水膨胀胶料同步挤出复合，一次硫化成型。

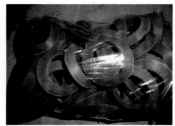

适用范围

橡胶止水带主要用于混凝土现浇时设在施工缝及变形缝内与混凝土结构成为一体的基础工程，如地下设施、隧道涵洞、输水渡槽、拦水坝、贮液构筑物等。

三元乙丙橡胶弹性密封垫适用于拼装式地下工程管道的接缝防水密封。

技术指标

橡胶止水带技术指标如下：

序号	项目		指标
1	硬度（邵尔 A，度）		60±5
2	拉伸强度（MPa）≥		10
3	拉断伸长率 /% ≥		380
4	压缩永久变形	70℃ ×24h，25% ≤	35
		23℃ ×168h，25% ≤	20
5	撕裂强度（kN/m）≥		30
6	脆性温度（℃）≤		-45
7	热空气老化 70℃ ×168h	硬度变化（邵尔 A，度）≤	+8
		拉伸强度（MPa）≥	9
		拉断伸长率（%）≥	300
8	臭氧老化 $50×10^{-8}$：20%，（40±2）℃ ×48h		无裂纹
9	橡胶与金属黏合		橡胶间破坏

衡水市华北塑胶有限责任公司

地址：景县留府东苦水营
电话：0318-4353114

三元乙丙橡胶弹性密封垫技术指标如下：

序号	检测项目		指标
1	硬度（邵氏 A，度）		60～70
2	硬度偏差（度）		±5
3	拉伸强度（MPa）≥		10
4	拉断伸长率（%）≥		330
5	压缩永久变形	70℃ ×24h，25% ≤	25
		23℃ ×24h，25% ≤	15
6	热空气老化，70℃ ×96h	硬度变化（度）≤	6
		拉伸强度降低率（%）≤	15
		断裂伸长率降低率（%）≤	30
7	防霉等级		不低于二级

工程案例

1. 成都轨道交通 18 号线工程土建 1 标项目：中埋式橡胶止水带、背贴式橡胶止水带、钢边式橡胶止水带、遇水膨胀止水条。

2. 成昆铁路有限责任公司：止水带。

3. 中铁三局集团有限公司桥隧工程分公司成都地铁 2 号线二期工程（东延伸线）土建 3 标项目经理部：三元乙丙弹性橡胶密封垫、丁腈软木垫、膨胀密封胶圈、酚醛黏结剂。

生产企业

衡水市华北塑胶有限责任公司是生产止、防水材料的专业厂家，成立于 1996 年，坐落于衡水市景县舍利塔下的人杰地灵之地，占地 48000 平方米，设备厂房办公用地 35000 平方米。公司经过 20 多年的发展已经形成完善的知识型管理体系，以市场为导向，注重产品的研发和创新，连年被评为"重合同守信用企业""产品质量信得过企业""连续三年质量稳定企业"。

公司注册资本 1 亿元，是 ISO 9001 质量管理体系认证企业、ISO 14001 环境管理体系认证企业、OHSAS 18001 职业健康安全管理体系认证企业、CRCC 铁路产品认证企业、中交交通产品认证企业、安全生产标准化企业、中国橡胶协会成员企业、中国建筑防水协会会员企业、中国面板坝协会成员企业，拥有进出口自主经营权。公司产品品种齐全，应用广泛，有 40 多种规格，主要分为以下几大类。塑料类：止水带、止水板、止水棒、PVC 垫片、PVC 管、聚氨酯闭孔泡沫板；橡胶类：止水带、止水条、橡胶垫片、氯丁橡胶棒、三元乙丙复合盖片、GB 条、塑性填料、胶管、P 型闸门止水、双组分聚硫（聚氨酯）密封胶等。

公司现有平板硫化机 30 台，自动密炼设备 1 套，密炼机 2 台、开炼机 4 台，止水带年生产能力 300 多万米；微波硫化机 4 台，年生产管片防水材料 80 多万环；橡塑挤出机 3 台，年生产止水条 500 多万米，年生产塑性填料 1 万多吨；年生产氯丁橡胶棒 150 多万米；塑料挤出机 2 台，年生产 EVA 止水带 80 多万米，复合盖片、垫片 30 多万米等。各类产品多年来应用在重点大型工程项目有 100 多项，高速项目如成都机场高速、仁沐新高速、铁本高速、筠巡快速路、梁忠高速、望安高速、巴达高速、邢汾高速、承秦高速等；地铁项目如石家庄地铁、福州地铁、南宁地铁、深圳地铁、成都地铁、乌鲁木齐地铁、兰州地铁；铁路项目如兴泉铁路、穿山港铁路、成昆铁路、杭黄铁路、川藏铁路、成兰铁路、贵阳枢纽、贵州久永铁路、京沪高铁、巴达铁路、沪昆客运专线、武广客运专线、太原枢纽铁路、广深港铁路、大理至瑞丽铁路、石太客运专线、太中银铁路等；水电、水库项目如金佛山、猴子岩、卡基娃、溧阳抽水蓄能、苗家坝、向家坝、扎毛水库、小井沟、鸭嘴河、大小石峡、金家坝、杨东河、南水北调等国家工程。

地址：景县留府东苦水营
电话：0318-4353114

衡水市华北塑胶有限责任公司

证书编号：LB2023FS004

科顺 SBS 弹性体改性沥青防水卷材、压敏反应型高分子湿铺防水卷材、铁路桥用高聚物改性沥青防水卷材

产品简介

"科顺"牌 SBS 弹性体改性沥青防水卷材以优质沥青添加苯乙烯 - 丁二烯 - 苯乙烯（SBS）、弹性体树脂作改性材料，经特殊工艺配制成高聚物改性沥青材料，中置增强胎体、外覆盖多种表面材料而构成。

"科顺"牌压敏反应型高分子湿铺防水卷材是以石油沥青为基料，加入特种改性剂制成的自粘改性沥青，以聚酯胎基为加强层，上表面覆可剥离的涂硅隔离膜，下表面覆可剥离的涂硅隔离膜或聚乙烯膜（PE 膜），是一种可以湿铺施工的聚酯胎自粘改性沥青防水卷材。

"科顺"牌铁路桥用高聚物改性沥青防水卷材以长纤聚酯胎为毡基，SBS 作为主改性剂，并辅以增加黏结性能、提高耐疲劳性能和抗剪切性能的多种辅助改性剂特殊配方，是由改性沥青作为涂盖料，两面覆以细砂为隔离材料，并由科学的偏胎制成的铁路桥用防水卷材。

适用范围

SBS 弹性体改性沥青防水卷材适用于工业与民用建筑的地下室和屋面防水；地铁、综合管廊、隧道、水利等工程的防水等。

压敏反应型高分子湿铺防水卷材广泛应用于各类建筑的非暴露屋面、地下和室内露台防水工程，以及明挖地铁、隧道、水池、水渠等防水工程，尤其适用于不准动用明火或雨季施工的防水工程。

铁路桥用高聚物改性沥青防水卷材应用于各种非外露的铁路混凝土桥梁的桥面防水，涵洞、隧道防水等工程防水。

技术指标

SBS 弹性体改性沥青防水卷材技术指标如下：

序号	项目		指标	
			I PY	II PY
1	耐热性	℃	110	130
		≤ mm	2	
		试验现象	无流淌、滴落	
2	不透水性（30min）	0.3MPa	0.3MPa	
3	拉力	最大峰拉力（N/50mm）≥	500	800
		试验现象	拉伸过程中，试件中部无沥青涂盖层开裂或与胎基分离现象	
4	延伸率	最大峰时延伸率（%）≥	25	40
5	浸水后质量增加（%）≤	PE、S	1.0	
		M	2.0	
6	热老化	拉力保持率（%）≥	90	
		延伸率保持率（%）≥	80	
		低温柔性（℃）	-2	-10
			无裂缝	
		尺寸变化率（%）≤	0.7	0.7
		质量损失（%）≤	1.0	
7	接缝剥离强度（N/mm）≥		1.0	
8	人工气候加速老化	外观	无滑动、流滴、滴落	
		拉力保持率（%）≥	80	
		低温柔性（℃）	-2	-10
			无裂缝	

压敏反应型高分子湿铺防水卷材技术指标如下：

序号	项目		指标
			PY
1	拉伸性能	拉力（N/50mm）≥	500
		最大拉力时伸长率（%）≥	30
		拉伸时现象	胶层与高分子膜或胎基无分离

科顺防水科技股份有限公司

地址：广东省佛山市顺德区容桂街道红旗中路 38 号之一
电话：0757-28603333
传真：0757-26614480-1010
官方网站：www.keshun.com.cn

续表

序号	项目		指标 PY
2	撕裂力（N）≥		200
3	耐热性（70℃，2h）		无流淌、滴落，滑移≤2mm
4	卷材与卷材剥离强度（搭接边） （N/mm）	无处理≥	1.0
		浸水处理≥	0.8
		热处理≥	0.8
5	渗油性（张数）≤		2
6	持黏性（min）≥		30
7	与水泥砂浆剥离强度（N/mm）	无处理≥	1.5
		热处理≥	1.0
8	与水泥砂浆浸水后剥离强度（N/mm）≥		1.5
9	热老化（80℃，168h）	拉力保持率（%）≥	90
		伸长率保持率（%）≥	80
		低温柔性（-18℃）	无裂纹

铁路桥用高聚物改性沥青防水技术指标如下：

序号	项目		指标
1	可溶物含量（g/m²）	4.5mm 厚，≥	3100
2	耐热性		115℃，不流淌，不滴落
3	最大峰拉力（纵横向）（N/cm）≥		210
4	最大峰时的延伸率（纵横向）（%）≥		50
5	撕裂强度（N）≥		450
6	不透水性，0.4MPa，2h		不透水
7	抗穿孔性		不渗水
8	剪切状态下的黏合性（N/mm）≥		10.0 或卷材破坏
9	保护层混凝土与防水卷材黏结强度（MPa）≥		0.1
10	热处理尺寸变化率（纵、横向）（%）		±0.5
11	热老化处理	外观质量	无起泡、裂缝、黏结与孔洞
		最大峰拉力变化率（%）	±20
		断裂时延伸率变化率（%）	±20
		低温柔性	-25℃，无裂缝
12	人工气候加速老化	最大峰拉力变化率（纵横向）	720h，±20%
		断裂时延伸率变化率（纵横向）	720h，±20%
		低温柔性	720h，-25℃，无裂缝
13	耐化学侵蚀	最大峰拉力变化率（%）	±20
		断裂时延伸率变化率（%）	±20
		低温柔性	-25℃，无裂纹

工程案例

莆田市涵江区江口镇实庭圆圈片区改造安置房建设工程、莆田市涵江溪游防水工程项目。

生产企业

科顺防水科技股份有限公司（科顺股份股票代码：300737）成立于1996年，位列全球建筑材料上市公司百强，历经20余年的稳健经营和高效发展，现已成长为以提供防水综合解决方案为主业，集工程建材、民用建材、建筑修缮、减隔震业务板块于一体，业务范围涵盖海内外的综合建材集团。

目前，集团控股分子公司38家，在全国布局10余座高度数字化、自动化、配备先进环保设备的生产及研发基地，设立近20000个经销及服务网点，拥有和申请专利超过350项，与中建三局、中建八局、中铁建设、中铁物资、陕西建工等知名建筑企业，牧原股份、新希望六和、正邦集团、中农联集团、信发集团等知名集团企业及碧桂园、万科、融创、中海、招商蛇口、金茂等多家优质百强房企保持长期战略合作关系，产品和服务被广泛应用于国家游泳中心（水立方）、北京大兴机场、港珠澳大桥、文昌发射基地、大亚湾核电站等经典工程。

我们始终秉承"延展建筑生命，守护美好生活"的企业使命，以"与长期同行者共创共享"为核心价值观，深耕建筑建材领域，通过技术创新、服务升级，持续推动行业进步，为维护建筑的安全性、耐久性、节能性、美观性贡献价值，致力于成为值得长期信赖的建材系统服务商，为人类美好建筑创造高价值的产品与服务。

科顺防水科技股份有限公司

地址：广东省佛山市顺德区容桂街道红旗中路38号之一
电话：0757-28603333
传真：0757-26614480-1010
官方网站：www.keshun.com.cn

证书编号：LB2023FS005

科顺无溶剂环保型单组分聚氨酯防水涂料、高聚物水泥弹性防水涂料、非固化橡胶沥青防水涂料

产品简介

"科顺"牌聚氨酯防水涂料类是以异氰酸酯、聚醚多元醇为主要原料，配以多种助剂、填料等混合制成。材料施工后与空气中的湿气接触，触发体系内封闭固化剂，从而固化成膜。反应过程中不产生气体，避免了传统材料固化时产生气体，使涂膜产生鼓泡的问题。

"科顺"牌聚合物水泥弹性防水涂料是以丙烯酸酯、乙烯 - 乙酸乙烯酯等聚合物乳液和水泥为主要原料，加入填料及其他助剂配制而成，经水分挥发和水泥水化反应固化成膜的双组分水性防水涂料。水性环保涂料无毒无害，能在潮湿（无明水）基面上施工，涂膜拉伸强度高，延伸率好，有效预防因基层的伸缩而产生的裂纹。

"科顺"牌蠕变型非固化橡胶沥青防水涂料是一种新型环保、高固含量的热熔型沥青防水涂料，具有与空气长期接触后不固化，始终保持黏稠胶质的特性，自愈能力强，碰触即黏，难以剥离；它能解决因基层开裂应力传递给防水层而造成的防水层开裂、疲劳破坏或处于高应力状态下提前老化的问题。同时，蠕变型材料的黏滞性使其能够很好地封闭基层的毛细孔和裂缝，解决防水层的窜水难题；还能解决现有防水卷材和防水涂料复合使用时相容性差的问题。蠕变型橡胶沥青防水涂料可采用热刮涂和热注浆等多种施工方法，是有别于现有防水材料的新型防水涂料。

适用范围

聚氨酯防水涂料适用于建筑物各种平斜屋面、天台等不规则屋面的防水工程；地下建筑防水工程；卫生间、阳台、厨房、泳池、蓄水池、水闸地面、施工缝、伸缩缝、穿墙管、落水口等各种建筑物防水。

聚合物水泥防水涂料适用于厨卫间、水池、游泳池的防水防渗；室内、外墙整体的防水防潮（用于外墙涂料饰面层前防水防潮处理）；适合长期浸水的环境使用，如卫生间、地下建筑等。

非固化橡胶沥青防水涂料广泛用于工业及民用建筑屋面和地下防水工程；变形缝的注浆堵漏工程；本产品与卷材复合施工，形成可靠的复合防水系统。

技术指标

聚氨酯防水涂料技术指标如下：

序号	项目		技术指标 I
1	固体含量（%）≥		85.0
2	表干时间（h）≤		12
3	实干时间（h）≤		24
4	流平性		20min 时，无明显齿痕
5	拉伸强度（MPa）≥		2.00
6	断裂伸长率（%）≥		500
7	撕裂强度（N/mm）≥		15
8	低温弯折性		−35℃，无裂纹
9	不透水性		0.3MPa，120min，不透水
10	加热伸缩率（%）		−4.0 ～ +1.0
11	黏结强度（MPa）≥		1.0
12	吸水率（%）≤		
13	定伸时老化（加热老化）		无裂纹及变形
14	热处理（80℃，168h）	拉伸强度保持率（%）	80 ～ 150
		断裂伸长率（%）≥	450
		低温弯折性	−30℃，无裂纹
15	碱处理 [0.1%NaOH+ 饱和 Ca(OH)$_2$ 溶剂，168h]	拉伸强度保持率（%）	80 ～ 150
		断裂伸长率（%）≥	450
		低温弯折性	−30℃，无裂纹
16	酸处理（2%H$_2$SO$_4$ 溶液，168h）	拉伸强度保持率（%）	80 ～ 150
		断裂伸长率（%）≥	450
		低温弯折性	−30℃，无裂纹

科顺防水科技股份有限公司

地址：广东省佛山市顺德区容桂街道红旗中路 38 号之一
电话：0757-28603333
传真：0757-26614480-1010
官方网站：www.keshun.com.cn

聚合物水泥防水涂料技术指标如下：

序号	试验项目	技术指标		
		I 型	II 型	III 型
1	固体含量（%）≥	70	70	70
2	拉伸强度（MPa）≥	1.2	1.8	1.8
3	断裂伸长率（%）≥	200	80	30
4	低温柔性（ϕ10mm 棒）	−10℃无裂纹	—	—
5	不透水性（0.3MPa，30min）	不透水	不透水	不透水
6	潮湿基面黏结强度（MPa）	0.5	0.7	1.0
7	抗渗性（砂浆背水面）（MPa）≥	—	0.6	0.8

非固化橡胶沥青防水涂料技术指标如下：

序号	项目		技术指标
1	闪点（℃）		≥ 180
2	固含量（%）		≥ 98
3	黏结性能	干燥基面	100% 内聚破坏
		潮湿基面	
4	延伸性（mm）		≥ 15
5	低温柔性		−20℃，无断裂
6	耐热性 /℃		65
			无滑动、流淌、滴落
7	热老化（70℃，168h）	延伸性（mm）	≥ 15
		低温柔性	−15℃，无裂纹
		外观	无变化
8	耐酸性（2%H$_2$SO$_4$ 溶液）	延伸性（mm）	≥ 15
		质量变化（%）	±2.0
		外观	无变化
9	耐碱性[0.1%NaOH+ 饱和 Ca(OH)$_2$ 溶液]	延伸性（mm）	≥ 15
		质量变化（%）	±2.0
		外观	无变化
10	耐盐性（3%NaCl 溶液）	延伸性（mm）	≥ 15
		质量变化（%）	±2.0
11	自愈性		无渗水
12	渗油性（张）		≤ 2
13	应力松弛（%）	无处理	≤ 35
		热老化（70℃，168h）	
14	抗窜水性（0.6MPa）		无窜水

工程案例

莆田市涵江区江口镇实庭圆圈片区改造安置房建设工程、莆田市涵江溪游防水工程项目。

生产企业

科顺防水科技股份有限公司（科顺股份股票代码：300737）成立于 1996 年，位列全球建筑材料上市公司百强，历经 20 余年的稳健经营和高效发展，现已成长为以提供防水综合解决方案为主业，集工程建材、民用建材、建筑修缮、减隔震业务板块于一体，业务范围涵盖海内外的综合建材集团。

目前，集团控股分子公司 38 家，在全国布局十余座高度数字化、自动化，配备先进环保设备的生产及研发基地，设立近 20000 个经销及服务网点，拥有和申请专利超过 350 项，与中建三局、中建八局、中铁建设、中铁物资、陕西建工等知名建筑企业，牧原股份、新希望六和、正邦集团、中农联集团、信发集团等知名集团企业及碧桂园、万科、融创、中海、招商蛇口、金茂等多家优质百强房企保持长期战略合作关系，产品和服务被广泛应用于国家游泳中心（水立方）、北京大兴机场、港珠澳大桥、文昌发射基地、大亚湾核电站等经典工程。

我们始终秉承"延展建筑生命，守护美好生活"的企业使命，以"与长期同行者共创共享"为核心价值观，深耕建筑建材领域，通过技术创新、服务升级，持续推动行业进步，为维护建筑的安全性、耐久性、节能性、美观性贡献价值，致力于成为值得长期信赖的建材系统服务商，为人类美好建筑创造高价值的产品与服务。

科顺防水科技股份有限公司

地址：广东省佛山市顺德区容桂街道红旗中路 38 号之一
电话：0757-28603333
传真：0757-26614480-1010
官方网站：www.keshun.com.cn

证书编号：LB2023FS006

鲁泰高分子自粘胶膜预铺防水卷材、种植屋面用耐根穿刺防水卷材、热塑性聚烯烃（TPO）防水卷材

产品简介

高分子自粘胶膜预铺防水卷材是由合成高分子片材（HDPE）、高分子自粘胶膜、表面防（减）粘保护层（除卷材搭接区域）、隔离材料（需要时）构成的，与后浇混凝土黏结，防止黏结面蹿水的防水卷材。采用预铺反粘法施工，耐候防粘涂层含有特殊的有机物，在后浇筑的混凝土固化过程中能与其发生化学反应，从而实现有效黏结，形成有效的互穿黏结和巨大的分子间力，消除了蹿水通道，与混凝土结构自防水实现融合。

种植屋面用耐根穿刺防水卷材是以长纤聚酯纤维毡、特殊复合胎基为卷材胎基，以添加进口化学阻根剂（德国进口）的 SBS/APP 改性沥青为涂盖材料，两面覆以聚乙烯膜、细砂或矿物粒料为隔离材料制成的耐根穿刺防水卷材。

热塑性聚烯烃 (TPO) 防水卷材是通过特殊的共混技术将乙丙橡胶与聚丙烯聚合在一起，并加入抗氧化剂、防老剂、软化剂制成的热塑性聚烯烃类防水卷材。它综合了橡胶类和塑料类高分子卷材的优点。

适用范围

高分子自粘胶膜预铺防水卷材适用于各种地下建筑、洞库、隧道、地铁、市政建设等防水抗渗工程。

种植屋面用耐根穿刺防水卷材适用于种植屋面及需要绿化的地下建筑物顶板的耐植物根系穿刺层，确保植物根系不对该层次以下部位的构造形成破坏，并有防水功能。

热塑性聚烯烃（TPO）防水卷材适用于各种地下建筑、隧道、市政管廊等基础设施防水工程。

技术指标

种植屋面用耐根穿刺防水卷材技术指标如下：

序号	项目				技术指标
1	耐霉菌腐蚀性	防霉等级			0级或1级
2	接缝剥离强度	无处理（N/mm）	沥青类防水卷材	SBS	≥1.5
				APP	≥1.0
			塑料类防水卷材	焊接	≥3.0 或卷材破坏
				黏结	≥1.5
			橡胶类防水卷材		≥1.5
		热老化处理后保持率（%）			≥80 或卷材破坏

高分子自粘胶膜预铺防水卷材技术指标如下：

项目		指标 P
拉伸性能	拉力（N/50mm）≥	600
	拉伸强度（MPa）	16
	膜断裂伸长率	400
	最大拉力时伸长率（%）≥	—
	拉伸时现象	胶层与主体材料或胎基无分离现象
钉杆撕裂强度（N）≥		400
抗穿刺强度（N）≥		350
抗冲击性能（0.5kg·m）		无渗漏
抗静态荷载		20kg，无渗漏
耐热性		80℃，2h无滑移、流淌、滴落
低温弯折性		主体材料 −35℃，无裂纹
低温柔性		胶层 −25℃，无裂纹

陕西鲁泰防水科技有限公司

地址：陕西省咸阳市永寿县能化建材园区建材二路
电话：029-37666799
传真：029-37666799
官方网站：http://www.jinyutai.com.cn

热塑性聚烯烃(TPO)防水卷材技术指标如下：

项目		指　标		
		H	L	P
拉伸性能	最大拉力（N/cm）≥	—	200	250
	拉伸强度（MPa）≥	12.0	—	—
	最大拉力时伸长率（%）≥	—	—	15
	断裂伸长率（%）≥	500	250	—
热处理尺寸变化率（%）≤		2.0	1.0	0.5
低温弯折性		-40℃无裂纹		
抗冲击性能		0.5kg·m，不渗水		
抗静态荷载		—	—	20kg不渗水
接缝剥离强度（N/mm）≥		4.0或卷材破坏		3.0
直角撕裂强度（N/mm）≥		60	—	—
梯形撕裂强度（N）≥		—	250	450
热老化(115℃)	最大拉力保持率（%）≥	—	90	90
	拉伸强度保持率（%）≥	90	—	—
	最大拉力时伸长率保持率（%）≥	—	—	90
	断裂伸长率保持率（%）≥	90	90	—
	低温弯折性	-40℃无裂纹		
人工气候加速老化	时间（h）	1500hb		
	最大拉力保持率（%）≥	—	85	85
	拉伸强度保持率（%）≥	85	—	—
	最大拉力时伸长率保持率（%）≥	—	—	80
	断裂伸长率保持率（%）≥	80	80	—
	低温弯折性	-40℃无裂纹		

工程案例

宝鸡建安集团太白海棠花园项目、建安尚锦苑、龙赵路管廊市政项目、陕西建工第十建设集团有限公司（四季阳光项目）、宝鸡福慧城项目、渭滨区高新污水处理厂、中铁宝桥集团、宝鸡陈仓区南环路地下管廊项目、磻溪派出所、陇县火箭军部队新建营房项目、陕西中岭大明万荟项目。

生产企业

陕西鲁泰防水科技有限公司成立于2018年，注册资本4800万元人民币，坐落于咸阳市永寿县能化建材园区，是一家集防水材料研发、生产、销售、施工于一体的科技型企业。公司现有3套装置设备先进的智能化卷材生产设备，改性沥青防水卷材生产线、自粘聚合物卷材生产线、高分子防水卷材生产线，将传统主要依靠人力完成的生产，升级为全线智能操控，中控室一键完成；自粘卷材线末端采用"德国库卡"机器人手臂，极大地提高生产效率，降低单位产能消耗。

公司主要生产"雨泰"牌系列防水材料、防水涂料。主要产品有SBS/APP改性沥青防水卷材、自粘聚合物改性沥青防水卷材、湿铺\预铺防水卷材、种植屋面用耐根穿刺防水卷材；高分子PVC/TPO/HDPE防水卷材；非固化橡胶沥青防水涂料、聚合物水泥防水涂料、环保型聚氨酯（单/双）防水涂料、水泥基渗透结晶型防水涂料、丙烯酸酯防水涂料、道桥用防水涂料等。

公司营销网络已覆盖陕西、甘肃、宁夏、青海、新疆、西藏、河南、山东、山西、湖北、安徽、河北等省市和地区。公司通过与国内知名房企、建筑企业合作，产品已广泛应用于大型房地产、高铁、地铁、城市地下综合管廊、工矿厂房等领域。

公司追求"专业、规范、求实、创新"，定位于防水系统之服务商，从工程初期技术介入、到竣工验收维护，为客户实行全方位、全过程防水系统服务，为客户创造更多价值，致力于防水行业健康发展，呵护建筑每一天。

陕西鲁泰防水科技有限公司

地址：陕西省咸阳市永寿县能化建材园区建材二路
电话：029-37666799
传真：029-37666799
官方网站：http://www.jinyutai.com.cn

证书编号：LB2023FS007

鲁泰聚合物水泥防水涂料、高弹丙烯酸酯防水涂料、液体防水卷材

产品简介

聚合物水泥防水涂料，简称 JS 防水涂料，是由高分子有机液料和无机粉料复合形成的双组分水性防水涂料。它综合了有机材料的弹性高和无机材料耐久性好等特点，可在潮湿或干燥的多种材质的基面上直接施工，涂覆后可形成高弹高强的防水涂膜层，无毒、无污染，可用于饮水工程，并且具有施工简便、工期短等优点。

高弹丙烯酸酯防水涂料是以丙烯酸酯乳液为基料，与多种添加剂填料复合而成的一种单组分水性环保高分子防水涂膜材料。

液体防水卷材是将 SBS、沥青等助剂经特殊工艺形成的高性能水性沥青防水涂料，涂料具有优良的弹性、自愈性、黏结性和耐老化等特性，现场经过一布二涂或二布三涂而形成无接缝的防水卷材，即称之为液体防水卷材。

适用范围

聚合物水泥防水涂料适用于结构复杂、异形结构多的工程，如建筑室内厕浴间、厨房、阳台、楼地面及地暖等部位的防水工程；也可用于非外露屋面多道防水设防中的一道；尤其适用于饮水工程、水池等对环保性要求高的防水工程。

高弹丙烯酸酯防水涂料适用于建筑室内厕浴间、厨房、阳台及楼地面等部位的防水工程。

液体防水卷材适用于各种地下建筑、隧道、市政管廊等基础设施防水工程。

技术指标

聚合物水泥防水涂料技术指标如下：

序号	项目		技术指标		
			I 型	II 型	III 型
1	固体含量（%）		70	70	70
2	拉伸强度	无处理（MPa）≥	1.2	1.8	1.8
		加热处理后保持率（%）≥	80	80	80
		碱处理后保持率（%）≥	60	70	70
		浸水处理后保持率（%）≥	60	70	70
		紫外线处理后保持率（%）≥	80	—	—
3	断裂伸长率	无处理（MPa）≥	200	80	80
		加热处理后保持率（%）≥	150	65	20
		碱处理后保持率（%）≥	150	65	20
		浸水处理后保持率（%）≥	150	65	20
		紫外线处理后保持率（%）	150	—	—
4	低温柔性（φ10mm 棒）		−10℃无裂纹	—	—
5	黏结强度	无处理（MPa）≥	0.5	0.7	1
		加热处理后保持率（%）≥	0.5	0.7	1
		碱处理后保持率（%）≥	0.5	0.7	1
		浸水处理后保持率（%）≥	0.5	0.7	1
6	不透水性（0.3MPa，30min）		不透水	不透水	不透水
			—	0.6	0.8
7	抗渗性（砂浆背水面）（MPa）≥			0.6	0.8

高弹丙烯酸酯防水涂料技术指标如下：

序号	试验项目	指标	
		I	II
1	拉伸强度（MPa）≥	1.0	1.5
2	断裂延伸率（%）≥	300	
3	低温柔性	−10℃，无裂纹	−20℃，无裂纹
4	不透水性（0.3MPa，30min）	不透水	
5	固体含量（%）≥	65	

陕西鲁泰防水科技有限公司

地址：陕西省咸阳市永寿县能化建材园区建材二路
电话：029-37666799
传真：029-37666799
官方网站：http://www.jinyutai.com.cn

续表

序号	试验项目		指标	
			I	II
6	干燥时间（h）	表干时间≤	4	
		实干时间≤	8	
7	处理后的拉伸强度保持率（%）	加热处理≥	80	
		碱处理≥	60	
		酸处理≥	40	
		人工气候老化处理≥	—	80～150
8	处理后的断裂延伸率（%）	加热处理≥		
		碱处理≥	200	
		酸处理≥		
		人工气候老化处理≥	—	200
9	加热伸缩率（%）	伸长≤	1.0	
		缩短≤	1.0	

液体防水卷材技术指标如下：

项目		L	H
固体含量（%）	≥	45	
耐热度 /℃		80±2	110±2
		无流淌、滑动、滴落	
不透水性		0.10MPa，30min 无渗水	
黏结强度（MPa）	≥	0.30	
表干时间（h）	≤	8	
实干时间（h）	≤	24	
低温柔度（℃）	标准条件	−15	0
	碱处理		
	热处理	−10	5
	紫外线处理		

工程案例

陕西中岭大明万荟项目、紫峰新座、宝鸡高新锦园、宝鸡陈仓区南环路地下管廊项目、凌云锦绣新城、凤县凤喜房地产有限公司、陕西伟芝堂老年公寓。

生产企业

陕西鲁泰防水科技有限公司成立于 2018 年，注册资本 4800 万元，坐落于咸阳市永寿县能化建材园区，是一家集防水材料研发、生产、销售、施工于一体的科技型企业。公司目前取得专利 10 余项，是中国建筑防水协会会员单位，2022 中国建筑防水企业 20 强、2022 中国建材企业 500 强和陕西省建筑协会团体标准参编单位。

公司现有 3 套装置设备先进的智能化卷材生产设备——改性沥青防水卷材生产线、自粘聚合物卷材生产线、高分子防水卷材生产线，将传统主要依靠人力完成的生产，升级为全线智能操控，中控室一键完成；自粘卷材线末端采用"德国库卡"机器人手臂，极大地提高了生产效率，降低了单位产能消耗。

公司主要生产"雨泰"牌系列防水材料、防水涂料。主要产品有 SBS/APP 改性沥青防水卷材、自粘聚合物改性沥青防水卷材、湿铺 / 预铺防水卷材、种植屋面用耐根穿刺防水卷材、高分子 PVC/TPO/HDPE 防水卷材；非固化橡胶沥青防水涂料、聚合物水泥防水涂料、环保型聚氨酯（单 / 双）防水涂料、水泥基渗透结晶型防水涂料、丙烯酸酯防水涂料、道桥用防水涂料等。

公司营销网络已覆盖陕西、甘肃、宁夏、青海、新疆、西藏、河南、山东、山西、湖北、安徽、河北等省市和地区。公司通过与国内知名房企、建筑企业合作，产品已广泛应用于大型房地产、高铁、地铁、城市地下综合管廊、工矿厂房等领域。产品在国家、省、市级抽检中均为合格并呈现优良品质，受到客户的高度好评和信赖。

公司追求"专业、规范、求实、创新"，定位于防水系统之服务商，从工程初期技术介入到竣工验收维护，为客户提供全方位、全过程防水系统服务，为客户创造更多价值，致力于防水行业健康发展，呵护建筑每一天。

陕西鲁泰防水科技有限公司

地址：陕西省咸阳市永寿县能化建材园区建材二路
电话：029-37666799
传真：029-37666799
官方网站：http://www.jinyutai.com.cn

证书编号：LB2023FS008

卓宝自粘聚合物改性沥青防水卷材、弹性体改性沥青防水卷材、预铺防水卷材

产品简介

　　贴必定 BAC 自粘防水卷材（PY）是以聚酯胎、自粘橡胶沥青胶料、隔离膜组合而成的一种有胎自粘防水卷材。该产品抵抗外力能力强，在一定程度上可减少因基层的变形及裂缝而引起的漏水现象，具有更高、更强的耐水压能力，更耐穿刺、撕裂及疲劳。

　　卓宝贴必定 MAC 非沥青基高分子自粘胶膜防水卷材是一种专门针对建筑防水预铺部位而研发的性能优越的复合防水材料，由高分子片材、高分子自粘胶（非沥青基）和颗粒材料组成。该防水卷材可以与后浇混凝土紧密黏结，消除了防水卷材与结构层之间的蹿水层，真正形成可靠的"皮肤"式防水系统。同时该防水卷材也具有优异的耐根穿刺、耐候性等性能。

　　SBS 弹性体改性沥青防水卷材是以 SBS（苯乙烯 - 丁二烯 - 苯乙烯）热塑性弹性体改性沥青为浸涂材料，以优质聚酯胎、玻纤胎、复合胎布为胎基，以聚乙烯膜（PE）、细砂（S）、矿物粒料（M）为覆面材料，采用先进的工艺精制而成的高弹性热熔防水卷材。

适用范围

　　聚合物水泥防水涂料适用于结构复杂、异形结构多的工程，可用于建筑室内厕浴间、厨房、阳台、楼地面及地暖等部位的防水工程，也可用于非外露屋面多道防水设防中的一道，尤其适用于饮水工程、水池等对环保性要求高的防水工程。

　　高弹丙烯酸酯防水涂料建筑室内厕浴间、厨房、阳台及楼地面等部位的防水工程。

　　液体防水卷材适用于各种地下建筑、隧道、市政管廊等基础设施防水工程。

技术指标

　　预铺防水卷材技术指标如下：

序号	项目		指标 P	
			I	II
1	拉伸性能	拉力（N/50mm） ≥	150	200
		最大拉力时伸长率（%） ≥	30	150
2	撕裂强度（N） ≥		12	25
3	耐热性		70℃，2h无位移、流淌、滴落	
4	卷材与卷材剥离强度（N/mm）≥	无处理	1.0	
		热处理	1.0	
5	与水泥砂浆剥离强度（N/mm）≥	无处理	2.0	
		热老化	1.5	
6	与水泥砂浆浸水后剥离强度（N/mm）≥		1.5	
7	热老化（70℃，168h）	拉力保持率（%）≥	90	
		伸长率保持率（%）≥	80	
		低温柔度（℃）	−13	−23
			无裂纹	
8	热稳定性	外观	无起鼓、滑动、流淌	
		尺寸变化（%） ≤	2.0	

深圳市卓宝科技股份有限公司

地址：深圳市福田区卓越梅林中心广场北区 2 栋 16 层
电话：0755-36800118
传真：0755-33052266
官方网站：www.zhuobao.com

自粘聚合物改性沥青防水卷材技术指标如下：

序号	项目		指标 N		
			PE		PET
			I	II	I
1	拉伸性能	拉力（N/50mm）≥	150	200	150
		最大拉力时延伸率（%）≥	200		30
		沥青断裂延伸率（%）≥	250		150
		拉伸时现象	拉伸过程中，在膜断裂前无沥青涂盖层与膜分离现象		
2	钉杆撕裂强度（N）		60	110	30
3	剥离强度（N/mm）≥	卷材与卷材	1.0		
		卷材与铝板	1.5		
4	钉杆水密性		通过		
5	热老化	拉力保持率（%）≥	80		
		最大拉力时延伸率（%）≥	200		30
		低温柔性（℃）	−18	−28	−18
			无裂纹		
		剥离强度卷材与铝板（N/mm）≥	1.5		
6	热稳定性	外观	无起鼓、褶皱、滑动、流淌		
		尺寸变化（%）≤	2		

SBS弹性体改性沥青防水卷材技术指标如下：

序号	项目		指标				
			I		II		
			PY	G	PY	G	PYG
1	耐热性	℃	90			105	
		≤ mm			2		
		试验现象			无流淌、滴落		
2	低温柔性（℃）		−20			−25	
					无裂纹		
3	不透水性（30min）		0.3MPa	0.2MPa		0.3MPa	
4	拉力	最大峰拉力（N/50mm）≥	500	350	800	500	900
		次高峰拉力（N/50mm）≥	—	—	—	—	—
		试验现象	拉伸过程中，试件中部无沥青涂盖层开裂或与胎基分离现象				
5	热老化	拉力保持率（%）≥			90		
		伸长率保持率（%）≥			80		
		低温柔性（℃）	−15			−20	
					无裂缝		
		尺寸变化率（%）	0.7		0.7		0.3
		质量损失（%）			1.0		
6	接缝剥离强度（N/mm）≥				1.5		
7	钉杆撕裂强度（N）≥		—				300
8	人工气候加速老化	外观	无滑动、流淌、滴落				
		拉力保持率（%）≥			80		
		低温柔性（℃）	−15			−20	
					无裂缝		

工程案例

穗莞深城际铁路、北京万达广场、深圳宝安国际机场T3航站楼、深圳市民中心广场、腾讯滨海大厦、广州国际会展中心、宁夏国际会议中心、中国国家博物馆改扩建工程等项目。

生产企业

深圳市卓宝科技股份有限公司（简称"卓宝科技"）是功能性建筑材料系统服务商、国家级高新技术企业，始创于1999年。卓宝科技总部位于深圳，下辖天津、苏州、石首、武汉、成都、惠州、佛山7大生产基地及多家分子公司。产品涵盖建筑防水、家装防水、装饰节能、海绵城市等，拥有400余项核心国家专利，2项国家重点新产品，2项FM认证产品。卓宝科技拥有强大的技术研发实力，有五大行业标准实验室，入选广东省重点实验室，并通过CNAS认可。卓宝科技是中国自粘防水卷材的代表品牌、中国建材企业500强、中国房地产500强开发商优选品牌。多年来，卓宝科技产品广泛应用于重大基础设施建设、工业建筑和民用、商用建筑等，铸造了中国国家博物馆、公安部大楼、腾讯全球新总部大楼等众多经典工程，参建的"鲁班奖"优质工程数十个。优质的产品与服务使卓宝科技与碧桂园、保利发展、华侨城、中国电建等知名地产商以及中建三局、宝冶、中建八局等大型央企总包建立了长期战略合作关系。

卓宝科技作为高品质防水系统佼佼者，将持续为社会奉献不渗漏的防水工程，呵护人类诗意安居。

深圳市卓宝科技股份有限公司

地址：深圳市福田区卓越梅林中心广场北区2栋16层
电话：0755-36800118
传真：0755-33052266
官方网站：www.zhuobao.com

证书编号：LB2023FS009

卓宝聚氨酯防水涂料、聚合物水泥防水涂料、水泥基渗透结晶防水材料

产品简介

卓宝科技引进国外技术研发、生产的水皮优超强弹性防水涂料（以下简称为"SPU涂料"）为单组分加水固化型聚氨酯防水涂料，是以异氰酸酯、聚醚为主要原料，配以多种助剂制成的反应型柔性防水涂料。该材料不含溶剂，有机挥发物（VOC）含量低，无毒无味，符合国家环保产品标准。

卓宝PMC聚合物水泥防水涂料采用优质建筑专用聚合物乳液为主要原料，是以多种助剂配制而成的防水乳液。卓宝JS聚合物水泥防水涂料是以优质高分子乳液和水泥为主要原料，加入多种无机材料和助剂配制而成的双组分高分子水性防水涂料，该涂料具有优异的耐候性、特强的黏结力、高强度、无毒无味等特点。

水泥基渗透结晶防水材料，是一种含有特殊活性化合物的水泥基粉状防水材料，其活性化合物可渗透到混凝土基体内，与水分持续发生化学反应，形成不溶于水的惰性结晶体，阻塞和封闭混凝土的孔隙和微裂缝，形成渗透防水层，加上本身层面密实的防水层，便形成两层致密、高强、经久可靠的防水层。

适用范围

聚氨酯防水涂料适用于一般建筑物的墙面、外墙、地下室、阳台、厨卫间的防水；一般建筑物的屋顶花园、游泳池、电梯井的防水；特殊建筑物如粮仓、人防工程、相关桥梁工程的防水；管道的密封、卷材的密封等相关辅助性防水。

聚合物水泥防水涂料（PMC，JS）适用于一般建筑屋面、地下室、外墙面、厨卫间及水池等防水工程。

水泥基渗透结晶防水材料产品广泛适用于工业与民用建筑的地下工程，如地铁、隧道、水池及水利等工程混凝土结构的防水与保护。

技术指标

聚氨酯防水涂料技术指标如下：

序号	项目		技术指标
1	固体含量（%）≥		85
2	拉伸强度（MPa）≥		2.0
3	断裂伸长率（%）≥		500
4	撕裂强度（N/mm）≥		15
5	低温弯折性（℃）≤		−35，无裂纹
6	不透水性		0.3MPa 120min 不透水
7	加热伸缩率（%）≤		−0.4～+1.0
8	黏结强度（MPa）≥		1.0
9	吸水率（%）≤		5.0
10	定伸时老化	加热老化	无裂纹及变形
11	热处理（80℃ 168h）	拉伸强度保持率（%）	80～150
		断裂伸长率（%）≥	450
		低温弯折性≤	−30℃，无裂纹
12	碱处理 [0.1%NaOH+ 饱和 Ca(OH)$_2$ 溶液，168h]	拉伸强度保持率（%）	80~150
		断裂伸长率（%）≥	450
		低温弯折性≤	−30℃，无裂纹
13	酸处理（2%H$_2$SO$_4$ 溶液，168h）	拉伸强度保持率（%）	80～150
		断裂伸长率（%）≥	450
		低温弯折性≤	−30℃，无裂纹

深圳市卓宝科技股份有限公司

地址：深圳市福田区卓越梅林中心广场北区 2 栋 16 层
电话：0755-36800118
传真：0755-33052266
官方网站：www.zhuobao.com

聚合物水泥防水涂料技术指标如下：

序号	项目		技术指标		
			I 型	II 型	III 型
1	固体含量（%） ≥		70		
2	拉伸强度	无处理（MPa） ≥	1.2	1.8	1.8
		加热处理后保持率（%） ≥	80	80	80
		碱处理后保持率（%） ≥	60	70	70
		紫外线处理后保持率（%） ≥	80	—	—
3	断裂伸长率	无处理（%） ≥	200	80	30
		加热处理（%） ≥	150	65	20
		碱处理（%） ≥	150	65	20
		紫外线处理（%） ≥	150	—	—
4	不透水性（0.3MPa 30min） ≥		不透水	不透水	不透水
5	潮湿基面黏结强度（MPa） ≥		0.5	0.7	1.0
6	抗渗性（背水面）（MPa） ≥		—	0.6	0.8

水泥基渗透结晶型防水材料技术指标如下：

序号	项目		技术指标
1	抗折强度（MPa，28d）		2.8
2	抗压强度（MPa，28d）		15
3	湿基面黏结强度抗折强度（MPa，28d）		1.0
4	砂浆抗渗性能	带涂层砂浆的抗渗压力（MPa，28d）	报告实测值
		抗渗压力比（带涂层）（%，28d） ≥	250
		去除涂层砂浆的抗渗压力（MPa，28d）	报告实测值
		抗渗压力比（去除涂层）（%，28d） ≥	175
5	混凝土抗渗性能	带涂层砂浆的抗渗压力（MPa，28d）	报告实测值
		抗渗压力比（带涂层）（%，28d） ≥	250
		去除涂层砂浆的抗渗压力（MPa，28d）	报告实测值
		抗渗压力比（去除涂层）（%，28d） ≥	175
		带涂层混凝土的第二次抗渗压力（MPa，56d） ≥	0.8

工程案例

穗莞深城际铁路、北京万达广场、深圳宝安国际机场 T3 航站楼、深圳市民中心广场、腾讯滨海大厦、广州国际会展中心、宁夏国际会议中心、中国国家博物馆改扩建工程等项目。

生产企业

深圳市卓宝科技股份有限公司（简称"卓宝科技"）是功能性建筑材料系统服务商、国家级高新技术企业,始创于 1999 年。卓宝科技总部位于深圳,下辖天津、苏州、石首、武汉、成都、惠州、佛山 7 大生产基地及多家分子公司。产品涵盖建筑防水、家装防水、装饰节能、海绵城市等,拥有 400 余项核心国家专利,2 项国家重点新产品,2 项 FM 认证产品。卓宝科技拥有强大的技术研发实力,有五大行业标准实验室,入选广东省重点实验室,并通过 CNAS 认可。卓宝科技是中国自粘防水卷材的代表品牌、中国建材企业 500 强、中国房地产 500 强开发商优选品牌。多年来,卓宝科技产品广泛应用于重大基础设施建设、工业建筑和民用、商用建筑等,铸造了中国国家博物馆、公安部大楼、腾讯全球新总部大楼等众多经典工程,参建的"鲁班奖"优质工程数十个。优质的产品与服务使卓宝科技与碧桂园、保利发展、华侨城、中国电建等知名地产商以及中建三局、宝冶、中建八局等大型央企总包建立了长期战略合作关系。

卓宝科技作为高品质防水系统佼佼者,将持续为社会奉献不渗漏的防水工程,呵护人类诗意安居。

深圳市卓宝科技股份有限公司

地址：深圳市福田区卓越梅林中心广场北区 2 栋 16 层
电话：0755-36800118
传真：0755-33052266
官方网站：www.zhuobao.com

证书编号：LB2023FS010

奥佳 SBS 弹性体改性沥青防水卷材、自粘聚合物改性沥青防水卷材、湿铺防水卷材

产品简介

弹性体改性沥青防水卷材是苯乙烯-丁二烯-苯乙烯（SBS）热塑性弹性体合成橡胶经过先进生产设备和工艺的搅拌、剪切、研磨，均匀分布于沥青中形成网络结构，形成具有高弹性、高延伸率、低脆点的优质聚合物改性沥青，浸涂和涂盖在胎体上，其上下表面覆以隔离材料所制成的防水卷材。产品主要特点包括：产品拉力大、延伸性好、高抗拉强度、高抗撕裂性、大尺寸稳定性好，对基层变形的适应能力强；产品韧性好、耐低温、耐紫外线、耐腐蚀、耐霉变、耐穿刺、耐硌破、耐候性能优异。

自粘聚合物改性沥青防水卷材是以 SBS 等合成橡胶、优质道路沥青及增黏剂为基料，采用无胎基或聚酯胎基，以高密度聚乙烯膜（PE）或聚酯膜（PET）等作为上表面材料（或无膜），涂硅隔离膜或涂硅隔离纸为下表面（或双面）防粘隔离材料制成的防水卷材。该产品施工方法简捷，冷作业施工，对施工人员技术能力要求相对较低，无任何溶剂挥发，环保无毒；与基层黏结性能优异，避免了蹿水现象的发生。具有自愈功能，接缝自身黏结可与卷材同寿命；抗拉强度高、延伸率大、抗耐穿刺、耐腐蚀能力强。

湿铺防水卷材能起到双重防水协同增强功效，主要用于湿铺法施工或涂料黏结形成复合防水系统，用于大量射钉穿透防水层时，该卷材具有良好的自愈性和较强的撕裂强度，避免钉眼部位的渗漏。主要特点：持久黏结，长效防水；全天候施工，全环境密封；施工应用简单化；安全环保。

适用范围

弹性体改性沥青防水卷材适用于各类工业与民用建筑屋面防水工程、地下防水工程、冷库、桥面、地铁隧道、机场跑道等诸多建筑领域的防水、防潮，特别适用于北方地区冬期施工和结构易产生变形部位的防水施工。

自粘聚合物改性沥青防水卷材广泛应用于地下室、地铁、隧道、车库、水池、屋面等非外露工程，特别适用于需冷施工的军事设施和不宜动用明火的油库、化工厂、纺织厂、粮库等防水工程。

湿铺防水卷材适用于各类地下工程的防水抗渗，如地下室、人防工程、地铁、地下综合管廊等；工业与民用建筑的屋面防水；地下车库顶板种植绿化与屋顶花园等工程的防水；对潮气颇为敏感的粮库、电子车间等的防潮；沿海地区有海水腐蚀和较大结构变形部位的防水防腐。

技术指标

弹性体改性沥青防水卷材技术指标如下：

序号	项目		指标				
			I		II		
			PY	G	PY	G	PYG
1	耐热性	℃	90		105		
		≤ mm	2				
		试验现象	无流淌、滴落				
2	低温柔性（℃）		−20		−25		
			无裂缝				
3	拉力	最大峰拉力（N/50mm）≥	500	350	800	500	900
		次高峰拉力（N/50mm）≥	—	—	—	—	800
		试验现象	拉伸过程中，试件中部无沥青涂盖层开裂或与胎基分离现象				
4	延伸率	最大峰时延伸率（%）≥	30	—	40	—	—
		第二峰时延伸率（%）≥	—	—	—	—	15
		拉力保持率（%）≥	90				
		延伸率保持率（%）≥	80				
5	热老化	低温柔性（℃）	−15		−20		
			无裂缝				
		尺寸变化率（%）≤	0.7		0.7		0.3
		质量损失（%）≤	1.0				
6	接缝剥离强度（N/mm）≥		1.5				
7	人工气候加速老化	外观	无流动、流淌、滴落				
		拉力保持率（%）≥	80				
		低温柔性（℃）	−15		−20		
			无裂缝				

河北省奥佳建材集团有限公司

地址：唐山市芦台经济开发区农业总公司三社区
电话：022-69380355
传真：022-69380355
官方网站：www.aojia-fs.com

聚酯胎（PY 类）自粘聚合物改性沥青防水卷材技术指标如下：

序号	项目			指标 I	指标 II
1	拉伸性能	拉力（N/50mm）≥	2.0mm	350	—
			3.0mm	450	600
			4.0mm	450	800
		最大拉力时延伸率（%）≥		30	40
2	耐热性			70℃无滑动、流淌、滴落	
3	低温柔性（℃）			−20 无裂纹	−30
4	剥离强度（N/mm）≥	卷材与卷材		1.0	
		卷材与铝板		1.5	
5	钉杆水密性			通过	
6	渗油性（张数）≤			2	
7	热老化	最大拉力时延伸率（%）≥		30	40
		低温柔性（℃）		−18 无裂纹	−28
		剥离强度 卷材与铝板（N/mm）≥		1.5	
		尺寸稳定性（%）≤		1.5	1.0

湿铺防水卷材技术指标如下：

序号	项目		指标 H
1	拉伸性能	拉力（N/50mm）≥	300
		最大拉力时伸长率（%）≥	50
		拉伸时现象	胶层与高分子膜或胎基无分离
2	撕裂力（N）	≥	20
3	卷材与卷材剥离强度（搭接边）（N/mm）	无处理 ≥	1.0
		浸水处理 ≥	0.8
		热处理 ≥	0.8
4	持黏性（min）	≥	30
5	与水泥砂浆剥离强度（N/mm）	无处理 ≥	1.5
		热处理 ≥	1.0
6	与水泥砂浆浸水后剥离强度 /（N/mm）	≥	1.5
7	热老化（80℃，168h）	拉力保持率（%）≥	90
		伸长率保持率（%）≥	80
		低温柔性（−18℃）	无裂纹
8	热稳定性		无起鼓、流淌，高分子膜或胎基边缘卷曲 最大不超过边长 1/4

工程案例

南京紫金城市广场工程、四川国际赛事中心项目、济南新旧动能转换先行区引爆区安置东区（一期）、历城区市民中心项目二期工程总承包（EPC）、中建八局 2020 年鲁豫湘鄂区域防水、济南市济钢片区市政道路建设一期（开源中路）工程总承包、上合企业示范园项目（二期）工程。

生产企业

河北省奥佳建材集团有限公司（以下简称"奥佳防水"）从创立伊始，就专心致力于系统解决防水问题的探索和研究，现已成为一家集防水材料研发、生产、销售及施工服务于一体的专业防水企业。

奥佳防水旗下拥有 8 个分公司，先后承担了众多国家重点工程的防水施工，拥有现代化防水材料生产线近 30 条，同时，奥佳防水拥有五大生产基地，不仅专注于防水产品研发与生产，更致力于打造全新的防水系统，为客户提供综合全面的技术支持和 24 小时援助服务，确保施工项目能够有效防水，实现零缺陷。

奥佳防水早在 2006 年 2 月就受邀参加了在美国拉斯维加斯举办的全球性屋面材料展会，并且大胆实施走出去战略，产品先后远销至美国、比利时、荷兰、法国、巴西、阿根廷、韩国、日本、泰国、印度尼西亚、约旦、加纳、斯里兰卡、南非等多个国家和地区。奥佳防水自成立至今，始终将产品的质量控制贯穿于原材料选用、配方设计、生产控制、品控、仓储、运输、施工等全链条。

河北省奥佳建材集团有限公司

地址：唐山市芦台经济开发区农业总公司三社区
电话：022-69380355
传真：022-69380355
官方网站：www.aojia-fs.com

证书编号：LB2023FS011

远大洪雨弹性体（SBS）改性沥青防水卷材、自粘聚合物改性沥青防水卷材、快速反应粘强力交叉膜高分子自粘防水卷材

产品简介

弹性体（SBS）改性沥青防水卷材是以苯乙烯 - 丁二烯 - 苯乙烯（SBS）嵌段共聚物改性沥青作为涂覆层，并将改性沥青涂盖于聚酯胎基，表面覆以聚乙烯膜（PE）、细砂（S）、矿物粒料（M）所制成的片状防水卷材，产品具有抗拉强度高、延伸率大、耐高低温性能优良、抗紫外线性能优异、防水效果可靠等优点。

自粘聚合物改性沥青防水卷材是以优质石油沥青为基料，以苯乙烯 - 丁二烯 - 苯乙烯嵌段共聚物（SBS）和丁苯橡胶（SBR）为主要改性剂，并配以优质增黏树脂对沥青进行改性，以聚酯胎基为加强层，上表面覆以聚乙烯膜（PE）、细砂（S）或涂硅油隔离膜，下表面覆以涂硅油隔离膜所制成的自粘防水卷材，产品具有高延伸、高弹性、抗拉强度大、初粘性优异、施工简便等优点。

快速反应粘强力交叉膜高分子自粘防水卷材是一种由特制的高密度聚乙烯交叉层压强力薄膜与高聚物自粘橡胶沥青经特殊工艺复合而制成的，上表面覆高延伸高分子膜或可剥离的涂硅隔离膜，下表面覆可剥离的涂硅隔离膜所制成的可以卷曲的片状自粘防水材料。交叉层压强力薄膜具有高延伸率、高抗撕裂强度、高耐钉杆撕裂强度、尺寸稳定性好的特点；耐高低温性能优异，同时具有优异的延伸性和抗拉性能，适应结构基层的变形；施工过程无须动火，环保安全。

适用范围

弹性体（SBS）改性沥青防水卷材可广泛应用于建筑物地下、屋面、地铁、隧道管廊、水库、水渠、高架桥梁以及机场跑道等工程防水。

自粘聚合物改性沥青防水卷材适用于地下室底板、立墙、非外露屋面、地铁、人防工程、隧道、水池、木结构、彩钢瓦、人工湖等，尤其适用于不能动用明火施工的工程。

快速反应粘强力交叉膜高分子自粘防水卷材适用于工业与民用建筑的屋面和地下防水非外露工程，尤其适用于潮湿基层施工的工程。

技术指标

弹性体（SBS）改性沥青防水卷材技术指标如下：

序号	项目			指标	
				I	II
1	可溶物含量（g/m²）≥	3mm		2100	
		4mm		2900	
2	耐热性		℃	90	105
			≤ mm	2	
			试验现象	无流淌、滴落	
3	低温柔性（℃）			−20	−25
				无裂缝	
4	不透水性（120min）			0.3MPa 不透水	
5	最大峰拉力（N/50mm）≥		纵向	500	800
			横向		
6	最大峰时延伸率（%）≥		纵向	30	40
			横向		

远大洪雨（唐山）防水材料有限公司

地址：河北省唐山市芦台经济开发区农业总公司三社区
电话：010-85376094
传真：010-85376449
官方网站：www.ydhyfs.com

自粘聚合物改性沥青防水卷材技术指标如下：

序号	项目			指标	
				I	II
1	可溶物含量（g/m²）≥		3.0mm	2100	
			4.0mm	2900	
2	拉伸性能	拉力 /（N/50mm）≥	3.0mm	450	600
			4.0mm	450	800
		最大拉力时延伸率（%）≥		30	40
3	耐热性			70℃无滑动、流淌、滴落	
4	低温柔性（℃）			−20	−30
				无裂纹	
5	不透水性			0.3MPa，120min 不透水	
6	剥离强度（N/mm）≥	卷材与卷材		1.0	
		卷材与铝板		1.5	
7	钉杆水密性			通过	

快速反应粘强力交叉膜高分子自粘防水卷材技术指标如下：

序号	项目		指标
			E
1	拉伸性能	拉力 /（N/50mm）≥	200
		最大拉力时伸长率（%）≥	180
		拉伸时现象	胶层与高分子膜无分离
2	撕裂力（N）≥		25
3	耐热性（70℃，2h）		无流淌、滴落、滑移 ≤ 2mm
4	低温柔性（−20℃）		无裂纹
5	不透水性（0.3MPa，120min）		不透水
6	卷材与卷材剥离强度（搭接边）（N/mm）	无处理 ≥	1.0
		浸水处理 ≥	0.8
		热处理 ≥	0.8

工程案例

中交隧道工程局有限公司梅溪湖综合管廊工程、武汉江南中心绿道武九铁路综合管廊工程、北京地铁 16 号线工程、北京城市副中心行政办公区 A1 工程、西宁大象城 • 海湖天街防水工程、青岛慧据智慧家园 R3 项目、平原县白酒厂涉密人防建设项目工程、昆明鸿云项目（景悦花园）总承包项目二标段、南京动画产业园项目。

生产企业

远大洪雨（唐山）防水材料有限公司的前身是创立于 1993 年的北京远大洪雨防水材料有限责任公司，已历经 30 余年的发展，是一家集防水材料研发、生产、防水工程施工综合服务于一体的国家级高新技术企业，为中国房地产开发企业 500 强 • 防水材料类优质供应商、中国建筑防水行业十大品牌之一。

唐山生产基地占地面积 168 亩，配备 12 个现代化的大型生产车间，10 条全自动化防水材料生产线。年设计产能改性沥青防水卷材 8000 万平方米，高分子防水卷材 4000 万平方米，环保防水涂料 150000 吨。

公司已通过质量、环境、职业健康安全、能源、HSE、测量及知识产权管理体系认证，顺利通过欧盟 CE、英国 UKCA、CTC 产品质量、CRCC 铁路产品、十环、绿色产品、绿色建材、产品耐根穿刺和产品可靠性等级认证。技术中心被评为 CNAS 实验室、河北省技术创新中心、河北省企业技术中心、河北省 A 级研发机构、唐山市企业技术中心、中国建筑防水行业标准化实验室。

公司多次参与国家重点项目建设，为社会发展贡献力量。北京城市副中心、雄安市民服务中心、北京大兴国际机场、首都机场、北京鲜活农产品流通中心等都留下了远大洪雨的身影。公司必将与众多合作伙伴一同携手，为老百姓提供更好的建材产品，打造更多的精品工程。

远大洪雨（唐山）防水材料有限公司

地址：河北省唐山市芦台经济开发区农业总公司三社区
电话：010-85376094
传真：010-85376449
官方网站：www.ydhyfs.com

证书编号：LB2023FS012

远大洪雨 JS 聚合物水泥防水涂料、聚氨酯防水涂料、喷涂速凝橡胶沥青防水涂料

产品简介

聚合物水泥防水涂料是由高分子聚合物乳液和多种助剂制成的有机液体，配以白水泥或普通硅酸盐水泥为主要材料制成的无机粉料，经科学加工而成的双组分防水涂料。涂层固化后，可形成柔韧、高强的防水涂膜。该产品结合了有机材料弹性高、韧性好和无机材料耐久性好的特点，性价比高，是一款绿色环保型防水材料。

聚氨酯防水涂料是以异氰酸酯、聚醚多元醇为主要原料，配以特殊助剂、填充剂、颜料，在先进的工艺设备中经聚合反应而成。本产品由 A 组分聚氨酯预聚体、B 组分固化剂组成，使用时将 A、B 两组分按一定比例混合，搅拌均匀，涂覆于基层上反应固结成连续、坚韧高强度橡胶防水涂膜的一种高分子防水涂料。

喷涂速凝橡胶沥青防水涂料是由超细悬浮微乳型阴离子改性乳化沥青、合成高分子橡胶聚合物及各种助剂配制（A 组分）与特种成膜助剂（B 组分）混合，经现场专用设备喷涂瞬间形成致密、连续、完整并具有较高伸长率、较强弹性、优异耐久性的防水涂料。

适用范围

聚合物水泥防水涂料适用于厨卫间、阳台、楼地面、地下、屋面等部位的防水工程，也可适用于多道设防中的一道。从基层条件区分，Ⅰ型产品适用于活动量较大的基层，Ⅱ型产品适用于活动量较小的基层。

聚氨酯防水涂料适用于非暴露屋面、室内与地下室、卫生间、桥梁、涵洞、人防等工程的防水防潮，地下工程、厕浴间、厨房、阳台、水池、停车场等防水工程，也可适用于非外露屋面防水工程。

喷涂速凝橡胶沥青防水涂料适用于道路桥梁、各种蓄水池、涵洞、水工建筑的防水保护，也可适用于建筑的地下室、屋顶、厨卫间等防水保护。

技术指标

聚合物水泥防水涂料技术指标如下：

序号	项目	指标			实测值		
		Ⅰ型	Ⅱ型	Ⅲ型	Ⅰ型	Ⅱ型	Ⅲ型
1	固体含量（%）≥	70			76	78	86
2	拉伸强度（无处理）(MPa)≥	1.2	1.8	1.8	2.2	2.5	3.1
3	断裂伸长率（无处理）(%)≥	200	80	30	450	150	52
4	低温柔性，（φ10mm 棒）	−10℃，无裂纹	—	—	通过	—	—
5	黏结强度（无处理）(MPa)≥	0.5	0.7	1.0	0.7	1.2	1.4
6	不透水性	0.3MPa，30min，不透水					
7	抗渗性（背水面）(MPa)≥	—	0.6	0.8	通过		

聚氨酯防水涂料技术指标如下：

序号	项目	技术指标	典型值
1	固体含量（%）≥	98	99
2	表干时间（h）≤	4	2
3	实干时间（h）≤	24	6

远大洪雨（唐山）防水材料有限公司

地址：河北省唐山市芦台经济开发区农业总公司三社区
电话：010-85376094
传真：010-85376449
官方网站：www.ydhyfs.com

续表

序号	项目	技术指标	典型值
4	拉伸强度（MPa）≥	6.0	8.0
5	断裂延伸率（%）≥	450	550
6	撕裂强度（N/mm）≥	35	40
7	低温弯折性（℃）	−35℃，无裂纹	−35℃，无裂纹
8	不透水性	0.4MPa，120min，不透水	0.4MPa，120min，不透水
9	黏结强度（MPa）≥	2.5	3.0

喷涂速凝橡胶沥青防水涂料技术指标如下：

序号	项目	指标
1	固体含量（A组分）（%）≥	55
2	耐热度	120℃±2℃无流淌、滑动、滴落
3	胶凝时间（s）≤	4
4	实干时间（h）≤	20
5	不透水性	0.3MPa，30min无渗水
6	黏结强度（MPa）≥ 干燥基面 潮湿基面	0.5
7	断裂延长率（%）≥ 无处理	1000
8	拉伸强度（MPa）≥ 无处理	0.8

工程案例

润材·灵山湾壹号四期11号地块防水供应工程、青岛慧据智慧家园R3项目、海淀区温泉镇中心区C地块"三定三限三结合"定向安置房项目、昆明鸿云项目（景悦花园）总承包项目二标段、合肥蜀山SS202120地块项目、济钢森林公园地下商业项目工程总承包（EPC）工程项目、怡然世家小区防水工程屋面防水工程、中粮·观澜祥云项目（新悦之城公司江园揽境项目）1-1标段。

生产企业

远大洪雨（唐山）防水材料有限公司的前身是创立于1993年的北京远大洪雨防水材料有限责任公司，已历经20余年的发展，是集防水材料研发、生产、防水工程施工综合服务于一体的国家级高新技术企业，为中国房地产开发企业500强·防水材料类优质供应商、中国建筑防水行业十大品牌之一。

唐山生产基地占地面积168亩，配备12个现代化的大型生产车间，10条全自动化防水材料生产线。年设计产能改性沥青防水卷材8000万平米，高分子防水卷材4000万平米，环保防水涂料150000吨。

公司已通过质量、环境、职业健康安全、能源、HSE、测量及知识产权管理体系认证，顺利通过欧盟CE、英国UKCA、CTC产品质量、CRCC铁路产品、十环、绿色产品、绿色建材、产品耐根穿刺和产品可靠性等级认证。技术中心被评为CNAS实验室、河北省技术创新中心、河北省企业技术中心、河北省A级研发机构、唐山市企业技术中心、中国建筑防水行业标准化实验室。

公司多次参与国家重点项目建设，为社会发展贡献力量。北京城市副中心、雄安市民服务中心、北京大兴国际机场、首都机场、北京鲜活农产品流通中心等都留下了远大洪雨的身影。公司必将与众多合作伙伴一同携手，为老百姓提供更好的建材产品，打造更多的精品工程。

远大洪雨（唐山）防水材料有限公司

地址：河北省唐山市芦台经济开发区农业总公司三社区
电话：010-85376094
传真：010-85376449
官方网站：www.ydhyfs.com

证书编号：LB2023FS013

中油佳汇自粘型耐根穿刺防水卷材、热塑性聚烯烃 (TPO) 防水卷材、非沥青基高分子自粘胶膜防水卷材

产品简介

　　自粘型耐根穿刺防水卷材产品是采用特殊定制的优质石油沥青为主料，配以活性助剂、增黏树脂调配而成的自粘胶料，用聚酯胎为增强胎体经特殊工艺配制成具备耐植物根系穿刺能力的自粘型耐根穿刺防水卷材。

　　热塑性聚烯烃（TPO）防水卷材是以采用先进的聚合技术将乙丙橡胶与聚丙烯结合在一起的热塑性聚烯烃（TPO）合成树脂为基料，加入抗氧剂、防老剂、软化剂制成的新型防水卷材，可以用聚酯纤维网格布做内部增强材料制成增强型防水卷材，属合成高分子防水卷材类防水产品。它在任何一个使用阶段（从聚合出来到使用寿命完结中的任意时间点上）都可循环再利用，没有氯元素、重金属或者对植物根系有害的成分，具有更好的生态效果。

　　非沥青基高分子自粘胶膜防水卷材是一种性能优越的多层复合防水材料，包括一层高密度聚乙烯（HDPE）高分子膜，高分子胶粘层和独特工艺的反应性无机高分子颗粒；可与浇注的混凝土通过化学交联及物理卯榫，达到高强度、永久性的黏结，可以完全防止"蹿水"，不受基层位移的影响，在长期浸水环境中也能保持很高的剥离强度。产品施工方便，简单处理即可加放浇注骨架钢筋。

适用范围

　　种植屋面及需要绿化的地下建筑物顶板的耐植物根系穿刺层，确保植物根系不对该层次以下部位的构造形成破坏，并具有防水功能。

　　热塑性聚烯烃（TPO）防水卷材适用于建筑外露或非外露式屋面防水层以及易变形的建筑地下防水，尤其适用于轻型钢结构屋面，配合合理的层次设计和合格的施工质量，既达到减轻屋面重量，又有节能效果，还能做到防水防结露，是大型工业厂房、公用建筑等屋面的可靠防水材料；还适用于饮用水水库、卫生间、地下室、隧道、粮库、地铁、水库等防水防潮工程。

　　非沥青基高分子自粘胶膜防水卷材是专门针对地下防水难点设计的，因此它只适用于地下或者隧道防水工程，而不推荐用于建筑物出地面立墙或者屋面防水。

技术指标

　　自粘型耐根穿刺防水卷材性能执行 Q/JH 0007—2019《自粘型耐根穿刺防水卷材》的要求，技术指标如下：

主要项目		指标
拉力（N/50mm）	≥	800
最大拉力时伸长率（%）	≥	40
耐热性		70℃（2h） 滑移≤2mm，无流淌、滴落
低温柔性		−25℃，无裂缝
不透水性		0.3MPa 保持 120min 不透水
卷材与卷材剥离强度（N/mm）	≥	1.0
持黏性（min）	≥	30

中油佳汇（广东）防水股份有限公司

地址：广东省佛山市顺德区龙江镇龙江社区登东路东侧之三 13 楼 01 号
电话：0755-82727653
官方网站：www.cn-pw.cn

热塑性聚烯烃（TPO）防水卷材性能执行 GB 27789—2011《热塑性聚烯烃 (TPO) 防水卷材》的要求，技术指标如下：

主要项目		指标		
		H（均质片）	L（覆无纺布）	P（内加筋）
最大拉力（N/cm）	≥	—	200	250
拉伸强度（MPa）	≥	12.0	—	—
最大拉力时拉伸率（%）	≥	—	—	15
断裂伸长率（%）	≥	500	250	
低温弯折性		−40℃无裂缝		
不透水性		0.3MPa 保持 120min 不透水		

非沥青基高分子自粘胶膜防水卷材性能执行 GB/T 23457—2017《预铺防水卷材》塑料防水卷材（P 类）的要求，技术指标如下：

主要项目		指标
拉力（N/50mm）	≥	600
拉伸强度（MPa）	≥	16
膜断裂伸长率（%）	≥	400
耐热性		80℃（2h） 无滑移、流淌、滴落
低温柔性		−25℃，无裂缝
不透水性		0.3MPa 保持 120 min 不透水
卷材与卷材剥离强度（搭接边）（N/mm）	无处理 ≥	0.8

工程案例

陆丰核电站、烟台机场、北京大兴机场、小米华南总部、广州白云机场、湛江国际机场等项目。

生产企业

中油佳汇（广东）防水股份有限公司是中国联塑旗下子公司，是一家集防水材料研发、生产、销售、咨询、设计、施工维护于一体的国家高新技术企业，也是行业内带头实现废料零添加，上下游一体化的专业防水企业。公司产品体系涵盖防水涂料、防水卷材、地坪漆等品种，全方面响应市场需求。同时，中油佳汇构建了全国性的战略布局，协同发展。公司立足佛山总部，辐射全国，建立了四大生产基地，遍布华南、华中、华东。

外加剂｜预拌砂浆｜水泥｜金属复合材料｜道路材料｜预拌混凝土｜人造石材｜预制构件｜**防水卷材与防水涂料**｜其他材料

中油佳汇（广东）防水股份有限公司

地址：广东省佛山市顺德区龙江镇龙江社区登东路东侧之三 13 楼 01 号
电话：0755-82727653
官方网站：www.cn-pw.cn

证书编号：LB2023FS014

中油佳汇非固化橡胶沥青防水涂料、聚合物水泥防水涂料、丙烯酸酯防水涂料

产品简介

　　非固化橡胶沥青防水涂料是一种新型环保、高固含量的热熔型沥青防水涂料，具有黏稠胶质的特性；同时，蠕变性材料的黏滞性使其能够很好地密闭基层的毛细孔和裂缝，解决防水层的蹿水难题；优异的蠕变性能可有效吸收来自基层的应力，当外界应力作用时，可立即产生形变，保护防水层不受破坏，提高防水层的可靠性并延长防水层的寿命；优异的黏结性能，碰触即黏，难以剥离，能填补基层变形裂缝；优异的温度适应性，65℃高温无滑动，在−20℃依然有良好的柔韧性；优异的自愈合性，当防水层受到外力破坏时，破坏点不会扩大，防水层底部也不会发生蹿水现象，而且由于涂料的蠕变作用能逐渐将破坏点修复，大大提高了防水层的可靠性。

　　聚合物水泥防水涂料是由有机高分子乳液和无机粉料复合而成的双组分防水涂料，它既有有机材料的柔韧性，又有无机材料的耐久性，涂覆后可形成具有一定强度和弹性的防水涂膜，高效防水。产品弹性好、涂膜坚韧，对基层收缩变形和开裂适应性好；黏结性好，可在潮湿无明水基面上直接涂刷施工；无毒、无味，可用于食用水池的防水；耐热性、耐老化性好，耐酸碱盐侵蚀，防水层寿命长。

　　丙烯酸酯防水涂料以丙烯酸聚合物乳液和精细填料为主要原料，加入进口高性能防水助剂及其他辅料经科学配制而成。其涂层经水分挥发固化成膜后，具有很好的防水性能和延伸性，适用于轻微震动和变形的建筑物防水防潮。

适用范围

　　非固化橡胶沥青防水涂料广泛用于工业及民用建筑屋面和地下防水工程；变形缝的注浆堵漏工程；本产品与卷材复合施工，可形成可靠的复合防水系统。

　　聚合物水泥防水涂料主要用于厕浴间、厨房、屋面、地下室、隧道、道路、桥梁、水池的防水、防渗漏、防潮等工程，也可用于加气混凝土、空心砖等多孔材料砌体的防潮、防渗漏。

　　丙烯酸酯防水涂料适用于各种新旧建筑物、构筑物的屋面、墙面、厕浴间、地下室、水池的防水、防渗和防潮。

技术指标

非固化橡胶沥青防水涂料主要技术性能如下：（执行 JC/T 2428—2017《非固化橡胶沥青防水涂料》标准）

主要项目		指标
固含量　≥		98%
黏结性能	干燥基面	100% 内聚破坏
	潮湿基面	
延伸性≥		15mm
耐热性		65℃无滑动、流淌、滴落
低温柔性		−20℃无断裂

中油佳汇（广东）防水股份有限公司

地址：广东省佛山市顺德区龙江镇龙江社区登东路东侧之三 13 楼 01 号
电话：0755-82727653
官方网站：www.cn-pw.cn

聚合物水泥防水涂料主要技术性能如下：（执行 GB/T 23445—2009《聚合物水泥防水涂料》）

主要项目	指标	
	I	II
固含量≥	70.0 %	
拉伸强度≥	1.2 MPa	1.8 MPa
断裂伸长率≥	200 %	80 %
不透水性	0.3MPa 保持 30min 不透水	
低温柔性	−10℃无裂缝	—

丙烯酸酯防水涂料主要性能如下：（执行 JC/T 864—2008《聚合物乳液建筑防水涂料》）

主要项目	指标	
	I	II
固含量≥	65.0 %	
拉伸强度≥	1.0 MPa	1.5 MPa
断裂延伸率≥	300 %	
不透水性	0.3MPa 保持 30min 不透水	
低温柔性	−10℃无裂缝	−20℃无裂缝

工程案例

陆丰核电站、烟台机场、北京大兴机场、小米华南总部、广州白云机场、湛江国际机场等项目。

生产企业

中油佳汇（广东）防水股份有限公司（以下简称"中油佳汇"），是中国联塑旗下子公司，是一家集防水材料研发、生产、销售、咨询、设计、施工维护于一体的国家高新技术企业，也是行业内带头实现废料零添加，上下游一体化的专业防水企业。公司产品体系涵盖防水涂料、防水卷材、地坪漆等品种，全方面响应市场需求。同时，中油佳汇构建了全国性的战略布局，协同发展。公司立足佛山总部，辐射全国，建立了四大生产基地，遍布华南、华中、华东。

中油佳汇（广东）防水股份有限公司

地址：广东省佛山市顺德区龙江镇龙江社区登东路东侧之三 13 楼 01 号
电话：0755-82727653
官方网站：www.cn-pw.cn

证书编号：LB2023FS015

三源水泥基渗透结晶型防水涂料、柔性聚合物水泥防水砂浆

产品简介

　　水泥基渗透结晶型防水涂料是一种可达到长久性防水的粉状材料。本产品涂刷在混凝土表面，具有很强的渗透修复能力，产品所含活性物质以水为载体，渗透到混凝土结构内部孔隙中，在混凝土中形成不溶于水的结晶体，堵塞毛细孔道，使混凝土结构更为致密，起到整体持久的防水效果。

　　柔性聚合物水泥防水砂浆是采用先进技术，突破以往防水砂浆存在的弊端，由改性的高性能柔性聚合物和无机防水砂浆经过科学的配合比复配而成的新一代高性能砂浆产品，具有优异的黏结、防水防渗、耐腐蚀、抗氯离子渗透、耐磨耐老化等特点。该产品无毒、无污染、施工方便，具有显著的环境效益，是一种兼具有机料的高弹性和无机料的耐久性的新型防水材料，涂抹后可形成高强、柔韧、无接缝、耐久、耐候性优异的防水保护层。

适用范围

　　水泥基渗透结晶型防水涂料广泛应用于混凝土结构自防水、工程接缝填充、连续施工的超长混凝土结构、大体积混凝土等抗裂防渗要求较高的防水工程，如：地下建筑物、防水构筑物、超长混凝土结构等。

　　柔性聚合物水泥防水砂浆适用于水利港口工程、公路、桥梁、冶金、化工、工业与民用建筑等钢结构和钢筋混凝土的防水抗渗、防腐护面和修补工程。

技术指标

　　水泥基渗透结晶型防水涂料技术指标如下：

	检测项目	技术指标	实测
	外观	均匀、无结块	均匀、无结块
	含水率（%）	≤ 1.5	0.57
	细度，0.63mm 筛余（%）	≤ 5	0.8
	氯离子含量（%）	≤ 0.10	0.058
施工性	加水搅拌后	刮涂无阻碍	刮涂无阻碍
	20min	刮涂无阻碍	刮涂无阻碍
	抗折强度（MPa），28d	≥ 2.8	6.8
	抗压强度（MPa），28d	≥ 15.0	34.5
	湿基面黏结强度（MPa），28d	≥ 1.0	2.4
砂浆抗渗性能	带涂层砂浆的抗渗压力（MPa），28d	报告实测值	1.2
	抗渗压力比（带涂层）（%），28d	≥ 250	300
	去除涂层砂浆的抗渗压力（MPa），28d	报告实测值	0.8
	抗渗压力比（去除涂层）（%），28d	≥ 175	200
混凝土抗渗性能	带涂层混凝土的抗渗压力（MPa），28d	报告实测值	0.8
	抗渗压力比（带涂层）（%），28d	≥ 250	267
	去除涂层混凝土的抗渗压力（MPa），28d	报告实测值	0.6
	抗渗压力比（去除涂层）（%），28d	≥ 175	200
	带涂层混凝土的第二次抗渗压力（MPa），56d	≥ 0.8	0.9

武汉三源特种建材有限责任公司

地址：武汉市青山区工人村丝茅墩都市工业园内
电话：027-86866337
传真：027-86866337
官方网站：http://www.sanyuantc.com/

左侧竖排导航：外加剂　预拌砂浆　水泥　金属复合材料　道路材料　预拌混凝土　人造石材　预制构件　**防水卷材与防水涂料**　其他材料

柔性聚合物水泥防水砂浆技术指标如下：

序号	项目		技术指标	
			I型	II型
1	凝结时间	初凝（min）≥	45	
		终凝（h）≤	24	
2	抗渗压力/MPa	涂层试件 7d ≥	0.4	0.5
		砂浆试件 7d ≥	0.8	1.0
		28d	1.5	1.5
3	抗压强度（MPa）≥		18.0	24.0
4	抗折强度（MPa）≥		6.0	8.0
5	柔韧性（横向变形能力）（mm）≥		1.0	
6	粘结强度（MPa）≥	7d	0.8	1.0
		28d	1.0	1.2
7	耐碱性		无开裂、剥落	
8	耐热性		无开裂、剥落	
9	抗冻性		无开裂、剥落	
10	收缩率（%）≤		0.3	0.15
11	吸水率（%）≤		6.0	4.0

工程案例

项目名称	项目规模（m²）
长春一汽研发中心1标 - 长春市	40000
中建国际花园2期 - 孝感市	10000
扬州九龙湾润园 - 扬州市	5000
锡东创富中心 - 无锡市	23000
响水湾度假公寓 - 海口市	40000
三亚妇幼保健院工程 - 三亚市	20000
济阳文体中心 - 济南市	15000
恒大御澜府 - 南昌市	20000
明珠嘉苑二期 - 聊城市	10000
阳谷南湖御景泵房 - 聊城市	200
汝州万豪项目 - 平顶山市	10000
星洲名苑三期 - 东莞市	4000
华睿工业园 - 青岛市	4001

外加剂 预拌砂浆 水泥 金属复合材料 道路材料 预拌混凝土 人造石材 预制构件 **防水卷材与防水涂料** 其他材料

生产企业

武汉三源特种建材有限责任公司成立于2001年，是专业的混凝土外加剂、砂浆系列产品及服务供应商。公司总部位于湖北省武汉市，在全国拥有多个生产基地，销售及服务网络遍布600多个城市，拥有氧化镁膨胀剂、速凝剂、减水剂、水化热抑制剂、套筒灌浆料等多条产品线，被评为全国质量信得过产品、中国绿色建筑选用产品。

公司是国家知识产权优势企业、湖北省高新技术企业、湖北省企业技术中心，是国家标准《混凝土膨胀剂》、团体标准《氧化镁膨胀剂》、国家图集《地下建筑防水构造》的参编单位，团体标准《混凝土用氧化镁膨胀剂应用技术规程》的主编单位。公司先后荣获建筑材料科学技术一等奖、混凝土与水泥制品行业技术革新二等奖、武汉市重大科技成果转化奖，承担省部级及以上科研项目，共取得科技成果近20项，在混凝土外加剂领域拥有行业突出的科研实力。

公司产品广泛应用于普通民建领域以及大型水利、核电、石油、铁路、装配式建筑等领域的补偿收缩混凝土工程、防水混凝土工程、超长结构混凝土工程、预应力混凝土工程、钢管混凝土工程、高性能混凝土工程等。

公司重点推广的氧化镁膨胀剂采用高品位的矿物原材料和先进的现代生产工艺，经国内特有的氧化镁专用回转窑煅烧而成。结合轻烧氧化镁活性可调控的特点，可实现膨胀能及膨胀发挥时间与混凝土结构物收缩匹配，有效补偿混凝土收缩，预防混凝土开裂。公司以"用心建筑美好生命"为使命，秉持以客户价值为中心的核心价值观，致力于创造客户价值、社会价值和员工价值。

武汉三源特种建材有限责任公司

地址：武汉市青山区工人村丝茅墩都市工业园内
电话：027-86866337
传真：027-86866337
官方网站：http://www.sanyuantc.com/

证书编号：LB2023QT001

优能无机水磨石板、无机轻质墙板、无机石英石

产品简介

无机水磨石板是以高性能水泥、矿物颗粒、矿物粉砂、无机矿物颜料，以及适量添加剂制作而成。它不含树脂，产品达到 A1 级不燃材料标准，无放射性污染，是一种绿色新型建材及装饰材料。它具有安全环保、抗压耐磨、不易冷热变形、透气性好、遇火不产生有毒烟气、抗渗透、防水防污等特点。

无机轻质墙板是以特种水泥为胶材，辅以矿物粉料、特殊纤维以及少量添加剂，经由物理发泡，以特殊工艺制作而成，其体积密度为 1250 ～ 1300kg/m³，具有综合成本低、节能、隔热、质轻、耐候性强、抗辐射、易于切割加工、施工速度快、防火等级超高（A1 级不燃材）等特点，抗压强度 25 ～ 30MPa，吸水率 ≤ 11%，表面硬度高，可任意裁切，施工铺装难度低。

无机石英石是以高性能水泥、石英砂、石英粉、无机矿物颜料以及适量添加剂制作而成。它不含树脂，产品达到 A1 级不燃材料标准，无放射性污染，是一种绿色新型建材及装饰材料。它具有安全环保、抗压耐磨、不易冷热变形、遇火不产生有毒烟气、抗渗透、防水防污等特点。

  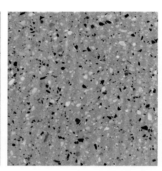 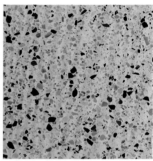

适用范围

无机水磨石板的应用已经日益广泛，具有超高安全性能及装饰效果，是家居、广场、工厂、学校、地铁站、机场、酒店、商场、码头、医院楼道的标配，公园、机关单位的地面以及生活中随处可见。其应用范围不仅在建筑上，在室内设计，如厨房、桌面、墙体等范围使用也越来越广泛。

无机轻质墙板全面适用于商场、酒店、医院、学校、厂房、仓库、地铁站、机场、码头、广场、公园、住宅及公寓等室内、户外墙体的装饰板材。

无机石英石可广泛应用于内外墙干挂、室内外地板、橱柜台面板、洗脸台、台盆、浴室、日用品小件等居家空间，还可作为户外广场、交通运输场所、百货商场、高档餐厅、酒店会所、商业空间、地产项目、公共建筑、艺术教育空间等各种建筑装饰材料。

技术指标

产品理化性能指标如下：

无机水磨石板

1. 吸水率：低于 3%
2. 渗水率：≤ 0.8
3. 硬度：莫氏硬度可达到 6 ～ 8 级
4. 抗冻系数：87
5. 燃烧性能：A1 级不燃材料

广东优能科技发展有限公司

地址：惠州市惠阳区疏港大道十号
电话：13229154116
传真：0752-5567416
官方网站：www.gdyouneng.cn

6. 抗弯强度：≥ 10MPa

7. 压缩强度：≥ 62MPa

8. 耐磨性：626mm³

9. 放射性：A 类

无机轻质墙板

1. 体积密度：1250 ～ 1300kg/m³

2. 吸水率：≤ 11%

3. 抗压强度：25 ～ 30MPa

4. 防火级别：经相关检测，防火性达到国家 A1 级标准

无机石英石

1. 吸水率：1% ～ 1.2%

2. 抗冻系数：108

3. 硬度：莫氏硬度≥ 6.5

4. 抗弯强度：≥ 12MPa

5. 热膨胀系数：（0.8 ～ 1.1）$\times 10^{-5} ℃^{-1}$

6. 压缩强度：121MPa

7. 耐磨性：238mm³

8. 燃烧性能：A1 级不燃材料

9. 放射性：A 类

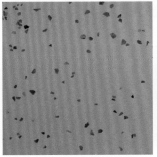

工程案例

广州市东山印象、水联村、惠州市广信桥梁构件有限公司、广东田园居农业科技发展有限公司等项目。

生产企业

广东优能科技发展有限公司是一家集科研、生产于一体的企业。公司于 2012 年开始筹备，2013 年 3 月在广东惠州完成注册并开始投入研发，其间已在申请相关专利。

工厂占地面积约 1 万平方米，研发团队 10 人，生产技术管理人员 20 余人，目前拥有特种建筑材料及制品生产线 2 条，年生产能力 80000 吨，机械设备采用半自动化生产。目前公司在华南地区、上海等地设有销售办事处，主要产品为无机人造石、建筑及市政排水系列产品和户外预制构件、弹性混凝土及轻质板等。

公司致力于成为优质的建筑材料研发和产品供应商。

广东优能科技发展有限公司

地址：惠州市惠阳区疏港大道十号
电话：13229154116
传真：0752-5567416
官方网站：www.gdyouneng.cn

证书编号：LB2023QT003

美穗无机复合大板、硅酸钙板、GRG 工程定制

产品简介

无机复合大板是公司专家团队经过多年研究试验，采用多种无机材料复合独特配方，经特别设计而成的一款新型高强轻质板材。产品不仅强度高、韧性好，并具备"自呼吸空气净化、保暖保温"的功能，还有优良的隔声、防火、抗菌耐磨、防潮、防虫蛀等特性。

硅酸钙板是以无机矿物纤维或纤维素纤维等松散短纤维为增强材料，以硅质 - 钙质材料为主体胶结材料，经制浆、成型、在高温高压饱和蒸汽中加速固化反应，形成硅酸钙胶凝体而制成的板材，是一种具有优良性能的新型建筑和工业用板材。该产品防火、防潮、隔声、防虫蛀、耐久性较好，是吊顶、隔断的理想装饰板材。

GRG 是一种特殊改良纤维石膏装饰材料，造型的随意性使其成为要求个性化的建筑师的优质选择，它独特的材料构成方式足以抵御外部环境造成的破损、变形和开裂。

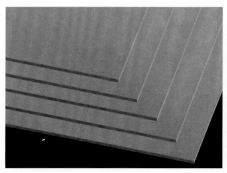

适用范围

无机复合大板适用于各种公共建筑、工业建筑及住宅等多种场合的吊顶，对大面积装饰吊顶尤为适宜。

硅酸钙板可用于会议厅、剧院、办公楼、医院、播音室、写字楼吊顶、墙体等装饰。

GRG 工程定制主要应用于除地板之外的室内空间，可任意造型，个性化强，可应用于剧院、影院、大型卖场等建筑场所。

技术指标

无机复合大板技术指标如下：

GB/T 9775—2008《纸面石膏板》检验结果：断裂荷载（平均值 1016N，最小值 535N），受潮挠度（平均值 1.4mm），抗冲击性（经冲击后，板材背面无径向裂纹）。

GB/T 7019—2014《纤维水泥制品试验方法》检验结果：抗折强度（11.9MPa）。

GB/T 10294—2008《绝热材料稳态热阻及有关特性的测定 防护热板法》检验结果：导热系数 0.167W/（m·K）。

GB 8624—2012《建筑材料及制品燃烧性能分级》检验结果：A1 级。

硅酸钙板技术指标如下：

JC/T 564—2018《纤维增强硅酸钙板 第 1 部分：无石棉硅酸钙板》检测结果：湿胀率（0.16%、0.17%）、抗折强度（平均值：14.8MPa，最低强度：10.1MPa）、导热系数 [0.12W（m·K）]。

GB 8624—2012《建筑材料及制品燃烧性能分级》检验结果：A1 级。

JC/T 897—2002《抗菌陶瓷制品抗菌性能》检验结果：抗菌率 99%。

JC/T 799—2016《装饰石膏板》检验结果：断裂荷载（平均值 803N，最小值 667N），含水率（平均值 1%，最大值 2%），受潮扰度（平均值 3.0mm）。

广美美穗建材科技有限公司

地址：广州市白云区钟落潭镇金盆金沙路 13 号
电话：0202-66806009
传真：020-87450077
官方网站：www.gdmssy.com

GRG 工程定制技术指标如下：

GB/T 15231—2008《玻璃纤维增强水泥性能试验方法》、T/CECS 527—2018《玻璃纤维增强石膏（GRG）装饰制品应用技术规程》检验结果：抗压强度 54MPa、吊挂力 10.46kN、体积密度 1.6g/cm³、受潮挠度 1mm。

GB 8624—2006《建筑材料及制品燃烧性能分级》检验结果：燃烧性能 A1 级。

工程案例

北京凤凰卫视国际传媒中心、万达广场、通盈国际大酒店、广东省国税局、广东省质监局、广东省检察院、广东省公安厅、广东省教育厅、广东省国土资源厅、广东省人民医院、珠江医院、南方医科大学各附属医院、广州市妇女儿童医疗中心、广州市儿童医院、中国人民银行结算中心、国家开发银行、广东省农业银行。

生产企业

广东美穗建材科技有限公司是将建筑空间声学与美学完美融合，把科技、艺术、文化创意与设计、新材料四位一体集结发展的企业。公司专业生产天花［无机（高晶、藻钙、硅晶、硅钙）复合天花、无机复合大板］、墙板（无机高强隔声 / 装饰 / 吸声板）、硅酸钙板、水泥纤维板、GRG 工程定制等绿色建材产品。

公司获得国家高新技术企业、高新技术产品称号，参与国家与行业团体标准《公共建筑天花吊顶工程技术规程》《医疗建筑集成化装配式内装修技术标准》《玻璃纤维增强石膏（GRG）装饰制品应用技术规程》《建筑产品选用技术》2019CPXY-J419 专用图集的制定。

美穗建材拥有广东广州与湖南平江两大生产基地，产能储备建设超过 10 亿元规模，成功通过了 ISO 9001 质量管理体系、ISO 14001 环境管理体系、ISO 45001 职业健康体系、国家绿色建筑推荐材料等多重认证。公司现有专利技术 100 余项，并与华南理工大学、安徽建筑大学、广州美术学院、华南低碳研究院联合成立产学研一体教学基地，为技术研发和人才的培养提供坚强的后盾。

公司产品销售范围辐射全国，远至意大利、法国、加拿大、迪拜、阿联酋、印度等国家与地区。美穗产品不仅具有高强轻质、A1 级防火、绿色环保、节能低碳、抗菌耐腐、防霉防潮防虫蛀、湿暖保温等良好的物理性能，而且拥有隔声、吸声、扩散、反射等优良的声学性能，同时造型丰富，可镂空或浮雕，可呈现平面、单曲二维、双曲三维等立体构造，安装方便快捷，装饰效果大气、高雅。

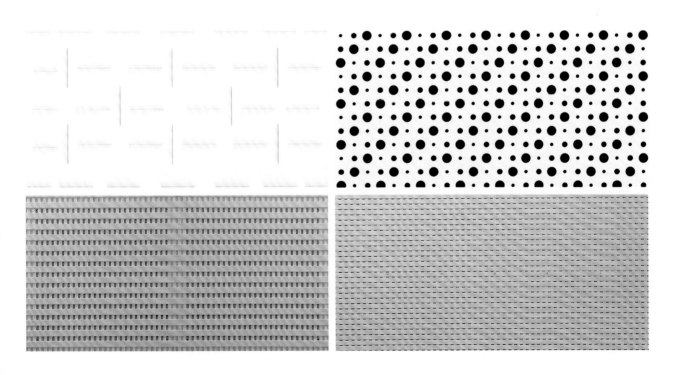

广美美穗建材科技有限公司

地址：广州市白云区钟落潭镇金盆金沙路 13 号
电话：0202-66806009
传真：020-87450077
官方网站：www.gdmssy.com

证书编号：LB2023QT004

帝龙无石棉水泥纤维板、浸渍胶膜纸、装饰纸

产品简介

　　浸渍胶膜纸以素色纸或印刷装饰纸经浸渍氨基树脂并干燥到一定程度而成，具有一定树脂含量和挥发物含量，经热压可相互黏合或覆贴在人造板等基材表面。产品广泛应用于强化地板、橱柜家具、木质门等各种人造贴面板，具有装饰、保护、强化、封闭等功能。浸渍胶膜纸与人造板胶合后，既能弥补木材纹理的天然缺陷，又能提高人造板表面质量，外观酷似原木纹理，表面花色丰富，美观时尚，视觉效果好，可替代优质木材使用。

　　无石棉水泥纤维板以无石棉高密度纤维水泥板为基材，以三聚氰胺浸渍胶膜纸为饰面材料，采用高温高压双面同时复合而成，是一款绿色、低碳、节能、环保、防火、防水的新型饰面板材。

　　装饰纸以原纸和调制好的油墨为主要原材料，用版滚进行印刷而成，根据版滚的各种图案、规格来决定装饰纸的图案和规格，颜色的搭配由油墨来支配。

适用范围

　　无石棉纤维水泥装饰板因其优异的性能和多样化的应用，成为当今建筑领域备受青睐的材料之一，适用于内外墙面装饰、地板、屋顶、隔断和隔声墙、建筑外墙装饰、室内装修等。

　　浸渍胶膜纸产品广泛应用于强化地板、橱柜家具、木质门等各种人造贴面板，具有装饰、保护、强化、封闭的功能。

　　装饰纸广泛应用于家具、橱柜、地板、建筑环境的装饰中，也是强化地板和板式家具的重要原材料。

技术指标

浸渍胶膜纸主要技术指标如下：

序号	检测项目	性能指标
1	甲醛释放量	≤ 1.50mg/L
2	浸胶量	110% ～ 170%
3	浸胶量偏差	−8% ～ 8%
4	挥发物含量	5.5% ～ 9.5%
5	挥发物含量偏差	−0.5% ～ 0.5%
6	预固化度	20% ～ 70%
7	预固化度偏差	−10% ～ 10%

装饰纸主要技术指标如下：

序号	检测项目	性能指标
1	定量	60 ～ 200g/m²
2	定量偏差	−3 ～ 3g/m²
3	水分	≤ 6.0%
4	灰分	15% ～ 45%
5	灰分偏差	−3% ～ 3%
6	pH 值	6.5 ～ 7.5
7	纵向干抗张强度	≥ 25.0N/15mm
8	纵向湿抗张强度	≥ 6.0N/15mm
9	透气度	≤ 45s/100mL
10	渗透性	≤ 5s
11	耐光色牢度	≥ 6 级

浙江帝龙新材料有限公司

地址：浙江省杭州市临安区玲珑工业区环南路 1958 号
电话：86-0571-63717320
官方网站：www.dilong.cc

无石棉纤维水泥装饰板主要技术指标如下：

序号	检测项目	性能指标
1	密度	$1.5 \sim 1.7g/cm^3$
2	含水率	$\leqslant 8\%$
3	内结合强度	$\geqslant 0.8MPa$
4	表面胶合强度	$\geqslant 0.6MPa$
5	表面耐冷热循环	无裂缝，无鼓泡
6	吸水厚度膨胀率	$\leqslant 0.25\%$
7	表面耐龟裂	$4 \sim 5$ 级
8	表面耐污染腐蚀	无污染腐蚀
9	表面耐水蒸汽	无凸起、变色和龟裂
10	耐光色牢度（灰卡）	$\geqslant 4$ 级
11	甲醛释放量	$\leqslant 0.124mg/m^3$
12	燃烧性能	A2 级
13	抗菌率	$> 99.9\%$
14	防霉率	0 级

生产企业

浙江帝龙新材料有限公司于 2000 年 1 月创建于浙江杭州西郊风景秀丽的国家级森林公园青山湖畔，毗邻杭徽高速公路，环境幽雅，地理位置优越，交通十分便利。

公司作为国内装饰纸行业的上市企业，是专业从事装饰材料的研发设计、生产和销售的国家高新技术企业，并拥有北京帝龙北方新材料有限公司、成都帝龙新材料有限公司、廊坊帝龙新材料有限公司、帝龙新材料（临沂）有限公司四家全资子公司和浙江帝龙永孚新材料有限公司一家控股子公司，主要生产"帝龙牌"装饰纸（包括印刷装饰纸和浸渍纸）、装饰板（包括装饰纸饰面板和金属饰面板）、氧化铝和 PVC 装饰材料（PVC 家具膜和 PVC 地板膜）四大系列产品。"帝龙牌"装饰纸和"帝龙牌"浸渍纸系列产品均通过国家权威部门鉴定，被认定为"绿色环保产品"并被广泛应用。金属饰面板和氧化铝系列产品填补国内空白，技术先进，取代进口，被誉为"有灵魂的金属"。

公司拥有达到国内先进水平的全自动高速装饰纸印刷生产线 23 条（配套德国 ENULEC 公司静电吸墨系统）、26 色自动配墨系统 1 条、卧式两级浸渍纸生产线 11 条、金属饰面板生产线 5 条及从荷兰引进的拉丝和磨花生产线各 1 条、装饰纸饰面板生产线 8 条、阳极氧化铝（卷）板生产线 2 条。

帝龙始终以争创世界知名产品为目标，严格把关产品质量，实现了产品质量长期高质稳定发展。企业通过了 ISO 9001 质量管理、ISO 14001 环境管理、GB/T 20081—2001 职业健康安全管理三大体系认证，并通过计量体系认证，这保证了公司质量体系的有效运行。公司拥有先进的产品质量检测系统，这为产品质量实现稳定高质提供了坚实的技术支持。

浙江帝龙新材料有限公司

地址：浙江省杭州市临安区玲珑工业区环南路 1958 号
电话：86-0571-63717320
官方网站：www.dilong.cc

外加剂 预拌砂浆 水泥 金属复合材料 道路材料 预拌混凝土 人造石材 预制构件 防水卷材与防水涂料 **其他材料**

蕴宏低碳胶凝材料（固废基胶凝材料）

产品简介

蕴宏低碳胶凝材料（固废基胶凝材料）利用其产生的冶炼渣、燃煤电厂行业固废为原材料，经过各物料间的协同激发反应生产低碳胶凝材料，其原料成本、生产成本仅为普通水泥的1/3，单位能耗仅为普通水泥的40%，碳排放仅为传统水泥的20%。采用低碳胶凝材料制备的混凝土的耐久性指标均优于普通水泥混凝土，成本优势显著，市场竞争力强。用于配置混凝土时，可提高新拌混凝土的工作性能，新拌混凝土不离析、不泌水，能够实现自密实、自流平；通过微集料效应、复盐效应、硅的四配位同构效应，提高混凝土的力学性能、耐久性能；水化热低，有利于防止混凝土内外温差引起的开裂，特别适用于大体积混凝土。

适用范围

建材领域：预拌商品混凝土、预拌砂浆、免烧砖、预制件等；矿山领域：胶结充填采矿胶凝材料；环保领域：生态修复胶凝材料。

技术指标

低碳胶凝材料的强度应同时符合表1中通用胶砂强度和专用胶砂强度的规定。通用胶砂强度检验应按GB/T 17671《水泥胶砂强度检验方法（ISO法）》的规定执行；专用胶砂强度检验应按附录A的规定执行。

表 1　低碳胶凝材料胶砂强度要求

强度	等级	抗压强度			抗折强度		
		3d	28d	56d	3d	28d	56d
通用胶砂强度（MPa）	I	≥ 4.0	≥ 20.0	≥ 22.5	≥ 1.0	≥ 3.5	≥ 4.0
	II	≥ 5.0	≥ 25.0	≥ 32.5	≥ 2.5	≥ 4.5	≥ 5.5
	III	≥ 8.0	≥ 30.0	≥ 42.5	≥ 3.0	≥ 6.0	≥ 7.0
专用胶砂强度（MPa）	I	≥ 10.0	≥ 30.0	≥ 40.0	≥ 2.0	≥ 5.0	≥ 6.0
	II	≥ 15.0	≥ 45.0	≥ 55.0	≥ 4.0	≥ 7.0	≥ 8.0
	III	≥ 20.0	≥ 50.0	≥ 60.0	≥ 5.0	≥ 8.5	≥ 9.5

低碳胶凝材料其他技术性能指标及检验方法应符合表2的规定。

表 2　低碳胶凝材料其他技术性能指标及检验方法

项目	指标	检验方法
三氧化硫（%）（质量百分数）	≥ 5.0 且 < 12.0	GB/T 176《水泥化学分析方法》
氯离子含量（%）（质量百分数）	≤ 0.06	JC/T 420《水泥原料中氯离子化学分析方法》
密度（g/cm³）	≥ 2.8	GB/T 208《水泥密度测定方法》
细度（45μm方孔筛筛余）（%）	≤ 10.0	GB/T 1345《水泥细度检验方法（筛析法）》
标准稠度用水量（%）	≤ 28.5	
初凝时间（min）	≥ 60	GB/T 1346《水泥标准稠度用水量、凝结时间、安定性检验方法》、GB/T 750《水泥压蒸安定性试验方法》
终凝时间（min）	≤ 600	
安定性（沸煮法和压蒸法）	合格	

山西蕴宏环境科技发展有限责任公司

地址：山西省怀仁市经济技术开发区（陶瓷园）新家园乡
电话：0349-3030990

低碳胶凝材料的放射性要求和检验方法应符合 GB /T 6566《建筑材料放射性核素限量》的规定。

浸出毒性检验方法应符合 GB 5086.1《固体废物浸出毒性浸出方法（翻转法）》的规定。

工程案例

怀仁市宏晟加油站

怀仁市第三中学

新建怀仁市人民医院

怀仁市浩翔石料厂路面硬化工程

怀仁市泰鑫商贸有限公司新建仓储中心建设项目地面硬化

山西蕴宏厂区路面硬化

生产企业

山西蕴宏环境科技发展有限责任公司成立于 2019 年，注册资本 1428.58 万元，是一家响应国家双创政策号召、高学历人才自主创业的创新型企业，主要从事绿色低碳水泥的研发、生产、销售和技术服务，以及生活垃圾焚烧飞灰资源化利用等业务领域。公司创始团队来自北京科技大学、美国密歇根大学、英国帝国理工大学等国内外知名院校，研发队伍以行业领军人物、北京科技大学终身教授倪文为首席科学家，包含博士 6 名，硕士 10 名。公司拥有核心自主知识产权 33 项，组织并参与标准制定 10 项。在各级政府的关怀和支持下，绿色低碳水泥生产线在怀仁经济开发区正式落地，项目总投资 2.6 亿元，一期年产 50 万吨绿色低碳水泥生产线已经投产，二期绿色低碳建材生产线正在筹建中。公司现有员工 60 余人，其中研发人员 18 名，间接带动物流运输、工程施工、建筑、建材等行业就业 300 余人。项目依托国内最新的立磨生产工艺，独创的多种物料混合粉磨技术和矿物游离态消除技术，在自主研发设计的生产智能控制系统下，低碳水泥的生产实现了原材料活性与级配的高度可控化、稳定化。公司达产后年产值约 1.2 亿元，每年可新增利税 1400 万元以上。

地址：山西省怀仁市经济技术开发区（陶瓷园）新家园乡
电话：0349-3030990

山西蕴宏环境科技发展有限责任公司

证书编号：LB2023QT006

蓉盛、碲宝碲化镉发电玻璃

产品简介

碲化镉发电玻璃是一种在玻璃衬底上依次沉积透明导电层、n型半导体硫化镉、p型半导体碲化镉、背电极层而形成的发电器件，是美国重点发展的太阳能发电产品，也是市场认可度最高的薄膜发电产品。产品兼具光伏和建材两大属性，是一种新型的绿色、可回收、可发电的多功能建筑材料，在新型建筑材料及光伏建筑一体化（BIPV）领域具有巨大的发展空间。其产品主要具有以下优势和特性：

（1）弱光发电性能好；

（2）能源回收期短；

（3）温度系数低，更适于高温、沙漠及潮湿地区等严苛复杂环境，发电性能优势明显；

（4）抗热斑性能优越，防火等级高，更安全；

（5）产品强度高，通过5400Pa冲击试验，更适于建筑使用；

（6）色彩丰富、均一、美观，能够制备透光及图案产品，满足不同建筑场景的需求；

（7）能直接作为建筑材料使用，实现产品与建筑的完美融合。

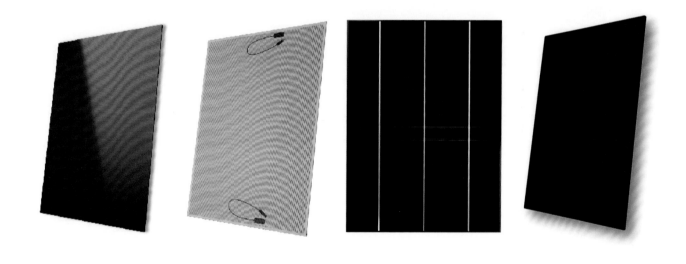

适用范围

产品可广泛应用于光伏建筑一体化领域，如用于光伏屋顶，兼顾发电、建筑物采光和承受应力；用于光伏幕墙，直接代替传统玻璃使用在办公楼、酒店、厂房、大厦等建筑上；还可用于旧房绿色改造、智能交通等的建设。产品全区域适用，高寒地区、海岛地区以及沙漠高温地区特别有优势。

技术指标

产品执行国际标准 IEC61215（IEC61215-1，IEC61215-1-2，IEC61215-2）、IEC61730（IEC61730-1，IEC61730-2）。其中的机械载荷测试，标准最低要求设计载荷1600Pa，乘以系数1.5，实际测试载荷2400Pa；产品认证设计载荷2400Pa，乘以系数1.5，实际测试载荷3600Pa；MST32组件破损量测试，要求产品承受45kg撞击物300mm高度冲击，产品未破损或者满足安全破损，产品实际产品承受45kg撞击物700mm高度冲击，满足标准要求。

成都中建材光电材料有限公司

地址：成都市双流区空港二路558号
电话：18321857561
传真：028 85880597
官方网站：https://www.cnbmcoe.com/

检测项目	性能指标
最大转换效率（%）	16.18
有源区利用率（%）	93
死区宽度（μm）	150～200
膜层均匀性（%）	10
基板翘曲度（mm）	0.5

工程案例

成都市川开电气光伏建筑一体化项目、蚌埠 8.5 代 TFT-LCD 超薄浮法玻璃生产线、丽江水泥厂改造项目。

生产企业

成都中建材光电材料有限公司成立于 2009 年 12 月 16 日，注册资本 2.337 亿元，系中国建材集团旗下高新技术企业，致力于碲化镉发电玻璃的研发与产业化，高纯稀散金属材料的生产与销售，以及光伏建筑一体化系统的设计、安装和运营，打造新的经济增长点，助力中国新能源、新材料产业腾飞。

公司努力建成世界一流的碲化镉发电玻璃企业，于 2017 年下线大面积（1.92m²）碲化镉发电玻璃，开创了中国碲化镉薄膜太阳能"发电玻璃"产业化先河；于 2018 年投产大面积（1.92m²）碲化镉发电玻璃生产线。该产线是拥有自主知识产权工业 4.0 的年产 100MW 发电玻璃示范生产线，产品当年批量供应市场并实现盈利，2021 年已实现实验室转换效率 20.84%，生产线转化效率 16.18%。

碲化镉发电玻璃具有低碳、环保、节能、创能、美观等优势属性，为中国早日实现碳达峰、碳中和贡献力量。产品技术获四川省科技进步奖一等奖、建材行业协会科技发明一等奖、上海第 21 届国际工业博览会新材料奖，布局国际国内标准 39 项，专利 202 项，产品进入国家发展改革委《绿色技术推广目录（2020 年版）》、工业和信息化部《重点新材料首批次应用示范指导目录（2019 年版）》、四川省科技厅重大创新产品等。

231

成都中建材光电材料有限公司

地址：成都市双流区空港二路 558 号
电话：18321857561
传真：028 85880597
官方网站：https://www.cnbmcoe.com/

证书编号：LB2023QT007

文恒弹性地板

产品简介

　　弹性地板是指地板在外力作用下发生变形，当外力解除后，能完全恢复到变形前形状的地板。该地板使用寿命长达30～50年，具有优越的耐磨性、耐污性和防滑性，富有弹性的足感令行走之人十分舒适，因而备受用户青睐。

适用范围

　　弹性地板广泛应用于医院、学校、写字楼、商场、交通、工业、家居、体育馆等场所。

宝石纹运动地胶
(3.5mm/4.5mm/6.0mm)

4.5mm竞技型水晶砂

高强度耐磨防滑层

玻璃纤维稳定层

不含16P邻苯塑化剂　无填充发泡技术　通过欧盟ROHS2.0标准添加进口树脂制成的高强度耐磨层　增加耐磨性　减少运动划痕

4.5mm竞技型水晶砂

经典六边形吸附式底层

零钙高弹发泡层：弹性更舒适，缓冲级收更优异

技术指标

序号	项目名称		技术指标
1	外观	裂纹、断裂、分层	不准许
		褶皱、起泡、漏印、缺膜、图案变形	轻微
		色差、污染	不明显
2	加热尺寸变化率	纵向	≤0.4%
		横向	≤0.4%
3	加热翘曲		≤8mm
4	氯乙烯单体含量		≤5
5	可溶性重金属含量	铅	≤20
		镉	≤20
6	挥发物含量		≤40

山东文恒体育产业有限公司

地址：山东省临沂市兰山区红埠寺工业园
电话：13375686377
传真：0539-8331938

外加剂　预拌砂浆　水泥　金属复合材料　道路材料　预拌混凝土　人造石材　预制构件　防水卷材与防水涂料　其他材料

工程案例

山东奥德集团

恒大华府

青岛射击中心

昆明第三人民医院

周口人民医院

临沂市政府大楼

蓝海国际酒店

生产企业

山东文恒体育产业有限公司是一家集研发、生产、销售于一体的现代化生产企业,坐落于闻名全国的物流之都山东临沂,南北交汇,海陆兼济,位置优越,交通便利。

公司占地面积 1 万多平方米,现有固定资产 5000 万元,拥有高素质的生产与管理人员 60 余人。公司自成立以来一直致力于塑胶地板的研发、生产和销售,产品达几十个系列、数千个花色品种。通过先进的技术、稳定的质量以及完善的服务,企业在多层卷材地板领域销量位居行业前列,并远销东南亚、欧美等多个国家和地区。

公司注重新技术、新产品的开发与引进,不断实现产品的更新与换代,以先进的生产设备、精湛的技术质量、真挚的热情服务赢得了广大客户的信赖和市场的欢迎。公司现已拥有 2 条压延底片生产线、2 条商用地板贴合生产线、2 条印刷线、3 条涂刮生产线,以上设备均采用国内先进设备,使产品各方面性能都远超国家标准。公司先后通过国家 ISO 9001、ISO 14001、ISO 45001、SGS 等各项检测及认证。

公司始终以优异的质量、合理的价格、完善的服务为根本,以用户满意为己任,愿奉献全部的智慧和力量,诚邀社会各界有志人士共谋发展,共创辉煌。

减震发泡缓冲层

吸震、缓冲、运动更放心
Shock absorption, cushioning and
more comfortable movement

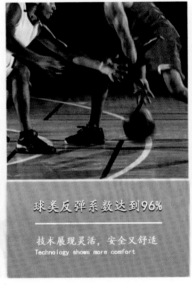

球类反弹系数达到96%

技术展现灵活,安全又舒适
Technology shows more comfort

木纹

木纹运动地胶
(3.5mm/4.5mm6.0mm)

山东文恒体育产业有限公司

地址:山东省临沂市兰山区红埠寺工业园

电话:13375686377

传真:0539-8331938

证书编号：LB2023QT009

洛阳中联骨料及机制砂

产品简介

公司所生产的砂、石骨料具有以下优点：

（1）压碎值小，强度高，可满足普通混凝土配合比设计要求；

（2）碎石针片状颗粒少，粒型好；

（3）成品砂级配合理，符合Ⅱ区砂级配范围，孔隙率小，可单独使用，且可节省胶凝材料，降低混凝土、砂浆成本；

（4）细度模数稳定、可调，生产过程全环节控制能使细度模数波动量小于河砂；

（5）产量大，可持续稳定供应；

（6）碎石含泥量、泥块含量优于国家标准要求，机制砂亚甲蓝 MB 值实测 0.5～0.8，优于国家标准 ≤ 1.4 的要求。

（7）公司机制砂采用半干法生产，含水率一般控制在 1%～3%，相对于河砂或水洗机制砂 5%～10% 的含水率，具有成本优势。

适用范围

产品广泛适用于国防、交通、水利、工农业及城市建设等复杂而质量要求较高的工程。

技术指标

检测项目	国标要求	检测结果	公称粒径	砂颗粒级配区			实际累计筛余（%）
				Ⅰ区	Ⅱ区	Ⅲ区	
压碎值	≤ 30%	20.2	10.0mm	—	—	—	—
泥块含量	≤ 3%	0.8	5.00mm	10～0	10～0	10～0	7
石粉含量	≤ 10%	3.7%	2.50mm	35～5	25～0	15～0	21
MB 值	＜ 1.4	0.7	1.25mm	65～35	50～10	25～0	42
云母含量	≤ 2.0%	0.7%	630μm	85～71	70～41	40～16	62
有机物含量	颜色不应深于标准色	颜色浅于标准色	315μm	95～80	92～70	85～55	76
轻物质含量	≤ 1.0%	0.5%	160μm	100～90	100～90	100～90	93
SO_3 含量	≤ 1.0%	0.04%	细度模数		2.8		
Cl^- 含量	≤ 0.02%	0.001%	碱活性（快速法）	＜ 0.10%，无潜在危害；＞ 0.20%，有潜在危害			0.03%

洛阳中联水泥有限公司

地址：河南省洛阳市汝阳县柏树乡中联大道
电话：0379-68638996
传真：0379-68638996

试验项目							
	含泥量(%)		泥块含量(%)		针、片状颗粒含量(%)		压碎值(%)
强度等级	标准值	结果	标准值	结果	标准值	结果	
≥60	≤0.5		≤0.2		≤8		
C55～C30	≤1.0	0.2	≤0.5	0.1	≤15	10	12.5
≤C25	≤2.0		≤0.7		≤25		

颗粒级配	公称粒径(mm)	筛孔尺寸(mm)	31.5	26.5	19.0	16.0	9.5	4.75	2.36
连续级配	5～20								
	累计筛余，按质量(%)		0	0～5	—	30～70	—	90～100	95～100	100
	实际累计筛余(%)		0	4	36	72	86	98	100	100

工程案例

（1）高速公路：尧栾高速 4 标段、5 标段；（2）水利工程：北汝河治理工程、天坪水库工程；（3）机场：洛阳机场扩建工程；（4）桥梁：G208 国道桥梁、汝河大桥、洛阳大桥；（5）电厂：伊川热电厂、洛阳大唐电厂；（6）其他重点大型工程：某部队国防工程、汝阳县体育场、汝阳县人民医院、中电建装配式建筑。

生产企业

洛阳中联水泥有限公司位于河南省洛阳市汝阳县，成立于 2007 年 12 月，占地 500 余亩（约 33.3 公顷），现拥有一条 4500 吨 / 天新型干法熟料水泥生产线，配套建设 9MW 纯低温余热发电站，设计年产熟料 155 万吨、水泥 100 万吨、商品混凝土 90 万立方米、骨料 200 万吨。其主导产品为 "CUCC" 中联水泥品牌 P·C 42.5、P·O 42.5、P·O 52.5 等级水泥等多种型号的水泥产品，特点为：质量稳定性高，凝结时间适中，前期、后期强度高，和易性、耐磨性、可塑性、均匀性优良，色泽美观，碱含量低。实物质量达到国际先进水平，可广泛用于国家重点大型工程、基础设施建设和民用建筑等领域。公司先后通过了国家产品质量认证、过程质量认证、职业健康安全和环境管理体系认证、能源体系认证等，还荣获了 "2019 年河南省智能工厂""环境保护诚信企业""建材行业与互联网融合发展试点示范企业""河南省建材工业最具影响力企业""产业发展先进单位" 等荣誉称号。

公司经营范围为制造、销售水泥、水泥熟料、水泥制品、新型建材等，依靠完备的质量保证体系与控制手段，以统一的 "CUCC" 中联水泥产品品牌，向客户提供良好的产品品质和服务。

"CUCC" 中联水泥以其良好的质量品质，成为全国政府采购优选产品、河南省免检产品、重点保护产品和消费者信得过产品和 "全国质量检验稳定合格产品"；"中联" 牌商标连续四届被评为河南省著名商标；公司荣获 "全国质量诚信标杆企业""全国产品和质量诚信示范企业" 和 "全国建材行业质量领军企业"。公司追求 "过程精品" 是企业的质量宗旨；追求 "全天候服务，全方位服务，全过程服务和让客户满意" 是企业的服务承诺。

右侧竖排：外加剂 预拌砂浆 水泥 金属复合材料 道路材料 预拌混凝土 人造石材 预制构件 防水卷材与防水涂料 **其他材料**

洛阳中联水泥有限公司

地址：河南省洛阳市汝阳县柏树乡中联大道
电话：0379-68638996
传真：0379-68638996

节 材

235

证书编号：LB2023QT010

祁连山骨料及机制砂石

产品简介

公司所生产的机制骨料具有以下优点：

（1）成品机制砂级配合理，符合 II 区中砂级控制要求，孔隙率小，可单独使用，且可节省胶凝材料，降低混凝土、砂浆成本。

（2）机制砂细度模数变化小，介于 2.9±1.0 之间，生产全过程控制使细度模数波动量小于河砂。

（3）机制砂石粉含量稳定，控制在 6.0%±1.0%。

（4）机制砂亚甲蓝 MB 值实测 ≤ 0.5g/kg，优于国家标准 MB 值 ≤ 1.4g/kg 的标准要求。

（5）碎石压碎指标值较小（≤ 11.0%），可满足普通混凝土配合比设计要求。

（6）碎石针片状颗粒含量少，产品粒型好。

（7）公司机制骨料采用干法生产工艺，其环吹工艺获得国家新型发明专利，所生产的骨料泥粉含量、泥块含量优于国家标准要求。

（8）机制骨料含水率一般小于 0.3%，相对于河砂或卵石较高的含水率，具成本优势。

（9）矿山直供，其产量大，可持续稳定供应市场。

适用范围

产品主要应用于机场、商场、桥梁、涵洞、居民楼、广场的建设及道路硬化。

技术指标

检测项目	技术要求			检测结果
	I 类	II 类	III 类	
石粉含量（%）		≤ 15		5.3
泥块含量（%）	≤ 0.2	≤ 1.0	≤ 2.0	0.1
MB 值（g/kg）		≤ 0.5		0.5
压碎指标（%）	≤ 20.0	≤ 25.0	≤ 30.0	16
坚固性（%）		≤ 8	≤ 10	2
云母（%）		≤ 1.0	≤ 2.0	0.1
轻物质（%）		≤ 1.0		0.6
有机物		合格		合格
氯化物（%）	≤ 0.01	≤ 0.02	≤ 0.06	0.002
硫化物及硫酸盐（%）		≤ 0.5		0.2
表观密度（kg/m³）		≥ 2500		2710
松散堆积密度（kg/m³）		≥ 1400		1580
松散堆积空隙率（%）		≤ 44		42
紧密堆积密度（kg/m³）		/		1720
饱和面干吸水率（%）		/		0.8
碱 - 骨料反应（14d 膨胀率）%		< 0.10		0.02
放射性核素限量	内照射指数 I_{Ra}		≤ 1.0	0.02
	外照射指数 I_r		≤ 1.0	0.03

成县祁连山水泥有限公司

地址：甘肃省陇南市成县抛沙镇转湾村
电话：0939-3222556
传真：0939-3222555

工程案例

2010—2012 年成武高速公路建设用 52.5、42.5 水泥 50 万吨，主要用于路基、路面、高速桥涵等建设；

2012—2014 年十天高速公路建设用 52.5、42.5、32.5 缓凝水泥 120 万吨，主要用于路基、路面、高速桥涵等建设；

2015—2019 年渭武高速公路建设用 52.5、42.5、32.5 缓凝水泥 120 万吨，主要用于路基、路面、高速桥涵等建设；

2016—2019 年两徽高速公路建设用 52.5、42.5、32.5 缓凝水泥 60 万吨，主要用于路基、路面、高速桥涵等建设；

2018 年陇南机场建设用 52.5/42.5 低碱水泥 2 万吨，主要用于基础设施和机场跑道建设。

2019—2022 年武九高速公路、绵九高速、景礼高速建设用 52.5、42.5 水泥 100 万吨，主要用于路基、高速桥涵等建设；

2020—2023 年康略高速公路、太凤高速建设用 52.5、42.5 水泥 85 万吨，主要用于路基、高速桥涵等建设；

2022 年天陇铁路建设用 42.5、42.5 低碱水泥 15 万吨，主要用于路基、铁路桥涵等建设。

生产企业

成县祁连山水泥有限公司位于成县抛沙镇陇南西成经济开发区抛沙工业园区，公司总投资（含矿山、余热发电）11 亿元，在册职工 290 人，属中国建材集团旗下甘肃祁连山水泥集团股份有限公司全资子公司。

公司拥有 3000t/d 和 4500t/d 两条新型干法水泥生产线，年产 120 万吨机制骨料生产线一条，年产混凝土 80 万立方米双 180 搅拌站，两条新型干法水泥生产线配套（6MW+7.5MW）纯低温余热发电站。生产线采用目前国内最为先进的工艺技术和节能环保设备。

产品以"祁连山"牌优质高强度等级水泥为主，年产水泥 320 万吨，品种有 52.5 级硅酸盐水泥，42.5 级普通硅酸盐水泥、42.5 级低碱道路水泥、32.5 砌筑水泥；年产骨料 120 万吨，产品有 20～31.5mm 骨料、10～20mm 骨料、5～10mm 骨料、0.075～5mm 机制砂；年产 80 万立方米商品混凝土，涵盖强度等级 C15～C60 以及特殊要求商品混凝土；满足区域内各类工程水泥、骨料和混凝土产品需求。

公司有健全的质量、环境、能源、职业健康安全管理体系的"四标一体"综合管理体系，坚持"严格管理，争创效益，持续改进，顾客满意。"的质量方针，生产的水泥、骨料产品经省、市质量监督检验中心多次抽检，合格率均达到 100%，荣获"葛洲坝水泥杯""中岩科技杯"全国质量大对比特等奖、工信部"绿色工厂"、自然资源部"国家绿色矿山""全国安全文化建设示范企业"、甘肃省市场信用等级 AAA 企业、中国建材集团"六星企业"中国建材集团"先进企业""创先争优先进集体""安全生产先进集体"陇南市工业"先进企业""纳税先进单位"、中国建筑材料联合会"百家节能减排示范企业"国家安监总局"安全生产标准化一级企业"等荣誉称号。

成县祁连山水泥有限公司

地址：甘肃省陇南市成县抛沙镇转湾村
电话：0939-3222556
传真：0939-3222555

证书编号：LB2023QT011

同舟压浆料、聚丙烯工程纤维

产品简介

压浆料为固体,是由水泥和压浆剂等多种材料经机械干拌而成的均匀混合料。按规定比例水拌匀后匀质性优良,高流态,满足多样化的施工环境,保证施工质量;超高强度满足各类型预应力混凝土压降。

聚丙烯工程纤维具有如下特点：

1. 有效提高砂浆、混凝土的抗裂能力。该产品使砂浆、混凝土的极限拉伸率提高,并通过纤维的应力传递阻止砂浆、混凝土早期固化过程中因塑性收缩、水化热等因素引起的裂缝产生。

2. 大大提高砂浆、混凝土的抗渗性能。本产品的加入降低了外界水分对砂浆、混凝土表面的渗透,有效提高其刚性自防水性能。

3. 提高砂浆、混凝土抗冲击、抗折、抗震性能。加入本产品后,砂浆、混凝土的韧性得到改善,当纤维混凝土受到外界冲击时,纤维能够吸收大量冲击能量,减少局部应力集中,从而提高砂浆、混凝土的抗冲击能力,改善抗折、抗震性能。

4. 提高砂浆、混凝土的耐磨性能。本产品能有效控制砂浆、混凝土拌料的泌水现象,降低水泥颗粒、砂砾等离析作用,改善基体界面的黏结性能,形成更牢固表面层,从而提高了其耐磨性能。

5. 提高砂浆、混凝土的抗冻性能。本产品加入砂浆、混凝土后,其抗渗性能的提高改善了砂浆、混凝土整体抗冻融损伤能力。

6. 具有较强的分散性、和易性,与混合料亲和性好。

7. 化学稳定性好,耐酸碱能力强,安全无毒,对钢筋无锈蚀危害。

适用范围

压浆料主要应用在预应力混凝土结构中。

聚丙烯工程纤维适用于砂浆、混凝土结构的民用及工业建筑,包括现浇板、框架梁柱、地下室的底板及侧板、水池结构;混凝土路面及广场、桥梁、隧道、机场跑道;防洪堤、大坝等。

四川同舟化工科技有限公司

地址：四川省绵阳市经开区塘汛东路 169 号
电话：0816-2400025
传真：0816-2400025

技术指标

压浆料主要技术指标如下：

检测项目		质量指标	
		公路	铁路
凝结时间（h）	初凝	≥ 5	≥ 4
	终凝	≤ 24	≤ 24
流动度（s）	初始	10～17	18±4
	30min	10～20	≤ 28
	60min	10～25	—
压力泌水率（%）		≤ 2.0	≤ 3.5
充盈度		合格	
24h 自由膨胀率（%）		0～3	
28d 抗折强度（MPa）		≥ 10	
28d 抗压强度（MPa）		≥ 50	

聚丙烯工程纤维主要技术指标如下：

检测项目	质量指标
外观	白色蓬松状纤维
堆积密度（g/cm³）	0.91±0.01

工程案例

　　成都万达广场、锦绣天府塔、成都地铁 13 号线、中电熊猫城、甘肃 G312 公路、新世纪环球中心、贵州中天未来方舟、遂渝高速公路、恒大中央广场。

生产企业

　　四川同舟化工科技有限公司是一家集科研、生产、销售、技术服务于一体的国家高新技术企业，是西南地区外加剂专业化科研、生产基地，公司位于绵阳经济技术开发区，注册资本为 5300 万元。公司拥有 8000 余平方米厂房，科研实验用房 2000 余平方米，建有完整的混凝土外加剂自动化生产线、化学分析实验室和物理性能实验室，配备先进的各种检验、实验设备，有大型仪器设备数十台（套）。公司经营范围为混凝土外加剂及建筑用化工产品、新型建筑材料的研发、生产、销售以及相关产品的对外出口贸易。

四川同舟化工科技有限公司

地址：四川省绵阳市经开区塘汛东路 169 号
电话：0816-2400025
传真：0816-2400025

证书编号：LB2023QT012

淮龙粒化高炉矿渣粉、钢渣粉

产品简介

粒化高炉矿渣粉（又称矿渣微粉、矿粉或 GGBS/GGBFS）是优质的混凝土掺和料和水泥混合材，是当今世界公认的配制高耐久性混凝土结构的优质混合材料之一。

从 20 世纪初矿渣微粉在欧洲最先被用于海工水泥混凝土结构到今天世界各国在各种耐久性结构工程的广泛应用，矿渣微粉以其独具的自身水化硬化特性而独占绿色高性能水泥混凝土矿物掺和材的鳌头。

适用范围

技术指标

产品性能指标如下：

项目		标准要求（S95）	检测结果
密度（g/cm³）		≥ 2.8	2.93
比表面积 (m²/kg)		≥ 400	430
活性指数（%）	7d	≥ 75	80
	28d	≥ 95	102
流动度比（%）		≥ 95	103
含水量（%）		≤ 1.0	0.3
三氧化硫（%）		≤ 4.0	0.04
氯离子（%）		≤ 0.06	0.008
烧失量（%）		≤ 3.0	—
玻璃体含量（%）		≥ 85	94
放射性		合格	合格

江苏淮龙新型建材有限公司

地址：中国江苏省淮安市工业新区金象路 12 号
邮编：223002　　电话：86-(0)517-8303 3181
销售部：86-(0)517-8303 3185
传真：86-(0)517-8385 2808

节 材

工程案例

产品被广泛应用于工业与民用建筑，如京沪高速铁路、苏州轻轨等国家重点工程；淮安城市建设轻轨工程、淮安大剧院、淮安体育馆、苏宁广场、万达广场、神旺大酒店、鼎立国际大酒店、雨润大厦、盱眙奥体中心等淮安市大型建设工程。

生产企业

江苏淮龙新型建材有限公司是江苏沙钢集团淮钢特钢股份有限公司和新加坡昂国企业有限公司（原新加坡双龙洋灰有限公司）共同出资成立的一家中外合资企业。公司成立于 2005 年 11 月 21 日，2006 年 7 月 28 日建成并投产运营。公司位于淮安市工业新区金象路 12 号，注册资本 1.16 亿元，占地面积 180 余亩，矿渣粉设计产销量 120 万吨 / 年，钢渣粉设计产销量 40 万吨 / 年。

目前公司拥有两条从日本引进并具有国际先进水平的立式辊压磨生产线，以淮钢集团生产的优质水淬粒化高炉矿渣为原料，生产顺应国际潮流的优质绿色环保产品"淮龙建材"（中国）和"微神"（VCEM）牌（新加坡）高性能粒化高炉矿渣粉，主导产品为 S95 级粒化高炉矿渣粉，执行国标 GB/T 18046《用于水泥和混凝土中的粒化高炉矿渣粉》。2021 年新建一套年产 40 万吨的钢渣粉生产线，以淮钢集团生产的钢渣尾渣和还原渣尾渣为原料，执行国家标准 GB/T 20491—2017，生产用于水泥和混凝土中的钢渣粉。

公司配备主要设备有两台矿渣粉立磨，规格为 UM50.4S、UM46.4SN，一台钢渣粉立磨，规格为 FRMG36.2，能实现集矿渣粉磨 / 钢渣粉、烘干、选粉为一体的现代粉磨技术，单台设备产能分别为 90t/h、76t/h、55t/h。公司还建立了矿渣粉、钢渣粉产品专用检验实验室，拥有先进的勃氏比表面积仪等全套分析、试验设备，能为产品的质量控制提供可靠保障。

公司注重科学管理，持续发展，推行清洁生产，关爱职工职业健康，生产线均配备先进的环保、节能和安全、消防设施，采用先进的生产工艺，在不断强化内部管理的同时，积极学习和吸收国内外最新的技术，确保产品质量，并适时引进先进的管理方法、管理理念，提升各项管理水平，持续改进综合管理体系，来满足顾客及相关方的需求。

江苏淮龙新型建材有限公司

地址：中国江苏省淮安市工业新区金象路 12 号
邮编：223002　电话：86-(0)517-8303 3181
销售部：86-(0)517-8303 3185
传真：86-(0)517-8385 2808

241

证书编号：LB2023QT013

博纳维尔软瓷

产品简介

　　软瓷是一种新型的节能环保低碳装饰材料，它作为墙面装饰材料，具有轻质、柔性好、外观造型多样、耐候性好等特点；将它用作地面装饰材料，具有耐磨、防滑、脚感舒适等特点；施工简便快捷，比传统材料工期短，节约空间，节约成本，而且不易掉落。软瓷适用于外墙、内墙、地面等建筑装饰，特别适用于高层建筑外饰面工程、建筑外立面装饰工程、城市旧城改造外墙面材、外保温体系的饰面层及弧形墙、拱形柱等异形建筑的饰面工程。

适用范围

　　产品适用于老旧小区改造、城市风貌改造、学校新建及旧改、住房及办公用房新建及旧改的室内外墙面装饰。

技术指标

产品性能指标如下：

检测项目	1. 基本信息		
	项目	要求	判定
	外观	表面无多余料体、脱皮、气泡密集、表面不干净	合格
	颜色	无色差	合格
	厚度	2.5～3.5mm	合格
	耐酸碱性	表面无开裂、分层、明显变色	合格
	吸水率	≤15，无起鼓、开裂分层、粉化	合格
	抗冻性	表面无裂纹、粉化、分层现象	合格
	柔度	无裂纹或断裂	合格
注意事项	2. 施工要求		
	项目	不宜低于	不宜高于
	施工温度	5℃	45℃
	施工完成后24小时避免雨淋、需做防雨措施		
	粘贴表面需达到高级抹灰要求		
	搬运过程中请勿重摔，搬运过程中产品边角请勿超过20kg力度撞击		

宜宾博纳维尔新材料有限公司

地址：四川省宜宾市长宁县工业园区 B 区
电话：13550749587
官方网站：http://www.bonavel.cn/

工程案例

客户名称	项目名称
贵州福美软瓷建材有限公司	贵州广播电视大学
湖北辉腾建工有限公司	滩桥镇擦亮小城镇建设美丽城镇项目
宜宾昱隆建筑工程有限公司	宜南路沿线风貌整治及节点景观建设
四川耐盾新型建筑材料有限公司	马尔康项目
四川省晶焱建设工程有限公司	青城山大观项目
建航建工集团有限公司	重庆爱心庄园修缮工程
四川耐盾新型建筑材料有限公司	重庆爱心庄园修缮工程
重庆市凌天装饰工程有限公司	重庆市万州区公共实训基地工程
深圳耐盾新型建筑材料有限公司	益海嘉里
中恒建工集团有限公司	眉山养老服务中心
杭州恒申能源工程有限公司	杭州西湖龙坞查镇
四川耐盾新型建筑材料有限公司	九龙湖中学
山东鸿鑫建设集团有限公司	山东鲁商城市广场
四川成渝建设有限公司	长宁淯江河改造项目
遂宁应用高级技工学校	遂宁应用高级技工学校改扩建
长宁县竹都建筑工程有限公司	2022年长宁老旧小区改造
四川耐盾新型建筑材料有限公司	九龙湖小学以及中学新建
中建伟诚集团有限公司	星光花苑酒店综合楼、客房主楼外墙改造项目

生产企业

宜宾博纳维尔新材料有限公司，暨MCM生态建筑材料生产基地项目，经长宁县人民政府招商引资，于2018年3月28日成立，坐落于长宁县长宁镇宋家坝工业园区B区，注册资本1000万元，项目分两期建设，共计规划建设24条机械化软瓷生产线。公司占地面积32亩，已规划完成建设面积9776.85平方米的厂房及办公楼，配套库房、食堂、宿舍及研发车间，一期已建成投产12条自动化软瓷生产线，软瓷年产值达300万平方米。

公司产品已于2020年成功列入"宜宾造"产品推荐名录，已注册国家商标7个，取得国家专利17项，2020年通过了ISO 9001国际质量管理体系认证，2021年荣获"现代企业制度建设达标企业"称号，2021年荣获"安康杯"安全生产竞赛一等奖，2022年通过了ISO 45001职业健康安全管理体系认证以及ISO 14001环境管理体系认证，2022年取得国家高新技术企业称号。

宜宾博纳维尔新材料有限公司

地址：四川省宜宾市长宁县工业园区B区
电话：13550749587
官方网站：http://www.bonavel.cn/

凌志缝隙封堵材料

产品简介

DF-A3-LZ859 缝隙封堵材料是一种单组分有机硅柔性防火封堵料，产品可刷涂或喷涂，应用于垂直和水平的建筑接缝，如幕墙与楼板边缘接缝以及伸缩率大的缝，可有效阻止火势和烟气的蔓延，防火时效达 3 小时，产品具有良好的气密性、水密性、隔声性能，可抵抗地震类型的位移，不含卤素和石棉。

适用范围

产品应用于幕墙与楼板边缘的缝隙；墙顶与楼板的接缝；墙与墙、楼板与楼板间的接缝；产生位移的接缝处的弹性结合。

技术指标

产品理化性能指标如下：

检测项目	标准要求
外观	柔性或半硬质固体材料
表观密度（kg/m³）	≤ 1.6×10³
腐蚀性（d）	≥ 7，不应出现锈蚀、腐蚀现象
耐水性（d）	≥ 3，不溶胀、不开裂
耐碱性（d）	≥ 3，不溶胀、不开裂
耐酸性（d）	≥ 3，不溶胀、不开裂
耐湿热性（h）	≥ 360，不开裂、不粉化
耐冻融循环（次）	≥ 15，不开裂、不粉化

工程案例

杭州亚运村、北京银河 SOHO、北京国家会议中心、首都国际机场 T3 航站楼、石家庄怀特集团商业广场、中国高铁武汉站、长沙万达广场、上海浦东国际机场、江西景德镇陶溪川陶瓷文化创意园。

浙江凌志新材料有限公司

地址：浙江省杭州市临安区青山湖街道天柱街 57 号
电话：0571-63819258
官方网站：www.liniz.com

生产企业

　　浙江凌志新材料有限公司成立于1997年2月，前身为浙江凌志精细化工有限公司，坐落在风景秀美的杭州，是一家从事高档有机硅材料的研发、生产和销售于一体的国家级高新技术企业，是首批通过国家发展改革委认定的硅酮结构胶生产和销售企业之一。20多年的沉淀和积累，为公司在有机硅行业赢得了"密封专家"的美誉。公司专注于有机硅的研发、创新，不懈地发掘有机硅的市场应用，提供全面的有机硅解决方案：从门窗幕墙到室内家装、太阳能组件到光伏建筑、车灯装配到汽车总装、混凝土防水到金属防腐等。

　　凌志坚信态度决定一切，品质源于细节。未来，凌志将继续秉持"以质量求生存、以创新求发展、以服务占市场"的经营宗旨，"想你所想，尽我所能"的服务宗旨，始终与时代共呼吸，以自主可控的优良产品、技术服务于各行各业，逐步打造成为立足国内，走向世界的民族胶粘品牌，成为密封行业内的翘楚，拥抱有机硅绿色新未来。

浙江凌志新材料有限公司

地址：浙江省杭州市临安区青山湖街道天柱街57号
电话：0571-63819258
官方网站：www.liniz.com

证书编号：LB2023QT015

千年舟纸面石膏板

产品简介

纸面石膏板是以建筑石膏为主要原料，加入少量添加剂与水搅拌后，连续浇筑在两层护面纸之间，再经封边、凝固、切断、干燥而成的一种轻质建筑板材。它采用特制纸面，轻质高强，具有阻燃、隔声、隔热、抗震保温、安装施工快捷等特点；纸面使用优质高克重纸面以增加整体强度，轻质坚固，不脱纸，板面平整；板芯采用高频发泡技术，添加纤维丝，具有握钉力强、不粉裂、韧性好的特点。

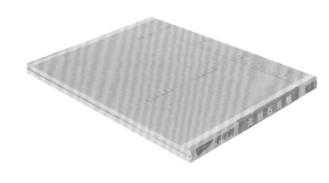

适用范围

产品可用于内隔墙、墙体覆面板、天花板、吸声板和各种装饰板等。

技术指标

（1）外观质量：纸面石膏板表面平整，不得有影响使用的破损、波纹、沟槽、污痕、过烧、边部漏料和纸面脱开等缺陷。

（2）尺寸偏差：纸面石膏板的尺寸偏差长度不小于 6mm，宽度不小于 5mm，厚度（9.5±0.5）mm。

（3）对角线长度差：板材应切成矩形，两对角线长度差应不大于 5mm。

（4）护面纸应与石膏芯黏结良好。

（5）护面纸用下纸 180g、上纸 170g 重的高强护面纸。

（6）使用纯脱硫石膏。

（7）添加硅油 20 ～ 30 克 1 张。

（8）添加玻璃丝 20 ～ 30 克 1 张。

（9）纵向断裂载荷大于等于 400N，横向断裂载荷大于等于 160N。

（10）受潮挠度 ≤ 6，吸水率 ≤ 10%，表面吸水量 ≤ 160g/m²。

工程案例

舟山开元大酒店、泰州市万达希尔登大酒店、湖州月亮湾大酒店、厦门希尔顿逸林五星级酒店、嘉兴希尔顿逸林大酒店、昆山市皇冠国际会展酒店。

千年舟新材科技集团股份有限公司

地址：杭州余杭区良渚街道勾运路 50 号
电话：0571-89001277
传真：0571-88746625
官方网站：http://www.treezogroup.com/

生产企业

　　千年舟新材科技集团股份有限公司是一家以多品类中高端板材的研发、生产、销售为一体的装饰材料企业，致力于向终端消费者提供绿色、环保、高品质的装饰板材及其配套产品。目前公司主要产品包括多层板、刨花板、LSB、OSB 等基础板材、生态木工板等生态板材以及五金等配套产品。在以板材业务为核心的同时，公司积极向下游定制家居、装配式建筑木质构件等业务延伸，定制家居产品包括衣柜、橱柜、地板、木门等。

　　自设立以来，公司秉持"为人民造一张好板"的初心，深耕板材产品研发，在行业内较早推出了杉木芯细木工板、生态木工板、生态多层板等产品，并迎合市场需求推出了抗菌、防虫、难燃等功能性板材，近年又推出了自主生产的 LSB、OSB 等新产品。作为杭州第 19 届亚运会官方板材供应商，公司高度重视产品能力建设，专注于打造专业丰富的装饰板材产品线，累计有 6 个产品获得浙江省"品"字标认证，12 项产品获得浙江省省级工业新产品称号，生态板、刨花板等产品通过了"中国绿色产品认证"，刨花板、LSB 产品通过了"儿童安全级产品认证"。公司共主持或参与制定国际标准 1 项，国家标准 15 项，行业标准 11 项，团体标准 13 项，"浙江制造"标准 3 项。截至 2022 年 12 月 31 日，公司共拥有授权专利 186 项，其中发明专利 36 项。公司被认定为 2021 年度浙江省"专精特新"中小企业。

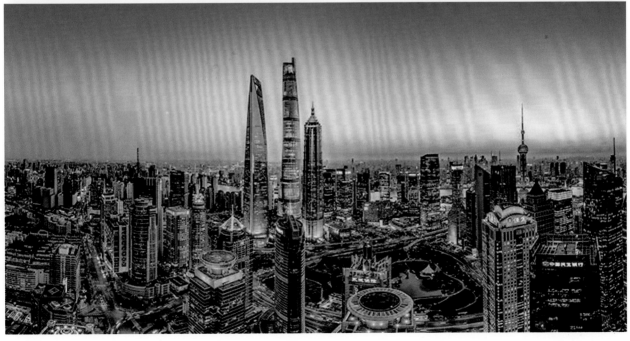

地址：杭州余杭区良渚街道勾运路 50 号
电话：0571-89001277
传真：0571-88746625
官方网站：http://www.treezogroup.com/

千年舟新材科技集团股份有限公司

证书编号：LB2023GP001

联塑冷热水用聚丙烯（PP-R）管材、给水用硬聚氯乙烯（PVC-U）管材、HDPE 排水管材

产品简介

冷热水用聚丙烯（PP-R）管材是当今世界发达国家普遍采用的新型产品，它在冷热水输送工程中采用同质熔接技术，其综合技术性能和经济指标远远优于其他同类产品，尤其是它优越的卫生性能，从生产使用到废弃回收全过程都可达到很高的卫生、环保要求。产品具有耐热、耐压、保温节能、使用寿命长及经济等优点，将逐步取代现有的其他种类水管而成为主导产品。水中含有很多不同种类的化学物质、矿物质和杂质，与金属管壁接触会产生化学作用，令管壁出现氧化和脱落而造成二次污染，而 PP-R 管道的原料是采用可循环再用的环保物料加强聚丙烯，它不会释放出重金属或其他损害健康的物质；管壁不结垢，符合卫生和健康标准，PP-R 管是较适合用作饮用水及食品工业输送的卫生环保水管。

给水用硬聚氯乙烯（PVC-U）管材作为一种发展成熟的供水管材，具有耐酸、耐碱、耐腐蚀性强，耐压性能好，强度高，质轻，价格低，流体阻力小，无二次污染，符合卫生要求，施工操作方便等优越性能。

HDPE 双壁波纹管除了具有普通塑料管所具有的耐腐蚀性好、绝缘性高、内壁光滑流动阻力小等特点以外，还因采用了特殊的中空环形结构，具有优异的环刚度和良好的强度与韧性，以及质量轻、耐冲击性强不易破损等特点。产品目前在发达国家的诸多领域已经广泛应用，尤其是在美国、加拿大、日本以及欧洲许多国家，HDPE 双壁波纹管广泛应用于市政排水排污、农业灌溉、煤矿通风、化工通信电缆护套等领域。对比混凝土管、铸铁管，它有运输安装方便、降低施工人员劳动强度及降低工程总投资等优势，是混凝土管、铸铁管的理想换代产品。产品具有优越的耐腐蚀性和耐化学性。PE 为非极性材料，可在绝大部分酸、碱、盐环境下使用，不腐蚀、不锈蚀。

适用范围

冷热水用聚丙烯（PP-R）管材主要应用于冷热水管道系统；采暖系统，包括地板、壁板的采暖及辐射采暖系统；纯净水管道系统；中央（集中）空调系统。

给水用硬聚氯乙烯（PVC-U）管材适用于民用建筑、工业建筑的室内供水、水中系统；居住小区、厂区埋地给水系统；城市供水管道系统；水处理管道系统；海水养殖业；园林灌溉、凿井等工程。

HDPE 双壁波纹管适用于市政工程、住宅小区地下埋设雨水管，污水排放；农田水利灌溉输水、排涝；污水处理厂、垃圾处理场排水输送；化工通风管及化工、矿山用于流体的输送；电力、通信电缆保护套管等。

技术指标

冷热水用聚丙烯（PP-R）管材技术指标如下：

序号	项目	试验参数		技术要求
1	颜料分散	—		≤ 3 级
2	纵向回缩率	en ≤ 8mm：1h 8mm < en ≤ 16mm：2h	（150±2）℃	≤ 2%
3	简支梁冲击	试验温度	（0±2）℃	9/10 通过
4	熔体质量流动速率	试验温度	230℃	≤ 0.5g/10min 且对应聚丙烯混配料的变化率不超过 20%
		砝码质量	2.16kg	
5	静液压强度	20℃	试验时间：1h 静液压应力：16.0MPa	无破裂，无渗漏
		95℃	试验时间：22h 静液压应力：4.3MPa （或165h，3.8MPa）	
			试验时间：1000h 静液压应力：3.5MPa	

广东联塑科技实业有限公司

地址：广东省佛山市顺德区龙江镇联塑工业村
电话：0757-23378531
官方网站：www.lesso.com

序号	项目	试验参数		技术要求
6	灰分	试验温度	600℃	≤ 1.5%
7	熔融温度 T_{pm}	氮气流量 50mL/min，升降温速率 10℃/min，2 次升温		140～148℃
8	氧化诱导时间			≥ 20min
9	95℃/1000h 静液压试验后的氧化诱导时间	试验温度	210℃	≥ 16min

给水用硬聚氯乙烯（PVC-U）管材技术指标如下：

序号	项目	技术指标
1	密度（kg/m³）	1350～1460
2	维卡软化温度（℃）	≥ 80
3	纵向回缩率	≤ 5
4	二氯甲烷浸渍试验（15℃，15min）	表面变化不劣于 4N
5	落锤冲击试验 TIR（%）	≤ 5
6	液压试验	无破裂，无渗漏

HDPE 双壁波纹管技术指标如下：

检测项目	要求
环刚度（kN/m²）	SN8 ≥ 8.0
冲击性能（TIR）（%）	≤ 10
环柔性	管材无破裂，两壁无脱开，内壁无反向弯曲
烘箱试验	无分层，无开裂
密度（kg/m³）	≤ 1180
氧化诱导时间（200℃）/min	≥ 20
弯曲模量（MPa）	> 1000
拉伸屈服应力（MPa）	> 20

工程案例

雄安新区管廊建设项目、2022 北京冬奥会场馆建设、昌赣高铁塑料管材采购项目、北京大兴国际机场、博罗沙河流域治理工程、河源龙光城四期项目、汕头黄金海岸花园三区项目、中车兰州机车有限公司兰工坪原址土地开发项目住宅小区二期工程、港珠澳大桥、昌赣高铁塑料管材采购项目、浠水县农村饮水安全工程等。

生产企业

广东联塑科技实业有限公司隶属于中国联塑集团（简称"中国联塑"，香港上市公司代号为 2128）。随着中国联塑全球化、国际化进程步伐的推进，中国联塑已拥有逾 80 家控股子公司和超过 30 个主要生产基地，分布于全国 18 个省份及美国、马来西亚、泰国等国家，形成了覆盖全国、辐射全球的生产基地和销售网络，能够及时、高效地为顾客提供产品和服务。

广东联塑科技实业有限公司具有国际先进的科研创新环境，设有国家认定企业技术中心、CNAS 国家认可实验室、博士后科研工作站、广东省塑料管道工程技术研究开发中心、广东省塑料成型加工技术企业重点实验室。科研成果先后入选国家重点新产品、全国建设行业科技成果推广项目和政府绿色采购清单；先后被国家有关部门授予制造业单项冠军示范企业、中国建设科技自主创新优势企业、国家知识产权优势企业、住房城乡建设部产业化示范基地等荣誉称号和奖项。广东联塑拥有一支由博士、硕士、中高级工程师以及行业顾问组成的研发团队，并从德国、英国、美国等国家购进了大批先进的科研设备，承接了多项国家和省级的科研项目，开发出了一系列具有自主知识产权的核心技术和产品，目前，已拥有和正在申请的专利超过 2000 项。公司同时参与了 100 多项国家标准和行业标准的编制和修订，"省级科技进步奖一等奖""中国专利奖"等这些荣誉体现出了联塑公司的技术先进性。

广东联塑将秉承"为居者构筑轻松生活"的品牌信仰，以全新的姿态，致力于将中国联塑打造成泛家居领域世界知名的大型建材家居产业集团，为客户提供更多高性价比的产品和服务，缔造舒适、高品质的居家生活。

广东联塑科技实业有限公司

地址：广东省佛山市顺德区龙江镇联塑工业村
电话：0757-23378531
官方网站：www.lesso.com

证书编号：LB2023GP002

友发衬塑复合钢管、普通流体输送管道用埋弧焊钢管、涂塑复合钢管

产品简介

衬塑复合钢管是在镀锌钢管的内壁复衬聚乙烯塑料管，从而大大提高钢管在输送冷热水过程中的耐腐蚀性能，又保留了钢管采用螺纹、沟槽、法兰连接密封性好、机械强度高、价格低廉的优点，是输气输水钢管的升级换代的理想产品。公司衬塑管优势是内壁喷砂处理和衬塑复合前钢管去除焊缝内焊筋。

螺旋钢管是以带钢卷板为原材料，经常温挤压成型，以自动双丝双面埋弧焊工艺焊接而成的螺旋缝钢管。螺旋钢管将带钢送入焊管机组，经多道轧辊滚压，带钢逐渐卷起，形成有开口间隙的圆形管坯，调整挤压辊的压下量，使焊缝间隙控制在 1～3mm，并使焊口两端齐平。

涂塑复合钢管是以钢管为基管，以塑料粉末为涂层材料，在其内表面熔融涂敷上一层塑料层，在其外表面涂敷上塑料层或其他材料防腐层的钢塑复合产品。中间为焊接钢管或无缝承压钢管的复合结构，克服了钢管本身存在的易生锈、易腐蚀、高污染及塑料管强度低、易变形的缺陷，整合了钢管和塑料产品的共同优点，属于国家推广使用的环保产品。涂塑复合钢管是在钢管内壁熔融一层厚度为 0.5～1.0mm 的聚乙烯（PE）树脂、环氧（EP）粉末等有机物而构成的钢塑复合型管材，它不但具有钢管的高强度、易连接、耐水流冲击等优点，而且克服了钢管遇水易腐蚀、易污染、易结垢及塑料管强度不高、消防性能差等缺点。

适用范围

钢塑复合管的性能优良，用途非常广泛，常用于石油、天然气输送，工矿用管，饮水管，排水管等各种领域。

螺旋管主要应用于自来水工程、石化工业、化学工业、电力工业、农业灌溉、城市建设，是我国开发的 20 个重点产品之一。用于液体输送：给水、排水，污水处理工程，输泥，海洋输水。用于气体输送：煤气、蒸汽、液化石油气。用于结构：作桥梁、码头、道路、建筑结构用管，海洋打桩管等。

涂塑复合钢管应用于各种形式的循环水系统（民用循环水、工业循环水）；消防供水系统；各建筑的给排水输送（特别适用于宾馆、酒店、高档住宅区的冷热水系统）；各种化工流体输送（耐酸、碱、盐的腐蚀）；矿山、矿井的通风管和供、排水管。

技术指标

衬塑复合钢管技术指标符合 GB/T 28897—2021《流体输送用钢塑复合管及管件》中的相关要求。

普通流体输送管道用埋弧焊钢管技术指标符合 GB/T 9711—2017《石油天然气工业管线输送系统用钢管》中的相关要求。

涂塑复合钢管技术指标符合 GB/T 28897—2021《流体输送用钢塑复合管及管件》中的相关要求。

天津友发管道科技有限公司

地址：天津市静海区大邱庄镇友发工业园科技路 1 号增 1 号
电话：022-68580908
传真：022-68580908
官方网站：www.yfgg.com

工程案例

北京南站枢纽工程、首都国际机场、中国尊、上海浦东机场、上海世博展馆等项目。

生产企业

天津友发管道科技有限公司总部坐落于北方钢铁重镇大邱庄，注册资本 30000 万元，占地面积 94932 平方米，公司积极引进人才和技术，目前在职员工 800 余人，中高级技术人员 180 人、各类省部级专家 30 余人；拥有国家发明专利 2 项，年度研发经费投入千万元以上。

公司下辖三个分公司，分别为唐山分公司、邯郸分公司、韩城分公司，拥有 21 条衬塑复合钢管生产线、9 条涂塑复合钢管生产线、9 条螺旋缝埋弧焊钢管生产线、4 条给排水用承插柔性接口防腐钢管生产线。产品涵盖 DN15～DN300 衬塑复合钢管，DN15～DN2400 涂塑复合钢管，φ219～φ2420 螺旋缝埋弧焊钢管，DN200～DN1600 给排水用承插柔性接口防腐钢管。2021 年推出"YOUFA"牌管件，主要用于给水、消防、燃气等建筑管道系统连接，将满足友发代理商和终端用户的产品配套需求。

251

天津友发管道科技有限公司

地址：天津市静海区大邱庄镇友发工业园科技路 1 号增 1 号
电话：022-68580908
传真：022-68580908
官方网站：www.yfgg.com

证书编号：LB2023GP003

台明水及燃气用球墨铸铁管、非开挖管道施工用球墨铸铁顶管

产品简介

球墨铸铁管是铸铁管的一种，质量上要求铸铁管的球化等级控制为 1 ～ 3 级（球化率 ≥ 80%），因而材料本身的机械性能得到了较好的改善，具有铁的本质、钢的性能。退火后的球墨铸铁管，其金相组织为铁素体加少量珠光体，机械性能良好，防腐性能优异，延展性能好，密封效果好，安装简易，主要用于市政、工矿企业给水、输气、输油等。

适用范围

产品广泛应用于海水淡化、供水系统、污水处理相关领域。

技术指标

水及燃气用球墨铸铁管、非开挖管道施工用球墨铸铁顶管产品各项性能符合 GB/T 13295—2019《水及燃气用球墨铸铁管、管件和附件》中的相关要求。

工程案例

湛江市引调水工程第三标段、北京南水北调配套工程大兴支线工程、长沙劳动北路污水提升泵站项目、花桥污水处理厂改扩建工程劳工北路泵站配套压力管项目、郴州市东江引水工程（二期）、平遥古城基础设施提升改造项目。

生产企业

福建台明铸管科技股份有限公司是由福建三钢（集团）有限责任公司（占 51%）、台湾国统国际股份有限公司（占 28.63%）共同出资 5.83 亿元组建的企业（实际控制人为福建省国资委），具备年产 50 万吨球墨铸铁管（含顶管）生产能力，是目前国内球管行业少数能生产国标全规格球墨铸铁管的制造厂家之一，是具有最大口径 DN2600mm 球墨铸铁管明挖管及顶管双项实际业绩的企业，是中国铸造协会 T/CFA 02010202.4—2021《非开挖管道施工用球墨铸铁顶管》主起草单位，2015 年公司被列入福建省闽台交流引进技术合作的重点企业，福建省工业和信息化产业龙头企业。公司可生产口径 DN80 ～ DN2600mm 冷、热模工艺各规格的球墨铸铁管，T 型、K2T 型、K 型、自锚式等多种接口形式，适用于酸、碱环境下的多种内外防腐处理技术（可内衬水泥、环氧煤沥青、环氧树脂、环氧陶瓷等），是城镇供水、输气的理想管材。公司产品除满足国内客户外，更远销到欧洲、亚洲、美洲多个国家和地区。

福建台明铸管科技股份有限公司

地址：福建省三明市福建梅列经济开发区小蕉工业园
电话：0598-7999817
传真：0598-7999818
官方网站：www.taimingdip.com

公司拥有高级工程师、研究生、海外专家及本科以上专业技术人员128人，各种高级技工300多人，组成一支朝气蓬勃的、高素质的管理团队和技术团队。2016年公司被评为福建省第四批引才"百人计划"创业团队。公司于2015年8月先后通过了ISO 9001质量管理、ISO 14001环境管理和OHSAS 18001职业健康安全管理三体系的认证，使企业管理更加现代化、标准化、科学化；获得法国BV检验局ISO 2531/EN545生产标准、ISO 7186/EN 598生产标准、ISO 4179/8179生产标准认证以及英国WRAS涉水安全论证。自运营以来，公司先后获得全国质量信得过单位、中国绿色环保建材产品、企业AAA级信用等级证书。与此同时，公司在国内设立了福建分公司、广东分公司、广西分公司、浙江分公司、湖南分公司、上海分公司、江西分公司、贵州分公司、云南分公司、山东分公司，企业由管道的生产制造逐步向产品研发、生产、运输、安装、服务一条龙延伸，产品销售实现全覆盖。

福建台明铸管科技股份有限公司

地址：福建省三明市福建梅列经济开发区小蕉工业园
电话：0598-7999817
传真：0598-7999818
官方网站：www.taimingdip.com

证书编号：LB2023GP004

申康给水用聚乙烯（PE）管材、非开挖用改性聚丙烯塑料电缆导管、燃气用埋地聚乙烯（PE）管材

产品简介

给水用聚乙烯（PE）管材：

1. PE 给水管具有良好的耐腐蚀性，可耐多种化学介质的侵蚀，无电化学腐蚀，不需要防腐层。

2. 卫生无毒，不含重金属添加剂，不结垢，不生锈。

3. 内部光滑，摩擦系数极低，压力损失小，通水性能高。

4. 密封性能好，采用热熔连接，连接强度高，可靠性好。

5. 具备高韧性，其断裂伸长率一般超过 500%，对基地不均匀沉降的适应力非常强，也是一种抗震性能优良的管道。

6. 良好的抗刮痕能力，可有效避免给水管道系统因刮痕而引发管道破坏的事故。

7. 良好的施工性能，PE 给水管焊接工艺简单，施工方便，维护费用低，工程综合造价低。

8. 使用寿命长可达 50 年以上。

非开挖用改性聚丙烯塑料电缆导管：

1. MPP 电力电缆保护管具有优良的电气绝缘性。

2. 具有较高的热变形温度和低温冲击性能。

3. 抗拉、抗压性能高。

4. 质轻、光滑、摩擦阻力小、可热熔焊接、施工方便，广泛应用于非开挖工程施工。

燃气用埋地聚乙烯（PE）管材：是以高密度聚乙烯为原料，经真空挤出真空成型，内外壁光滑平整的柔性管材，主要用于输送天然气管道系统，凭借其优越的耐摩擦和多种化学性能，PE 燃气管成为输配管网用得较广泛的管材。

适用范围

给水用聚乙烯（PE）管材主要应用于城镇自来水网系统、园林绿化供水管网、污水排放、农用灌溉、工业原料输送。

非开挖用改性聚丙烯塑料电缆导管适用于城市电网改造；市政、电力、电线等管线工程。

燃气用埋地聚乙烯（PE）管材主要应用于市政燃气管输送工程。

技术指标

给水用聚乙烯（PE）管材技术指标如下：

序号	检测项目	技术要求
1	静液压强度（20℃，100h，环向应力：12.0MPa）	无破坏，无渗漏
2	静液压强度（80℃，165h，环向应力：5.4MPa）	无破坏，无渗漏
3	静液压强度（80℃，1000h，环向应力：5.0MPa）	无破坏，无渗漏
4	断裂伸长率	≥ 350%
5	纵向回缩率（110℃，240min）	≤ 3%
6	炭黑分散	≤ 3 级
7	氧化诱导（210℃）	≥ 20min
8	灰分（方法 A，850℃）	≤ 0.1%
9	熔体质量流动速率（190℃，5kg，g/10min）	加工前后 MFR 变化率不大于 20%
10	耐慢速裂纹增长（切口试验）（80℃，500h，试验压力 0.92MPa）	无破坏，无渗漏
11	炭黑含量	2.0% ～ 2.5%

浙江申康管业有限公司

地址：浙江省桐乡市濮院镇恒业路 600 号 1 幢
电话：0573-88877168
传真：0573-88879933
官方网站：www.skgy88.com

非开挖用改性聚丙烯塑料电缆导管技术指标如下：

序号	外观	单位	技术要求
1	落锤冲击	—	试样不应出现裂缝或破裂
2	压扁试验	—	加荷至试样垂直方向变形量为原内径 50% 时，试样不应该出现裂缝或破裂
3	环刚度（3%）（常温）	kPa	SN24 等级≥ 24 SN32 等级≥ 32 SN40 等级≥ 40
4	拉伸强度	MPa	管材：≥ 25；热熔接头：≥ 22.5
5	断裂伸长率	%	≥ 400
6	弯曲强度	MPa	≥ 36
7	维卡软化温度	℃	≥ 150

燃气用埋地聚乙烯（PE）管材技术指标如下：

序号	检测项目	技术要求
1	静液压强度（80℃，1000h，环向应力：5.0MPa）	无破坏，无渗漏
2	断裂伸长率	≥ 350%
3	纵向回缩率	≤ 3%
4	炭黑分散	≤ 3 级
5	氧化诱导（210℃）	≥ 20min
6	灰分（方法 A，850℃）	≤ 0.1%
7	熔体质量流动速率（190℃，5kg，g/10min）	加工前后 MFR 变化率不大于 20%
8	耐慢速裂纹增长（切口试验）（80℃，500h，试验压力 0.92MPa）	无破坏，无渗漏
9	炭黑含量	2.0%～2.5%

工程案例

嵊州市天然气管道工程、2020 年县底镇（6 个村）、大阳镇（8 个村）、油车港镇艺华名苑、禾锦雅苑、万国路工程、绿地智谷公寓电力配套工程、董家原有小区电力改造工程、河山变至新建开闭所二回电缆进线工程、双环传动（嘉兴）精密制造有限公司 20kV 进线工程、黄山区饮水安全巩固提升工程、筼筜湖"西水东调"生态补水工程、湖州市城乡供水一体化乡镇配水管网改造项目、长乐区省道 203 污水管道工程（牛山环岛至漳港环岛段）。

生产企业

浙江申康管业有限公司地处中国县域经济最为活跃的长三角南翼——浙江桐乡濮院，紧靠 320 国道，距上海 110 千米、杭州 56 千米，交通方便、环境优美、地理优越，现拥有专业生产、管理人员 120 多人。发展至今，公司已发展成为一家从事各种塑料管材管件研发、生产、销售、服务为一体的高科技专业化管道企业。

公司专业生产埋地用聚乙烯燃气管（DN20 ～ DN630），PE80、PE100（DN20 ～ DN1600）给排水管，HDPE（D200 ～ D2600）塑钢缠绕排水管，MPP 改性聚丙烯电力电缆保护管，双壁波纹管等。

公司现拥有国内外先进的生产线 30 余条及先进的注塑设备与完善的检测设备。其中引进德国克劳斯马菲全自动管材生产线 6 条，配备意大利百旺烘干集中供料系统、台丽水恒温冷却控制系统。各种系列产品年生产能力达到 10 万吨以上。持续地引进先进设备已成为我公司实施品牌战略的一个重要过程。

通过多年的不断发展，公司规模逐步壮大，建立了完善的质量保证体系，通过 ISO 9001 质量管理体系认证、ISO 14001 环境管理体系认证、OHSAS 18001 职业健康体系认证。公司所有产品均通过省级、国家级的检测和鉴定，各项指标均达到或超过国家标准和行业标准的要求。公司先后获得浙江省知名商号、浙江省科技型中小企业、浙江省高新技术企业、浙江省守合同重信用 AAA 级企业等荣誉。

浙江申康管业有限公司

地址：浙江省桐乡市濮院镇恒业路 600 号 1 幢
电话：0573-88877168
传真：0573-88879933
官方网站：www.skgy88.com

证书编号：LB2023GP005

东宏给水用聚乙烯（PE）管材、钢丝网骨架塑料（聚乙烯）复合管、给水用硬聚氯乙烯（PVC-UH) 管材

产品简介

给水用聚乙烯（PE）管材是以专用聚乙烯为原材料经塑料挤出机一次挤出成型，应用于城镇给水管网、灌溉引水工程及农业喷灌工程，特别适用于耐酸碱、耐腐蚀环境的塑料管材。由于 PE 管道采用热熔、电热熔连接，实现了接口与管材的一体化，并可有效抵抗内压力产生的环向应力及轴向的抗冲应力，而 PE 管材不添加重金属盐稳定剂，材质无毒，不结垢、不滋生细菌，避免了饮水的二次污染。

钢丝网骨架塑料（聚乙烯）复合管是一款改良过的新型的钢骨架塑料复合管，又称为 SRTP 管。这种新型管材是用高强度过塑钢丝网骨架和热塑性塑料聚乙烯为原材料，钢丝缠绕网作为聚乙烯塑料管的骨架增强体，以高密度聚乙烯（HDPE）为基体，采用高性能的 HDPE 改性黏结树脂将钢丝骨架与内、外层高密度聚乙烯紧密地连接在一起，使之具有优良的复合效果。因为有了高强度钢丝增强体被包覆在连续热塑性塑料之中，因此这种复合管克服了钢管和塑料管各自的缺点，而又保持了钢管和塑料管各自的优点。

给水用硬聚氯乙烯（PVC-UH）给水管材采用聚氯乙烯为主要原料，添加高性能改性助剂，经挤出加工成型。它作为一种新型创新的供水管材，在传统 PVC-U 管材及 PVC-M 管材的基础上提高了产品的力学性能，改进了管材连接方式，采用一体成型的钢骨架密封连接结构，安装快捷方便，并且避免了后置胶圈在施工安装中扭曲、变形错位等引起的渗漏问题，保证了安装质量和连接的密封性。

适用范围

给水用聚乙烯（PE）管材主要应用于镇水管网系统、园林绿化供水管网、农用灌溉管道、工业基础设施建设给排水管网等。

钢丝网骨架塑料（聚乙烯）复合管适用于高速公路埋地排水通道、镇水管网系统、农用灌溉管道、工业基础设施建设给排水管网等长距离使用、环境复杂的管道系统。

给水用硬聚氯乙烯（PVC-UH) 管材适用于镇水管网系统、园林绿化供水管网、农用灌溉管道、工业基础设施建设给排水管网等。

技术指标

给水用聚乙烯（PE）管材技术指标如下：

序号	项目	要求	试验参数			
1	熔体质量流动速率（g/10min）	加工前后 MFR 变化不大于20%	负荷质量　试验温度		5kg	190℃
2	氧化诱导时间	≥ 20 min	试验温度			210℃
3	纵向回缩率	≤ 3%	试验温度试样长度		110℃	200 mm
4	炭黑含量	2.0%～2.5%	—			—
5	炭黑分散 / 颜料分散	≤ 3 级	—			—
6	灰分	≤ 0.1%	试验温度			（850±50）℃
7	断裂伸长率 en ≤ 5mm	≥ 350%	试样形状试验速度		类型 2	100mm/min
	断裂伸长率 5mm＜en ≤ 12mm	≥ 350%	试样形状试验速度		类型 1	50mm/min
	断裂伸长率 en＞12 mm	≥ 350	试样形状试验速度 或 试样形状试验速度		类型 1 类型 3	25mm/min 10mm/min
8	耐慢速裂纹增长（锥体试验）	＜10 mm/24h	—			—

山东东宏管业股份有限公司

地址：曲阜市东宏路 1 号
电话：0537-4644999
传真：0537-4641788
官方网站：www.dhguanye.com

钢丝网骨架塑料（聚乙烯）复合管技术指标如下：

项目	要求	试验参数
受压开裂稳定性	无裂纹和开裂现象	（100±10）mm、10～15s 压至管材公称外径 50%
剥离强度	≥ 100N/cm	详见 GB/T 2791
复合层静液压稳定性	切割环形槽不破裂，不渗漏	20℃、1.5PN、165h

给水用硬聚氯乙烯（PVC-U）管材技术指标如下：

项目	试验参数				要求
维卡软化温度（℃）	—				≥ 74
烘箱试验	—				符合 GB/T 8803
坠落试验					无破裂
静液压试验	公称外径（mm）	试验温度（℃）	试验压力（MPa）	试验时间（h）	无破裂 无渗漏
	≤ 90	20	4.2×PN	1	
			3.2×PN	1000	
	> 90	20	3.36×PN	1	
			2.56×PN	1000	
熔体质量流动速率（MFR）	5kg，190℃				MFR 的变化小于材料 MFR 值的 ±20%
氧化诱导时间	200℃				≥ 20min
连接件热熔对接处的拉伸强度	—				试验到破坏为止：韧性：通过；脆性：不通过
静液压试验	20℃，100h，环应力 12.4MPa 80℃，165h，环应力 5.4MPa				无破裂，无渗漏

工程案例

OBI 镍钴项目深海填埋项目、山东恒信高科能源有限公司退城进园项目埋地给排水管线供货安装项目、托里县哈拉萨依引水工程设备采购及安装项目、广西朗驰水利工程有限公司管材采购项目、山东水利建设集团有限公司管材采购项目、磴口县巴彦高勒镇水源地迁址新建工程项目、邳州市供水一体化 PPP 工程聚乙烯 PE100 管采购、薛城区农村饮水安全巩固提升工程 A 包 PE100 给水管、PE 管件采购项目、聊城市水兴市政工程有限公司 PE 管材料采购项目。

生产企业

山东东宏管业股份有限公司（以下简称"东宏管业"）是一家专业从事智能工程管道系统研发、制造、销售、安装、服务、运维于一体的高新技术企业。东宏管业建有管材、管件、新材料三大智能化生产基地，产品广泛应用于市政基础设施、供热、工矿、燃气、工业等重点领域，包括喷涂缠绕保温管、聚氨酯聚乙烯外护套保温管、SRTP（钢丝网骨架聚乙烯）管材管件、PE 管材管件、PPR 管材管件、涂塑复合管材管件、PVC-O 管材管件、3PE 管材管件为载体的数字化智能管道系统等。公司与北欧化工、沙比克、道达尔、巴塞尔等国际知名原料供应商合作，从原材料研发生产到工程安装，为客户提供管道系统的全产业链解决方案。

公司拥有 200 余名研发技术人员，设有国家级 CNAS 实验室、博士后工作站，具备高水平的研发能力；在材料改性、钢塑复合、连接技术、智能管道领域取得了世界性突破，开创了中国工程管道智能时代。东宏管业也成为国家"一带一路"管网工程、南水北调工程、跨海引水工程、京新高速配套管网、高铁建设工程、民生饮用水工程、首都机场管网建设、输卤工程、省运会场馆建设、工矿建设等国家重点项目的主要建材供应商之一。

未来，东宏管业将继续以推动塑料管道行业升级为己任，朝着百亿企业、百年品牌稳步迈进。

山东东宏管业股份有限公司

地址：曲阜市东宏路 1 号
电话：0537-4644999
传真：0537-4641788
官方网站：www.dhguanye.com

证书编号：LB2023GP006

飞歌聚乙烯缠绕结构壁管材、聚丙烯双壁波纹管、给水用聚乙烯（PE）管材

产品简介

聚乙烯缠绕结构壁管材是采用缠绕成型工艺，以聚烯烃材料作为辅助支撑结构，经加工制成的管材。产品性能稳定，具有内表面光滑、流动阻力小、耐酸碱、抗压、质轻、耐冲击性好等优点，管道系统安全可靠，使用年限可达 50 年。

聚丙烯双壁波纹管是采用挤出成型工艺，以耐冲击共聚聚丙烯（PP-B）基础树脂为主要原料经加工制成的管材。产品化学性能稳定、耐老化及耐环境开裂、抗外压强、摩阻系数小，管道系统安全可靠，使用年限可达 50 年。

给水用聚乙烯（PE）管材是以聚乙烯（PE）混配料为原料，经挤出成型的圆形端面管材。

产品采用电热熔管件连接、电热熔承插连接、电热熔对接连接的方式，具有以下特点：

1. 使用寿命长。在一切正常标准下，使用寿命至少达 50 年。

2. 卫生性好。不结垢，不滋长病菌，避免了生活用水的二次污染。

3. 能耐多种化学物质的腐蚀，无电化学腐蚀。

4. 内腔光滑，摩擦阻力极低，介质的通过能力相应提高并具备出色的耐磨性能。

5. 柔韧性好，耐冲击，耐扭曲抗压强度高，耐强震。

6. 与众不同的热熔对接和热熔插接技术使接口抗压强度高过管材本身，确保了接口的可靠性。

7. 焊接工艺简易，工程施工方便快捷，工程预算低。

适用范围

产品适用于市政建设的地下供排水及排污系统，农田果园排灌系统，水利工程的压力输水系统，排涝泄洪管网系统等。

技术指标

聚乙烯缠绕结构壁管材产品技术参数如下：

序号	检测项目	性能指标
1	纵向回缩率（110℃ ±2℃）	≤ 3%
2	烘箱试验（110℃ ±2℃）	熔接处应无分层，无开裂
3	灰分（850℃ ±50℃）	≤ 3%
4	氧化诱导时间 OIT（200℃，铝皿）	≥ 30min
5	密度 ρ（23℃ ±0.5℃）	≥ 930kg/m³
6	环刚度	≥相应的环刚度等级
7	冲击性能 TIR	≤ 10%
8	环柔性	试样圆滑，无方向弯曲，无破裂，试样沿肋切割处开始的撕裂允许小于 0.075DN/ID 或 75mm（取较小值）
9	蠕变化率	≤ 4%
10	熔接处的拉伸力	≥标准规定的最小拉伸力

湖北飞歌科技股份有限公司

地址：湖北省十堰市郧阳区汉江大道 38 号
电话：0719-7228899，13986883500
传真：0719-7228899
官方网站：https://www.hbfeige.com/

聚丙烯双壁波纹管产品技术参数如下：

序号	检测项目	性能指标
1	密度	$895 \sim 920kg/m^3$
2	灰分	$\leqslant 3\%$
3	氧化诱导时间（200℃，铝皿）	$\geqslant 20min$
4	环刚度	$\geqslant$ 相应的环刚度等级
5	冲击性能（TIR）	$\leqslant 10\%$
6	环柔性	试样内壁圆滑，内外壁无破裂，两壁无脱开
7	烘箱试验	无气泡，无分层，无开裂
8	蠕变化率	$\leqslant 4\%$

给水用聚乙烯（PE）管材产品技术参数如下：

序号	检验项目	性能指标
1	静液压强度（80℃，1000h）	无破坏，无渗漏
2	熔体质量流动速率（5kg，190℃）	加工前后 MFR 变化不大于20%
3	氧化诱导时间（210℃）	$\geqslant 20min$
4	纵向回缩率	$\leqslant 3\%$
5	炭黑含量	$2.0\% \sim 2.5\%$
6	炭黑分散	$\leqslant 3$ 级
7	灰分	$\leqslant 0.1\%$
8	断裂伸长率	$\geqslant 350\%$

工程案例

房县城区水环境综合治理建设 PPP 项目、郧阳区城乡一体化供水工程南化水厂建设项目、竹溪县 2023 年农村人居环境改善项目（EPC）、襄阳精细化工产业园基础设施建设项目、江北灌区项目。

生产企业

湖北飞歌科技股份有限公司成立于 2010 年，现位于湖北省十堰高新技术产业园区，占地 30000 平方米，投资 6000 万元，是国家高新技术企业、湖北省专精特新"小巨人"企业、湖北省科创"新物种"企业。

公司主导产品：HDPE 塑胶供排水管道、强弱电管道系列；污水处理设备及环保功能材料的研发与转化；光伏新能源微动力发电系列。

公司致力于以产品生产研发、成果转化、科技创新来不断提升公司产品的核心竞争力：飞歌管材在南水北调工程的移民迁建、新集镇建设、核心水源区污水治理的项目中成为主选管材；在十堰市农村环境整治生活污水收集的项目中成为主选管材；"飞歌"牌塑料管材也是十堰市及周边地区市政建设工程中的污水管道主选管材。

公司先后通过了"ISO 9001、ISO 14001、ISO 45001"三体系认证、"中国环境标志产品认证""绿色建筑选用产品"等资质。飞歌管材系列产品荣获"湖北名牌产品""科技型中小企业创新奖"等荣誉；公司自主研发的"一种布水器自动旋转接头"荣获"中国好技术"称号；公司成立至今共申请 50 余项国家专利、6 项国家计算机软件著作权、6 项湖北省科技成果。

公司恪守"竞争在市场、创新在科技"的宗旨，树立"勤奋、敬业、创新"的经营理念，为广大客户提供高质量、高效益的服务。

湖北飞歌科技股份有限公司

地址：湖北省十堰市郧阳区汉江大道 38 号
电话：0719-7228899，13986883500
传真：0719-7228899
官方网站：https://www.hbfeige.com/

证书编号：LB2023GP007

亚大给水用聚乙烯（PE）管材、管件

产品简介

　　亚大聚乙烯给水管道系统采用进口 PE80 和 PE100 两种材料，按照 ISO 4427 和 EN 12201 及 GB/T 13663 制造。产品具有良好的可焊接性、抗环境应力开裂性和抗快速开裂性，性能超过了国际标准和中国标准的要求。

　　1. 长久的使用寿命。在正常条件下，寿命最少达 50 年。

　　2. 卫生性好。PE 管无毒，不含重金属添加剂，不结垢，不滋生细菌，避免了饮用水的二次污染。符合 GB/T 17219—1998 安全性评价规定。

　　3. 可耐多种化学介质的腐蚀；无电化学腐蚀。

　　4. 内壁光滑，摩擦系数极低，介质的通过能力相应提高并具有优异的耐磨性能。

　　5. 柔韧性好，抗冲击强度高，耐强震、扭曲。

　　6. 质轻，运输、安装便捷。

　　7. 独特的电熔焊接和热熔对接技术使接口强度高于管材本体，保证了接口的安全可靠。

　　8. 焊接工艺简单，施工方便，工程综合造价低。

 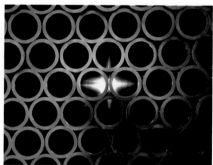 

适用范围

　　亚大聚乙烯给水管道广泛应用于给水、污水排放、输送矿砂泥浆和腐蚀性液体及非开挖穿插更新管道等。

技术指标

　　产品具体性能指标如下：

检验项目	技术要求	检验结果
断裂伸长率（%）	≥ 350	598
氧化诱导时间（min，200℃）	≥ 20	66.3
纵向回缩率（%）	≤ 3	1.0
溶体质量流动速率（MFR）（190℃，5kg，g/10min）	管材与混合料之差应不超过 25%	0.25（混合料） 0.26（管材） 4.0% 通过
静液压强度	1）20℃，环应力 12.4MPa，100h，不破裂，不渗漏 2）80℃，环应力 5.5MPa，165h，不破裂，不渗漏 3）20℃，环应力 5MPa，1000h，不破裂，不渗漏	

上海亚大塑料制品有限公司

地址：上海市青浦区华新镇嘉松中路 799 弄 89 号
电话：021-59790555
官方网站：www.chinaust.com

工程案例

大兴机场、上海迪士尼、成都新机场、北京鸟巢、水立方、上海市道路积水点改善工程等项目。

生产企业

上海亚大塑料制品有限公司是成立于 1987 年的中外合资企业，中方股东为中国兵器工业集团北方凌云工业集团有限公司下属的上市公司凌云工业股份有限公司，外方股东为具有 200 多年历史的瑞士跨国企业乔治费歇尔公司。中外双方各占50% 的股份。

亚大在河北涿州、廊坊、长春、北京、上海、浙江、重庆、成都、济南、深圳、西安、芜湖、柳州、潍坊、青岛、十堰、武汉、佛山、宁波、常熟设有生产厂，总部设在河北涿州。分布在全国各地的生产基地和营销网络可方便快捷地在第一时间为客户提供优质的服务。亚大拥有两大业务板块：汽车管路系统和市政管道系统。汽车管路系统为汽车市场提供优质和技术先进的流体管理系统产品以及完备的解决方案；市政管道系统服务于燃气输配、给排水、蓄水、污水处理、二次供热管网等众多领域，国内市场占有率名列前茅。

上海亚大塑料制品有限公司

地址：上海市青浦区华新镇嘉松中路 799 弄 89 号
电话：021-59790555
官方网站：www.chinaust.com

证书编号：LB2023GP008

金德给水用聚乙烯（PE）管材、冷热水用聚丙烯（PP-R）管材、PVC-U 复合排水管材

产品简介

公司 PE 给水管材采用进口及国内知名厂家的优质管材专用料，设备采用德巴顿菲尔德挤出生产线。产品具有优异的物理性能：既有良好的刚性、强度，也有很好的柔性、耐候性，耐腐蚀，耐磨性好，耐强震、扭曲；质轻、寿命长、施工方便：管道可以采用承插焊接、热熔对接焊、电熔连接以及法兰连接，维修方便；良好的水密性和连接性能：管道密封性能好，内壁光滑，摩擦系数极低，水流阻力小、流通能力大，经济上合算；低温抗冲击性好：低温脆化温度极低，可在 −20 ～ 40℃温度范围内安全使用，不会使管子脆裂；卫生性好：优质进口纯原料，不含重金属添加剂，不结垢，不滋生细菌，很好地解决了饮用水二次污染的问题。

金德 PP-R 管具有水流损失小、良好的耐热性和耐低温性以及耐老化性能等优点，目前广泛应用于建筑给排水、城镇给排水以及燃气管道等领域，成为新世纪城市建设管网的主力军。

金德 PVC-U 新型复合排水管外表美观大方，适合现代大型建筑，内壁光滑，摩擦系数小，而且管道内壁抗腐蚀、抗磨损、不结垢，减少流体的摩擦阻力，提高流体输送效率及降低噪声。

金德 PVC-U 新型复合排水管力学性能好，复合多层结构使管材内壁抗压强度大大提高，具有力学性能高、韧性好、抗折能力强等优点，减少了施工和使用中的破碎问题。生产原料中加入了进口光稳定剂，有效地防止因光老化而使管材使用寿命缩短。耐候性良好，可在 −30 ～ 70℃下使用，并且温度变化时尺寸稳定性好。复合管材以其特殊的复合多层结构，大大提高了管材的隔声性能，更适用于高层建筑物排水系统。复合排水管由于采用了纳米技术，聚氯乙烯分子结构接近饱和，故化学稳定性极高，在一定温度下可与各种酸、碱、盐以及有机溶剂接触，具有较好的耐腐蚀性能。

适用范围

给水用硬聚氯乙烯（PVC-U）管材主要应用于城镇供水，食品、化工领域，矿砂、泥浆输送，置换水泥管、铸铁管和钢管，园林绿化管网等领域。

冷热水用聚丙烯（PP-R）管材主要应用于住宅冷热水管道系统，工业用水及化学物质输送、排放，纯净水、饮用水管道，饮料、药物生产输送系统，压缩空气用管，其他工业、农业用管。

PVC-U 新型复合排水管适用于民用建筑排水、排污，土木工程、道路排水，工业废水处理，农业灌溉 / 自动化灌溉管道。

技术指标

给水用聚乙烯（PE）管材技术指标如下：

序号	项目	要求
1	断裂伸长率（%）	≥ 350
2	纵向回缩率（110℃，200mm）（%）	≤ 3
3	氧化诱导时间（210℃）（min）	≥ 20
4	熔体质量流动速率（MFR）（190℃ /5kg）（g/10min）	加工前后 MFR 变化不大于 20%

金德管业集团有限公司

地址：沈阳市皇姑区黄河北大街 237-68 号
电话：024-86548471
传真：024-86548442
官方网站：www.ginde.com

冷热水用聚丙烯（PP-R）管材技术指标如下：

项目	材料	试验参数			试样数量	指标
		试验温度（℃）	试验时间（h）	静液压应力（MPa）		
纵向回缩率	PP-R	135±2	en ≤ 8mm　　1 8mm ≤ en ≤ 16mm 2 en > 16mm　　4	—	3	≤ 2%
简支梁冲击试验	PP-R	0±2	—		10	破损率＜试样的 10%
氧化诱导时间	PP-R	210	—		3	≥ 20 min
静液压试验	PP-R	20	1	16.0	3	无破裂 无渗漏
		95	22	4.2		
		95	165	4.0		
		95	1000	3.8		
熔体质量流动速率（MFR）（230℃ /2.16kg）			g/10min		3	≤ 5g/10min，且与对应聚丙烯混配料变化率不超 20%
静液压状态下热稳定性试验	PP-R	110	8760	1.9	1	无破裂 无渗漏

给水用硬聚氯乙烯（PVC-U）管材技术指标如下：

序号	试验项目	技术要求	
		S0	S1
1	环刚度（kN/m²）	≥ 3.0	≥ 4.5
2	表观密度（g/cm³）	1.10 ～ 1.45	
3	扁平试验	不破裂，不分脱	
4	落锤冲击试验（0℃）	真实冲击率法 TIR ≤ 10%	通过法 12 次冲击，12 次不破裂
5	纵向回缩率（%）	≤ 5%，且不分脱，不破裂	
6	连接密封试验	连接处不渗漏，不破裂	
7	二氯甲烷浸渍试验	内外表面不劣于 4L	

工程案例

广西交通职业技术学院昆仑校区二期、景业山湖湾、金科集美学府、沈阳市老旧小区改造项目、金科集美学府。

生产企业

金德管业集团有限公司组建于 1999 年，经营范围以新型塑料管道为主体。自金德成立以来，公司相继建成沈阳、株洲、德州等八大工业园。在全国设有 300 多家销售分公司，销售网络遍布全国，产品覆盖了全国各级市场，并远销海外，遍布欧洲、非洲、中亚等国家和地区。

金德目前拥有铝塑复合类、聚乙烯类、聚丙烯类、聚氯乙烯类、卫浴类五大类近百余种产品，被广泛应用于供水、供暖、燃气、氧气、压缩空气管道等及各种工业、农业、排污等领域。

目前，公司产品已申请 89 项国家专利，起草制定了 4 项国家标准，13 项行业标准。

金德技术中心被认定为国家企业技术中心。公司是中国塑料加工协会塑料管道专业委员会副理事长单位、中国建筑金属结构协会给排水分会副主任委员，金德产品被中国质量检验协会确认为全国塑料管道行业质量行业领军企业；并获得"绿色建筑选用产品证明商标证"等诸多殊荣。众多荣誉的获得促使金德品牌价值的迅速提升，金德品牌价值已达 151.55 亿元。

金德人秉承"精诚所至，金石为开，品质至尊，德行天下"的企业理念，凭借雄厚的技术实力，不断创新，生产更加优质的产品，提供周到、高效的服务，锐意开拓，为用户创造更大的价值。

金德管业集团有限公司

地址：沈阳市皇姑区黄河北大街 237-68 号
电话：024-86548471
传真：024-86548442
官方网站：www.ginde.com

证书编号：LB2023GP009

恒杰给水用聚乙烯（PE）管材、冷热水用耐热聚乙烯（PE-RT II）管材、增强改性聚丙烯（FPPE）非开挖排污管

产品简介

给水用聚乙烯（PE）管材以纯正聚乙烯树脂为主要原料，添加适当比例的增刚增韧剂及相容剂，通过混合挤出等生产工艺有效地诱导聚乙烯材料生成结晶体，为颗粒填料与 PE 聚合物基质之间形成良好的物理缠结打下基础，克服通常 PE 材料韧性差、耐热等级不高等"瓶颈"，再通过冷却成型使制备得到的管材同时具有抗拉及弯曲强度高、刚性好、韧性佳、耐热点高、耐腐蚀性强、抗低温冲击好、质轻、施工方便、连接方便等特点，特别是拉伸强度、弯曲强度均大大超过现有技术标准，适合于应用在开挖及非开挖技术领域。

冷热水用耐热聚乙烯（PE-RT II）管材作为建筑地暖管 / 冷热水管等应用已取得了行业的认可。冷热水用耐热聚乙烯（PE-RT II）管道保留了聚烯烃管道良好的柔韧性、耐腐蚀性与惰性，同时耐压性能更好，更具有优良的耐热性能，可输送 90℃ 以内的温泉水，长期使用压力可达 1.0MPa，在正常使用条件下，管道使用寿命可达 50 年。

增强改性聚丙烯（FPPE）非开挖排污管通过物理、化学改性相结合的方法将聚丙烯树脂进行改性，先将纳米碳酸钙与硬脂酸进行高温共混，使碳酸钙表面得以处理，再将表面经处理的纳米碳酸钙与聚丙烯树脂进行共混，诱导聚丙烯中 α 晶型向 β 晶型转变，形成 β 晶型含量较高的混合物，从而使晶球细密化，结晶度提高，聚丙烯混合物在刚性提高的同时韧性也得到提高。制成的产品外观为黑色，使产品具有抗老化性能，有效地延长了产品的使用寿命。产品环刚度达到 16kN/m² 以上，本身拉伸屈服强度达到 24MPa 以上，焊口拉伸强度达到 21.6MPa 以上，弯曲强度达到 37MPa 以上。

适用范围

给水用聚乙烯（PE）管材主要应用于城市自来水管网系统、城乡饮用水管道、农用灌溉管道、工业料液输送管道、矿山砂浆输送管道等工程。

冷热水用耐热聚乙烯（PE-RT II）管材主要应用于北方热力管道、地板辐射采暖系统、地源热泵管道系统、建筑物内冷热水管道系统、化工冶金等工业液体输送系统等工程。

增强改性聚丙烯（FPPE）非开挖排污管广泛适用于污水处理工程、建筑工程、下水管道工程、农田灌溉工程、高速公路工程、凿井工程、养殖业等非开挖技术领域。

技术指标

给水用聚乙烯（PE）管材技术指标如下：

序　号	项　目		要　求
1	20℃静液压强度（环向应力 12.4MPa，100h）		不破裂，不渗透
2	80℃静液压强度（环向应力 5.0MPa，1000h）		不破裂，不渗透
3	断裂伸长率（%）		≥ 350
4	纵向收缩率（110℃）（%）		≤ 3
5	氧化诱导时间（200℃）（min）		≥ 20
6	耐候性（管材累计接受 ≥ 3.5GJ/m² 老化能量后）	80℃静液压强度（环向应力 5.5MPa，165h）	不破裂
		断裂伸长率（%）	≥ 350
		氧化诱导时间（200℃）（min）	≥ 10

福建恒杰塑业新材料有限公司

地址：福建省福清市渔溪镇渔溪村八一五路 613 号
电话：0591-85680992/13645015421
传真：0591-85680992
官方网站：www.fjhj.cn

冷热水用耐热聚乙烯（PE-RT II）管材技术指标如下：

要求		试验参数			
静液压强度	无破裂 无渗漏	试验压力 11.2MPa 4.1MPa 4.0MPa 3.8MPa		试验温度 20℃ 95℃ 95℃ 95℃	试验时间 1h 22h 165h 1000h
熔体质量流动速率（MFR）	与对原料测定值之差，不应超过±0.3g/10min 且不超过 ±20%	砝码质量 试验温度		5kg 190℃	
耐拉拔试验	不松脱	系统设计压力 适用所有压力等级	轴向拉力 N 1.178dn2	试验温度 （23±2）℃	试验时间 1h
弯曲试验	无破裂 无渗漏 （试样数量 3 件）	管系列 S5 S4 S3.2	试验压力 MPa 2.24 2.80 3.50	20℃	1h

增强改性聚丙烯（FPPE）非开挖排污管技术指标如下：

序号	项 目	技术指标		测试标准
1	环刚度（23℃ ±2℃）（kN/m²）	普通型 SN ≥ 12.5	加强型 SN ≥ 16	GB/T 9647—2003
2	落锤冲击试验（0℃，8h）	9/10 次不破裂		Q/HJSY 010—2009
3	连接密封试验（20℃，0.15MPa，15min）	无破裂，无渗漏		GB/T 6111—2003
4	拉伸屈服强度（MPa）	≥ 24.0		GB/T 1040.2—2006
5	焊口拉伸强度（MPa）	≥ 21.6		GB/T 1040.2—2006
6	扁平试验（压扁至内径的 1/2）	无破裂		GB/T 9647—2003
7	弯曲强度	≥ 37		GB/T 9341—2008
8	纵向回缩率（%）	≤ 3		GB/T 6671—2001
9	滑动摩擦系数	< 0.35		GB/T 3960—1989

工程案例

漳浦发展水务有限公司给 PE 管材管件 2022 年度采购项目、六盘水凉都邑府二级热力管网项目、龙海市城市污水处理厂站及管网配套设施工程。

生产企业

福建恒杰塑业新材料有限公司是一家专业生产聚烯烃类绿色环保系列产品的企业，公司创建于 2000 年 9 月，坐落于福建省福清市渔溪工业区内，厂房面积约 3 万平方米，注册资本 1.51 亿元，现有员工近 300 人，年生产能力达到 8 万吨以上。公司生产的聚烯烃类塑料管道产量、产值在全省行业中位列前茅。目前公司的主要产品有 PE 给水管道、PE 燃气管道、无规共聚聚丙烯（PP-R）冷热水管道、电力电缆护套管、煤矿井下用管道、非开挖排污专用管道、静音排水管道、铁路专用塑料合金护套管、自洁抗菌管、地板辐射采暖管道、化工专用管道等高新技术产品。

公司自成立以来，就确定了"以发展高新技术含量的新型塑料制品作为产业"的发展方向，注重产品研发和技术创新，经过多年的积累与发展，公司取得了国家企业技术中心、工信部专精特新小巨人企业、国家知识产权优势企业、福建省质量奖提名奖、高新技术企业、省级技术中心、国家级守合同重信用企业、创新型企业、省知识产权优势企业、福建省质量管理先进企业、福州市政府质量奖等荣誉，共有 23 项发明专利、171 项实用新型专利、7 项外观专利、1 项软件著作权。

公司确立了"品质杰出、追求永恒"的企业管理理念，依靠有效的质量管理体系、可靠的产品质量和优质的技术服务，不断满足客户的需求，通过全体员工的共同努力，致力于"创办一流企业、生产一流产品、营造一流环境、培育一流人才"，在日趋激烈的市场竞争中立于不败之地。

福建恒杰塑业新材料有限公司

地址：福建省福清市渔溪镇渔溪村八一五路 613 号
电话：0591-85680992/13645015421
传真：0591-85680992
官方网站：www.fjhj.cn

给排水管网材料

多联冷热水用聚丙烯（PP-R）管材、PE 给水管材、联多 PVC 阻燃电线套管及配件

产品简介

冷热水用聚丙烯（PP-R）管材采用丙烯 - 乙烯（乙烯含量 1% ～ 5%）共聚物为原料经挤出而成型。PP-R 管材除具有普通塑料管的无锈性、不结垢、流阻小、加工能耗低等特殊性能外，还具有寿命长、低温抗冲击性能好、耐高温不变形（90℃）和良好的热熔焊接性；在输送温度 20℃、工作压力 1.0MPa 的冷水时，连续使用寿命可达 50 年。公司主要选择原材料为石油化工生产企业韩国晓星 R200P 或北欧化工产品等。使用国际国内先进的生产设备，以进口树脂为主要原料添加专用色母料，绝不添加任何再生回用料，经混合、烘干、挤出、冷却定型、定长切割、检验包装而制成，严格按照国家标准组织生产，各项指标均达到或超过国家标准，是绿色环保产品，是用户饮用水输送管道产品的理想选择。

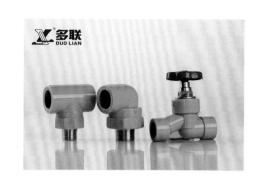

公司 PE 环保给水管材及管件采用进口 PE100 为原料，不添加任何再生料进行生产，规格、尺寸及性能符合 GB/T 13663.2—2018《给水用聚乙烯（PE）管道系统 第 2 部分：管材》和 GB/T 13663.3—2018《给水用聚乙烯（PE）管道系统 第 3 部分：管件》的要求，卫生性能符合 GB/T 17219《生活饮用水输配水设备及防护材料的安全性评价标准》以及国家卫生部门相关的卫生安全性评价规定；PE 环保给水管具有柔韧性好、耐腐蚀性强、质轻、抗冲击性能优良等特点。管材、管件连接可采用热熔承插、热熔对接及电熔等连接方式，使管材、管件熔成一体，系统安全可靠，施工成本低。

PVC 阻燃电线套管、配件为公司的传统拳头产品，公司 PVC 严格以环保卫生级聚氯乙烯（PVC）树脂为主要原料，加入适量的无铅环保稳定剂、润滑剂、填充剂等辅料，经塑料挤出机挤出成型和注塑机注塑成型。产品同时具有较高的阻燃性能，不易燃烧，离火即自熄，火焰不会沿着管道蔓延；PVC 导管耐酸碱性优良，不会腐蚀，且不含增塑剂，无吸引虫鼠的异味，故无虫害；绝缘，在浸水状态下 AC2000V、50Hz 不会击穿，绝缘性能优良，故可有效地防止意外漏、触电事故；施工方便，导管便于截断，D32 以下的导管内插入相应的专用弹簧，在常温下即可随意弯曲到所需角度。

适用范围

冷热水用聚丙烯（PP-R）管材主要应用于冷热水管道系统；采暖系统，包括地板、壁板的采暖及辐射采暖系统；纯净水管道系统；中央（集中）空调系统。

PE 给水管材应用于饮用水、生活用冷水输送。

PVC 阻燃电线套管及配件用于工程建筑中穿电线电缆，可预埋。

技术指标

冷热水用聚丙烯（PP-R）管材技术指标如下：

项目	试验参数	要求
颜料分散	—	≤ 3 级 外观级别：A1、A2、A3 或 B
熔体质量流动速率	230℃ 2.16kg	变化率≤原料的 20%
简支梁冲击试验	（0±2）℃	破损率＜试样数量的 10%
纵向回缩率［（135±2）℃］	$en \leq 8mm$ 1h $8mm < en \leq 16mm$ 2h $en > 16mm$ 4h	≤ 2%
静液压试验	20℃ 1h 95℃ 22h 95℃ 165h	无渗透，无破裂

四川多联实业有限公司

地址：成都市双流区西南航空港经济开发区牧鱼二路 688 号
电话：028-85790873
传真：028-85790873
官方网站：http://www.duolian.com

PE 给水管件技术指标如下：

序号	检测项目	技术要求
1	静液压强度（20℃，100h，环向应力：12.0MPa）	无破坏，无渗漏
2	静液压强度（80℃，165h，环向应力：5.4MPa）	无破坏，无渗漏
3	静液压强度（80℃，1000h，环向应力：5.0MPa）	无破坏，无渗漏
4	断裂伸长率	≥ 350%
5	纵向回缩率（110℃，240min）	≤ 3%
6	炭黑分散	≤ 3 级
7	氧化诱导（210℃）	≥ 20min
8	灰分（方法 A，850℃）	≤ 0.1%
9	熔体质量流动速率（190℃，5kg，g/10min）	加工前后 MFR 变化率不大于 20%
10	耐慢速裂纹增长（切口试验）（80℃，500h，试验压力 0.92MPa）	无破坏，无渗漏
11	炭黑含量	2.0% ~ 2.5%

PVC 电线套管及配件技术指标如下：

项目		硬质套管	配件
外观		光滑，-（0.1+0.1A）≤ ΔA ≤ 0.1+0.1A	光滑，无裂纹
抗压性能		载荷 1min 时 Df ≤ 25% 卸荷 1min 时 Df ≤ 10%	—
冲击性能		12 个试件中至少 10 个不坏、不裂	—
弯曲性能		无可见裂纹	—
弯扁性能		量规自重通过	—
跌落性能		无裂纹、破碎	无裂纹、破碎
耐热性能		Df ≤ 2mm	Df ≤ 2mm
阻燃性能	白熄时间	≤ 30s	≤ 30s
	氧指数	≥ 32	≥ 32
电气性能		15min 内不击穿，R ≥ 100MΩ	15min 内不击穿，R ≥ 100MΩ

工程案例

成都国际会展中心、得荣县水网改造、九寨沟城市饮用水管网改造、喜来登大酒店、双流国际机场、四川省政协大厦、成都人民商场、丹巴水利局、绿地集团等。

生产企业

四川多联实业有限公司是专业从事新型塑胶管道等水电建材领域系列产品研制、生产和销售的国家高新技术企业。公司成立于 1988 年，经过近 30 年的发展，现已逐步成长为规模大、品种齐、质量优、开发能力强的知名企业。

1992 年，多联实业以敢为人先的魄力，成功研发出"难燃 PVC 电线套管"，以其低成本、高性价比的优势迅速占领西南管道市场，为内陆地区推广使用新型建材作出了卓越贡献。

公司坚持技术创新，拥有一支强大的技术研发团队和多条国际先进的生产线及检测设备，现已形成包括民建管道、市政管道、家装管道等系列产品年产十万吨以上的生产能力；同时，依靠过硬的产品品质和"科学管理，质量第一，高效创新，顾客满意"的经营理念，本着对社会负责，对用户负责的态度，向市场提供优质的产品，得到了社会的广泛认同。成立至今，公司已相继获得了"国家高新技术企业""全国质量诚信标杆典型企业"等荣誉，产品畅销全国及东南亚、中东、非洲等地，深受用户好评和信赖。

多联人将秉承奋斗、诚信、责任、进取的企业精神，砥砺前行，为将多联打造成为中国水电建材行业的标杆品牌而不懈奋斗。

四川多联实业有限公司

地址：成都市双流区西南航空港经济开发区牧鱼二路 688 号
电话：028-85790873
传真：028-85790873
官方网站：http://www.duolian.com

证书编号：LB2023GP011

多联冷热水用聚丙烯（PP-R）管材、PE 给水管材、联多 PVC 阻燃电线套管及配件

产品简介

冷热水用聚丙烯（PP-R）管材采用丙烯 - 乙烯（乙烯含量 1% ～ 5%）共聚物为原料经挤出而成型。PP-R 管材除具有普通塑料管的无锈性、不结垢、流阻小、加工能耗低等特殊性能外，还具有寿命长、低温抗冲击性能好、耐高温不变形（90℃）和良好的热熔焊接性；在输送温度 20℃、工作压力 1.0MPa 的冷水时，连续使用寿命可达 50 年。公司主要选择原材料为石油化工生产企业韩国晓星 R200P 或北欧化工产品等。使用国际国内先进的生产设备，以进口树脂为主要原料添加专用色母料，绝不添加任何再生回用料，经混合、烘干、挤出、冷却定型、定长切割、检验包装而制成，严格按照国家标准组织生产，各项指标均达到或超过国家标准，是绿色环保产品，是用户饮用水输送管道产品的理想选择。

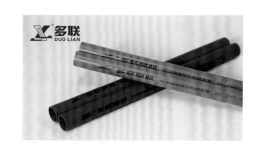

公司 PE 环保给水管材及管件采用进口 PE100 为原料，不添加任何再生料进行生产，规格、尺寸及性能符合 GB/T 13663.2—2018《给水用聚乙烯（PE）管道系统 第 2 部分：管材》和 GB/T 13663.3—2018《给水用聚乙烯（PE）管道系统 第 3 部分：管件》的要求，卫生性能符合 GB/T 17219《生活饮用水输配水设备及防护材料的安全性评价标准》以及国家卫生部门相关的卫生安全性评价规定；PE 环保给水管具有柔韧性好、耐腐蚀性强、质轻、抗冲击性能优良等特点。管材、管件连接可采用热熔承插、热熔对接及电熔等连接方式，使管材、管件熔成一体，系统安全可靠，施工成本低。

PVC 阻燃电线套管、配件为公司的传统拳头产品，公司 PVC 严格以环保卫生级聚氯乙烯（PVC）树脂为主要原料，加入适量的无铅环保稳定剂、润滑剂、填充剂等辅料，经塑料挤出机挤出成型和注塑机注塑成型。产品同时具有较高的阻燃性能，不易燃烧，离火即自熄，火焰不会沿着管道蔓延；PVC 导管耐酸碱性优良，不会腐蚀，且不含增塑剂，无吸引虫鼠的异味，故无虫害；绝缘，在浸水状态下 AC2000V、50Hz 不会击穿，绝缘性能优良，故可有效地防止意外漏、触电事故；施工方便，导管便于截断，D32 以下的导管内插入相应的专用弹簧，在常温下即可随意弯曲到所需角度。

适用范围

冷热水用聚丙烯（PP-R）管材主要应用于冷热水管道系统；采暖系统，包括地板、壁板的采暖及辐射采暖系统；纯净水管道系统；中央（集中）空调系统。

PE 给水管材应用于饮用水、生活用冷水输送。

PVC 阻燃电线套管及配件用于工程建筑中穿电线电缆，可预埋。

技术指标

冷热水用聚丙烯（PP-R）管材技术指标如下：

项目	试验参数	要求
颜料分散	—	≤ 3 级
		外观级别：A1、A2、A3 或 B
熔体质量流动速率	230℃ 2.16kg	变化率≤原料的 20%
简支梁冲击试验	（0±2）℃	破损率＜试样数量的 10%
纵向回缩率［（135±2）℃］	$en \leqslant 8mm$ 1h $8mm < en \leqslant 16mm$ 2h $en > 16mm$ 4h	≤ 2%
静液压试验	20℃ 1h 95℃ 22h 95℃ 165h	无渗透、无破裂

四川多联实业有限公司

地址：成都市双流区西南航空港经济开发区牧鱼二路 688 号
电话：028-85790873
传真：028-85790873
官方网站：http://www.duolian.com

PE 给水管件技术指标如下：

序号	检测项目	技术要求
1	静液压强度（20℃，100h，环向应力：12.0MPa）	无破坏，无渗漏
2	静液压强度（80℃，165h，环向应力：5.4MPa）	无破坏，无渗漏
3	静液压强度（80℃，1000h，环向应力：5.0MPa）	无破坏，无渗漏
4	断裂伸长率	≥ 350%
5	纵向回缩率（110℃，240min）	≤ 3%
6	炭黑分散	≤ 3 级
7	氧化诱导（210℃）	≥ 20min
8	灰分（方法 A，850℃）	≤ 0.1%
9	熔体质量流动速率（190℃，5kg，g/10min）	加工前后 MFR 变化率不大于 20%
10	耐慢速裂纹增长（切口试验）（80℃，500h，试验压力 0.92MPa）	无破坏，无渗漏
11	炭黑含量	2.0% ～ 2.5%

PVC 电线套管及配件技术指标如下：

项目		硬质套管	配件
外观		光滑，－（0.1+0.1A）≤ △ A ≤ 0.1+0.1A	光滑，无裂纹
抗压性能		载荷 1min 时 Df ≤ 25% 卸荷 1min 时 Df ≤ 10%	—
冲击性能		12 个试件中至少 10 个不坏、不裂	—
弯曲性能		无可见裂纹	—
弯扁性能		量规自重通过	—
跌落性能		无裂纹、破碎	无裂纹、破碎
耐热性能		Df ≤ 2mm	Df ≤ 2mm
阻燃性能	自熄时间	≤ 30s	≤ 30s
	氧指数	≥ 32	≥ 32
电气性能		15min 内不击穿，R ≥ 100MΩ	15min 内不击穿，R ≥ 100MΩ

工程案例

　　成都国际会展中心、得荣县水网改造、九寨沟城市饮用水管网改造、喜来登大酒店、双流国际机场、四川省政协大厦、成都人民商场、丹巴水利局、绿地集团等。

生产企业

　　四川多联实业有限公司是专业从事新型塑胶管道等水电建材领域系列产品研制、生产和销售的国家高新技术企业。公司成立于 1988 年，经过近 30 年的发展，现已逐步成长为规模大、品种齐、质量优、开发能力强的知名企业。

　　1992 年，多联实业以敢为人先的魄力，成功研发出"难燃 PVC 电线套管"，以其低成本、高性价比的优势迅速占领西南管道市场，为内陆地区推广使用新型建材作出了卓越贡献。

　　公司坚持技术创新，拥有一支强大的技术研发团队和多条国际先进的生产线及检测设备，现已形成包括民建管道、市政管道、家装管道等系列产品年产十万吨以上的生产能力；同时，依靠过硬的产品品质和"科学管理，质量第一，高效创新，顾客满意"的经营理念，本着对社会负责，对用户负责的态度，向市场提供优质的产品，得到了社会的广泛认同。成立至今，公司已相继获得了"国家高新技术企业""全国质量诚信标杆典型企业"等荣誉，产品畅销全国及东南亚、中东、非洲等地，深受用户好评和信赖。

　　多联人将秉承奋斗、诚信、责任、进取的企业精神，砥砺前行，为将多联打造成为中国水电建材行业的标杆品牌而不懈奋斗。

四川多联实业有限公司

地址：成都市双流区西南航空港经济开发区牧鱼二路 688 号
电话：028-85790873
传真：028-85790873
官方网站：http://www.duolian.com

证书编号：LB2023GP012

新兴不锈钢管、不锈钢双卡压式管件、不锈钢沟槽式管件

产品简介

公司生产的不锈钢管管材壁厚采用小负差，管材壁厚普遍高于同行厂家，确保管材强度及承压能力；管件用管壁厚比同口径管材高一等级，确保成型后管件最小壁厚不小于同口径管材壁厚，确保管路安全；管材、管件选择全流程生产工艺，不偷减工序，均经过在线和离线双涡流探伤，规避工艺缺陷导致的外观质量问题以及焊接缺陷。公司管材全部经过酸洗钝化工艺，在确保产品耐腐蚀性能优异的基础上，确保管材内表面卫生洁净，满足"食品级"卫生性能要求。

适用范围

产品适用于公称尺寸不大于 DN300，公称压力不大于 2.5MPa 的饮用净水、生活饮用水、冷水、热水、消防水、医用气体、压缩空气等不锈钢管道连接用钢管和覆塑钢管。

技术指标

不锈钢管材技术指标如下：

序号	检验项目	检验结果	结论
1	管材压扁试验	2 支管材试样未出现裂纹和破坏	符合
2	管材扩口试验	扩口率为 32%，2 支管材试样未出现裂纹与破损	符合
3	管材水压试验	试验压力 2.5MPa，稳压 5s，10 支管材试样无渗透和永久变形	符合
4	管材气密试验	试验压力 0.6MPa，稳压 5s，10 支管材试样无泄漏出现	符合
5	管材盐雾试验	4 支管材试样外观无明显变化	符合
6	管材晶间腐蚀性能	2 支试样的内外表面未见因晶间腐蚀而产生的裂纹	符合
7	管材涡流探伤试验	10 支管材试样的探伤结果符合 GB/T 7735—2016《无缝和焊接（埋弧焊除外）钢管缺欠的自动涡流检测》中验收等级 A 的规定	符合

不锈钢管件技术指标如下：

序号	检验项目	检验结果	结论
1	管件水压试验	试验压力 2.5MPa，稳压 5s，10 支管件试样无渗透和永久变形	符合
2	管件气密试验	试验压力 0.6MPa，稳压 5s，10 支管件试样无泄漏出现	符合
3	管件耐压试验	试验压力 2.5MPa，保压 1min，管件与管子的连接部位无渗漏、脱落和塑性变形	符合
4	管件负压试验	管件和管子内压为 −80kPa，无其他异常，管件与管子的连接部位无渗漏、脱落和塑性变形	符合
5	管件拉拔试验	出现泄漏时的最大拉伸力为 23.5kN	符合
6	管件温度变化试验	试验压力（1.6±0.16）MPa，试验温度 95℃ /20℃，循环 2500 次，单次循环时间（30±2）min（冷、热水各 15min），各连接部位无渗漏及其他异常现象	符合
7	管件弯曲挠角试验	管件与管子连接部位无渗漏、滑脱	符合
8	管件水压振动试验	试验压力 1.7MPa，振动持续 100 万次，管件与管子的连接部位无渗漏、脱落及其他异常	符合
9	管件压力冲击试验	连接件无渗漏、脱落及其他异常	符合
10	管件盐雾试验	4 支管件试样外观无明显变化	符合
11	管件晶间腐蚀性能	2 支试样的内外表面未见因晶间腐蚀而产生的裂纹	符合

新兴铸管股份有限公司

地址：河北省邯郸市冀南新区马头经济开发区新兴大街 1 号
官方网站：https://www.xinxing-pipes.com/

给排水管网材料

工程案例

成都保利广场、上海临港二次供水、深圳水务优饮水、无锡水务二次供水、雄安新区电建智汇城、郑州方舱医院项目等。

生产企业

新兴铸管股份有限公司源于 1971 年成立的中国人民解放军第二六七二工程指挥部，1996 年改制为国有独资有限公司，1997 年在深交所上市。公司作为国资委监管中央企业——新兴际华集团所属核心企业，经过近 50 年的发展成长，公司生产基地分布于全国各大区域和"一带一路"共建国家，销售网络覆盖亚洲、欧洲、非洲、美洲，产品出口世界 120 多个国家。公司铸管产品在国内市场和出口市场具有显著优势。

公司拥有国家级的企业技术中心和博士后科研工作站，现已成为年产 1000 万吨以上金属制品综合加工企业，达到年产 800 万吨钢材、300 万吨球墨铸铁管、4 万吨管件、300 万米钢塑复合管、20 万吨双（多）金属复合管和高端无缝管、1.7 万吨薄壁不锈钢管和管件及 8 万吨钢格板的生产规模，形成球墨铸铁管、管件、铸件、钢材、钢格栅板、钢塑复合管、双（多）金属复合管和高端无缝管、薄壁不锈钢管和管件等系列产品。

不锈钢管项目现已建成管材生产线 10 条，管件生产设备 50 余台。目前产品规格涵盖 $DN15 \sim DN600$ 口径，生产 304、316L 等材质不锈钢管，年产能已达到 1.7 万吨，并预留扩产空间，志在打造国内名列前茅的不锈钢输水及燃气焊管生产基地。

新兴不锈钢管采用先进的生产工艺，使用太钢、张浦等优质的不锈钢原料，利用公司强大的研发生产能力精心打造。产品执行 GB/T 12771—2019《流体输送用不锈钢焊接钢管》、GB/T 19228《不锈钢卡压式管件组件》、GB/T 33926—2017《不锈钢环压式管件》、CJ/T 151—2016《薄壁不锈钢管》等国家及行业标准，公司产品采用等同欧洲标准的全工艺流程生产，严格的光亮固溶及酸洗钝化处理工艺保证其优异的卫生性能，确保用户的用水安全。

新兴不锈钢管件采用安全的双卡压连接方式，安装简单便捷、承压高；高于国家标准的管件壁厚设计、优异的耐腐蚀能力确保管线与建筑体同寿命，确保寿命在 70 年以上。新兴不锈钢管以其优异的抗腐蚀能力、靓丽的外观、便捷的安装、优越的卫生性能日益获得市场的认可，满足客户特别是自来水行业二次供水的使用需求，形成从源头到终端完整的饮用水输送系统，解决饮用水最后一千米的污染问题，确保居民的用水安全。

新兴铸管股份有限公司

地址：河北省邯郸市冀南新区马头经济开发区新兴大街 1 号
官方网站：https://www.xinxing-pipes.com/

川盛建筑排水用硬聚氯乙烯（PVC-U）管材、冷热水用聚丙烯（PP-R）管材、埋地用聚乙烯（PE）双壁波纹管材

产品简介

建筑排水用硬聚氯乙烯（PVC-U）管材是以卫生级聚氯乙烯（PVC）树脂为主要原料，加入适量的稳定剂、润滑剂、填充剂、增色剂等经塑料挤出机挤出成型和注塑机注塑成型，通过冷却、固化、定型、检验、包装等工序制成。其物化性能优良，耐化学腐蚀，抗冲击强度高，流体阻力小，较同口径铸铁管流量提高30%，耐老化，使用寿命长，使用年限不低于50年，是建筑给排水的理想材料。

冷热水用聚丙烯（PP-R）管材采用热熔接的方式，有专用的焊接和切割工具，有较高的可塑性。产品价格经济，保温性能好，管壁光滑，一般价格在每米6～12元（4分管），不包括内外丝的接头；一般用于内嵌墙壁，或者深井预埋管中。PP-R管价格适中、性能稳定，耐热保温，耐腐蚀，内壁光滑不结垢、管道系统安全可靠，并不渗透，使用年限可达50年。

埋地用聚乙烯（PE）双壁波纹管材管壁较薄，工程造价低，质轻，施工便捷，摩阻系数小，流量大。产品具有良好的耐低温、抗冲击性能，化学稳定性佳，使用寿命长。在不受阳光紫外线照射的条件下，其使用年限可达50年以上。该产品轴向可略微挠曲，不受地面一定程度不均匀沉降的影响；可以不用管件就直接铺设在略微不直的沟槽内。

适用范围

建筑排水用硬聚氯乙烯（PVC-U）管材适用于民用建筑、工业建筑的室内供水、中水系统，居住小区、厂区埋地给水系统；城市供水管道系统；水处理厂水处理管道系统；海水养殖业；园林灌溉、凿井等工程。

冷热水用聚丙烯（PP-R）管材主要应用于冷热水管道系统；采暖系统，包括地板、壁板的采暖及辐射采暖系统；纯净水管道系统；中央（集中）空调系统。

埋地用聚乙烯（PE）双壁波纹管材适用于市政工程、住宅小区地下埋设排水排污；管道高速公路预埋管道；农田水利灌溉输水、排涝；化工、矿山用于流体的输送等。

技术指标

建筑排水用硬聚氯乙烯（PVC-U）管材技术指标如下：

项目	要求	试验方法
密度（kg/m³）	1350～1550	7.4
维卡软化温度（℃）	≥9	7.5
纵向回缩率（%）	≤5	7.6
拉伸屈服应力（MPa）	≥40.0	7.7
断裂伸长率（%）	≥80	7.8
落锤冲击试验 TIR（%）	≤10	7.9

冷热水用聚丙烯（PP-R）管材技术指标如下：

项目	试验参数			指标
	试验温度（℃）	试验时间（h）	静液压应力（MPa）	
纵向回缩率	135±2	$e_n \leq 8mm$：1h　$8mm \leq e_n \leq 16mm$：2h　$e_n > 16mm$：4h	—	≤2%
简支梁冲击试验	0±2	—		破损率<试样的10%

成都川盛塑胶有限公司

地址：成都崇州经济开发区宏业大道北段1355号
电话：028-82314289
传真：028-82216998
官方网站：www.cdchuansheng.cn

续表

项目	试验参数			指标
	试验温度（℃）	试验时间（h）	静液压应力（MPa）	
氧化诱导时间	210	—		≥ 20 min
静液压试验	20	1	16.0	无破裂
	95	22	4.2	无渗漏
	95	165	4.0	
	95	1000	3.8	

埋地用聚乙烯（PE）双壁波纹管材技术指标如下：

项目	指标
环刚度（kN/m）	SN2
SN4	≥ 4
（SN6.3）	≥ 6.3
SN8	≥ 8
（SN12.5）	≥ 12.5
SN16	≥ 16
冲击性能	TIR ≤ 10%
环柔性	试样圆滑，无反向弯曲，无破裂，两壁无脱开
烘箱试验	无气泡，无分层，无开裂
蠕变比率	≤ 4
连接密封性试验	无破裂，无渗漏

工程案例

工程名称
潼南时代广场
绵虒县三宝园区饮水安全巩固提升采购项目
成都青白江城厢安置房建设项目
重庆两江中迪广场

生产企业

成都川盛塑胶有限公司是一家生产、研发、销售塑胶管材、管件的现代化科技型企业。公司创建于 1998 年，坐落于成都崇州市经开区宏业大道北段 1355 号，超过 1 亿元注册资金，设计年产塑胶管材、管件 5 万余吨，主营品牌产品有：冷热水用 PP-R 管材、管件系列；建筑用 PVC-U 排水管系列；PE 管材、管件系列；PVC-U 绝缘电工套管系列等。公司目前正致力于开发 FRPP 及 PE 塑钢缠绕市政排污管道系列产品、PE 燃气管道系列产品及 CPVC 电力通信管道系列产品。

公司坚持"以质量求生存，以创新求发展"的经营理念，大胆引进国内外先进生产技术、生产设备，采用优质原辅料，生产高品质产品，从而赢得了广大用户的青睐。公司连续多年被评为"四川省质量信誉 AAA 企业""成都市重合同守信用 AA 企业"；公司先后通过了"ISO 9001：2008 质量管理体系认证""ISO 14001：2004 环境管理体系认证""OHSAS 18001：2007 职业健康安全管理体系认证""新华节水产品认证""中国环境标志产品认证"等。"川盛"牌产品畅销四川省内外，在新的历史时期，川盛人将以推动行业发展为己任，愿与各界同仁携手共创美好未来。

273

成都川盛塑胶有限公司

地址：成都崇州经济开发区宏业大道北段 1355 号
电话：028-82314289
传真：028-82216998
官方网站：www.cdchuansheng.cn

证书编号：LB2023GP014

华翌 PVC 电工套管

产品简介

华翌欧特斯特螺纹阻燃电工套管是新开发的一款双专利高端产品，选用高端环保无铅低钙进口原料，产品抗压性强，抗压强度是普通 PVC 穿线产品的 3 倍以上，阻燃绝缘、耐冲击、耐腐蚀、耐老化性能优越。独创的双专利外螺纹设计可大大增强墙体填充材料对管材的包裹性，杜绝空鼓，避免剥离现象。

适用范围

产品适用于家居室内各种环境的施工布线，广泛应用于地面、墙面、吊顶、厨卫等各种场所的电路施工。

技术指标

符合 JG/T 3050—1998《建筑用绝缘电工套管及配件》的指标要求。

产品最小壁厚为 1.8mm，高于国标最低 1.0mm 的要求。

产品抗压性能（硬质套管）：产品载荷 1min，测受压力外径变化率 ≤ 11%，低于国标载荷 1min、≤ 25% 的要求。载荷 2min，测受压力外径变化率 ≤ 3%，低于国标载荷 2min、≤ 10% 的要求。

产品耐热性能（硬质套管）：变化值 ≤ 1.1mm，低于国标 ≤ 2mm 的要求。

阻燃性能：产品不助燃，自熄时间 $te=0$，低于国标要求 $te \leq 30$；氧指数 $OI \geq 36$，高于国标要求氧指数 $OI \geq 32$。

抗冲击性能（−15℃）：12 个试件中至少 11 个不坏、不裂、高于国标要求 12 个试件中至少 10 个不坏、不裂。

工程案例

业之峰诺华家居装饰集团、东易日盛家居装饰集团、洛尼装饰公司、居然之家装饰公司、龙发装饰公司。

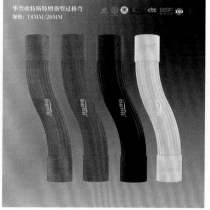

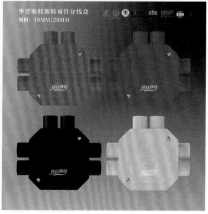

北京世纪华翌管道有限公司

地址：北京市大兴区天华大街 5 号院 3 号楼 205
电话：13501213269
传真：010—8899 6656
官方网站：https://www.beijinghuayi.com.cn/

生产企业

北京世纪华翌管道有限公司组建于 2005 年，是香港华翌管道国际研发有限公司的内地联营企业，是专业生产研发家用布线产品的企业，注册商标"华翌"牌。产品涵盖 PVC 电工产品、金属电工产品、复合防腐电工产品等三大领域，年产量超过 500 万吨。绿色、安全、环保一直是华翌公司的经营理念，是国内少数使用有机类助剂生产无铅环保型电工套管的厂家。

公司在金属管道防腐领域也取得了重大突破，取得多项实用新型专利，获得 ISO 9001：2015 质量管理体系认证、ISO 14001：2015 环境认证、CTC 中国建材认证、绿色商标准用证和相关产品的 3CCC 国家强制认证。2014 年产品收编于全国工程建设标准化协会技术与产品应用目录，并荣获"绿色建筑节能推荐产品"证书。

凭借多年积累的专业生产技术和经验，华翌公司拥有独立研发创新型产品的能力，主要服务于大型家居连锁企业，为企业量身定做符合企业定位的个性化产品，实现设计、生产、配送、售后等一条龙服务。

北京世纪华翌管道有限公司

地址：北京市大兴区天华大街 5 号院 3 号楼 205
电话：13501213269
传真：010—8899 6656
官方网站：https://www.beijinghuayi.com.cn/

证书编号：LB2023GP015

HOMSO冷热水用聚丙烯(PP-R)管材、建筑排水用硬聚氯乙烯(PVC-U)管材、给水用聚乙烯（PE）管材

产品简介

PP-R（无规共聚聚丙烯）是由丙烯与另外一种烯烃单体（或多种烯烃单体）无规共聚而成，是目前广泛应用的管道材料，具有优越的综合理化性能。"雄塑"牌PP-R环保健康饮用水管与PVC-U饮用水管、HDPE饮用水管相比，最大优点在于它同时适用于冷、热水管，正常情况下在70℃下可连续使用50年，另外，PP-R原料为聚烯烃，其分子仅由碳、氢组成，卫生无毒。

建筑排水用硬聚氯乙烯（PVC-U）管材是公司热销产品之一，以聚氯乙烯（PVC）树脂为主要原料，加入适量的稳定剂、润滑剂、填充剂、增色剂等经塑料挤出机挤出成型和注塑机注塑成型，通过冷却、固化、定型、检验、包装等工序以完成管材、管件的生产。它具有质轻、耐腐蚀、外形美观、无不良气味、加工容易、施工方便等众多优势，是居家排水的不二之选。

给水用聚乙烯（PE）管材是以高密度聚乙烯（HDPE）为原材料经塑料挤出机一次挤出成型，应用于城镇给水管网、农村灌溉引水及农业喷灌工程，特别适用于耐酸碱、耐腐蚀环境，由于PE管道采用热熔、电熔连接，实现了接口与管材的一体化，并可有效抵抗内压力产生的环向应力与轴向的冲击应力，而且PE管材不添加重金属盐稳定剂，材质无毒，不结垢、不滋生细菌，避免了对饮水的二次污染。

适用范围

冷热水用聚丙烯（PP-R）管材主要应用于冷热水管道系统；采暖系统，包括地板、壁板的采暖及辐射采暖系统；纯净水管道系统；中央（集中）空调系统。

建筑排水用硬聚氯乙烯（PVC-U）管材适用于市政工程、建筑工程、工业、农业、园地工程、道路工程等领域。

给水用聚乙烯（PE）管材适用于城镇自来水网管、市政配管工程、园林绿化供水管网、农用灌溉管道、排污管道、工业输送管道。

技术指标

冷热水用聚丙烯（PP-R）管材技术指标符合GB/T 18742.2—2017《冷热水用聚丙烯管道系统 第2部分：管材》相关要求。

建筑排水用硬聚氯乙烯（PVC-U）管材技术指标符合GB/T 5836.1—2018《建筑排水用硬聚氯乙烯（PVC-U管材)》相关要求。

给水用聚乙烯（PE）管材技术指标符合GB/T 13663.2—2018《给水用聚乙烯（PE）管道系统 第2部分：管材》相关要求。

广东雄塑科技集团股份有限公司

地址：佛山市南海区九江镇龙高路敦根路段雄塑工业园
电话：+86-757-86518888　86513888
传真：+86-757-86516888　86517888
官方网站：www.xiongsu.cn

工程案例

铁山港区 2022 年度原水配水管网建设工程项目 PE 管材及管件

商丘市供水管网建设工程第三标段 PE、PP-R 给水管材、管件

广州市番禺区市桥水道——沙湾水道流域（市桥河以南）流域村居雨污分流改造工程——沙湾南村、沙湾北村、沙坑村、大涌口村项目

云南小哨国际新城 EOD 项目及配套基础设施建设项目总承包补给排水管

民众街道东胜村农村生活污水治理工程

广州市轨道交通十二号线机电与装修工程停车场及正线车站 HDPE 双壁波纹管排水管采购及服务合同

海南商业航天发射场项目——发射区总图外线及其他附属用房

前进路道路及周边设施完善工程（二工区）之绿化工程

江门供电局 C 类备品备件储备

广东电网有限责任公司云浮供电局大湾所 10kV 卫星线大同台区分立大同 2 台区改造工程

生产企业

广东雄塑科技集团股份有限公司坐落在千年古郡——佛山南海，其前身是广东雄塑科技实业有限公司，创立于 1996 年。

公司是国内技术力量雄厚的大型塑料管材管件生产企业之一，早在 2000 年就通过了多项省级科学技术成果鉴定，目前在广东南海、广西南宁、河南延津、江西宜春、海南海口、云南玉溪设有六大生产基地，销售网点遍布全国，是国内塑料管道行业名列前茅的企业。

公司是中国塑料加工工业协会副会长单位、广东省塑料加工工业协会副会长单位，2015 年"雄塑"品牌荣获"中国企业五星品牌"。

公司产品主要包括建筑用给排水管材管件、市政给排水（排污）管材管件、地暖管、地下通信用塑料管材管件、高压电力电缆用护套管等众多系列，共计 6000 多个品种。公司产品应用领域广泛，特别是在国家政策大力鼓励、扶持的保障性住房建设工程、农村饮水安全工程、污水处理工程、电网建设工程、通信网络建设工程等得到大量采用。

公司认真贯彻"质量第一，精益求精求发展；顾客至上，用户满意为宗旨"的质量方针，严格控制产品质量，一切以顾客为中心，先后荣获"全国顾客满意品牌""中国管材行业十大功勋企业""质量信得过产品""全国科技创新绿色节能产品""全国售后服务行业十佳单位"等众多荣誉。

"雄塑"全体同仁永远以饱满的工作热情与广大用户携手并肩，共创中国塑胶工业的美好未来。

广东雄塑科技集团股份有限公司

地址：佛山市南海区九江镇龙高路敦根路段雄塑工业园
电话：+86-757-86518888 86513888
传真：+86-757-86516888 86517888
官方网站：www.xiongsu.cn

证书编号：LB2023GP016

中沁给水用聚乙烯（PE）管材

产品简介

给水用聚乙烯（PE）管材是一种以高密度聚乙烯（HDPE）树脂为主要原料，加以其他辅料，经过挤出成型而成，具有优异的化学稳定性、耐老化及耐环境应力开裂等性能优势。该产品使用温度范围宽，承压能力强，并具有良好的综合机械性能。

适用范围

给水用聚乙烯（PE）管材广泛应用于建筑给水、排水，埋地排水管，电工与电信保护套管，工业用管，农业用管等。

技术指标

给水用聚乙烯（PE）管材技术指标如下：

检测项目	指标要求	检测要求
熔体质量流动速率（g/10min）	加工前后 MFR 变化不大于20%	负荷质量：5kg 试验温度：190℃
氧化诱导时间	≥ 20min	试验温度：210℃
灰分	≤ 0.1%	试验温度：（850±50）℃
纵向回缩率	≤ 3%	试验温度：110℃
断裂伸长率	en ≤ 5mm ≥ 350%	试样形状：类型 2 试验速度：100mm/min
	5mm<en ≤ 12mm， ≥ 350%	试样形状：类型 1 试验速度：50mm/min
		试样形状：类型 1 试验速度：25mm/min
	en>12mm ≥ 350%	试样形状：类型 3 试验速度：10mm/min
耐慢速裂纹增长 en ≤ 5mm （锥体试验）	<10mm/24h	—
耐慢速裂纹增长 en ≤ 5mm （切开试验）	无破坏，无渗漏	试验温度：80℃ 内部试验压力： PE80，SDR11：0.80MPa PE100，SDR11：0.92MPa 试验时间：500h 试验类型：水
静液压强度	温度和时间：20℃/100h 试验要求：无破坏，无渗漏	环应力： PE80/10.0MPa PE100/12.0MPa
	温度和时间：80℃/165h 试验要求：无破坏，无渗漏	环应力： PE80/4.5MPa PE100/5.4MPa
	温度和时间：80℃/1000h 试验要求：无破坏，无渗漏	环应力： PE80/4.0MPa PE100/5.0MPa
炭黑含量	2.0% ～ 2.5%	—
炭黑分散/颜料分散	≤ 3级	

安徽博泰塑业科技有限公司

地址：安徽省蚌埠市怀远经济开发区金河路 30 号
电话：0552-8867888
传真：0552-8867888
官方网站：www.cnbt77.com

工程案例

序号	供货范围	合作单位名称	项目名称	合同签订日期
1	PE 给水管材管件	无为市水务投资有限公司	无为市城乡供水一体化项目管材管件采购（第二批）	2023/4/28
2	PE 给水管材管件	凤台县水利建筑安装工程有限公司	怀远县徐圩乡高标准农田改造提升项目	2023/7/31
3	PE 给水管材管件	安徽中旭环境建设有限责任公司	蚌埠市城市污水管网提升改造（二期）工程总承包项目材料采购合同	2023/11/23
4	PE 给水管材管件	亳州金地建工有限公司	亳州金地建工有限公司 PE 管材采购项目	2023/12/18

生产企业

　　安徽博泰塑业科技有限公司（以下简称"博泰塑业"）系安徽省内大型塑胶管道生产企业，坐落于蚌埠市怀远经济技术开发区，占地近 70000 平方米。主营产品有：排水排污管道系统、给水管道系统、电力通信管道系统、电控配电用电缆桥架等四大系列近千种单品，覆盖房建、市政、家装领域各类管道产品，并通过了 ISO 9001、ISO 14001、ISO 45001 三大体系认证，推进自动化生产线建设，建立了 360° 全流程可追溯的质量管控体系，与中科大、安理工等高校建立技术研发平台及联合实验室，先后荣获国家级高新技术企业、塑胶管道行业百强优秀企业、全国质量 AAA 级企业、安徽省诚信企业等称号，已成为安徽塑胶管道行业的龙头企业。博泰塑业系国家电网入库企业，旗下"中沁"和"普金"品牌获得质量信得过品牌、管道行业十佳优质品牌等称号，先后与国网安徽公司、碧桂园、荣盛、中建、中城建、中冶、中铁等近 30 家国内知名企业建立良好的业务往来，产品受到用户的广泛好评。

安徽博泰塑业科技有限公司

地址：安徽省蚌埠市怀远经济开发区金河路 30 号
电话：0552-8867888
传真：0552-8867888
官方网站：www.cnbt77.com

证书编号：LB2023JT002

奇越环保型内墙腻子粉

产品简介

　　环保型腻子粉是一种白色粉状物，具有无毒、无味、无放射性的特点。这类腻子粉能够迅速溶于冷水，具有溶解快、用量小、黏度高、成膜快、悬浮、保湿、抗酶、耐老化、保存时间长、使用方便、性能稳定等优点。使用环保型腻子粉配制的涂料施工方便，使用时不卷皮，成膜快，硬度高，耐水性好，防裂性能好，是一种能用水调制的新型绿色环保涂料。此外，使用环保型腻子粉配成的高硬耐水腻子粉能增加腻子同外墙的结合力，降低外墙涂料的使用量约20%，防水性能好，在水中会越来越硬，且配制腻子粉的成本比其他胶粉要降低约30%。

　　环保型腻子粉的施工方法简便，大规模施工时，使用手动搅拌机搅拌效果更佳。腻子批刮两遍后，其表面48h内初步固化，硬度提高，耐水性提高。环保型腻子粉的适用范围广泛，主要在建筑涂料中作腻子胶粉，用于加工生产高硬、耐水洗外墙腻子粉、外墙瓷砖彩色填缝剂、外墙瓷砖黏合剂等，在全国建筑涂料行业得到了广泛的应用。此外，该产品在建筑行业中还可用于制造高硬防水砂浆、石灰砂浆王等产品。

适用范围

　　本产品广泛应用于工业、民用、国防建筑及钢结构建筑的保温、隔热、防水工程，还可以用于屋面、地面、立面及金属、木质等需要保温、隔热的重要部位。

技术指标

　　产品技术指标符合 JG/T 298—2010、GB 18582—2020 中的相关要求，具体指标数值如下：

项目指标	检验结果
容器中状态	无结块，均匀
施工性	刮涂无障碍
干燥时间（h）	0.5
初期干燥抗裂性（3h）	无裂纹

常熟市奇越新型建材科技有限公司

地址：江苏省常熟市虞山高新产业园三亚路 19 号
电话：0512-52182170
官方网站：www.csqyjc.com

续表

项目指标	检验结果
打磨性	手工可打磨
黏结强度（标准状态）（MPa）	0.59
苯、甲苯、乙苯、二甲苯总和	未检出
挥发性有机化合物（VOC）（g/kg）	未检出
游离性甲醛	未检出
可溶性重金属（mg/kg）	未检出
总铅含量（mg/kg）	6

工程案例

实施单位：甘肃省工业与民用建筑设计院有限公司
甘肃华宜建材料技术开发有限公司
项目名称：外墙纳米绝热（保温隔热）系统实验项目

生产企业

常熟市奇越新型建材科技有限公司是一家集技术研发、生产、销售及工程施工于一体的专业性建筑材料企业。本公司位于常熟市辛庄镇杨园沈浜工业园，专业生产水性纳米涂瓷隔热保温材料、内墙腻子粉、胶黏剂等，其产品符合节能减排、安全绿色环保要求。

公司把环保理念放在第一位，产品质量好，应用广泛，现如今已是当今建筑打底及内墙装饰、绿色建筑的理想选择，为国家减少了大量的能源消耗。

公司以"满足顾客需要，达到供需双赢"为宗旨，深受广大用户的青睐。用户的肯定是公司的最高荣誉，公司将凭借自身的生产研发优势、管理优势，为用户提供更多节能、环保、健康的建筑装饰材料。

常熟市奇越新型建材科技有限公司

地址：江苏省常熟市虞山高新产业园三亚路 19 号
电话：0512-52182170
官方网站：www.csqyjc.com

证书编号：LB2023JT003

玉森林玉石基净醛水漆（内墙）、玉石基矿物质干粉壁材（内墙）

产品简介

玉森林玉石基净醛水漆（内墙）是以中国四大名玉之一的岫岩玉石为基础材料，经过先进技术研磨成超细玉石微粉，将其融入水性涂料当中而制成的材料。产品具有以下特点：

净味：抗甲醛，健康环保，打造健康的居室环境。

抗污染：各种污渍只需用布轻轻擦拭即可亮丽如新。

抗冲击：加入纳米级玉石粉生产，漆膜更硬更坚固。

除臭：纳米级玉石粉所释放出来的除臭因子能在第一时间分解空间环境中的各种异味，使得空气清新。

耐水防潮：抑菌防霉，抗碱，湿润环境，绝无霉斑，性能恒定，经久耐用，无须反复涂刷。

玉石基矿物质干粉壁材（内墙）是采用纳米级玉石粉为主要成分精制而成的内外墙装饰环保壁材，可做出丰富而立体的肌理效果，将艺术与环境、家居巧妙结合，打造独一无二的空间质感。

适用范围

产品适合住宅、店铺、酒店、办公楼等建筑物的内外墙涂装，特别适用于医院、学校、幼儿园、养老院、社区老年中心等对健康安全等级要求较高的公共场所与环境的内墙涂装。

玉森林（北京）生态环保科技有限公司

地址：北京市顺义区李桥镇芦各庄向前街68号北院 - 玉森林品牌基地
电话：400 - 0786 - 858
邮箱：info@yusenlinbj.com

技术指标

玉石基净醛水漆（内墙）技术指标如下：

序号	检测项目		性能指标
1	低温稳定性（3次循环）		不变质
2	低温成膜性		5℃成膜无异常
3	干燥时间（表干）（h）		0.6
4	对比率（白色和浅色）		0.95
5	耐碱性（24h）		无异常
6	耐洗刷性（次）		4000
7	挥发性有机化合物（VOC）含量（g/L）		未检出
8	总挥发性有机化合物释放量（mg/m²）		0.1
9	甲醛含量（mg/kg）		10
10	游离甲醛含量（mg/kg）		8.8
11	甲醛释放量（mg/m²）		0.001 +
12	苯、甲苯、乙苯、二甲苯含量总和（mg/kg）		未检出
13	重金属元素含量	铅	未检出
		镉	未检出
		汞	未检出
		砷	未检出
		硒	未检出
		锑	未检出
		钴	未检出
		钡	15
		六价铬	未检出
14	可溶性重金属	可溶性铅	8
		可溶性镉	未检出
		可溶性铬	未检出
		可溶性汞	未检出
15	甲醛净化性能（净化效率）		98
16	甲醛净化效果持久性（净化效率）		97

玉石基矿物质干粉壁材（内墙）技术指标如下：

序号	检测项目		性能指标
1	低温稳定性（3次循环）		不变质
2	耐碱性（48h）		无异常
3	挥发性有机化合物（VOC）含量（g/L）		未检出
4	苯、甲苯、乙苯、二甲苯含量总和（mg/kg）		未检出
5	游离甲醛含量（mg/kg）		未检出
6	总挥发性有机化合物释放量（mg/m²）		0.1
7	甲醛释放量（mg/m²）		0.001 +
8	重金属元素含量	铅	0
		镉	未检出
		汞	未检出
		砷	未检出
		硒	未检出
		锑	未检出
		钴	未检出
		钡	17
		六价铬	未检出
9	可溶性重金属	可溶性铅	5
		可溶性镉	未检出
		可溶性铬	未检出
		可溶性汞	未检出
10	甲醛净化性能（净化效率）		98
11	甲醛净化效果持久性（净化效率）		97
12	抗霉菌性		0级
13	内照射指数		0.2
	外照射指数		0.2

工程案例

北京昌平区拉菲特城堡别墅、北京东城区船板胡同16号、北京朝阳区燕莎枫花园国仕创意空间、北京西城区南锣鼓巷蓑衣胡同68号院、北京西城区西交民巷85四合院等。

生产企业

玉森林 JADE FOREST 成立近10年，公司总部坐落于北京。玉森林 JADE FOREST 绿色健康环保涂料在中国研发制造，核心基材为玉石基纯天然矿物质原材料，在中国的生产工厂完全符合国家的健康、绿色、环保、低碳的标准和要求。公司生产质量管理符合国际 ISO 9001 要求，获得 ISO 4001 环境管理以及 OHSAS 18001 职业健康管理体系认证。

玉森林是专注于为消费者提供健康环保空间与健康生活方式的企业，研发和生产的建筑涂覆壁材获得了国家绿色建材产品三星级认证、健康建材产品认证、儿童安全级产品认证，同时也获得多项国际认证：法国 A+ 认证、欧洲 CE 认证、欧盟 REACH 认证。

玉森林将不懈地把产品做到精益求精，将以完美的品质、优质的服务赢得消费者的认可；公司还将积极致力于创新技术的研发，不断提升产品性能、涂刷效果，不断增强产品的健康性、艺术性、科技性与环保性，从而为消费者提供值得信赖的产品。

玉森林（北京）生态环保科技有限公司

地址：北京市顺义区李桥镇芦各庄向前街68号北院-玉森林品牌基地
电话：400－0786－858
邮箱：info@yusenlinbj.com

证书编号：LB2023JT004

安顺泰水性仿石涂料、水性罩光漆、外墙柔性腻子

产品简介

　　水性仿石涂料以有机硅树脂乳液为基料，不仅运用当前先进的水性彩点微凝胶悬浮隔离技术，而且提高了彩点颗粒内聚力，包裹了真正的天然砂，从而形成不小不一、形色各异的厚质彩点，经一枪喷涂而呈现出仿真度很高的大理石效果。该产品可随意复制出火烧面和荔枝面纹理，清晰度酷似真实花岗岩，不仅实现了外墙高端的装饰效果，减轻了墙体负重，更进一步提高了产品强度，延长了外墙装饰涂料的使用年限；再配合外墙的多种分格设计，使得原本素颜的外墙面，展现了高端、大气、庄重的装饰效果。

　　水性罩光漆采用进口高档硅丙烯酸树脂乳液为主要黏结物，以无机有机交联杂化技术，配套多种功能性颜填料助剂复配而成。该产品具有优良的成膜性和疏水自洁性，可满足外墙装饰墙面主材免受侵蚀，提高整体涂层耐水性、耐候性、保色保光性以及抗静电自洁性能。

　　外墙柔性腻子粉是聚合物干粉类型，具有一定柔性的水泥基腻子。由此制成的腻子在基层龟裂后仍具有一定的韧性，能遮盖基层的裂纹，故可以很好地解决外墙开裂问题。

适用范围

　　水性仿石涂料适合各种户外工程装饰，也适用于别墅及新旧楼外墙的涂装；各类批灰、混凝土、砖石、石膏板腻子、铝单板及铝塑板基面。

　　水性罩光漆适合外墙屋顶、墙面防水的涂装；各类乳胶漆、质感漆、艺术漆、仿石漆的外护产品；也可用于各类砖混、水泥基材、混凝土基底的防水涂装。

　　外墙柔性腻子粉适用于各种墙面的找平、勾缝，如配成彩色腻子还可用于外墙保温装饰系统。

技术指标

产品	性能指标
水性仿石涂料	低温不变质；干燥时间（表干）2.5h；涂抹外观正常；耐碱性（48h）无异常；耐水性（96h）无异常；耐洗刷性 2000 次通过；耐酸雨性（48h）无异常；耐湿冷热循环性（5 次）无异常；耐沾污性 1 级；耐人工气候老化 1000h 不起泡、不剥落、无裂纹、无粉化、无明显变色、无明显失光
罩光漆（罩面漆）	无硬块，搅拌后呈均匀状态；刷涂二道无障碍；干燥时间（表干）0.4h；低温稳定性不变质；涂膜外观正常；耐洗刷性（2000 次）漆膜未损坏；耐碱性（96h）无异常；耐水性（48h）无异常；涂层耐温变性（3 次循环）无异常；透水性 0.6mL；耐人工气候老化 250h 不起泡、不剥落、无裂纹；粉化 0 级、变色 0 级
外墙柔性腻子	无结块、均匀；刮涂无障碍；单道施工厚度 <2mm 干燥时间（表干）0.3h；初期干燥抗裂性（6h）单道施工厚度 <1.5mm：1mm 无裂纹；手工可打磨；吸水量 1.8g/10min；抗碱性（48h）无异常；耐水性（96h）无异常；标准状态黏结强度 0.78MPa；冻融循环 5 次黏结强度 0.54MPa；腻子膜柔韧性直径 100mm 无裂纹

涿州市安顺泰建材技术有限公司

地址：河北省保定市涿州市义和庄乡常庄村
电话：13581955120

  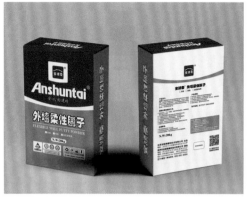

工程案例

河北雄安容东安置区、容西安置房项目、容东片区 C 组团安置房及配套设施项目、容西片区 A 单元安置房及配套设施项目、A1 标段河北雄安容东安置区 B2 组团项目、北京城市副中心图书馆精装修工程、北京十一学院中堂实验学校配套设施、金都假日酒店装修改造工程总承包工程项目。

生产企业

涿州市安顺泰建材技术有限公司拥有年产干粉砂浆 35 万吨、腻子粉 1 万吨、粉刷石膏 3 万吨的生产能力，拥有现代化的标准厂房，众多高素质的管理人员和强大的科技研发队伍，产品先后通过 ISO 9001 质量管理体系认证、ISO 14001 环境管理体系认证、ISO 18001 职业健康安全管理体系认证、中国环境产品认证及环保建材证明商标等认证。企业依靠坚实的基础和先进的技术营销优势大力推进现代化、国际化进程，正以矫健的步伐迈向顶峰。

技术优势：技术创造优势，品质成就完美生活；企业全面引进国内先进生产技术、先进的管理理念、精良的工艺技术、高素质的员工队伍，把完美的品质诉求落实在生产流程的每一个环节，实现了公司产品品质的全面升级。

产品展示：安顺泰人通过多年不懈的研发与发展，造就了品牌的核心竞争力，为技术研发注入了无限活力。其研发水平始终与全球前沿科技保持同步。上百种环保建材产品，组成安顺泰 AST 建材系统，绿色环保家居生活的迫切需求。

未来展望：品牌创造价值，创新成就未来。优秀的企业文化，先进的管理理念，尽善尽美的品质追求，超越期望的服务宗旨，塑造了独具魅力的安顺泰品牌。回顾过去，展望未来，公司正向着"国内、世界知名"的宏伟目标前进。今后，安顺泰将一如既往地与国内客户一道，在更为广阔的领域里进行精诚合作，用精良的品质、完善的服务，为广大客户提供完备的产品支持，在建材领域里携手共进，共创辉煌。

 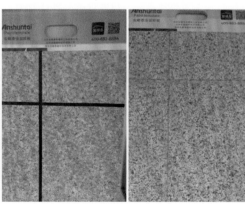

涿州市安顺泰建材技术有限公司

地址：河北省保定市涿州市义和庄乡常庄村
电话：13581955120

285

证书编号：LB2023MZ001

展宏冷库保温门、工业滑升门

产品简介

　　冷库保温门作为各类建筑的配套设施，具有绿色环保、节能保温、造型美观等特点。启闭的隔热围护结构，要求轻巧、启闭灵活、密封性好、热阻大，一般选用强度高、质轻、耐低温、隔热性能好和不易变形的材料制作。

　　工业滑升门具有良好的保温性能，作为各类建筑的配套设施，本类产品具有绿色环保、节能保温、造型美观等特点，适用于仓储设备及装卸货系统。

适用范围

　　冷库保温门适用于土建库和组建库的普通冷藏库、冷冻库、船用冷库、恒温车间等环境，在库内外温差大时能起到良好的隔热、密封效果。

　　工业滑升门适用于冷链物流、生物医药、餐饮酒店、科研院校、超市、机场仓储物流等众多领域。

技术指标

　　冷库保温门性能指标如下：

　　内外板采用 0.8mm 厚以上镀锌彩钢板或 SU304-2B 不锈钢板。

　　门板内部聚氨酯同表面钢板黏结性好，保温性好［保温系数 $K \leqslant 0.24W/(m^2 \cdot ℃)$］，发泡无气眼，发泡密度 $\geqslant 45kg/m^3$，工作温度区间满足（$-60℃ \sim 90℃$）。

　　门板整体厚度 $\geqslant$ 50mm。

　　密封：四周采用优质三元乙丙橡胶密封条。

　　电机：专业耐低温防水电机，安全、耐用、稳定。运行速度 0.25 ～ 1m/s 可调。

　　工业滑升门性能指标如下：

　　上下均采用 0.32mm 厚的彩色钢板（宝钢），内填充硬性发泡聚氨酯门板为环保型门板，发泡系统采用符合国际环保公约的发泡体系。

　　门板为流水线连续生产。填充密度大，坚固、隔热、保温（$-40 \sim +80℃$），外观颜色效果好，强度高。

　　门板厚度 40 ～ 500mm。

　　滑升门的保温系数：通过门板的热传导参数 $\leqslant 4.5W/(m \cdot h)$。

　　滑升门的密封性：在 50Pa 压力下，通过门体的空气泄漏量 4 级。

　　滑升门的抗风压参数：标准风压 450N/m²（可加抗风肋条）。

　　电机：采用百胜电机；遥控器采用自选码设计，重复概率为 1/1600M，200m 内遥控；手动／遥控（双控）；每台电机配备一个控制盒，三键开关。

　　平衡系统：配置高强度外置扭簧平衡系统，采用精确专业计算公式根据门体的尺寸、质量、提升方式准确配置扭簧，保证门体上下轻松自如。扭簧材质为进口 $60Si_2Mn$，经先进热工艺处理。使用寿命为 8 万～ 10 万次循环周期。驱动力为

展宏节能科技有限公司

电话（Tel）：0595-85808555　陈经理（Miss.Chen）：18859952727
传真（Fax）：0595-88169152　网址（Web）：www.fjzhby.com
邮箱（E-mail）：chzh@zhby.cc
地址：福建省晋江市经济技术开发区（五里科技园）新雅路 13 号

140N。扭簧轴为 φ25.4mm 实心 45# 钢轴，带键槽。扭簧支架采用 4.0mm 厚镀锌钢板，标准：工业级（工业轴承支架）。

机械安全装置：柔性钢绳丝 φ3.8mm，工业门专用钢丝绳；门板底部安装钢丝绳防坠落保护装置及扭簧防断裂保护装置，无论门体运行上升或下降时钢丝绳突然断裂，5cm 之内自锁确保门体不至于突然下滑，防止意外事故发生；绕线轮（绳轮）：高强度合金铝压铸，标准：工业级。

轨道采用独特的导轨加强性副轨，确保门体运行平稳；导轨采用 2.0 ～ 4.0mm 镀锌板。

铰链采用 2.5mm 厚钢板，选配优良、强度高、防腐和防锈效果好，尤其铰链选配国内少有的通用型，不分序号，保证滚轮在导轨中运行顺畅。

轨道滑行系统性能：调试完成后运行顺畅、平稳，无突跳，卡阻，噪声 ≤ 60dB。

工程案例

晋江正港冷链项目、招商局集团宁波冷链物流保税区工程、广州富力国际空港综合物流园项目、泰国皇家冷冻食品有限公司、菜鸟智慧物流——厦门物流园项目、新疆果业集团、京东—杭州智慧物流园等项目。

生产企业

展宏节能科技有限公司位于中国品牌之都——晋江市，是国内规模较大的冷藏库库体和节能厂房围护整体解决方案的高新技术制造企业。经过 10 余载的发展，公司已经拥有国际先进的连续板材生产线，遍布全国的销售网络，形成了 150 万平方米各类节能板材及 6000 扇冷库门、工业门的年生产能力，能够为客户提供节能保温围护系统的设计、生产、安装的全方位服务，从而可以优质高效地完成客户订单，全方位地满足不同客户的个性化围护系统建设需求。

展宏凭借高品质、精湛的工艺和创新能力，以及强大的团队力量和良好的信誉保障，致力于打造冷链保温系统工程整体解决方案供应商。现公司涉及的领域：冷链仓储、食品物流、大型商超、餐饮酒店、大型屠宰、菌菇畜牧养殖、水产加工、化工及生物制药、洁净厂房系统维护等，展宏已逐步成长为冷链保温领域的明星企业。

展宏的复合板拥有多种不同规格的企口，20 多种板型，产品具有质量稳定、节能、机械强度高、保温性能出色、防火性能优异（防火性能通过国家权威机构的严苛测试）、耐候性和抗老化性良好、外形美观等特点和优势。

展宏秉持着"资源是生命、服务是根本"及"我们的原则是认真做好每一份业务"的经营理念，践行着"服务只有起点，满意没有终点"的行动指南和服务宗旨，从而积累了大量的中高端客户，赢得和塑造了良好的口碑与品牌形象。展宏始终专注于冷藏库库体和节能厂房围护行业，持续为客户创造更多价值，致力于成为行业优质品牌。

展宏节能科技有限公司

电话（Tel）：0595-85808555　陈经理（Miss.Chen）：18859952727
传真（Fax）：0595-88169152　网址（Web）：www.fjzhby.com
邮箱（E-mail）：chzh@zhby.cc
地址：福建省晋江市经济技术开发区（五里科技园）新雅路 13 号

证书编号：LB2023MZ002

亚萨合莱工业门及装卸货系统、超大门、高性能门

产品简介

工业门（分节式滑升门）：亚萨合莱分节式滑升门具有坚固、良好热绝缘性、防腐以及节省空间等特性，可以制作成带视窗样式，采光条件和陈列样式都可供选择。

装卸货系统：装卸平台起到车辆与装卸货月台之间的桥梁作用。装卸门封可减少气流进入建筑物并且使装载和卸载更加轻松。在装卸过程中，可以减少能量流失。

高性能门：在需要频繁进出或特殊要求的工作环境下，快速门是最好的选择。这种门可以保护环境不受透风、潮湿、灰尘和泥土的影响。由于快速操作，员工的工作环境更加舒适，并可最大限度地节约能源。

适用范围

应用领域：重工业、船舶、航空业、制造业、公用事业、医疗、制药、物流及配送、零售业、交通、采矿等行业的通道口解决方案。

适用范围：在上述行业的通道口有保温、隔声、防盗、频繁进出、防尘、卫生、密封、节能等要求的场合，我们可以提供针对性的解决方案。

技术指标

工业门技术指标如下：

项目	技术指标
门板材料	无氟聚氨酯保温材料
质量	钢：13kg/m²
采光窗	DARP 矩型窗、DAOP 椭圆型窗、1042F 门板
导热系数	钢门板 1.10W/(m²·K)
风压负载	带有通行小门时风压负载为欧标 3 级，无通行小门时风压负载为欧标 2 级，更高的风压负载可根据需求定制
防水性能	欧标 3 级

装卸系统指标如下：

项目	技术指标
载重量	15000kg（静载）ANSI MH 30.1 6000kg（动载）EN1398
直接工作范围 高出平台 低于平台	250～375mm 270mm
台面花纹板厚度	6/8mm
喷漆颜色	RAL5010
搭接板材料 & 宽度	Q235B& 400mm
额定电压	400V－3 相
马达功率	0.75kW
控制箱	按钮式控制箱
标准	EN1398 标准

亚萨合莱自动门系统（上海）有限公司

地址：上海市金钟路 968 号 11 栋 7 层
官方网站：www.assaabloyentrance.cn

超大门技术指标如下：

项目	技术指标
视窗	视窗大小（标准宽度800mm）
密封	底部、侧面及顶部密封
操作方式	驱动装置 可选自动控制、门禁控制、安全控制
运行速度	0.15～0.25m/s
抗风载荷（风压力差）	0.7kPa，能承受任何风载荷，取决于中间梁型材的截面尺寸和间距，可根据客户需求定制风压
门运行时风速	< 20m/s
隔声性能（标准）	降低15dB Rw（ISO 717）
防水性能	3级（参照 EN12425，0.11kPa：关闭的门）

工程案例

行业	客户名称	应用产品
汽车制造	广州风神汽车	工业门424樘，高性能门256樘
	特斯拉上海超级工厂	工业门130樘，高性能门4樘，装卸系统260台
	博世汽车部件（长沙）有限公司	工业门39樘，高性能门6樘，装卸系统14台
民航	大兴国际机场货运	工业门311樘，装卸系统140台
零售	宜家商场（郑州长沙徐州广州天津）	工业门51樘，高性能门65樘，装卸货系统93台
	沃尔玛DC	工业门166樘，装卸货系统216台
电子行业	深圳华为控股	工业门104樘，高性能门20樘，装卸货系统80台
	普洛斯南沙物流	工业门92樘，装卸货系统83台
物流配送	太古冷链	工业门36樘，装卸货系统63台，高性能门8樘
	安博	工业门212樘，装卸货系统168台
交通制造	南车集团	工业门89樘，装卸货系统16台，高性能门9樘
制药	齐鲁制药	工业门48樘，装卸货系统22台，高性能门30樘

生产企业

　　亚萨合莱自动门系统是亚萨合莱集团旗下独立的事业部。亚萨合莱自动门系统是闻名海内外的自动入口系统供应商，总部位于瑞典，拥有员工超过10000名，在超过35个国家拥有销售公司，授权经销商分布于90多个国家，年销售额超过220亿瑞典克朗，业务范围覆盖所有自动通行入口。

　　亚萨合莱自动门系统是为货物和人员的高效流动提供通行口自动化解决方案的供应商。我们的品牌有包括Besam必盛、Crawford阔福、Albany奥博尼、Megadoor超大门，我们的产品销售和服务网络覆盖全球。我们致力于满足用户在人身安全、财物安全、操作便利和节能降耗方面的需求。

亚萨合莱自动门系统（上海）有限公司

地址：上海市金钟路968号11栋7层
官方网站：www.assaabloyentrance.cn

证书编号：LB2023MZ003

双虎板式家具（柜类、几类、桌类、床类、椅凳类）

产品简介

　　公司引进全套世界先进的生产设备，以国际标准设计制造，保障了产品的高品质。公司把高科技元素、环保和健康概念注入到产品生产里，创造出一系列绚丽多彩的家具精品。个性鲜明的产品设计风格与优秀工艺的结合，为现代家居生活不断谱写新乐章，点缀新色彩。对完美品质的不懈追求及"零缺陷"的制造观念，使公司成为行业佼佼者而备受消费者青睐。

适用范围

　　主要用途：供人们在生活、工作或社会实践中坐、卧或支撑、贮存物品。
　　适用范围：适用于客厅、饭厅、卧室、书房、办公室等室内场所。

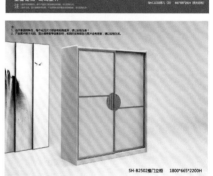

技术指标

　　柜类：执行 GB/T 3324—2017《木家具通用技术条件》

　　几类：执行 QB/T 4467—2013《茶几》

　　床类：执行 GB/T 3324—2017《木家具通用技术条件》

　　椅凳类：执行 GB/T 3324—2017《木家具通用技术条件》、GB/T 24821—2009《餐桌 餐椅》

　　桌类：执行 GB/T 3324—2017《木家具通用技术条件》

工程案例

　　1. 兰州海盛花园三期住宅室内装修工程定制柜体及安装工程；

　　2. 成都市新都缤纷翡翠湾二期精装房工程橱柜、衣柜、卫浴柜、鞋柜；

　　3. 中国人民武装警察部队西藏自治区边防总队驻四川办事处玉林公寓楼家具；

　　4. 成都市金堂县公安局家具采购；

　　5. 宁夏铧升建筑项目管理有限公司定制家具及成品家具集采。

成都市双虎实业有限公司

地址：四川省彭州工业开发区天彭大道 952 号
电话：02883706678
官方网站：https://www.sun-hoo.cn/

生产企业

成都市双虎实业有限公司成立于1999年，经过近30年的励精图治，现已发展成为集家具设计、研发、制造、销售、服务于一体的现代化大型家具企业。

双虎（公司）建立了成都总部、江苏宿迁、河南濮阳三大生产基地，总面积达千余亩，先后引进大批国内外先进水平的大型生产设备，实现了设备的升级换代；拥有高效的制造流程和精湛的工艺技术；并且成立了"双虎实验检测中心"，具有包括板材、油漆、金属结构件、泡沫、纸箱、石材等原材料以及木质家具、沙发、床垫等家具成品在内的大多数项目检测能力。

公司主要生产板式套房家具、实木家具、软体家具、玻璃家具等多系列产品，产品畅销全国，远销德国、法国、西班牙、俄罗斯、越南、印度、埃及等东南亚、中东、欧洲等全球几十个国家和地区。

公司一直秉承"我们只做好家具"的核心理念，具有"全流程质控体系"，从选材开始，将包括设计、生产、销售、售后等所有的环节都囊括在质控体系之内，并将高科技元素和多元、灵活、实用、美观、安全、环保、健康等消费理念融为一体，旨在"实现最终客户满意"的产品和服务价值。

公司技术中心被认定为"四川省企业技术中心"、通过"中国环境标志产品认证"（"十环"认证）、"中国环保产品认证"（"CQC"认证），获得"全国用户满意企业""全国用户满意产品"等荣誉。

公司始终坚持"质量为本、顾客至上、信誉第一"的经营思想，构建系统、全面、规范的服务体系，提出24小时服务理念，旨在为消费者提供优质完善的服务，致力于让全世界家庭都拥有高品质、高品位的家居生活，努力打造"百年双虎、百亿双虎"，缔造闻名海内外的家私企业。

成都市双虎实业有限公司

地址：四川省彭州工业开发区天彭大道952号
电话：02883706678
官方网站：https://www.sun-hoo.cn/

证书编号：LB2023DP001

耐齐水性聚氨酯涂料、水性界面剂、水泥基自流平砂浆

产品简介

　　水性聚氨酯涂料：双组分水性聚氨酯具有抗化学性、耐候性、高弹性、抗负荷、抗划伤等特性，适用于环氧、PVC、橡胶、水泥基自流平等地坪表面封闭维护，增加地坪强度、耐磨度，延长地面使用寿命。

　　水泥基自流平砂浆是一种以水泥聚合物为原料的自流平水泥材料，适合用于各类地板铺装的基层地面找平材料，为铺设各种弹性地板、地毯、瓷砖及地面材料提供平整、完好、坚实的理想基层。水泥基自流平材料具有易施工、流动性能优异、自动精找地面、施工方便、硬化迅速、收缩率低、绿色环保等优点。

　　水性界面剂：采用高品质特殊结构高分子共聚物乳液及添加剂等原料，是一种水溶性界面剂，环境友好型产品，易于铺展施工、涂刷面积大、干燥迅速、附着力强。

适用范围

　　水性聚氨酯涂料适用于环氧、PVC、橡胶、水泥基自流平等地坪表面封闭维护。

　　水性界面剂用于多种基层材料的底涂，起密封基层空隙的作用，充分发挥自流平水泥和黏合剂的使用效果，是一种理想的粘接介质。

　　水泥基自流平砂浆适用于民用、商用、工业等建筑物室内地坪。

技术指标

水性聚氨酯涂料技术指标如下：

项目		要求	结果	结论
拉伸黏结强度	标准条件	$\geq 2.0MPa$	2.8MPa	符合
防滑性（干摩擦系数）		≥ 0.50	0.58	符合
耐化学性	耐碱性（20%NaOH，72h）	不起泡，不剥落，允许轻微变色	不起泡，不剥落，无变色	符合
	耐酸性（10%H_2SO_4，48h）	不起泡，不剥落，允许轻微变色	不起泡，不剥落，无变色	符合

水性界面剂技术指标如下：

项目	要求	结果	结论
外观	呈均匀状态，无结块、凝聚和沉淀现象	呈均匀状态，无结块、凝聚和沉淀现象	符合
不挥发物含量	$\geq 8.0\%$	13.2%	符合
pH 值	≥ 7.0	9.0	符合
表干时间	$\leq 2h$	10min	符合
24h 表面吸水量	$\leq 2.0mL$	0.4mL	符合
界面处理后拉伸黏结强度	$\geq 1.0MPa$	1.4MPa	符合

自流平水泥砂浆技术指标如下：

项目	指标
外观	灰色粉末
流动度	≥ 13
可施工时间	约 20min

上海耐齐建材有限公司

地址：上海市普陀区真南路 1226 弄康健商务广场 9 号楼 401 室
电话：021-64859010
传真：021-64859020
官方网站：www.sh-nature.com.cn

续表

项目	指标
抗压强度	（MPa）≥ 20
抗折强度	（MPa）≥ 6.0
施工温度	5 ～ 30℃

工程案例

北京质子肿瘤医院 120000m²

北京武警总医院 50000m²

天津医科大学第一附属医院 120000m²

杭州下沙医院 70000m²

南京医科大学第四附属医院 50000m²

无锡怡和医院 50000m²

宿迁人民医院 50000m²

淮安第一人民医院 50000m²

盐城城南医院 90000m²

深圳市平湖人民医院 80000m²

深圳市健宁医院 57000m²

深圳市南山医院 50000m²

中山大学附属第八医院 60000m²

陕西省人民医院秦汉院区 70000m²

咸阳市第一人民医院 60000m²

生产企业

上海耐齐建材有限公司成立于 2002 年，在借鉴国外先进技术的同时，不断加强自身的开拓创新，现在已经成为国内具有一定规模的地板辅料制造商。

公司成立伊始就注重"耐齐"品牌建设，以稳定的质量、优质的服务、先进的技术、高端的产品位居行业前列。以"品质源于专业，服务成就未来"作为企业的经营宗旨，为广大的客户提供优质的服务。经过数年的不懈努力，耐齐已经成为具有影响力的地板辅助材料品牌。

上海耐齐建材有限公司为国内专业生产自流平的龙头企业，不断进行产品升级，针对国家的节能环保政策，耐齐积极地与国外先进企业展开技术交流合作，在保持原有的销售渠道基础上致力于开发新的领域，相信自流平产业作为国内新兴产业，在未来必有良好的前景及巨大的发展。

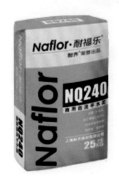 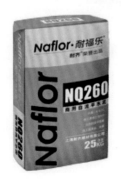  

293

上海耐齐建材有限公司

地址：上海市普陀区真南路 1226 弄康健商务广场 9 号楼 401 室

电话：021-64859010

传真：021-64859020

官方网站：www.sh-nature.com.cn

证书编号：LB2023DP002

绿能彩色颗粒（EPDM）、聚氨酯塑胶跑道材料（透气型）、硅 PU 球场材料

产品简介

　　彩色 EPDM 颗粒颜色鲜艳多样，既能防止刺眼光线的反射，又能起到柔软防滑和美观的作用，应用到塑胶场地中能有效增加场地的弹性、缓冲和摩擦系数。公司生产的三元乙丙（EPDM）颗粒质量严控在国家标准范围之内，并通过小白鼠口服无毒测试，环保指标均可达到上海、深圳或者国家严格标准。EPDM 塑胶场地不会因紫外线照射、臭氧、酸雨的污染而粉化或发生明显褪色，并具有防潮、透气、渗水、吸热、防震、抗静电、柔软且不易变形等特性。

　　透气（渗水）型塑胶跑道造价及维护成本低，施工方便，对基础要求不高（水泥或沥青），性价比高，具有耐冲击性能佳、摩擦系数高等特性，不会因穿钉鞋而造成表层损坏;高度透气、渗水，雨后可直接使用;味道清淡或无味，环保效果好。

　　硅 PU 球场材料造价及维护成本低、施工方便;色彩柔和，不会因强光返照而刺眼;防滑系数高、韧性及回弹率适中;透气性好，具有慢渗水功能;耐热、耐寒、耐老化及抗 UV 性能强，环保性能可媲美同系列产品。

适用范围

　　彩色 EPDM 颗粒主要用于校园的塑胶跑道、各类球场、幼儿园、公园路径及游乐场、人行天桥、游泳池、人工草坪填充、橡胶地垫制品等。

　　透气（渗水）型塑胶跑道、硅 PU 球场材料用于幼儿园、学校、训练体育场、公园、健身馆、普通体育场馆、健身绿道等。

技术指标

彩色 EPDM 颗粒技术参数如下：

	项目	指标	实测
有害物质含量	18 种多环芳烃总和（mg/kg）	≤ 50	未检出
		≤ 20	未检出
	苯并［a］芘（mg/kg）	≤ 1.0	未检出
	可溶性铅（mg/kg）	≤ 50	未检出
	可溶性镉（mg/kg）	≤ 10	未检出
	可溶性铬（mg/kg）	≤ 10	未检出
	可溶性汞（mg/kg）	≤ 2	未检出

浙江绿能体育产业股份有限公司

地址：嘉善县干窑镇康明东路 168 号
电话：0573-84515186
传真：0573-84515199
官方网站：http://www.chinarubbergranule.com

跑道球场步道材料技术参数：

	项目	指标	实测
有害物质含量	3 种邻苯二甲酸酯类化合物（DBP、BBP、DEHP）总和（g/kg）	≤ 1.0	0.02
	3 种邻苯二甲酸酯类化合物（DNOP、DINP、DIDP）总和（g/kg）	≤ 1.0	未检出
	18 种多环芳烃总和（mg/kg）	≤ 50	未检出
		≤ 20c	未检出
	苯并［a］芘（mg/kg）	≤ 1.0	未检出
	短链氯化石蜡（C10 ～ C13）（g/kg）	≤ 1.5	未检出
	4，4'-二氨基-3，3'-二氯二苯甲烷（MOCA）（g/kg）	≤ 1.0	未检出
	游离甲苯二异氰酸酯（TDI）和游离六亚甲基二异氰酸酯（HDI）总和（g/kg）	≤ 0.2	未检出
	游离二苯基甲烷二异氰酸酯（MDI）/g/kg）	≤ 1.0	未检出
	挥发性有机化合物（g/L）	≤ 50	未检出
	游离甲醛（g/kg）	≤ 0.50	未检出
	苯（g/kg）	≤ 0.05	未检出
	可溶性铅（mg/kg）	≤ 50	未检出
	可溶性镉（mg/kg）	≤ 10	未检出
	可溶性铬（mg/kg）	≤ 10	未检出
	可溶性汞（mg/kg）	≤ 2	未检出
有害物质释放量	总挥发性有机化合物（TVOC）[mg/（m²·h）]	≤ 5.0	1.2
	甲醛 [mg/（m²·h）]	≤ 0.4	0.012
	苯 [mg/（m²·h）]	≤ 0.1	未检出
	甲苯、二甲苯和乙苯总和 [mg/（m²·h）]	≤ 1.0	0.008
	二硫化碳 [mg/（m²·h）]	≤ 7.0	0.3

工程案例

西湖大学、南海实验学校高中部扩建附属工程、杭州市九堡学校、重庆铁路中学、海盐县向阳小学、上海市青浦区教师进修学院附属中学等项目。

生产企业

浙江绿能体育产业股份有限公司是集 EPDM 彩色颗粒、聚氨酯胶黏剂及其延伸产品的研发、生产、销售、工程服务于一体的综合型企业。公司于 2015 年之前出口份额占总销比的 90% 以上，主要出口欧盟、美国、加拿大、澳大利亚及东南亚发达地区，其中 EPDM 彩色颗粒约占整个日本市场的 40% 份额。由于全球经济疲软及货币汇率的不稳定，加之国内体育建设行业市场逐步扩大的因素，我们筛选国外优质客商进行战略合作，淘汰低质低价的不稳定客户，同时在国内给予中高端产品市场定位，寻求重品质重信誉的客户进行全面合作，目前为止内外销市场份额各半。

经过 2015 年全国毒跑道事件风暴后，结合这么多年来出口品质的管控和技术经验累积，我公司对产品进行了整合和升级，积极参与上海团标制定和新国标的文件起草，从而使产品快速达到了国内较严格的上海、深圳、山东地标及国家新强制性标准，并且第一时间完成数条新标准的 EPDM 球场和渗水型（透气型）塑胶跑道工程，得到了业界的一致好评。无论是行业口碑还是官方推荐，绿能（Running）品牌都稳扎稳打地落脚于高端品牌行列。继塑胶跑道之后，绿能大力开发新产品，如多功能活动场地和 EPDM 塑胶健身步道、自行车道等。

公司地处素有"鱼米之乡，丝绸之府"之美誉的嘉兴市嘉善县，地理位置优越，毗邻上海、西依杭州、北靠苏州，上海虹桥至嘉善高铁仅满 20 分钟，杭州约 30 分钟即可抵达，公路网纵横交错连接全国各地，交通运输便利。一直以来，公司本着"信诚质优，放眼未来"的经营理念，真诚为顾客提供无微不至的服务。

浙江绿能体育产业股份有限公司

地址：嘉善县干窑镇康明东路 168 号
电话：0573-84515186
传真：0573-84515199
官方网站：http://www.chinarubbergranule.com

证书编号：LB2023DP004

凯必特水泥基自流平、界面剂（吸收性、非吸收性、多功能）、ＰＶＣ地板粘合剂

产品简介

　　水泥基自流平采用特种水泥和进口聚合物干粉树脂及特种添加剂等原料，采用先进技术和配方精制而成，是一种理想的高流动性、高塑性的自流平地基材料。本产品无毒无害，绿色环保，流动性能优异，自动精找平地面，施工方便，硬化迅速，短时间后即可铺设各类地面材料，具有抗压、抗折和耐水耐碱性优良等特点。

　　公司生产的界面剂为无溶剂水性乳液型界面剂，极易铺展，涂刷面积大；封闭基层，降低基层吸收性；具有粘接架桥作用，增强界面附着力；经济实用，绿色环保。

　　公司生产的粘合剂为无溶剂丙烯酸共聚乳液型PVC卷材地板粘合剂，初黏力高，刚铺设的地板不易移位；绿色环保，符合室内环境污染控制标准要求；可抵受室内椅子转向轮的挤压；即开即用，施工容易，用量经济。

适用范围

　　水泥基自流平为铺设各种弹性地板、地毯、瓷砖等地面材料提供平整、完好、坚实的理想基层，适用于民用、商用、工业等建筑物室内地坪。

　　无溶剂水性乳液型界面剂，应用于吸收性混凝土、石膏和水泥／砂浆基层的处理，起封闭基层孔隙的作用，充分发挥凯必特自流平和凯必特粘合剂的使用效果，是一种理想的粘接介质。

　　粘合剂适用于多孔吸收性、坚固、平整、干燥、清洁、无裂缝、无油脂、无蜡地坪，坚硬的水泥基自流平找平层，架空木地板、夹板垫层和刨花板，吸收性基层上粘贴各类PVC卷材和片材地板、发泡及PVC背层的地毯等。

技术指标

　　水泥基自流平技术指标如下：

序号	检测项目		检测要求（垫层）	检测结果
1	流动性	初始流动度（mm）	≥130	138
		20min 流动度（mm）	≥130	132
2	拉伸黏结强度（MPa）		≥1.0	1.1
3	抗冲击性		无开裂或脱离地板	无开裂或脱离地板
4	24h 抗压强度（MPa）		≥6.0	11.7
5	24h 抗折强度（MPa）		≥2.0	3.8
6	28d 抗压强度（MPa）		≥20.0	20.9
7	28d 抗折强度（MPa）		≥4.0	4.7

山东博凯新材料科技有限公司

地址：山东省潍坊安丘市经济开发区桑家尧村西
电话：0536-4331119
传真：0536-4331119
官方网站：www.zbkaibite.com

界面剂技术指标如下：

序号	检测项目	标准要求［JC/T 2329—2015（2017）Ⅰ型］	检测结果
1	外观	呈均匀状态，无结块、凝聚和沉淀现象	呈均匀状态，无结块、凝聚和沉淀现象
2	不挥发物含量	≥ 8.0%	25.7%
3	pH 值	≥ 7.0	7.3
4	表干时间	≤ 2h	14min
5	界面处理后	≥ 1.0MPa	2.1MPa
6	拉伸黏结强度	≤ 2.0mL	0.2mL

粘合剂技术指标如下：

序号	检测项目	标准要求［GB 18583—2008 表 2 水基型（其他类）］	检测结果
1	游离甲醛（g/kg）	≤ 1.0	未检出
2	总挥发性有机物（g/L）	≤ 350	45
3	90º 剥离强度（N/mm）　标准状态	≥ 1.0	1.4

工程案例

项目	时间	用途	用量
郓城诚信医院新院区升级改造项目	2022 年	地面找平	11 吨
涞水县中医院	2022 年	地面找平	7 吨
无极县医院新院区	2022 年	地面找平	8 吨

生产企业

山东博凯新材料科技有限公司成立于 2017 年 8 月，是淄博凯必特建材有限公司为了适应市场需求建立的新型生产基地，该基地位于山东潍坊安丘市经济开发区桑家尧村西，是集研发、生产、销售于一体的科技型企业。公司主要产品有水泥基自流平、水泥基灌浆料、耐磨地坪材料、防静电不发火硬化剂等系列特种砂浆，产品品种齐全，使用广泛，可以满足不同客户施工需求。历经十几年的不断发展，"凯必特"品牌已经成为中国弹性地板辅材及工业地坪知名品牌。

该基地生产设备先进，实验仪器齐全，交通便捷，环境优美。生产设备为全自动生产线，实现产能、环保双丰收，生产过程中严格执行产品质量标准，实验室全程跟踪检测，保证出厂产品 100% 的合格率。

公司秉承"诚信、创新、服务、共赢"的经营理念，凭借专业的技术服务和完善的销售网络，产品畅销国内外市场。公司技术力量雄厚，多年来与国内知名大学及科研机构合作研究，从事相关领域新产品、新技术开发，联合打造新材料研发基地。

公司先后取得了 ISO 9001、ISO 14001、ISO 145001 体系认证，以严格的质量管理，注重环境保护的生产理念，以人为本的企业文化，严谨的科学态度为客户提供优质服务。

297

山东博凯新材料科技有限公司

地址：山东省潍坊安丘市经济开发区桑家尧村西
电话：0536-4331119
传真：0536-4331119
官方网站：www.zbkaibite.com

证书编号：LB2023DP005

盛亚透气型塑胶跑道面层、非渗水型塑胶跑道面层（全塑型）、TPV颗粒

产品简介

透气型塑胶跑道具有良好的透气性能，弹性层采用环保无毒的橡胶颗粒进行摊铺，弹性好，成本低，避免"黑色污染"，具有透水透气、弹性好、良好的耐磨性和耐冲击性、施工简单等优点。

全塑型跑道呈平整密实结构，主要成分是双组分聚氨酯材料，它由聚氨酯胶水、聚氨酯浆料和抗氧剂、抗紫外线剂及色料一体成型，用在专业的比赛场地，能充分满足运动员对跑道的专业性要求，具有良好的物理弹性和高度的抗耐磨性、耐候性。

TPV颗粒是聚烯烃与纳米级三元乙丙（EPDM）、聚氨酯（PU）材料等通过共混改性并高温动态硫化（不需要加入任何硫黄作硫化剂）后形成兼具塑料及橡胶优良性能、柔软适度、加工方便的绿色环保材料，具有高弹性、高强度、韧性好的特点；绿色环保、无毒无味，经检测符合 FDA21CFR177.2600 美国食品与药品管理法规接触测试及欧盟 RHOS 儿童玩具标准测试。TPV新材料是弹性运动场地面铺装高品质材料，特别有利于中小学生健康运动与健康成长。该产品具有优越的防老化和良好的低温柔韧特性，超强的抗拉伸、抗撕裂强度和耐摩擦性能。

适用范围

产品适用于幼儿园、学校、训练体育场、健身馆、普通体育场馆、健身绿道等。

技术指标

透气型塑胶跑道面层技术指标如下：

	项目	指标	实测
有害物质含量	3 种邻苯二甲酸酯类化合物（DBP、BBP、DEHP）总和（g/kg）	≤ 1.0	0.1
	3 种邻苯二甲酸酯类化合物（DNOP、DINP、DIDP）总和（g/kg）	≤ 1.0	未检出
	18 种多环芳烃总和（mg/kg）	≤ 50	未检出
		≤ 20c	未检出
	苯并 [a] 芘（mg/kg）	≤ 1.0	未检出
	短链氯化石蜡（C10 ～ C13）（g/kg）	≤ 1.5	未检出
	4，4'- 二氨基 -3，3'- 二氯二苯甲烷（MOCA）（g/kg）	≤ 1.0	未检出
	游离甲苯二异氰酸酯（TDI）和游离六亚甲基二异氰酸酯（HDI）总和（g/kg）	≤ 0.2	未检出
	游离二苯基甲烷二异氰酸酯（MDI）（g/kg）	≤ 1.0	未检出
	挥发性有机化合物（g/L）	≤ 50	未检出
	游离甲醛（g/kg）	≤ 0.50	未检出
	苯（g/kg）	≤ 0.05	未检出
	可溶性铅（mg/kg）	≤ 50	未检出
	可溶性镉（mg/kg）	≤ 10	未检出
	可溶性铬（mg/kg）	≤ 10	未检出
	可溶性汞（mg/kg）	≤ 2	未检出
有害物质释放量	总挥发性有机化合物（TVOC）[mg/（m²·h）]	≤ 5.0	2.1
	甲醛 [mg/（m²·h）]	≤ 0.4	0.02
	苯 [mg/（m²·h）]	≤ 0.1	未检出
	甲苯、二甲苯和乙苯总和 [mg/（m²·h）]	≤ 1.0	0.1
	二硫化碳 [mg/（m²·h）]	≤ 7.0	未检出

湖南盛亚体育实业有限公司

地址：岳阳市城陵矶新港区临港产业区新材料产业园
电话：0731-89878479
传真：0731-84332808
官方网站：www.senria.cn

全塑型跑道面层技术指标如下：

项目	指标	实测
3 种邻苯二甲酸酯类化合物（DBP、BBP、DEHP）总和（g/kg）	≤ 1.0	0.02
3 种邻苯二甲酸酯类化合物（DNOP、DINP、DIDP）总和（g/kg）	≤ 1.0	未检出
18 种多环芳烃总和（mg/kg）	≤ 50	未检出
	≤ 20c	未检出
苯并 [a] 芘（mg/kg）	≤ 1.0	未检出
短链氯化石蜡（C10～C13）（g/kg）	≤ 1.5	未检出
4，4′- 二氨基 -3，3′- 二氯二苯甲烷（MOCA）（g/kg）	≤ 1.0	未检出
游离甲苯二异氰酸酯（TDI）和游离六亚甲基二异氰酸酯（HDI）总和（g/kg）	≤ 0.2	未检出
游离二苯基甲烷二异氰酸酯（MDI）（g/kg）	≤ 1.0	未检出
挥发性有机化合物（g/L）	≤ 50	未检出
游离甲醛（g/kg）	≤ 0.50	未检出
苯（g/kg）	≤ 0.05	未检出
可溶性铅（mg/kg）	≤ 50	未检出
可溶性镉（mg/kg）	≤ 10	未检出
可溶性铬（mg/kg）	≤ 10	未检出
可溶性汞（mg/kg）	≤ 2	未检出
总挥发性有机化合物（TVOC）[mg/（m²·h）]	≤ 5.0	1.2
甲醛 [mg/（m²·h）]	≤ 0.4	0.012
苯 [mg/（m²·h）]	≤ 0.1	未检出
甲苯、二甲苯和乙苯总和 [mg/（m²·h）]	≤ 1.0	0.008
二硫化碳 [mg/（m²·h）]	≤ 7.0	0.3

（注：左侧前半部分为"有害物质含量"，后半部分为"有害物质释放量"）

TPV 颗粒技术指标如下：

检测项目 / 单位	技术要求
18 种多环芳烃总和（mg/kg）	≤ 50
	≤ 20
苯并 [a] 芘（mg/kg）	≤ 1.0
可溶性铅（mg/kg）	≤ 50
可溶性镉（mg/kg）	≤ 10
可溶性铬（mg/kg）	≤ 10
可溶性汞（mg/kg）	≤ 2

（左侧标注："有害物质含量"）

工程案例

武汉大学医学部运动场维修改造工程、湖北省监利市弘源学校 300 米运动场项目、湖北省监利市英才学校运动场项目、嘉鱼县中等职业技术学校运动场塑胶跑道维修、湖北省监利英才学校运动场项目、宜昌市得胜街小学、宜昌市五中归元寺项目、巴东明德外国语学校运动场项目、中国地质大学（武汉）新校区、公安县车胤中学运动场项目、福建沙县体育中心等项目。

生产企业

湖南盛亚体育实业有限公司成立于 2016 年。盛亚体育新材料产研基地（项目一期）总投资 3.5 亿元，总面积 46000m²，是目前国内规模较大的自动化运动地面材料生产基地。盛亚体育主要致力于体育场馆运营，生产预制型橡胶跑道卷材、TPV 卷材和颗粒、聚氨酯塑胶跑道材料、荷兰进口荷柯兰球场和跑道材料、硅 PU 球场材料以及环保颗粒等体育运动地面材料，是一家集研发、生产、销售、设计、施工、售后于一体的一站式体育场地材料、工程、服务供应商。盛亚新材料基地采用了国内先进的全自动数控生产技术，并成立了湖南盛亚高分子材料科研所、湖南盛亚高分子材料检测中心，所生产产品均经过包括国际田联、SGS 在内的权威第三方检测机构严苛的检验检测，各项性能皆检测合格后再投入市场。

盛亚体育是国际 SGS 检测认证单位、国际田联认证单位、中国田协优秀审定产品单位、中国田径协会场地器材委员会会员单位、中国教育装备行业协会会员单位、中国企业战略联盟成员、中国管理科学研究院核准认定的中国高新技术企业，是中国民营科技促进会建筑建材专家委员会认证的中国塑胶跑道低碳环保企业。

湖南盛亚体育实业有限公司将辐射全国乃至全世界体育新材料市场，传播民族品牌文化，传递环保、健康运动理念，实现以环保健康的产品带动自身可持续发展，打造中国体育产业的品牌标杆。

湖南盛亚体育实业有限公司

地址：岳阳市城陵矶新港区临港产业区新材料产业园
电话：0731-89878479
传真：0731-84332808
官方网站：www.senria.cn

奥赛预制型橡胶面层、硅 PU 塑胶球场面层、TPE 可回收弹性颗粒

产品简介

预制型橡胶面层是同质同心、上下一体不分层结构的传统耐用型卷材跑道，也是全球范围内公认的高品质主流卷材跑道代表。卷材通体使用高韧性耐磨橡胶，卷材表面呈不规则荔枝纹或玉米纹状，可充分提升橡胶面层的弹性，同时保证跑道上受力相应均匀，大大提高了耐磨性能，改善防滑性和摩擦力。卷材背面由规则的凹槽气垫结构构成，该结构能够很好地利用多维度空间变形，充分提供减震、能量过渡以及能量恢复，有利于运动员在跑道上水平的发挥。

硅 PU 塑胶球场面层是专为球类弹性地面系统开发的高弹耐磨型橡胶卷材，因其具有性能可靠稳定、安装维护便捷、产品性价比高的特点，目前在国内外得到了大量的推广和应用。产品通体采用高韧性耐磨橡胶，表面为不规则低凹度耐磨纹理，耐磨和耐挫性能尤佳，并具有良好的摩擦力，可充分降低因地面湿滑导致的运动风险。

TPE 可回收弹性颗粒是人造草坪上的一种填充物，环保耐磨且拥有高回弹力，是实现人造草坪环保填充的理想产品。TPE 材质橡胶颗粒无硫、无味、无毒，颗粒可回收，符合可持续发展理念。

适用范围

预制型橡胶面层适用于中高端田径场，如省级运动会、体育中心及大、中、小学校教学、训练、比赛场地等。

硅 PU 塑胶球场面层适用于体育中心、大中小学校运动场地、全民健身中心、健身步道、篮排球场、网球场、足球场、幼儿园等各种室内外运动场地。

TPE 可回收弹性颗粒适用于篮球场、足球场、儿童游乐区域、运动场所以及公共休闲区等。

技术指标

预制型橡胶面层技术指标如下：

技术参数	单位	检测数据
冲击吸收	%	35 ～ 50
垂直变形	mm	0.6 ～ 3.0
抗滑值	BPN，20℃	≥ 65（湿测）
拉伸强度	MPa	≥ 1.0
拉断伸长率	%	≥ 400
阻燃性能	级	I
气味等级	级	≤ 2
无机填料含量	%	≤ 30
撕裂强度	kN/m	≥ 15
熔融温度	℃	≥ 140
总挥发性有机物（TVOC）	mg/(m² · h)	≤ 5.0
甲醛	mg/(m² · h)	≤ 0.4
苯	mg/(m² · h)	未检出
甲苯、二甲苯和乙苯总和	mg/(m² · h)	未检出
二硫化碳	mg/(m² · h)	未检出
有害物质含量	依据国家标准 GB 36246—2018《中小学合成材料面层运动场地》检测有害物质含量，检测结果为未检出	
卷材胶水环保性能	依据国家标准 GB 36246—2018《中小学合成材料面层运动场地》检测卷材胶水环保性能，未检出 18 种多环芳烃总和、苯并［a］芘和可溶性重金属（汞、铅、铬、镉）	

江苏奥赛体育科技有限公司

地址：江苏省沭阳县十字街道工业园区金浪路 26 号
电话：13815888290
官方网站：www.jsaosai.com

硅 PU 塑胶球场面层技术指标如下：

技术参数	单位	检测数据
冲击吸收	%	20～50
垂直变形	mm	0.6～3.0
抗滑值	BPN，20℃	80～110（干测）
拉伸强度	MPa	≥1.4
拉断伸长率	%	≥400
阻燃性能	级	I
气味等级	级	≤2
无机填料含量	%	≤50
熔融温度	℃	≥140
总挥发性有机物（TVOC）	mg/(m² · h)	≤5.0
甲醛	mg/(m² · h)	≤0.4
甲苯、二甲苯和乙苯总和	mg/(m² · h)	未检出
苯	mg/(m² · h)	未检出
二硫化碳	mg/(m² · h)	未检出
18 种多环芳烃总和	mg/kg	≤1
有害物质含量	依据国家标准 GB 36246—2018《中小学合成材料面层运动场地》检测有害物质含量，未检出 3 种邻苯二甲酸酯类化合物（DBP、BBP、DEHP）总和、3 种邻苯二甲酸酯类化合物（DNOP、DINP、DIDP）总和、苯并 [a] 芘、短链氯化石蜡（C10～C13）、MOCA、游离甲苯二异氰酸酯（TDI）和游离六亚甲基二异氰酸酯（HDI）总和、游离二苯基甲烷二异氰酸酯（MDI）	
硅 PU 胶水环保性能	依据国家标准 GB 36246—2018《中小学合成材料面层运动场地》检测胶水环保性能，未检出 18 种多环芳烃总和、苯并 [a] 芘和可溶性重金属（汞、铅、铬、镉）	

TPE 可回收弹性颗粒技术指标如下：

检测项目 / 单位		技术要求
有害物质含量	18 种多环芳烃总和（mg/kg）	≤50
		≤20
	苯并 [a] 芘（mg/kg）	≤1.0
	可溶性铅（mg/kg）	≤50
	可溶性镉（mg/kg）	≤10
	可溶性铬（mg/kg）	≤10
	可溶性汞（mg/kg）	≤2
气味	气味等级（级）	≤3

工程案例

连云港东港小学	连云港西苑中学
福州高级中学	中国药科大学
成都市武侯区双凤路小学	江苏食品药品职业技术学院
南京南理工小学	安徽天长健身中心

生产企业

江苏奥赛体育科技有限公司是专业的预制型跑道与球场研发、生产、安装于一体的集团化企业，公司是世界田联田径场地设施标准手册编委单位，拥有 30 多项核心专利，产品已通过行业内权威的三大金牌认证——世界田联产品认证、中国田径协会审定品牌、中国教育装备协会推荐品牌。

公司以"诚信塑品牌、质量赢口碑、实力创价值"为企业宗旨，专注于预制型橡胶卷材跑道、球场及 EPDM、TPE、TPU 无硫橡胶颗粒、草坪弹性垫等新型高分子材料的研发与生产，可为新老客户提供项目管理咨询、场地实地勘测、体育场地规划与图纸设计、项目清单预算编制以及配套安装等全程服务。

奥赛体育生产基地位于交通便利的长江三角洲腹地——国家百强县江苏省沭阳县，企业依托国家级经济技术开发区，坐拥 120 亩建设用地，一期新建现代化厂房 12800 平方米，引进德国 LFT 自动化预制型橡胶卷材生产设备。

江苏奥赛体育科技有限公司

地址：江苏省沭阳县十字街道工业园区金浪路 26 号
电话：13815888290
官方网站：www.jsaosai.com

证书编号：LB2023DP007

COELAN® 环氧自流平面涂、聚氨酯耐磨罩面、聚氨酯砂浆（自流平）

产品简介

环氧自流平面涂 COEPOX 200：双组分、无溶剂环氧树脂自流平面涂，是工业/商业项目地面（包括磨损地面）的理想选择，耐化学品性好、物理性能佳、表面平整美观。1～3mm 厚的涂膜施工快捷，可以创造出无接缝的、防水的、平整光滑的、彩色的、密实的、抗油污的、耐化学品的、耐磨损、耐冲击的地面，可以每天冲洗。

聚氨酯耐磨罩面 COEPUR S705：三组分无溶剂聚氨酯罩面涂料，可作为 Coelan 环氧或聚氨酯产品的罩面层。环保、无溶剂，具有优异的耐磨性和耐划伤性、良好的抗紫外线性能、优异的耐候性和良好的耐化学品性能，有一定的装饰性、易清洁、易施工。

聚氨酯砂浆（自流平）COECRETE 610：四组分水性聚氨酯自流平砂浆。固化后的涂层可提供一个需要承受高强度负载和高度化学品腐蚀的地面，具有优异的机械性能、抗冷热冲击性以及良好的附着力。涂膜具有"呼吸"功能，使用温度广泛（−20～+70℃），低 VOC，持久耐用，易清洁，易施工。

适用范围

环氧自流平面涂 COEPOX 200 适用于化工及药品加工行业、食品生产行业、实验室、无菌场所及医院、自动化仓库、库房、购物中心等。

聚氨酯耐磨罩面 COEPUR S705 适用于高耐磨需要的区域、工业厂房、仓储及物流区域、公共场所等。

聚氨酯砂浆（自流平）COECRETE 610 适用于化工厂和制药厂、食品饮料生产企业、制糖工业及矿泉水生产厂、实验室等。

技术指标

环氧自流平面涂 COEPOX 200 技术指标如下：

检测项目	检测结果
拉伸黏结强度	3.5MPa（标准条件）；3.1MPa（浸水后）
抗压强度	74MPa
耐磨性（750g/500r）	0.018g
耐冲击性（重载）	涂膜无裂纹，无剥落
防滑性（干摩擦系数）	0.68
耐水性（168h）	合格
耐碱性、耐酸性、耐油性	合格
邵氏硬度（D 型）	85.4
VOC	25.1g/L
A2 级防火	合格

聚氨酯耐磨罩面 COEPUR S705 技术指标如下：

检测项目	检测结果
拉伸黏结强度	2.5MPa（标准条件）；2.3MPa（浸水后）
耐磨性（750g/500r）	0.004g
耐冲击性（重载 & 轻载）	涂膜无裂纹，无剥落
防滑性（干摩擦系数）	0.72

302

科兰建筑材料（马鞍山）有限公司

工厂地址：马鞍山市雨山经济开发区天门大道南段 1206 号
工厂客服电话：0555-2961220
办公地址：上海市莲花路 1733 号华纳商务中心 609 室
电话/传真：021-54285550 E-mail：post@coelan.com.cn

续表

检测项目	检测结果
耐水性（168h）	不起泡，不剥落，无变色
耐碱性、耐酸性、耐油性	不起泡，不剥落，无变色
铅笔硬度（擦伤）	5H
VOC	53.0g/L
A2级防火	合格

聚氨酯砂浆（自流平）COECRETE 610技术指标如下：

检测项目	检测结果
拉伸黏结强度	3.8MPa
维卡软化点	>153℃
抗压强度	24h：26.5MPa　7d：43.0MPa
抗折强度	24h：11.3MPa　7d：15.3MPa
耐磨性（500g/100r）	0.07g
防滑性（干摩擦系数）	0.67
耐冲击性（1000g钢球）	涂膜无裂纹，无剥落
耐水性（168h）	无起泡，无剥落，无裂纹，无变色
耐碱性、耐酸性、耐油性、耐盐水性	无起泡，无剥落，无裂纹，无变色
VOC	29.4g/L
B₁级防火	合格

工程案例

大连英特尔、隆基绿能（西安 & 鄂尔多斯）、上海华力、国博电子、徐州垃圾焚烧电厂、大众汽车、福特汽车、通用汽车、北京奔驰研发中心、大陆汽车电子、汇泊停车库、厦门建发地产、旭辉集团、辉瑞制药、上海康希诺生物、扬子江药业、青岛达能、荷美尔、嘉吉粮油、万诚食品、华润雪花、太仓慕贝尔、庄信万丰厂房、天津嘉实多润滑油、富美实、苏威集团、优耐德、优美科、普洛斯、丰树、乐歌物流仓储、重庆杜拉维特、迪卡侬、苏州博览中心等。

生产企业

COELAN® 成立于1954年，隶属于德国坚倍斯顿集团。COELAN® 为客户提供室内外使用的高质量液体防水涂料、专业地坪材料、防腐内衬材料、灌浆材料和各种装饰涂料。COELAN® 科兰建材是工业及商业项目的理想选择。

坚倍斯顿集团是全球液体防水系统佼佼者，70多年来其Kemperol® 和COELAN® 品牌下的产品已被广泛应用于世界各地。集团分别在中国、美国、印度、加拿大、英国、法国、意大利设有分公司，并且在一些国家通过与当地施工商及经销商的合作来拓展市场。优异的产品品质和良好的信誉使我们成为深受建筑师、规划师、开发商和承包商欢迎的国际合作伙伴。

303

科兰建筑材料（马鞍山）有限公司

工厂地址：马鞍山市雨山经济开发区天门大道南段1206号
工厂客服电话：0555-2961220
办公地址：上海市莲花路1733号华纳商务中心609室
电话/传真：021-54285550 E-mail：post@coelan.com.cn

证书编号：LB2023MF001

联宇硅酮结构密封胶、中性硅酮耐候胶

产品简介

联宇、联成、好事得等系列硅酮胶，对铝材、玻璃、金属、镀膜玻璃、混凝土、大理石、花岗岩等建筑材料具有良好的黏结性能，形成耐寒、耐热、无腐蚀、抗老化、耐紫外线、耐臭氧和耐高低温等良好的性能。

适用范围

产品适用于各类大型幕墙耐候非结构性黏结密封，各类建筑门窗工程安装密封和玻璃装配密封，混凝土及金属等材料接口填缝以及其他多种非结构性黏结密封。

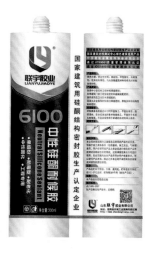

技术指标

产品各项理化性能符合 GB/T 14683—2017《硅酮和改性硅酮建筑密封胶》的相关规定，具体指标如下：

序号	项目		标准规定	实测结果	评定结果
1	外观		细腻、均匀膏状物，不应有起泡、结皮和凝胶	细腻、均匀膏状物，无起泡、结皮和凝胶	合格
2	下垂度（mm）	垂直	≤ 3	0	合格
		水平	无变形	无变形	合格
3	表干时间（h）		≤ 3	0.8	合格
4	挤出性（mL/min）		≥ 80	135	合格
5	弹性恢复率（%）		≥ 80	91	合格
6	定伸黏结性		无破坏	无破坏	合格
7	紫外线辐照后黏结性		无破坏	无破坏	合格
8	冷拉 - 热压后黏结性		无破坏	无破坏	合格
9	浸水后定伸黏结性		无破坏	无破坏	合格
10	质量损失率（%）		≤ 10	7	合格
11	拉伸模量（MPa）		>0.4	0.7	合格

山东联宇胶业有限公司

地址：临朐县东城工业园区朐阳路以南（东环路以东 500 米处）
电话：0536-3716518
传真：0536-3716518
官方网站：WWW.shandonglianyu.com

工程案例

郑州民安北郡小区、黑龙江大庆市萨尔图区万达广场、河北邯郸宏达圣水湖畔、河南郑州万达广场、天津大港油田总医院、日照世纪之帆、天津大港油田港西新城楼群、广州军区武汉总医院大楼、上海奥克斯科技园创研智造基地生产研发中心、临沂市齐鲁园CBD、济南蓝天绿园小区、菏泽第二人民医院、南通鸿铭摩尔、南通金贸国际中心、曹县人民医院、郓城人民医院、南通大学图书馆等项目。

生产企业

山东联宇胶业有限公司成立于2003年，是江北较早生产硅酮密封胶的厂家，地理位置优越，位于齐鲁腹地，毗邻大型铝型材市场，公司占地20000平方米，是专业从事硅酮系列单、双组分结构胶、耐候胶、中性透明胶、玻璃胶、MS胶的研制、开发、生产、销售为一体的民营企业。

公司具有先进的生产加工设备，设有产品研发机构，技术力量雄厚，有严谨的质量监控和完善的产品检测设施。产品质量稳定可靠，先后通过了ISO 9001质量管理体系认证和中国建筑金属结构协会国家建筑用硅酮结构密封胶生产认定以及中国建材认证，公司是山东省建设工业产品登记备案企业，并且被国家建筑材料测试中心评为绿色建筑选用产品。

公司经多年的研发和生产经验积累，不断吸收国内外同行业的先进经验，所生产的产品性能优异，广泛应用于建筑、装饰、电子、道路桥涵、太阳能等领域，畅销全国各地，并且出口东南亚和中东地区，深受用户好评。

山东联宇胶业有限公司

地址：临朐县东城工业园区朐阳路以南（东环路以东500米处）
电话：0536-3716518
传真：0536-3716518
官方网站：WWW.shandonglianyu.com

305

证书编号：LB2023MF002

哥俩好装饰胶、免钉胶、中性硅酮密封胶

产品简介

哥俩好牌 899 环保型装饰胶是以合成橡胶为主，加入增黏树脂、促进剂、防老剂、稳定剂、有机溶剂等经特殊工艺加工而成的单组分挥发干燥型胶黏剂。

哥俩好牌 853 透明免钉胶是以 SBS 橡胶为主，加入合成树脂、增强辅料和混合有机溶剂等经特殊工艺加工而成的膏状胶黏剂。本产品广泛应用于室内外装修、建筑材料安装和维修，尤其适用于透明材料的粘接等。

哥俩好牌中性硅酮密封胶是以硅橡胶为主体原料，加入补强剂、交联剂、抗氧剂、促进剂、增塑剂等，经先进工艺合成的单组分室温硫化型密封胶，具有低味、防霉、环保、耐候性好等特点。

适用范围

环保型装饰胶可用于木板、胶合板、防火板、密度板、亚麻板、曲柳板、铝塑板等板材，还可粘接部分钢铁、铝材、橡胶、塑料、皮革、织物等其他材料，广泛应用于室内装修、美术广告、汽车内饰、纸箱等。

免钉胶可用于木材、金属、砖、石材、瓷砖、混凝土、石膏板、橡胶、玻璃、塑料等材料，广泛应用于室内外装修、建筑材料安装和维修，尤其适用于透明材料的粘接等。

中性硅酮密封胶适用于各类门窗安装、玻璃装配工程的粘接密封和各类装饰填缝。

技术指标

环保型装饰胶技术指标如下：

	检验项目	指　标	检测结果
理化性能	1. 黏度（MPa·s）	80~3000	301
	2. 拉伸剪切强度（MPa）	≥ 1.15	1.62
	3. 初黏强度（MPa）	≥ 0.70	0.95
	4. 耐干热性能	60℃无鼓泡，无开胶现象	符合要求
	5. 开放时间（min）	≥ 10	50
	6. 有害物质限量 游离甲醛（g/kg）	≤ 0.5	未检出（＜0.05）
	苯（g/kg）	≤ 5.0	未检出（＜0.02）
	甲苯＋二甲苯（g/kg）	≤ 150	未检出（＜0.02）
	二氯甲烷（g/kg）	≤ 50	未检出（＜0.1）
	1，2-二氯乙烷（g/kg） 1，1，2-三氯乙烷（g/kg） 三氯乙烯（g/kg）	总量 ≤ 5.0	未检出（＜0.1）
	总挥发性有机物（g/L）	≤ 650	538

免钉胶技术指标如下：

	检 验 项 目	指　标	检测结果
物理性能	1. 外观	半透明或全透明，均匀黏稠液体，无可见杂色颗粒及机械杂质	符合指标
	2. 密度（g/cm³）	0.85～0.95 1.00～1.15	0.88
	3. 不挥发物含量（%）	≥ 50.0	67
	4. 下垂度（mm）	≤ 5.0	1.0

哥俩好新材料股份有限公司

地址：辽宁省抚顺市东洲区双棉路 10 号
电话：024-55268001
传真：024-55268001
官方网站：geliahao@vip.163.com

续表

	检 验 项 目		指　标	检测结果
物理性能	5. 可操作性	施胶板（%）	＞50	57
		上压板（%）	＞施胶板粘接面积的 75	98
	6. 拉伸剪切强度（MPa）	标准试验条件（24h）	≥1.2	1.52
		标准试验条件（168h）	≥2.0	2.69
		热处理	≥2.0	3.48
		潮湿基面	≥1.2	2.55
		高温储存后	≥1.6	3.07
	7. 静态荷载下的剪切变形		无开裂，无脱落	符合要求
	8. 挤出性（N）		≤900	320
	9. 有害物质限量	游离甲醛（g/kg）	≤0.50	未检出（＜0.05）
		苯（g/kg）	≤5.0	未检出（＜0.02）
		甲苯＋二甲苯（g/kg）	≤150	未检出（＜0.02）
		二氯甲烷（g/kg）	≤50	未检出（＜0.1）
		1，2-二氯乙烷（g/kg） 1，1，2-三氯乙烷（g/kg） 三氯乙烯（g/kg）	总量≤0.50	未检出（＜0.1）
		总挥发性有机物（g/L）	≤650	267

中性硅酮密封胶技术指标如下：

	检 验 项 目	指　标	检 测 结 果
理化性能	固化前		
	1. 外观	细腻、均匀膏状物，无气泡、结皮和凝胶	符合指标
	2. 密度（g/cm³）	规定指标 ±0.1	—
	3. 挤出性（mL/min）	≥80	270
	4. 表干时间（min）	≤60	40
	5. 下垂度（垂直）（mm）	≤3	0
	固化后		
	6. 弹性恢复率（%）	≥80	94
	7. 邵尔硬度（A 型）（HSA）	≥10	40
	8. 拉伸强度（MPa）	≥0.4	0.6
	9. 扯断伸长率（%）	≥100	2.2

生产企业

哥俩好新材料股份有限公司是国家高新技术企业，中国胶黏剂及胶黏带工业协会常务理事单位，全国胶黏剂标准化技术委员会成员单位，辽宁省博士后创新实践基地，辽宁省胶黏剂工程技术研究中心，辽宁省企业技术中心。

公司坐落在抚顺市东洲区双棉路 10 号，始建于 1984 年的一个镇办采石场，1985 年转产生产胶粘剂产品，1996 年转制为民营企业，2005 年更名为抚顺哥俩好化学有限公司，2015 年变更为哥俩好新材料股份有限公司，2016 年在新三板上市（证券代码 836618）。经过 30 多年艰苦创业，现已发展成为拥有胶黏剂、涂料、合成树脂、汽车用化学品等四大系列产品，集科研、生产、销售和服务于一体的专业化、精细化工企业。哥俩好产品多达 50 多个规格品种，年生产能力 5 万吨，行销全国 30 多个省、市、自治区，成为我国胶黏剂行业的龙头企业。

公司于 1998 年在通过 ISO 9001 质量管理体系认证，2002 年通过了 ISO 14001 环境及 OHSAS 18001 职业健康安全管理体系认证。1999 年，公司主要产品环保型装饰胶、建筑胶、白乳胶通过了中国环境标志产品认证。2007 年年末，公司通过了 ISO 10012 测量管理体系认证胶黏剂产品和定量包装商品 "C" 标志认证，2018 年通过了知识产权管理体系认证。

哥俩好新材料股份有限公司

地址：辽宁省抚顺市东洲区双棉路 10 号
电话：024-55268001
传真：024-55268001
官方网站：geliahao@vip.163.com

证书编号：LB2023MF003

飞度硅酮耐候胶、双组分硅酮结构密封胶、双组分硅酮中空胶

产品简介

硅酮耐候胶是一种单组分、中性固化、专为各种幕墙（玻璃幕墙、铝板幕墙、陶瓷幕墙等）设计的硅酮耐候密封胶；对金属、混凝土、陶瓷、玻璃、塑钢及木材等材料具有良好的黏结性。

FD-9900 双组分硅酮结构密封胶是一种双组分，中性固化，专为玻璃、石材（大理石、花岗石）、铝板幕墙和玻璃采光顶及金属结构工程的结构黏结密封及中空玻璃二道黏结密封而设计的硅酮结构密封胶，具有优异的结构黏结性能和耐气候老化性能，固化后在 −50℃不变脆或开裂，在 150℃不降解，保持良好的强度和弹性。

双组分硅酮中空胶是一种双组分、中性固化、用于中空玻璃的二道密封材料，对各种玻璃具有优越的黏结性，无矿物油添加，对中空玻璃用丁基胶无腐蚀作用。

适用范围

硅酮耐候胶可用于各种幕墙（玻璃幕墙、铝板幕墙、陶瓷幕墙等）的耐候密封以及金属、混凝土、陶瓷、玻璃、塑钢及木材等材料的黏结。

双组分硅酮结构密封胶用于玻璃、石材（大理石、花岗石）、铝板幕墙和玻璃采光顶及金属结构工程的结构黏结密封；中空玻璃二道黏结密封。

双组分硅酮中空胶适用于中空玻璃二道黏结密封。

技术指标

硅酮耐候胶技术指标如下：

下垂度（mm）	标准 [（23±2）℃]	表干时间（min）	邵氏硬度（shoreA）	最大伸长率（%）	模量（MPa）	位移能力	定伸粘接性
0	23	45	45	350	0.95	+35%	无破坏

双组分硅酮结构密封胶技术指标如下：

下垂度（mm）	标准 [（23±2）℃]	表干时间（min）	适应期（min）	邵氏硬度（shoreA）	最大伸长率（%）	模量（MPa）	位移能力	定伸粘接性
0	23	48	24	40	300	0.92	—	无破坏

双组分硅酮中空胶技术指标如下：

下垂度（mm）	标准 [（23±2）℃]	表干时间（min）	适应期（min）	邵氏硬度（shoreA）	弹性恢复率（%）	模量（MPa）	位移能力	定伸粘接性
0	23	45	32	32	89	1.02	—	无破坏

山东飞度胶业科技股份有限公司

地址：山东临朐东城街道榆中路 369 号
电话：400-9900-678
传真：0536-3711588
官方网站：www.feidukeji.cn

工程案例

非洲安哥拉社会福利住房项目、大连世界金融中心、郑州建业春天里、哈尔滨恒大名都、北京国学中心、河北北方学院国际交流中心、廊坊恒大翡翠华庭、安庆恒大绿洲、北京恒大城、济南恒大翡翠华庭、莱州云峰山庄、盘锦华府、长春恒大帝景、长春御景湾、北京碧桂园、澧县恒大御景湾、瑞那斯淮北名都工程、天津名都工程、长春恒大雅苑工程、洛阳绿洲六期工程、石家庄恒大御景半岛工程、威海龙海国际大厦、海南海花岛工程、大兴新机场、成都万达城、南航基地项目、中海京西里、中海丽春湖墅等项目。

生产企业

山东飞度胶业科技股份有限公司集研发、生产、销售于一体，主导生产的硅酮结构密封胶和中性硅酮耐候胶等系列产品，被广泛应用于各类大中型建筑幕墙系统中的室内外密封、粘接及结构性装配等，并不断推出多系列新品，目前产品类别包括建筑密封胶、门窗功能胶、家装胶、工业胶等几大类，年产总能力达 30000 吨以上。

公司通过了 ISO 9001 / ISO 14001 / ISO 45001 三体系认证，通过了国家建筑用硅酮结构密封胶生产企业和建筑密封胶生产企业双认定，是国家高新技术企业、山东省建设机械行业骨干企业、山东省建筑门窗幕墙行业龙头企业；入选全国建筑密封胶十强、中国门窗幕墙行业年度品牌榜"建筑胶十大品牌"，连续荣获中国房地产开发企业 500 强供应商品牌密封胶类十强。有山东省"专精特新"中小企业、山东省制造业单项冠军、山东省瞪羚企业等荣誉称号。在发展过程中，公司通过建立严密的质量管理和内控体系，努力为顾客提供精心设计、制造的产品，给用户带来完美的体验，并通过持续改进和创新，推进技术产业化，使质量和服务始终保持在国内高端水准，增强企业持续发展力和市场竞争力。

公司致力于打造中国硅酮胶行业知名环保胶品牌，推崇人与建筑、环境和谐发展的绿色建筑理念，精心为顾客提供健康、节能、环保的绿色建筑产品及服务，实现客户、社会和企业的共赢发展。

山东飞度胶业科技股份有限公司

地址：山东临朐东城街道榆中路 369 号
电话：400-9900-678
传真：0536-3711588
官方网站：www.feidukeji.cn

证书编号：LB2023MF004

凌の灵 992 双组分硅酮结构密封胶、806 中性硅酮耐候密封胶、991 硅酮中空玻璃结构密封胶

产品简介

992 双组分硅酮结构密封胶：专为工厂安装玻璃和玻璃幕墙而设计的双组分、中性固化的高性能建筑密封胶；固化后形成弹性橡胶，具有优良的抗臭氧性、防紫外线辐射、耐极限温度（−40 ～ 150℃）以及优良的机械物理性能。

806 中性硅酮耐候密封胶：一种单组分、中低模量、中性固化、专为玻璃幕墙、铝板幕墙、铝塑复合板幕墙和门窗等耐候密封而设计的硅酮耐候密封胶，对玻璃、铝板、铝塑板和铝材等基材有较强和持久的粘接力，从而保证对玻璃幕墙、铝板幕墙、铝塑复合板幕墙和门窗形成优异的耐候密封；可承受接缝密封 ±35% 的位移；具有优良的耐候性和耐极限温度（−40℃ ～ ＋ 150℃）。

991 双组分硅酮中空玻璃结构密封胶：专门为工厂安装玻璃和玻璃幕墙而设计的双组分、中性固化的高性能建筑密封胶，固化后形成弹性橡胶，具有优良的抗臭氧性、防紫外线辐射、耐极限温度（−40~150℃）以及优良的机械物理性能。

适用范围

992 双组分硅酮结构密封胶适用于结构玻璃幕墙，制造多层中空玻璃；也适用于边缘复合填缝剂，结构性装配中空玻璃以及玻璃与金属材料之间的粘接。

806 中性硅酮耐候密封胶适用于各类伸缩缝、连接缝的填缝防水密封，非结构性各类接口密封、粘接和修补，预制混凝土、水泥砖、砖结构、镀膜玻璃、镀锌钢板、锌铝钢板的伸缩缝接口。

991 双组分硅酮中空玻璃结构密封胶适用于结构性装配中空玻璃的合片以及玻璃与金属材料之间的粘接。

技术指标

992 双组分硅酮结构密封胶技术指标如下：

项 目		技术指标
		LL992
下垂度	垂直放置（mm）	≤ 3
	水平放置	不变形
适用期（min）		≥ 20
表干时间（min）（温度 25℃，相对湿度 50%）		30 ～ 60
邵氏硬度（邵 A）		20 ～ 60
拉伸粘接性能	拉伸粘接强度（MPa） 标准条件	≥ 0.60
	90℃	≥ 0.45
	−30℃	≥ 0.45
	浸水后	≥ 0.45
	水 - 紫外线光照后	≥ 0.45
	粘接破坏面积（%）	≤ 5
	23℃时最大拉伸强度的伸长率（%）	≥ 100
热老化	热失重	≤ 10
	龟裂	无
	粉化	无

806 中性硅酮耐候密封胶技术指标如下：

项 目	技术指标
外观	细腻、均匀膏状物

浙江凌志新材料有限公司

地址：浙江省杭州市临安区青山湖街道天柱街 57 号
电话：0571-63819258
官方网站：www.liniz.com

续表

项 目		技术指标	
下垂度	垂直放置（mm）	≤ 3	
	水平放置	不变形	
挤出性（mL/min）		≥ 150	
弹性恢复率（%）		≥ 80	
表干时间（h）		≤ 3	
标准条件下拉伸模量（MPa）		＞ 0.4	≤ 0.4
−20℃条件下拉伸模量（MPa）		—	≤ 0.6
定伸粘接性		无破坏	
紫外线辐照后粘接性		无破坏	
冷拉 - 热压后粘接性		无破坏	
浸水后定伸粘接性		无破坏	
质量损失率（%）		≤ 8	

991 双组分硅酮中空玻璃结构密封胶技术指标如下：

项 目			技术指标
下垂度	垂直放置（mm）		≤ 3
	水平放置		不变形
适用期（min）			≥ 20
表干时间（h）			≤ 3
邵氏硬度			30 ～ 60
拉伸粘接性能	拉伸粘接强度（MPa）	标准条件	≥ 0.60
		90℃	≥ 0.45
		−30℃	≥ 0.45
		浸水后	≥ 0.45
		水 - 紫外线光照后	≥ 0.45
	粘接破坏面积（%）		≤ 5
热老化	热失重		≤ 6
	龟裂		无
	粉化		无

工程案例

杭州亚运村、北京银河 SOHO、北京国家会议中心、首都国际机场 T3 航站楼、石家庄怀特集团商业广场、中国高铁武汉站、长沙万达广场、上海浦东国际机场、江西景德镇陶溪川陶瓷文化创意园、合肥万达广场、北京大兴国际机场、江西星火防腐工程、淄博师专附属幼儿园内墙、浙江东升幕墙厂房外墙、南宁蒙古包外墙。

生产企业

浙江凌志新材料有限公司成立于 1997 年 2 月，前身为浙江凌志精细化工有限公司，坐落在风景秀美的杭州，是一家从事高档有机硅材料的研发、生产和销售于一体的高新技术企业，是较早通过国家发展改革委认定的硅酮结构胶生产和销售企业之一。20 多年的沉淀和积累，为公司在有机硅行业赢得了"密封专家"的美誉。公司专注于有机硅的研发、创新，不懈地发掘有机硅的市场应用，提供全面的有机硅解决方案：从门窗幕墙到室内家装、太阳能组件到光伏建筑、车灯装配到汽车总装、混凝土防水到金属防腐等。凌志坚信态度决定一切，品质源于细节，将继续秉持"以质量求生存、以创新求发展、以服务占市场"的经营宗旨，"想你所想，尽我所能"的服务宗旨，始终与时代共呼吸，以自主可控的优良产品、精湛的技术服务于各行各业，逐步打造成为立足国内、走向世界的民族胶粘品牌，成为密封行业内的翘楚，拥抱有机硅绿色新未来。

浙江凌志新材料有限公司

地址：浙江省杭州市临安区青山湖街道天柱街 57 号
电话：0571-63819258
官方网站：www.liniz.com

5 企业索引
QIYESUOYIN

企 业 索 引